시험 직전 한눈에 보 … 술기준

1 공통사항

[1] 전압의 구분

① 저압 : **교류 1[kV]** 이하, **직류 1.5[kV]** 이하

② 고압 : 교류 1[kV], 직류 1.5[kV] 초과하고 **7[kV] 이하**

③ 특고압 : **7[kV] 초과**

[2] 전선

(1) 전선의 식별

상(문자)	색 상
L_1	갈색
L_2	흑색
L_3	회색
N	청색
보호도체	녹색－노란색

(2) 전선의 접속

① **전기저항을 증가시키지 아니하도록 접속**

② **세기를 20[%] 이상** 감소시키지 아니할 것

③ **절연효력이 있는 것으로 충분히 피복**

④ 코드 접속기·접속함, 기타의 기구 사용

⑤ **전기적 부식**이 생기지 않도록 할 것

⑥ 두 개 이상의 전선을 병렬로 사용

㉠ **동선 50[mm²]** 이상, 알루미늄 **70[mm²]** 이상

㉡ 동일한 터미널러그에 완전히 접속

㉢ 2개 이상의 나사 접속

[3] 전로의 절연

(1) 전로의 절연 원칙

① 전로는 **대지로부터 절연**

② 절연하지 않아도 되는 경우 : **접지점, 시험용 변압기, 전기로**

(2) 전로의 절연저항 및 절연내력

① 누설전류 : **1[mA]** 이하

$$I_g \leq 최대공급전류(I_m)의\ \frac{1}{2,000}\,[\mathrm{A}]$$

② 저압 전로의 절연성능

전로의 사용전압[V]	DC시험
SELV 및 PELV	250
FELV, 500[V] 이하	500
500[V] 초과	1,00

[주] 특별저압으로 SELV(비접지회
차가 전기적으로 절연된 회
FELV는 1차와 2차가 전기적

③ 절연내력

㉠ 정한 시험전압을 **전로와 대**

㉡ 정한 시험전압의 **2배의 직류**

전로의 종류(최대사용전압	
7[kV] 이하	
중성선 다중 접지하는 것	
7[kV] 초과 60[kV] 이하	
60[kV] 초과	중성점 비
	중성점 접
	중성점 직접
170[kV] 초과 중성점 직접	

(3) 변압기 전로의 절연내력

① 접지하는 곳

㉠ 시험되는 권선의 중성점 단

㉡ 다른 권선의 임의의 1단자

㉢ 철심 및 외함

② 시험하는 곳 : 시험되는 권선의
와 대지 간

2 접지시스템

[1] 접지시스템의 구분 및 종류

① 접지시스템 : **계통**접지, **보호**접

② 접지시스템의 시설 종류 : **단독**

[2] 접지시스템의 시설

(1) 접지시스템

① **접지극, 접지도체, 보호도체** 및

② 접지극 : 접지도체를 사용하여

구성
m] 이상

의 요소 중에 한 가지 또는 이를 조합

건축물·구조물의 측격뢰 보호용

템을 연결
로 구성

된 경우
호대상물에 접촉하지 않도록 한다.
을 시설
되지 않은 경우
벽의 표면 또는 내부에 시설
.1[m], 불가능하면 100[mm^2]
이상
간격 : Ⅰ·Ⅱ등급 10[m], Ⅲ등급 15[m],

지극(A형) 또는 **환상도체 접지극 또는**
또는 조합

으로 배치

0.75[m] 이상 깊이로 매설

으로 보호

속방식에 따른 접지계통
계통

(2) TN 계통

전원측의 한 점을 대지로 직접접지, 노출도전부는 PE도체로 전원측에 접속

① **TN-S** 계통 : 별도의 중성선 또는 PE도체를 사용

② **TN-C** 계통 : 중성선과 보호도체의 기능을 동일 도체로 겸용한 PEN도체 사용

③ **TN-C-S** 계통 : 계통의 일부분에서 PEN도체 사용, 중성선과 별도의 PE도체 사용

(3) TT 계통

전원측의 한 점을 대지로 직접접지, 노출도전부는 독립적인 접지극에 접속

(4) IT 계통

전원측의 한 점을 대지로부터 절연 또는 임피던스를 통해 대지에 접속. 노출도전부는 독립적인 접지극에 접속

[2] 감전에 대한 보호

(1) 보호대책 일반 요구사항

① 안전을 위한 전압 규정

㉠ **교류 전압** : 실효값

㉡ **직류 전압** : 리플프리

② 보호대책 : 기본보호와 고장보호를 독립적으로 적절하게 조합

③ 외부 영향의 조건을 고려하여 적용

(2) 누전차단기 시설

50[V] 초과하는 기계기구로 사람이 쉽게 접촉할 우려가 있는 곳

(3) 기능적 특별저압(FELV)

① 기본보호

㉠ 공칭전압에 대응하는 기본절연

㉡ 격벽 또는 외함

② 고장보호

(4) 특별저압에 의한 보호

특별저압 계통의 전압한계는 건축전기설비의 전압밴드에 의한 **전압밴드 I**의 상한값인 **교류 50[V]** 이하, **직류 120[V]** 이하

[3] 과전류에 대한 보호

(1) 중성선을 차단 및 재폐로하는 회로의 경우에 설치하는 개폐기 및 차단기는 차단 시에는 **중성선이 선도체보다 늦게 차단**되어야 하며, 재폐로 시에는 선도체와 동시 또는 그 이전에 재폐로되는 것을 설치

(2) 단락보호장치의 특성

정격차단용량은 단락전류 보호장치 설치점에서 예상되는 최대 크기의 단락전류보다 커야 한다.

[4] 전로 중의 개폐기 및 과전류차단장치의 시설

(1) 개폐기의 시설

① 각 극에 설치

② 사용전압이 다른 개폐기는 상호 식별이 용이하도록 시설

㉡ 절연도체 또는 나도체

㉢ 금속케이블 외장, 케이블 차폐, 전선묶음, 동심도체, 금속관

③ 보호도체의 단면적 보강 : 구리 10[mm^2], 알루미늄 16[mm^2] 이상

④ 보호도체와 계통도체 겸용

㉠ **겸용도체**는 고정된 전기설비에서만 사용

㉡ 단면적 : **구리 10[mm^2]** 또는 알루미늄 **16[mm^2]** 이상

(5) 수용가 접지

① 저압수용가 : 인입구 접지

㉠ 중성선 또는 **접지측 전선에 추가 접지**

지중에 매설, 건물의 철골 **3[Ω]** 이하

㉡ **접지도체**는 공칭단면적 **6[mm^2]** 이상

② 주택 등 저압수용장소 접지

㉠ **TN-C-S** 방식인 경우 보호도체

- 보호도체의 최소 단면적 이상
- PEN는 고정 전기설비에 사용하고, **구리 10[mm^2], 알루미늄 16[mm^2]** 이상

㉡ 감전보호용 등전위 본딩

(6) 변압기 중성점 접지

① 중성점 접지저항값

㉠ **1선 지락전류로 150을 나눈 값**과 같은 저항값

㉡ 저압 전로의 대지전압이 150[V]를 초과하는 경우

- **1초 초과 2초 이내** 차단하는 장치를 설치할 때 **300**
- **1초 이내** 차단하는 장치를 설치할 때 **600**

② 공통접지 및 통합접지

㉠ 저압설비 허용상용주파 과전압

지락고장시간[초]	과전압[V]	비 고
> 5	$U_0 + 250$	U_0 : 선간전압
≤ 5	$U_0 + 1{,}200$	

㉡ 서지보호장치 설치

[3] 감전보호용 등전위 본딩

(1) 등전위 본딩의 적용

① 건축물·구조물에서 접지도체, 주접지단자와 도전성 부분

② 주접지단자에 보호등전위 본딩도체, 접지도체, 보호도체, 기능성 접지도체를 접속

(2) 등전위 본딩도체

① 가장 큰 보호접지도체 단면적의 0.5배 이상

㉠ **구리 도체 6[mm^2]**

㉡ **알루미늄 도체 16[mm^2]**

㉢ **강철 도체 50[mm^2]**

② 보조 보호등전위 본딩도체 : 보호도체의 0.5배 이상

3 피뢰시스템

[1] 피뢰시스템의 적용범위 및

① **지상으로부터 높이가 20**

② 저압 전기전자설비

③ 고압 및 특고압 전기설비

[2] 외부 피뢰시스템

(1) 수뢰부

① **돌침, 수평도체, 메시도체**

② 수뢰부시스템의 배치

③ 높이 60[m]를 초과하는

(2) 인하도선

① 수뢰부시스템과 접지시스

복수의 인하도선을 병렬

② 배치방법

㉠ 건축물·구조물과 **분리**

- 뇌전류의 경로가 보
- **1조** 이상의 인하도선

㉡ 건축물·구조물과 **분리**

- 벽이 불연성 재료 :
- 벽이 가연성 재료 :
- 인하도선의 수는 2조
- **병렬 인하도선의 최대**

Ⅳ 등급 20[m]

(3) 접지극시스템

① 접지극 : **수평 또는 수직**

기초 접지극(B형) 중 하

② 접지극시스템 배치

㉠ 2개 이상을 동일 간격

㉡ 접지저항 10[Ω] 이하

③ 접지극 시설 : 지표면에서

[3] 내부 피뢰시스템

① 낙뢰에 대한 보호

② 전기적 절연

③ 전기전자설비의 접지·본

④ 서지보호장치 시설

4 저압 전기설비

[1] 계통접지의 방식

(1) 계통접지 구성

① 보호도체 및 중성선의 접

② **TN** 계통, **TT** 계통, **IT**

암기노트

압[V]	절연저항[MΩ]
	0.5
	1.0
0	1.0

로) 및 PELV(접지회로)은 1차와 2

으로 절연되지 않은 회로

] 사이에 **10분간**

압을 전로와 대지 사이에 **10분간**

)	시험전압
	1.5배(최저 500[V])
	0.92배
	1.25배(최저 10,500[V])
접지식	1.25배
지식	1.1배(최저 75[kV])
접지식	0.72배
접지	0.64배

나

중성점 단자 이외의 임의의 1단자

|, **피뢰시스템** 접지

접지, **공통**접지, **통합**접지

기타 설비

주접지단자에 연결한다.

(2) 접지극의 시설 및 접지저항

① 접지극의 재료 및 최소 굵기 등은 저압전기설비에 따른다.
피뢰시스템의 접지는 접지시스템을 우선 적용

② 접지극 : 콘크리트에 매입, 토양에 매설

③ 접지극의 매설
- ㉠ 토양을 오염시키지 않아야 하며, 가능한 다습한 부분에 설치
- ㉡ **지하 0.75[m]** 이상 매설
- ㉢ 철주의 밑면으로부터 **0.3[m]** 이상 또는 금속체로부터 **1[m]** 이상

④ 수도관 접지극 사용
- ㉠ 내경 75[mm] 이상에서 내경 75[mm] 미만인 수도관 분기
  - **5[m] 이하** : 3[Ω]
  - **5[m] 초과** : 2[Ω]
- ㉡ **비접지식 고압전로** 외함 접지공사 전기저항값 **2[Ω] 이하**

(3) 접지도체

① 보호도체 이상

② **구리** : **6[mm^2] 이상**, **철제** : **50[mm^2] 이상**

③ **지하 0.75[m]**부터 **지표상 2[m]**까지 **합성수지관**(두께 2[mm] 미만 제외) 또는 몰드로 덮어야 한다.

④ 절연전선 또는 케이블 사용

⑤ **접지도체의 굵기**
- ㉠ **특고압·고압** 전기설비용 접지도체 : 단면적 **6[mm^2]** 이상
- ㉡ **중성점 접지용** 접지도체 : 단면적 **16[mm^2]** 이상
  다만, 다음의 경우에는 공칭단면적 **6[mm^2]** 이상
  - **7[kV] 이하** 전로
  - 22.9[kV] 중성선 **다중 접지** 전로
- ㉢ **이동**하여 사용하는 전기기계기구의 금속제 외함
  - 특고압·고압
    - 캡타이어 케이블(3종 및 4종)
    - 단면적 10[mm^2] 이상
  - **저압**
    - 다심 **1개 도체의 단면적이** 0.75[mm^2] 이상
    - **연동연선**은 1개 도체의 단면적이 **1.5[mm^2]** 이상

(4) 보호도체

① 보호도체의 최소 단면적

상도체의 단면적 S ([mm^2], 구리)	보호도체의 최소 단면적 ([mm^2], 구리)
$S \le 16$	S
$16 < S \le 35$	16
$S < 35$	$S/2$

보호도체의 단면적(차단시간 5초 이하) : $S = \dfrac{\sqrt{I^2 t}}{k}$ [mm^2]

② 보호도체의 종류
- ㉠ 다심케이블의 도체

(2) 옥내전로 인입구에서의 개폐기의 시설

16[A] 이하 과전류 차단기 또는 20[A] 이하 배선차단기에 접속하는 길이 15[m] 이하는 인입구의 개폐기 시설을 아니할 수 있다.

(3) 보호장치의 특성

① 과전류 차단기로 저압 전로에 사용하는 범용의 퓨즈

정격전류	시간	정격전류의 배수	
		불용단 전류	용단 전류
4[A] 이하	60분	1.5배	2.1배
4[A] 초과 16[A] 미만	60분	1.5배	1.9배
16[A] 이상 63[A] 이하	60분	1.25배	1.6배
이하 생략			

② 배선차단기

과전류 트립 동작시간 및 특성

정격전류	시간	산업용		주택용	
		부동작 전류	동작 전류	부동작 전류	동작 전류
63[A] 이하	60분	1.05배	1.3배	1.13배	1.45배
63[A] 초과	120분				

(4) 고압 및 특고압 전로의 과전류 차단기 시설

① 포장 퓨즈 : 1.3배 견디고, 2배에 120분 안에 용단

② 비포장 퓨즈 : 1.25배 견디고, 2배에 2분 안에 용단

(5) 과전류 차단기의 시설 제한

① 접지공사의 접지도체

② 다선식 전로의 중성선

③ 전로의 일부에 접지공사를 한 저압 가공전선로의 접지측 전선

(6) 저압 전동기 보호용 과전류 보호장치의 시설

① 0.2[kW] 초과 : 자동적으로 이를 저지, 경보장치

② 시설하지 않는 경우

㉠ 운전 중 상시 취급자가 감시

㉡ 전동기가 손상될 수 있는 과전류가 생길 우려가 없는 경우

㉢ 단상 전동기로 과전류 차단기의 정격전류가 16[A](배선차단기는 20[A]) 이하인 경우

5 전기사용 장소의 시설

[1] 저압 옥내배선의 사용전선 및 중성선의 굵기

① **2.5[mm^2] 이상 연동선**

② 전광표시장치 **제어회로** 등 배선 **1.5[mm^2]** 이상 연동선

③ 단면적 **0.75[mm^2]** 이상 코드 또는 캡타이어 케이블

④ 중성선의 단면적

㉠ 구리선 16[mm^2]

㉡ 알루미늄선 25[mm^2]

[2] 나전선 사용 제한(사용 가능한 경

① 애자공사

㉠ 전기로용 전선

㉡ 전선의 피복 절연물이 부식

㉢ 취급자 이외의 자가 출입할

② 버스덕트공사 및 라이팅덕트공

③ 접촉전선

[3] 배선설비공사의 종류

(1) 애자공사

① 절연전선(**옥외용, 인입용 제외**)

② 전선 상호 간격 **6[cm]** 이상

③ 전선과 조영재 **2.5[cm]** 이상

400[V] 이상 **4.5[cm]**(건조한

④ 애자는 **절연성, 난연성 및 내수**

⑤ 전선 지지점 간 거리

㉠ 조영재 윗면 또는 옆면에 **따**

㉡ **따라 붙이지 않을 경우 6[m**

(2) 합성수지 몰드공사

① 절연전선(옥외용 제외)

② 전선 접속점이 없도록 한다.

③ 홈의 폭 및 깊이 3.5[cm] 이하

(단, 사람이 쉽게 접촉할 위험

(3) 합성수지관공사

① 전선은 연선(옥외용 제외) 사용

연동선 10[mm^2], 알루미늄선

② 전선관 내 전선 접속점이 없도

③ 관을 삽입하는 길이 : 관 외경

④ 관 지지점 간 거리 : **1.5[m] 이**

(4) 금속관공사

① 전선은 연선(옥외용 제외) 사용

연동선 10[mm^2], 알루미늄선 1

② 금속관 내 전선 접속점이 없도

③ 관의 두께 : **콘크리트에 매설 1.**

(5) 금속몰드공사

폭은 5[cm] 이하, 두께는 0.5[mm

(6) 가요전선관공사

① 전선은 연선(옥외용 제외) 사용

② 전선관 내 접속점이 없도록 하

③ 1종 금속제 가요전선관은 **두께**

(7) 금속덕트공사

① 전선 단면적의 총합은 덕트의 내

선 50[%]) 이하

기구에 내장

성의 외함 속
으는 외함을 가연성의 조영재에서 1[cm]
게 부착
등이 유입될 수 있는 곳에 방수형

우는 방전등용 변압기를 사용

상의 연동선
사·가요전선관공사·케이블공사

차 전압 150[V] 이하 절연변압기
기 및 과전류 차단기, 금속관공사
지공사 한 혼촉방지판 사용
락 시 자동차단
(수중 이외 0.75[mm^2]) 이상

선을 인장강도 3.7[kN]의 금속선 또는
을 2가닥 이상을 꼰 금속선에 매달 것
상

에 출입하지 아니하는 곳

이상, **지름 2[mm]** 이상 경동선
m] 이상, **수목과의 거리 30[cm]**

300[V] 이하, **2차 사용전압 10[V]** 이하
연동선, **케이블 단면적 1.5[mm^2]** 이상

는 **1[m]** 이상

는 금속관에는 접지공사
타이어 코드
상

[4] 전극식 온천승온기

① 사용전압 400[V] 미만 절연변압기 사용
② 차폐장치에서 수관에 따라 1.5[m]까지는 절연성 및 내수성
③ 철심 및 외함과 차폐장치의 전극에는 접지공사

[5] 전기온상 등

① 대지전압 : 300[V] 이하
② 전선 : 전기온상선
③ 발열선 온도 : **80[℃]** 이하

[6] 엑스선 발생장치의 전선 간격

① 100[kV] 이하 : 45[cm] 이상
② 100[kV] 초과 : 45[cm]에 10[kV] 단수마다 3[cm] 더한 값

[7] 전격 살충기

① 지표상 또는 마루 위 **3.5[m]** 이상
② 다른 시설물 또는 **식물 사이의 이격거리는 30[cm]** 이상

[8] 유희용 전차시설

① 사용전압 **직류 60[V]** 이하, **교류 40[V]** 이하
② 접촉전선은 제3레일 방식

[9] 아크 용접기

① 1차측 **대지전압 300[V]**, 개폐기가 있는 **절연변압기**
② 용접변압기에서 용접 케이블 사용

[10] 소세력 회로

① **1차** : **대지전압 300[V]** 이하 절연변압기
② **2차** : **사용전압 60[V]** 이하

[11] 전기부식방지 시설

① 사용전압은 **직류 60[V]** 이하
② 지중에 매설하는 **양극의 매설깊이 75[cm]** 이상
③ **전선** : **2.0[mm] 절연** 경동선
   지중 : **4.0[mm^2]**의 연동선(양극 2.5[mm^2])
④ 수중에는 **양극**과 주위 1[m] 이내 임의점과의 사이의 전위차는 **10[V]** 이하
⑤ **1[m]** 간격의 임의의 2점간의 전위차가 **5[V]** 이하

[12] 전기자동차 전원설비

① 전용 개폐기 및 과전류 차단기를 각 극에 시설, 지락 차단
② 옥내에 시설하는 저압용 배선기구의 시설
③ 충전장치 : 부착된 충전 케이블을 거치할 수 있는 거치대 또는 충분한 수납공간(옥내 0.45[m] 이상, 옥외 0.6[m] 이상)
④ **충전 케이블 인출부**
   ㉠ **옥내용** : 지면에서 **0.45[m] 이상 1.2[m]** 이내
   ㉡ **옥외용** : 지면에서 **0.6[m]** 이상

[4] 코드 또는 캡타이어 케이블의 접속

(1) 옥내배선과의 접속
① 점검할 수 없는 은폐장소에는 시설하지 말 것
② 꽂음 접속기 사용
③ 중량이 걸리지 않도록 할 것

(2) 코드 상호 또는 캡타이어 케이블 상호의 접속
① 코드 접속기, 접속함 및 기타 기구를 사용
② 단면적 10[mm^2] 이상 전선접속법을 따른다.

(3) 전기사용 기계기구와의 접속
① 2중 너트, 스프링와셔 및 나사풀림 방지
② 기구단자가 누름나사형, 클램프형, 단면적 10[mm^2] 초과하는 단선 또는 단면적 6[mm^2] 초과하는 연선에 터미널러그 부착

[5] 콘센트의 시설

① 배선용 꽂음 접속기에 적합한 제품을 사용
㉠ 노출형 : 조영재에 견고하게 부착
㉡ 매입형 : 난연성 절연물로 된 박스 속에 시설
㉢ 바닥에 시설하는 경우 : 방수구조의 플로어박스 설치
㉣ 인체가 물에 젖어있는 상태에서 전기를 사용하는 장소 : **인체감전보호용 누전차단기(15[mA] 이하, 0.03초 이하 전류동작형)** 또는 **절연변압기(정격용량 3[kVA] 이하)**
② 주택의 옥내 전로에는 접지극이 있는 콘센트 사용

[6] 점멸기의 시설

① 전로의 비접지측에 시설, 배선차단기는 점멸기로 대용
② 조영재에 매입할 경우 난연성 절연물의 박스에 넣어 시설
③ 욕실 내는 점멸기를 시설하지 말 것
④ **가정용 전등** : **등기구마다 시설**
⑤ **공장·사무실·학교·상점** : **전등군마다 시설**
⑥ **객실수가 30실 이상** : 자동, 반자동 점멸장치
⑦ 타임스위치 시설(센서등)
㉠ **숙박업**에 이용되는 **객실의 입구등** : **1분 이내 소등**
㉡ **일반주택 및 아파트 각 호실의 현관등** : **3분** 이내 소등

[7] 진열장 내부 배선

① 건조한 장소, 사용전압이 400[V] 이하
② 단면적 0.75[mm^2] 이상의 코드 캡타이어 케이블

[8] 옥외등

① 대지전압 300[V] 이하
② 분기회로는 20[A] 과전류 차단기(배선차단기 포함)

[9] 1[kV] 이하 방전등

(1) 적용범위
① 대지전압은 300[V] 이하
② 방전등용 안정기는 조명

(2) 방전등용 안정기
① 조명기구의 외부에 시설
㉠ 안정기를 견고한 내화
㉡ 노출장소에 시설할 경
이상 이격하여 견고하
② 방전등용 안정기를 물기

(3) 방전등용 변압기(절연변압기)
사용전압 400[V] 초과인 경

(4) 관등회로의 배선
① 공칭단면적 2.5[mm^2] 이
② 합성수지관공사·금속관공

[10] 수중조명등

① 수중에 방호장치
② 1차 전압 400[V] 이하,
③ 절연변압기 2차측 : 개폐
④ 2차 전압 30[V] 이하 :
30[V] 초과 :
⑤ 전선은 단면적 2.5[mm

[11] 교통신호등

① 사용전압 300[V] 이하
② 공칭단면적 **2.5[mm^2]** 연
지름 **4[mm]** 이상의 철선
③ 인하선 지표상 2.5[m] 이

7 특수설비

[1] 전기울타리

① 전기울타리는 사람이 쉽
② **사용전압 250[V]** 이하
③ 전선 : 인장강도 1.38[kN
④ **기둥과의 이격거리 2.5[**

[2] 전기욕기

① 사용전압 : 1차 대지전압
② **전극에는 2.5[mm^2]** 이상
③ 절연저항 : **1.0[MΩ] 이상**
④ 욕탕 안의 전극 간 거리

[3] 은이온 살균장치

① 금속제 외함 및 전선을
② **단면적 1.5[mm^2]** 이상
③ 절연저항치 **1.0[MΩ]** 이상

우)

하는 장소
수 없도록 설비한 장소
사

상소 2.5[cm]) 이상
성

라 붙일 경우 2[m] 이하
이하

] 없으면 5[cm] 이하)

6[mm^2] 이하 단선 사용
록 한다.
.2배(접착제 사용 0.8배)
하

6[mm^2] 이하 단선 사용
록 한다.
2[mm]

이상

., 2종 금속제 가요전선관일 것
0.8[mm] 이상

부 단면적의 **20[%](제어회로 배**

② 폭 4[cm] 이상, 두께 1.2[mm] 이상
③ 지지점 간 거리 3[m](수직 6[m]) 이하

(8) 버스덕트공사
① 단면적 **20[mm^2]** 이상의 띠
② 지름 **5[mm] 이상**의 관
③ 단면적 **30[mm^2] 이상의 띠** 모양의 알루미늄

(9) 라이팅덕트공사
지지점 간 거리는 2[m] 이하

(10) 케이블공사
① 지지점 간 거리 **2[m](수직 6[m]), 캡타이어 케이블 1[m]** 이하
② 수직 케이블의 시설
㉠ 동 25[mm^2] 이상, 알루미늄 35[mm^2] 이상
㉡ 안전율 4 이상
㉢ 진동방지장치 시설

(11) 케이블 트레이공사
① **종류 : 사다리형, 펀칭형, 통풍 채널형(메시형), 바닥 밀폐형**
② **케이블 트레이의 안전율은 1.5 이상**

[4] 옥내 저압 접촉전선 배선

① 애자공사 또는 버스덕트공사 또는 절연 트롤리공사
② 전선의 바닥에서의 높이는 3.5[m] 이상
③ 전선과 건조물 이격거리는 위쪽 2.3[m] 이상, 1.2[m] 이상
④ 전선
㉠ 400[V] 이상 : 인장강도 11.2[kN], **6[mm]** 이상 경동선, **28[mm^2]** 이상
㉡ 400[V] 미만 : 인장강도 3.44[kN], **3.2[mm]** 이상 경동선, **8[mm^2]** 이상
⑤ 전선의 지지점 간의 거리는 6[m] 이하

6 조명설비

[1] 등기구의 시설 – 설치 시 고려사항

① 기동 전류
② 고조파 전류
③ 보상
④ 누설전류
⑤ 최초 점화 전류
⑥ 전압강하

[2] 코드의 사용

① 조명용 전원코드 및 이동전선으로 사용
② 건조한 상태 내부에 배선할 경우는 고정배선
③ 사용전압 400[V] 이하의 전로에 사용

[3] 코드 및 이동전선 : **단면적 0.75[mm^2]** 이상

[13] 위험장소

(1) 폭연성 분진

① **금속관** 또는 **케이블**공사

② 금속관은 박강 전선관 이상, **5턱** 이상 나사조임 접속

(2) 가연성 분진

합성수지관(두께 2[mm] 미만 제외)·**금속관** 또는 **케이블**공사

(3) 가연성 가스

금속관 또는 **케이블**공사(캡타이어 케이블 제외)

(4) 화약류 저장소

① 전로에 대지전압은 300[V] 이하

② 전기기계기구는 전폐형

③ 인입구에서 케이블이 손상될 우려가 없도록 시설

[14] 전시회, 쇼 및 공연장의 전기설비

① 사용전압 400[V] 이하

② 배선용 케이블은 구리도체로 최소 단면적 1.5[mm^2]

[15] 터널, 갱도, 기타 이와 유사한 장소

① **단면적 2.5[mm^2] 연동선**, 노면상 **2.5[m] 이상**

② 전구선 또는 이동전선 등의 시설 : **단면적 0.75[mm^2]** 이상

8 고압·특고압 전기설비

[1] 고압·특고압 접지계통 – 스트레스 전압

고장지속시간 **5초 이하 1,200[V] 이하,**
5초 초과 250[V] 이하

[2] 혼촉에 의한 위험방지시설

(1) 고압 또는 특고압과 저압의 혼촉

① **특고압 전로와 저압 전로를 결합** : **접지저항값이 10[Ω] 이하**

② 가공 공동지선

㉠ 인장강도 5.26[kN], 직경 4[mm] 이상 경동선의 가공 접지선을 저압 가공전선에 준하여 시설

㉡ 변압기 시설 장소에서 200[m]

㉢ 변압기를 중심으로 지름 400[m]

㉣ 합성 전기저항치는 1[km]마다 규정의 접지저항값 이하

㉤ 각 접지선의 접지저항치 : $R = \frac{150}{I} \times n \leq 300[\Omega]$

㉥ 저압 가공전선의 1선을 겸용

(2) 혼촉방지판이 있는 변압기에 접속하는 저압 옥외전선의 시설 등

① 저압전선은 **1구내** 시설

② 전선은 **케이블**

③ 병가하지 말 것(케이블 병가 가능)

(3) 특고압과 고압의 혼촉 등에 의한 위험방지시설

① 고압측 단자 가까운 1극에 사용전압의 3배 이하에 방전

② 피뢰기를 고압 전로의 모선에 시설하면 정전방전장치 생략

[3] 전로의 중성점 접지

(1) 목적

① **보호장치의 확실한 동작 확보**

② **이상전압 억제** 및 **대지전압 저**

(2) 접지도체는 공칭단면적 16[mm^2] 이

(저압 전로의 중성점 6[mm^2] 이상

9 전선로

[1] 전선로 일반

(1) 유도장해의 방지

① 고저압 가공전선의 유도장해 방

㉠ 약전류 전선과 **2[m] 이상**

㉡ 가공 약전류 전선에 장해를

• 이격거리 증가

• 교류식 가공전선 연가

• 인장강도 5.26[kN] 이상
이상 시설하고 접지공사

② 특고압 가공전선로의 유도장해

㉠ 사용전압 60[kV] 이하 : 전화
가 2[μA] 이하

㉡ 사용전압 60[kV] 초과 : 전화
가 3[μA] 이하

(2) 지지물의 철탑오름 및 전주오름 방지

발판 볼트 등을 지표상 **1.8[m] 이**

(3) 풍압하중의 종별과 적용

① 풍압하중의 종별

㉠ 갑종풍압하중

구 분	
지지물	원형 지지
	철주(강관
	철탑(강관
전선	다도체
	기타(단도체
애자장치	
완금류	

㉡ 을종 풍압하중 : **두께 6[mm],**
갑종 풍압의 50[%] 적용

㉢ 병종 풍압하중

• **갑종 풍압의 50[%]**

• 인가가 많이 연접되어 있

5.26[kN] 이상 나선 또는 **지름 4[mm]**

강도 8.01[kN] 이상 나선 또는 **지름**
mm^2] 이상 나경동연선, 아연도강연선
선

고 **별개의 완금**을 시설
상
이상

의 이격거리는 **1.2[m]** 이상
블이면 50[cm]까지 감할 수 있다.
넘고 100[kV] 미만인 경우
사
블인 경우 1[m]) 이상
: 인장강도 21.67[kN] 이상 연선 또
선
과의 공용 설치(공가)

상
별개의 완금류에 시설

하
ㅏ
장강도 21.67[kN], 50[mm^2] 이상 경동

50[cm])

통신용 케이블일 것

	경 간
	150[m] 이하
	250[m] 이하
	600[m] 이하

면적 22[mm^2]
는 단면적 **55[mm^2]**
하, **B종**은 **500[m]** 이하

(8) 보안공사

① 저·고압 보안공사

전선은 8.01[kN] 또는 **지름 5[mm]**(400[V] 미만 5.26[kN] 이상 또는 4[mm])의 경동선

지지물 종류	경 간
목주·A종	100[m] 이하
B종	150[m] 이하
철탑	400[m] 이하

② 특고압 보안공사

㉠ **제1종** 특고압 보안공사

- **전선의 단면적**

사용전압	전 선
100[kV] 미만	인장강도 21.67[kN], 단면적 55[mm^2] 이상
100[kV] 이상 300[kV] 미만	인장강도 58.84[kN], 단면적 150[mm^2] 이상
300[kV] 이상	인장강도 77.47[kN], 단면적 200[mm^2] 이상

- 경간 제한

지지물 종류	경 간
B종	150[m]
철탑	400[m]

- **지기 또는 단락**이 생긴 경우에는 **100[kV] 미만은 3초, 100[kV] 이상은 2초** 차단

㉡ **제2종 및 제3종** 특고압 보안공사 경간

지지물 종류	경 간
목주·A종	100[m]
B종	200[m]
철탑	400[m]

(9) 가공전선과 건조물의 접근

① **저·고압 가공전선과 건조물의 조영재 사이의 이격거리**

구 분	접근형태	이격거리
상부 조영재	위쪽	2[m](절연전선, 케이블 1[m])
	옆쪽 또는 아래쪽	1.2[m]

② 특고압 가공전선과 건조물 등과 접근 교차 **이격거리**

접근·교차 \ 구분		가공전선		절연전선(케이블)
		35[kV] 이하	35[kV] 초과	35[kV] 이하
건조물	위	3[m] 이상	$3+0.15N$	2.5[m] 이상(1.2[m])
	옆, 아래			1.5[m] 이상(0.5[m])
도로				수평 이격거리 1.2[m]

여기서, N : 35[kV] 초과하는 것으로 10[kV] 단수

② 저압 연접 인입선 시설

㉠ 인입선에서 분기하는 점으로부터 **100[m]** 이하

㉡ **폭 5[m]**를 초과하는 **도로를 횡단하지 아니할 것**

㉢ **옥내를 통과하지 아니**할 것

(8) 고압 인입선 등 시설

① 인장강도 8.01[kN] 이상 고압 절연전선, 특고압 절연전선 또는 **지름 5[mm]**의 경동선 또는 케이블

② **지표상 5[m]** 이상

③ 케이블, **위험표시를 하면 지표상 3.5[m]까지**로 감할 수 있다.

④ 연접 인입선은 시설하여서는 아니 된다.

(9) 특고압 인입선 등의 시설

100[kV] 이하, 케이블 사용

[2] 가공전선 시설

(1) 가공 케이블의 시설

① 조가용선

㉠ 인장강도 5.93[kN] 이상, **단면적 22[mm^2]**
(특고압 13.93[kN], **단면적 25[mm^2]**) 이상인 아연도강연선

㉡ 접지공사

② **행거 간격 0.5[m]**, 금속테이프 **0.2[m] 이하**

(2) 전선의 세기·굵기 및 종류

① 전선의 종류

㉠ 저압 가공전선 : 절연전선, 다심형 전선, 케이블, 나전선(중성선에 한함)

㉡ 고압 가공전선 : 고압 절연전선, 특고압 절연전선 또는 케이블

② 전선의 굵기 및 종류

㉠ **400[V] 이하** : **인장강도 3.43[kN], 지름 3.2[mm]**
(**절연전선 인장강도 2.3[kN], 지름 2.6[mm]** 이상)

㉡ **400[V] 초과인 저압 또는 고압 가공전선**

- **시가지 인장강도 8.01[kN]** 또는 **지름 5[mm]** 이상
- **시가지 외 인장강도 5.26[kN]** 또는 **지름 4[mm]** 이상

㉢ **특고압** 가공전선 : 인장강도 **8.71[kN]** 이상 또는 단면적 **22[mm^2]** 이상의 경동연선

③ 가공전선의 안전율 : **경동선 또는 내열 동합금선은 2.2** 이상, 그 밖의 전선은 2.5 이상

(3) 가공전선의 높이

① 고·저압

㉠ **지표상 5[m]** 이상(교통에 지장이 없는 경우 4[m] 이상)

㉡ **도로 횡단** : **지표상 6[m]** 이상

㉢ 철도 또는 궤도를 횡단 : **레일면상 6.5[m]** 이상

㉣ 횡단보도교 노면상 3.5[m](저압 절연전선 3[m])

② 특고압

지표상 6[m](철도 6.5[m], 산지 5[m])에 160[kV]를 초과하는 10[kV] 또는 그 단수마다 0.12[m]를 더한 값

(4) 가공지선

① **고압** 가공전선로 : 인장강도
나경동선

② **특고압** 가공전선로 : 인장
5[mm] 이상 나경동선, 22
22[mm^2] 또는 OPGW 전

(5) 가공전선의 병행 설치(병가)

① 고압 가공전선 병가

㉠ 저압을 고압 아래로 하

㉡ 이격거리는 **50[cm]**

㉢ 고압 **케이블 30[cm]**

② 특고압 가공전선 병가

㉠ 특고압선과 고·저압선
단, 특고압전선이 케이

㉡ 사용전압이 35[kV]를

- 제2종 특고압 보안공
- 이격거리는 **2[m]**(케이
- 특고압 가공전선의 굵
는 **50mm^2]** 이상 경동

(6) 가공전선과 가공 약전류 전선

① 저·고압 공가

㉠ 목주의 안전율 1.5 이

㉡ 가공전선을 위로 하고

㉢ 상호 이격거리

- **저압 75[cm]** 이상
- **고압 1.5[m]** 이상

② 특고압 공가 : 35[kV] 이

㉠ 제2종 특고압 보안공사

㉡ 케이블을 제외하고 인
연선

㉢ **이격거리 2[m]**(케이블

㉣ 별개의 완금류 시설

㉤ 전기적 차폐층이 있는

(7) 경간 제한

① 지지물 종류에 따른 경간

지지물 종류
목주·A종
B종
철탑

② 경간을 늘릴 수 있는 경

㉠ **고압** 8.71[kN] 또는

㉡ **특고압** 21.67[kN] 또

㉢ 목주·**A종**은 **300[m]**

② 풍압하중 적용

구 분	고온계	저온계
빙설이 많은 지방	갑종	을종
빙설이 적은 지방	갑종	병종

(4) 가공전선로 지지물의 기초

① **기초 안전율 2** 이상(**이상 시 상정하중**에 대한 **철탑**의 기초에 대하여서는 **1.33** 이상)

② 기초 안전율 2 이상을 고려하지 않는 경우
A종(16[m] 이하, 설계하중 6.8[kN]인 철근콘크리트주)

㉠ 길이 15[m] 이하 : 길이의 $\frac{1}{6}$ 이상

㉡ 길이 15[m] 초과 : **2.5[m]** 이상

㉢ 근가시설

③ 설계하중 6.8[kN] 초과 **9.8[kN] 이하** : 기준보다 **30[cm]를 더한** 값

④ 설계하중 **9.8[kN] 초과** : 기준보다 **50[cm]를 더한** 값

(5) 지지물의 구성 등

① 철주 또는 철탑의 구성 등
강판·형강·평강·봉강·강관 또는 리벳트재

② 목주의 안전율

㉠ **저압** : **풍압하중의 1.2배** 하중

㉡ **고압** : **1.3 이상**

㉢ **특고압** : **1.5 이상**

(6) 지선의 시설

① 지선의 사용
철탑은 지선을 이용하여 강도를 분담시켜서는 안 된다.

② 지선의 시설

㉠ **지선의 안전율** : **2.5 이상**

㉡ **허용인장하중** : **4.31[kN]**

㉢ **소선 3가닥** 이상 연선

㉣ 소선은 **지름 2.6[mm]** 이상 금속선

㉤ 지중 부분 및 지표상 30[cm]까지 부분에는 아연도금 철봉

㉥ **도로 횡단** 지선 높이 : **지표상 5[m]** 이상

(7) 구내 인입선

① 저압 가공 인입선 시설

㉠ 인장강도 2.30[kN] 이상, 지름 **2.6[mm]** 경동선(단, 지지점 간 거리 15[m] 이하, 지름 2[mm] 경동선)

㉡ 절연전선, 다심형 전선, 케이블

㉢ 전선 높이

- **도로 횡단** : **노면상 5[m]**
- **철도 횡단** : **레일면상 6.5[m]**
- **횡단보도교 위** : **노면상 3[m]**
- 기타 : 지표상 4[m]

(10) 특고압 가공전선과 도로 등의 접근·교차

① **제1차** 접근상태 : **제3종** 특고압 보안공사

② **제2차** 접근상태 : **제2종** 특고압 보안공사

(11) 가공전선과 식물의 이격거리

① **저압 또는 고압 가공전선**은 **식물에 접촉하지 않도록 시설**

② **특고압** 가공전선과 식물 사이 이격거리

사용전압	이격거리
60[kV] 이하	2[m] 이상
60[kV] 초과	$2+0.12N$ [m]

여기서, N : 60[kV] 초과하는 10[kV] 단수

[3] 특고압 가공전선로

(1) 시가지 등에서 특고압 가공전선로의 시설(170[kV] 이하)

① **애자장치** : 50[%]의 충격섬락전압의 값이 타부분의 110[%](130[kV] 초과 105[%])

② **지지물의 경간**

지지물 종류	경 간
A종	75[m]
B종	150[m]
철탑	400[m](전선 수평 간격 4[m] 미만 : 250[m])

③ **전선의 굵기**

사용전압 구분	전선 단면적
100[kV] 미만	21.67[kN], 단면적 55[mm^2] 이상의 경동연선
100[kV] 이상	58.84[kN], 단면적 150[mm^2] 이상의 경동연선

④ 전선의 지표상 높이

사용전압 구분	지표상 높이
35[kV] 이하	10[m](특고압 절연전선 8[m])
35[kV] 초과	10[m]에 35[kV]를 초과하는 10[kV] 또는 그 단수마다 0.12[m]를 더한 값

⑤ 지기나 단락이 생긴 경우 : **100[kV] 초과하는 것은 1초 안**에 자동 차단장치

(2) 특고압 가공전선로의 철주·철근콘크리트주 또는 철탑의 종류

① **직선형** : **3도 이하**

② **각도형** : **3도** 초과

③ **인류형** : 인류하는 곳

④ **내장형** : **경간 차 큰 곳**

(3) 특고압 가공전선과 저·고압 가공전선 등의 접근 또는 교차

① 제1차 접근상태 : 제3종 특고압 보안공사

사용전압 구분	이격거리
60[kV] 이하	2[m]
60[kV] 초과	2[m]에 사용전 또는 그

② 제2차 접근상태 : 제2종 특고압

(4) 특고압 가공전선 상호 간의 접근 교

(5) 25[kV] 이하인 **특고압 가공전선로**

① 지락이나 단락 시 : 2초 이내 전

② 중성선 다중 접지 및 중성선 시

㉠ 접지선은 **단면적 6[mm^2]**의

㉡ 접지한 곳 상호 간 거리 **30**

㉢ **1[km]마다의 중성선과 대지**

구 분	각 접지
15[kV] 이하	300
25[kV] 이하	300

㉣ 중성선은 저압 가공전선 시

㉤ 저압 접지측 전선이나 중성

③ 식물 사이의 이격거리 : **1.5[m]**

(6) 지중전선로

① 지중전선로 시설

㉠ 케이블 사용

㉡ 관로식, 암거식, 직접 매설식

㉢ **매설깊이**

• 관로식, 직접 매설식 : 1[m]

• 중량물의 압력을 받을 우려

② 지중함 시설

㉠ 견고하고, 차량 기타 중량물

㉡ 지중함은 고인 물 제거

㉢ 지중함 크기 1[m^3] 이상

㉣ 지중함의 뚜껑은 시설자 이외

③ **누설전류** 또는 **유도작용**에 의하 도록 기설 약전류 전선로로부터

④ 지중전선과 지중 약전류 전선

㉠ 상호 간의 이격거리

• **저압 또는 고압**의 지중전선

• **특고압** 지중전선은 **60[cm]**

㉡ 가연성이나 **유독성의 유체**를 하는 경우 **1[m]** 이상

[4] 기계·기구 시설

(1) 기계 및 기구

① 특고압 배전용 변압기 시설

㉠ 사용전선 : 특고압 절연전선

㉡ 1차 35[kV] 이하, 2차는 저

㉢ 특고압측에 개폐기 및 과전

량	자동차단
초과 A] 미만	내부 고장, 과전류
A] 이상	내부 고장, 과전류, 과전압
A] 이상	내부 고장

자의 온도

를 초과하는 증기터빈에 접속하는 **발전**

은 곳

간

와 기술원 주재소 간

실

와 이격거리

5[m]

[m]

]

이격거리

0.6[m](케이블 0.3[m])

(특고압 케이블이고, 통신선이 절연전

접지 선로 : 0.75[m](중성선 0.6[m])

[4] 보안장치의 표준

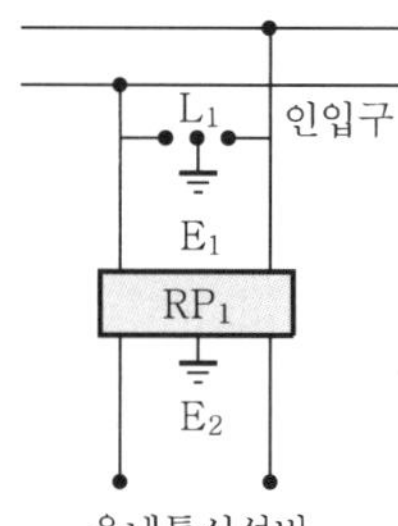

- RP_1 : 자복성 릴레이 보안기
- L_1 : 교류 1[kV] 피뢰기
- E_1 및 E_2 : 접지

[5] 목주·철주·철근콘크리트주·철탑 : 1.5 이상

㉣ 가공전선로와 지중전선로가 접속되는 곳

② 접지저항값 **10[Ω]** 이하

(5) 고압·특고압 옥내 설비

① **애자공사**(건조하고 전개된 장소에 한함), **케이블**, **트레이**

② 애자공사

㉠ 전선은 **6[mm^2]** 이상 연동선

㉡ 전선 지지점 간 거리 **6[m]** 이하. 조영재의 **면을 따라 붙이는** 경우 **2[m]** 이하

㉢ 전선 상호 간격 **8[cm]**, 전선과 조영재 **5[cm]**

㉣ 애자는 **절연성·난연성** 및 **내수성**

㉤ 저압 옥내배선과 쉽게 식별

(6) 발전소 등의 울타리·담 등의 시설

① 기계·기구, 모선 등을 옥외에 시설하는 발전소·변전소·개폐소

㉠ 울타리·담 등을 시설

㉡ 출입구에는 출입금지 표시

㉢ 출입구에는 자물쇠 장치, 기타 적당한 장치

② 울타리·담 등

㉠ 울타리·담 등의 **높이는 2[m]** 이상
지표면과 울타리·담 등의 **하단 사이의 간격 15[cm]** 이하

㉡ **발전소 등의 울타리·담 등의 시설 시 이격거리**

사용전압	울타리 높이와 거리의 합계
35[kV] 이하	5[m]
160[kV] 이하	6[m]
160[kV] 초과	6[m]에 160[kV]를 초과하는 10[kV] 또는 그 단수마다 0.12[m]를 더한 값

(7) 특고압 전로의 상 및 접속 상태 표시

① 보기 쉬운 곳에 **상별 표시**

② **회선수가 2 이하** 단일모선인 경우에는 그러하지 아니하다.

(8) 발전기 등의 보호장치(차단하는 장치 시설)

① **과전류**나 **과전압**이 생긴 경우

② **용량 500[kVA] 이상** : **수차의 압유장치**

③ **용량 100[kVA] 이상** : **풍차의 압유장치**

④ **용량 2,000[kVA] 이상** : 수차 발전기 베어링 **온도 상승**

⑤ **용량 10,000[kVA] 이상** : **내부에 고장**이 생긴 경우

⑥ **정격출력이 10,000[kVA] 초과** : **증기터빈** 베어링 온도 상승

(9) 특고압용 변압기의 보호장치

뱅크 용량	동작조건	장치의 종류
5,000[kVA] 이상 10,000[kVA] 미만	내부 고장	자동차단 또는 경보장치
10,000[kVA] 이상	내부 고장	자동차단장치
타냉식 변압기	온도 상승	경보장치

(10) 조상설비의 보호장치

설비 종별	뱅크
전력용 커패시터 분로리액터	500[kVA 15,000[kV
	15,000[kV
조상기	15,000[kV

(11) 계측장치

① **전압 및 전류 또는 전력**

② 발전기의 베어링 및 **고**

③ 정격출력이 10,000[kW]
기의 진동의 진폭

10 전력보안 통신설비

[1] 시설 장소

(1) 송전선로, 배전선로

(2) 발전소, 변전소 및 변환소

① 원격감시제어가 되지 않

② 2개 이상의 급전소 상호

③ 필요한 곳

④ 긴급연락

⑤ 발전소·변전소 및 개폐

(3) 중앙 급전 사령실, 정보통신

[2] 전력보안통신선의 시설높이

① 도로 위에 시설 : 지표상

② 도로 횡단 : 지표상 6[m]

③ 철도 횡단 : 레일면상 6.

④ 횡단보도교 : 노면상 3[m

⑤ 기타 : 지표상 3.5[m]

[3] 가공전선과 첨가통신선과의

① 고압 및 저압 가공전선 :

② 특고압 가공전선 : 1.2[m
선인 경우 0.3[m])

③ 25[kV] 이하 중성선 다

이격거리
압이 60[kV]를 초과하는 10[kV] 단수마다 0.12[m]를 더한 값

보안공사
차 : 제3종 특고압 보안공사
시설
로 차단
설
연동선
[m] 이하
사이 전기저항값

점 저항	합성 저항
[Ω]	30[Ω]
[Ω]	15[Ω]

에 준한다.
과 공용
이상

이상
가 없는 곳 : 0.6[m] 이상
의 압력에 견디는 구조

의 자가 쉽게 열 수 없도록 시설
통신상의 장해를 주지 아니하
충분히 이격
또는 관과의 접근 또는 교차

은 **30[m]** 이상
이상
내포하는 관과 접근하거나 교차

또는 케이블
압 또는 고압
차단기를 시설

② 특고압을 직접 저압으로 변성하는 변압기 시설
- ㉠ **전기로용** 변압기
- ㉡ **소내용** 변압기
- ㉢ **배전용** 변압기
- ㉣ **10[Ω]** 이하 금속제 혼촉방지판이 있는 것
- ㉤ 교류식 **전기철도용 신호** 변압기

③ 고압용 기계·기구의 시설
- ㉠ 울타리의 높이와 거리 합계 **5[m]** 이상
- ㉡ 지표상 높이 4.5[m](시가지 외 4[m]) 이상

④ 특고압용 기계·기구의 시설

사용전압	울타리 높이와 거리의 합계, 지표상 높이
35[kV] 이하	5[m]
160[kV] 이하	6[m]
160[kV] 초과	6[m]에 160[kV]를 초과하는 10[kV] 단수마다 12[cm]를 더한 값

⑤ 기계·기구의 철대 및 외함의 접지
- ㉠ 외함에는 접지공사를 한다.
- ㉡ **접지공사를 하지 아니해도 되는 경우**
  - 사용전압이 직류 300[V], 교류 대지전압 150[V] 이하
  - 목재 마루, 절연성의 물질, 절연대, 고무 합성수지 등의 절연물, 2중 절연
  - 절연변압기(2차 전압 300[V] 이하, 정격용량 3[kVA] 이하)
  - 인체 감전 보호용 누전차단기 설치
    - 정격감도전류 30[mA] 이하(위험한 장소, 습기 15[mA])
    - 동작시간 0.03초 이하
    - 전류 동작형

(2) 아크를 발생하는 기구의 시설
- ① **고압용** : **1[m]** 이상
- ② **특고압용** : **2[m]** 이상

(3) 개폐기의 시설
- ① **각 극**에 시설
- ② **개폐상태를 표시**
- ③ **자물쇠 장치**
- ④ 개로 방지하기 위한 조치
  - ㉠ 부하전류의 유무를 표시한 장치
  - ㉡ 전화기 기타의 지령장치
  - ㉢ 터블렛

(4) 피뢰기 시설
- ① 시설 장소
  - ㉠ 발전소·변전소의 가공전선 인입구 및 인출구
  - ㉡ 특고압 가공전선로 배전용 변압기의 고압측 및 특고압측
  - ㉢ 고압 및 특고압 가공전선로로부터 공급을 받는 수용장소

기출과 개념을 한 번에 잡는

전기설비 기술기준

정종연 지음

BM (주)도서출판 성안당

■ 도서 A/S 안내

성안당에서 발행하는 모든 도서는 저자와 출판사, 그리고 독자가 함께 만들어 나갑니다.

좋은 책을 펴내기 위해 많은 노력을 기울이고 있습니다. 혹시라도 내용상의 오류나 오탈자 등이 발견되면 "좋은 책은 나라의 보배"로서 우리 모두가 함께 만들어 간다는 마음으로 연락주시기 바랍니다. 수정 보완하여 더 나은 책이 되도록 최선을 다하겠습니다.

성안당은 늘 독자 여러분들의 소중한 의견을 기다리고 있습니다. 좋은 의견을 보내주시는 분께는 성안당 쇼핑몰의 포인트(3,000포인트)를 적립해 드립니다.

잘못 만들어진 책이나 부록 등이 파손된 경우에는 교환해 드립니다.

저자 문의 : kei8100@hanmail.net(정종연)

본서 기획자 e-mail : coh@cyber.co.kr(최옥현)

홈페이지 : http://www.cyber.co.kr 전화 : 031) 950-6300

이 책을 펴내면서…

전기수험생 여러분!

합격하기도, 학습하기도 어려운 전기자격증시험 어떻게 하면 합격할 수 있을까요? 이것은 과거부터 현재까지 끊임없이 제기되고 있는 전기수험생들의 고민이며 가장 큰 바람입니다.

필자가 강단에서 30여 년 강의를 하면서 안타깝게도 전기수험생들이 열심히 준비하지만 합격하지 못한 채 중도에 포기하는 경우를 많이 보았습니다. 전기자격증시험이 너무 어려워서?, 머리가 나빠서?, 수학실력이 없어서?, 그렇지 않습니다. 그것은 전기자격증 시험대비 학습방법이 잘못되었기 때문입니다.

전기기사·산업기사 시험문제는 전체 과목의 이론에 대해 출제될 수 있는 문제가 모두 출제된 상태로 현재는 문제은행방식으로 기출문제를 그대로 출제하고 있습니다.

따라서 이 책은 기출개념원리에 의한 독특한 교수법으로 시험에 강해질 수 있는 사고력을 기르고 이를 바탕으로 기출문제 해결능력을 키울 수 있도록 다음과 같이 구성하였습니다.

이 책의 특징

❶ 기출핵심개념과 기출문제를 동시에 학습

중요한 기출문제를 기출핵심이론의 하단에서 바로 학습할 수 있도록 구성하였습니다. 따라서 기출개념과 기출문제풀이가 동시에 학습이 가능하여 어떠한 형태로 문제가 출제되는지 출제감각을 익힐 수 있게 구성하였습니다.

❷ 전기자격증시험에 필요한 내용만 서술

기출문제를 토대로 방대한 양의 이론을 모두 서술하지 않고 시험에 필요 없는 부분은 과감히 삭제, 시험에 나오는 내용만 담아 수험생의 학습시간을 단축시킬 수 있도록 교재를 구성하였습니다.

이 책으로 인내심을 가지고 꾸준히 시험대비를 한다면 학습하기도, 합격하기도 어렵다는 전기자격증시험에 반드시 좋은 결실을 거둘 수 있으리라 확신합니다.

정종연 씀

"

기출개념과 문제를 한번에 잡는 합격 구성

"

기출개념

기출문제에 꼭 나오는 핵심개념을 관련 기출문제와 구성하여 한번에 쉽게 이해

단원 최근 빈출문제

단원별로 자주 출제되는 기출문제를 엄선하여 출제 가능성이 높은 필수 기출문제 공략

실전 기출문제

최근 출제되었던 기출문제를 풀면서 실전시험 최종 마무리

이 책의 구성과 특징

01 기출개념

시험에 출제되는 중요한 핵심개념을 체계적으로 정리해 먼저 제시하고 그 개념과 관련된 기출문제를 동시에 학습할 수 있도록 구성하였다.

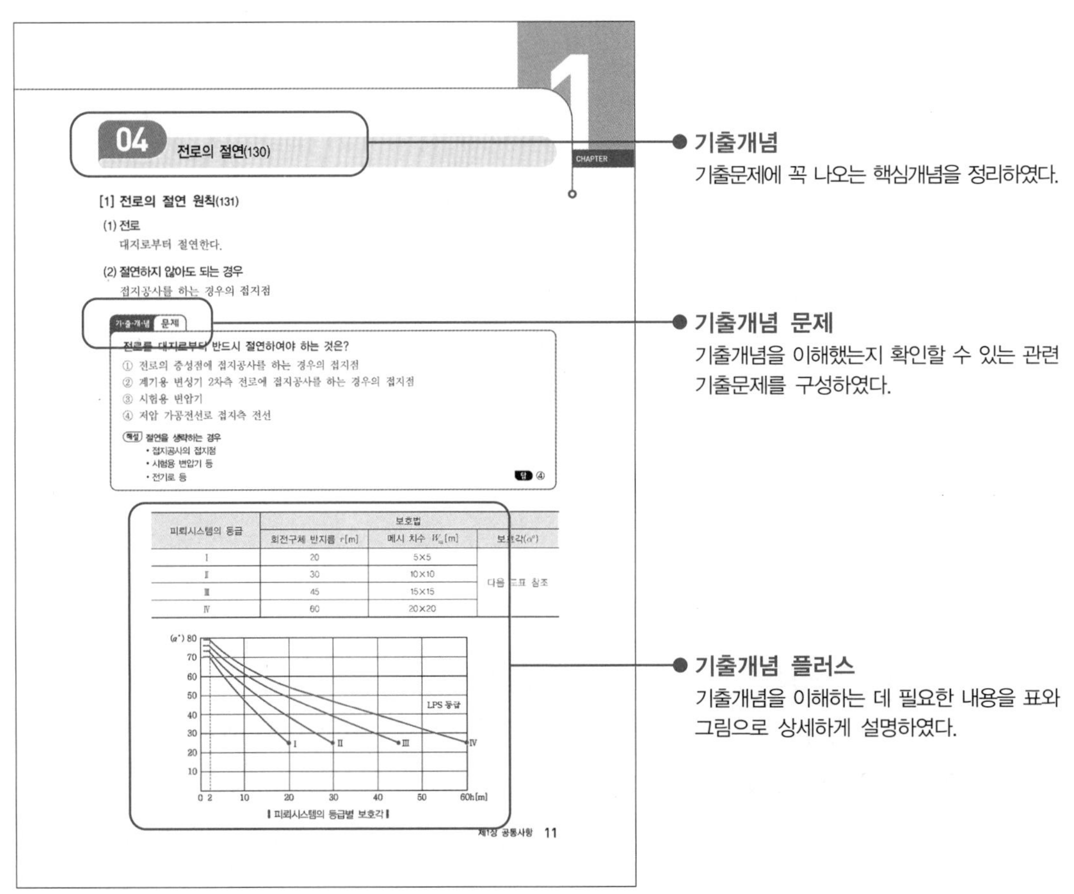
CHAPTER 1

04 전로의 절연(130)

[1] 전로의 절연 원칙(131)

(1) 전로

대지로부터 절연한다.

(2) 절연하지 않아도 되는 경우

접지공사를 하는 경우의 접지점

기출개념 문제

전로를 대지로부터 반드시 절연하여야 하는 것은?

① 전로의 중성점에 접지공사를 하는 경우의 접지점
② 계기용 변성기 2차측 전로에 접지공사를 하는 경우의 접지점
③ 시험용 변압기
④ 저압 가공전선로 접지측 전선

해설 절연을 생략하는 경우
- 접지공사의 접지점
- 시험용 변압기 등
- 전기로 등

답 ④

피뢰시스템의 등급	보호법		
	회전구체 반지름 r[m]	메시 치수 W_m[m]	보호각($\alpha°$)
Ⅰ	20	5×5	다음 그래프 참조
Ⅱ	30	10×10	
Ⅲ	45	15×15	
Ⅳ	60	20×20	

▎피뢰시스템의 등급별 보호각▎

제1장 공통사항 11

기출개념
기출문제에 꼭 나오는 핵심개념을 정리하였다.
기출개념 문제
기출개념을 이해했는지 확인할 수 있는 관련 기출문제를 구성하였다.
기출개념 플러스
기출개념을 이해하는 데 필요한 내용을 표와 그림으로 상세하게 설명하였다.

02 단원별 출제비율

단원별로 다년간 출제문제를 분석한 출제비율을 제시하여 학습방향을 세울 수 있도록 구성하였다.

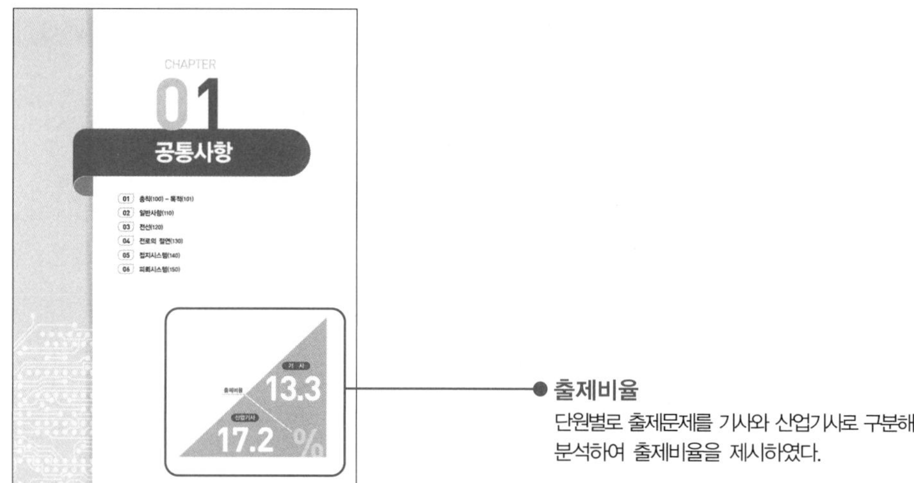

CHAPTER
01
공통사항
기사
13.3
산업기사
17.2 %
출제비율
단원별로 출제문제를 기사와 산업기사로 구분해 분석하여 출제비율을 제시하였다.

03 단원 최근 빈출문제

자주 출제되는 기출문제를 엄선하여 단원별로 학습할 수 있도록 빈출문제로 구성하였다.

04 최근 과년도 출제문제

실전시험에 대비할 수 있도록 최근 기출문제를 수록하여 시험에 대한 감각을 기를 수 있도록 구성하였다.

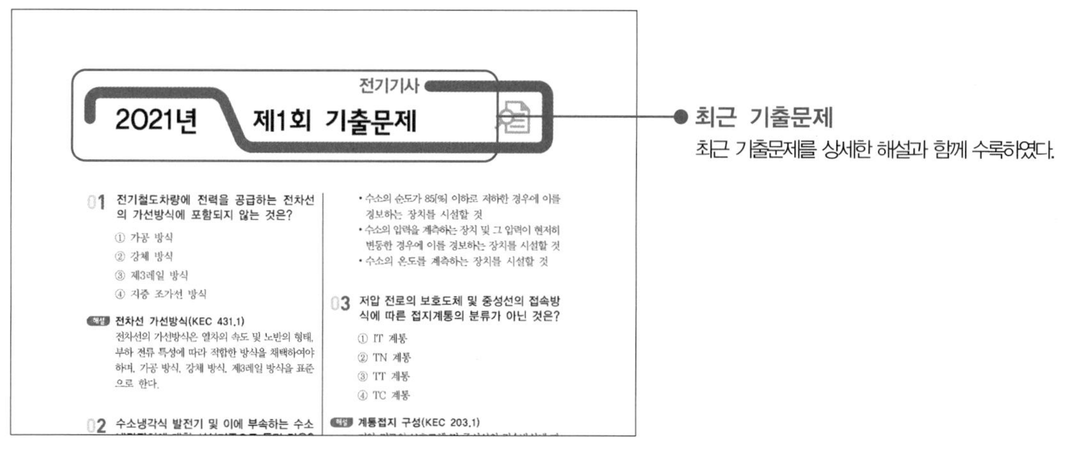

전기기사
2021년 제1회 기출문제
01 전기철도차량에 전력을 공급하는 전차선의 가선방식에 포함되지 않는 것은?
① 가공 방식
② 강체 방식
③ 제3레일 방식
④ 지중 조가선 방식
해설 전차선 가선방식(KEC 431.1)
03 저압 전로의 보호도체 및 중성선의 접속방식에 따른 접지계통의 분류가 아닌 것은?
① IT 계통
② TN 계통
③ TT 계통
④ TC 계통
해설 계통접지 구성(KEC 203.1)
최근 기출문제
최근 기출문제를 상세한 해설과 함께 수록하였다.

전기자격시험안내

01 시행처

한국산업인력공단

02 시험과목

구분	전기기사	전기산업기사	전기공사기사	전기공사산업기사
필기	1. 전기자기학 2. 전력공학 3. 전기기기 4. 회로이론 및 제어공학 5. 전기설비기술기준	1. 전기자기학 2. 전력공학 3. 전기기기 4. 회로이론 5. 전기설비기술기준	1. 전기응용 및 공사재료 2. 전력공학 3. 전기기기 4. 회로이론 및 제어공학 5. 전기설비기술기준	1. 전기응용 2. 전력공학 3. 전기기기 4. 회로이론 5. 전기설비기술기준
실기	전기설비 설계 및 관리	전기설비 설계 및 관리	전기설비 견적 및 시공	전기설비 견적 및 시공

03 검정방법

[기사]

- **필기** : 객관식 4지 택일형, 과목당 20문항(과목당 30분)
- **실기** : 필답형(2시간 30분)

[산업기사]

- **필기** : 객관식 4지 택일형, 과목당 20문항(과목당 30분)
- **실기** : 필답형(2시간)

04 합격기준

- **필기** : 100점을 만점으로 하여 과목당 40점 이상, 전과목 평균 60점 이상
- **실기** : 100점을 만점으로 하여 60점 이상

출제기준

■ 전기기사, 전기산업기사

주요항목	세부항목	세세항목
1. 총칙	(1) 기술기준 총칙 및 KEC 총칙에 관한 사항	① 목적 ② 안전원칙 ③ 정의
	(2) 일반사항	① 통칙 ② 안전을 위한 보호
	(3) 전선	① 전선의 선정 및 식별 ② 전선의 종류 ③ 전선의 접속
	(4) 전로의 절연	① 전로의 절연 ② 전로의 절연저항 및 절연내력 ③ 회전기, 정류기의 절연내력 ④ 연료전지 및 태양전지 모듈의 절연내력 ⑤ 변압기 전로의 절연내력 ⑥ 기구 등의 전로의 절연내력
	(5) 접지시스템	① 접지시스템의 구분 및 종류 ② 접지시스템의 시설 ③ 감전보호용 등전위본딩
	(6) 피뢰시스템	① 피뢰시스템의 적용범위 및 구성 ② 외부피뢰시스템 ③ 내부피뢰시스템
2. 저압전기설비	(1) 통칙	① 적용범위 ② 배전방식 ③ 계통접지의 방식
	(2) 안전을 위한 보호	① 감전에 대한 보호 ② 과전류에 대한 보호 ③ 과도과전압에 대한 보호 ④ 열 영향에 대한 보호
	(3) 전선로	① 구내, 옥측, 옥상, 옥내 전선로의 시설 ② 저압 가공전선로 ③ 지중 전선로 ④ 특수장소의 전선로
	(4) 배선 및 조명설비	① 일반사항 ② 배선설비 ③ 전기기기 ④ 조명설비 ⑤ 옥측, 옥외설비 ⑥ 비상용 예비전원설비
	(5) 특수설비	① 특수 시설 ② 특수 장소 ③ 저압 옥내 직류전기설비

주요항목	세부항목	세세항목
3. 고압, 특고압 전기설비	(1) 통칙	① 적용범위 ② 기본원칙
	(2) 안전을 위한 보호	① 안전보호
	(3) 접지설비	① 고압, 특고압 접지계통 ② 혼촉에 의한 위험방지시설
	(4) 전선로	① 전선로 일반 및 구내, 옥측, 옥상 전선로 ② 가공전선로 ③ 특고압 가공전선로 ④ 지중 전선로 ⑤ 특수장소의 전선로
	(5) 기계, 기구 시설 및 옥내배선	① 기계 및 기구 ② 고압, 특고압 옥내설비의 시설
	(6) 발전소, 변전소, 개폐소 등의 전기설비	① 발전소, 변전소, 개폐소 등의 전기설비
	(7) 전력보안통신설비	① 전력보안통신설비의 일반사항 ② 전력보안통신설비의 시설 ③ 지중통신선로설비 ④ 무선용 안테나 ⑤ 통신설비의 식별
4. 전기철도설비	(1) 통칙	① 전기철도의 일반사항 ② 용어 정의
	(2) 전기철도의 전기방식	① 전기방식의 일반사항
	(3) 전기철도의 변전방식	① 변전방식의 일반사항
	(4) 전기철도의 전차선로	① 전차선로의 일반사항 ② 전기철도의 원격감시제어설비
	(5) 전기철도의 전기철도차량설비	① 전기철도차량설비의 일반사항
	(6) 전기철도의 설비를 위한 보호	① 설비보호의 일반사항
	(7) 전기철도의 안전을 위한 보호	① 전기안전의 일반사항
5. 분산형 전원설비	(1) 통칙	① 일반사항 ② 용어 정의 ③ 분산형 전원계통연계설비의 시설
	(2) 전기저장장치	① 일반사항 ② 전기저장장치의 시설
	(3) 태양광발전설비	① 일반사항 ② 태양광설비의 시설
	(4) 풍력발전설비	① 일반사항 ② 풍력설비의 시설
	(5) 연료전지설비	① 일반사항 ② 연료전지설비의 시설

이 책의 차례

CHAPTER 01 공통사항

기사 13.3% / 산업 17.2%

CHAPTER 02 저압 전기설비

기사 3.4% / 산업 2.8%

CHAPTER 06 전기철도설비

기사 3.3% / 산업 3.7%

CHAPTER 07 분산형 전원설비

기사 3.1% / 산업 3.4%

부 록

"할 수 있다고 믿는 사람은 그렇게 되고,
할 수 없다고 믿는 사람 역시 그렇게 된다."

– 샤를 드골 –

CHAPTER

01

공통사항

01	총칙(100) – 목적(101)
02	일반사항(110)
03	전선(120)
04	전로의 절연(130)
05	접지시스템(140)
06	피뢰시스템(150)

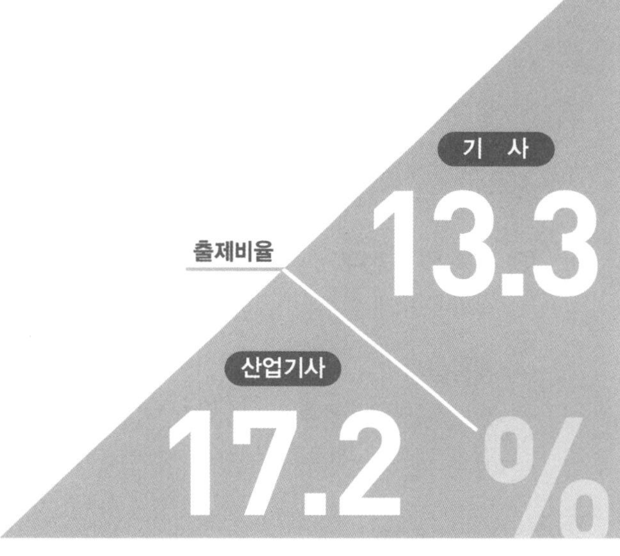

01 총칙(100) – 목적(101)

이 한국전기설비규정(KEC)은 전기설비기술기준 고시에서 정하는 전기설비("발전·송전·변전·배전 또는 전기 사용을 위하여 설치하는 기계·기구·댐·수로·저수지·전선로·보안통신선로 및 그 밖의 설비")의 안전성능과 기술적 요구사항을 구체적으로 정하는 것을 목적으로 한다.

02 일반사항(110)

1 통칙(111) – 전압의 구분(111.1)

(1) 저압

교류는 1[kV] 이하, 직류는 1.5[kV] 이하인 것

(2) 고압

교류는 1[kV]를, 직류는 1.5[kV]를 초과하고 7[kV] 이하인 것

(3) 특고압

7[kV]를 초과하는 것

2 용어 정의(112)

(1) 가공인입선

가공전선로의 지지물로부터 다른 지지물을 거치지 아니하고 수용장소의 붙임점에 이르는 가공전선을 말한다.

(2) 계통연계

둘 이상의 전력계통 사이를 전력이 상호 융통될 수 있도록 선로를 통하여 연결하는 것으로 전력계통 상호간을 송전선, 변압기 또는 직류-교류변환설비 등에 연결하는 것. '계통연락'이라고도 한다.

(3) 계통 외 도전부

전기설비의 일부는 아니지만 지면에 전위 등을 전해줄 위험이 있는 도전성 부분을 말한다.

(4) 계통접지

전력계통에서 돌발적으로 발생하는 이상현상에 대비하여 대지와 계통을 연결하는 것으로, 중성점을 대지에 접속하는 것을 말한다.

(5) 고장보호

고장 시 기기의 노출도전부에 간접 접촉함으로써 발생할 수 있는 위험으로부터 인축을 보호하는 것을 말한다.

(6) 관등회로

방전등용 안정기 또는 방전등용 변압기로부터 방전관까지의 전로를 말한다.

(7) 기본보호

정상운전 시 기기의 충전부에 직접 접촉함으로써 발생할 수 있는 위험으로부터 인축의 보호를 말한다.

(8) 내부 피뢰시스템

등전위 본딩 및/또는 외부 피뢰시스템의 전기적 절연으로 구성된 피뢰시스템의 일부를 말한다.

(9) 노출도전부

충전부는 아니지만 고장 시에 충전될 위험이 있고, 사람이 쉽게 접촉할 수 있는 기기의 도전성 부분을 말한다.

(10) 뇌전자기 임펄스(LEMP)

서지 및 방사상 전자계를 발생시키는 저항성, 유도성 및 용량성 결합을 통한 뇌전류에 의한 모든 전자기 영향을 말한다.

(11) 단독운전

전력계통의 일부가 전력계통의 전원과 전기적으로 분리된 상태에서 분산형 전원에 의해서만 가압되는 상태를 말한다.

(12) 단순 병렬운전

자가용 발전설비 또는 저압 소용량 일반용 발전설비를 배전계통에 연계하여 운전하되, 생산한 전력의 전부를 자체적으로 소비하기 위한 것으로서 생산한 전력이 연계계통으로 송전되지 않는 병렬형태를 말한다.

(13) 등전위 본딩

등전위를 형성하기 위해 도전부 상호간을 전기적으로 연결하는 것을 말한다.

(14) 리플프리 직류

교류를 직류로 변환할 때 리플 성분의 실효값이 10[%] 이하로 포함된 직류를 말한다.

(15) 보호 등전위 본딩

감전에 대한 보호 등과 같은 안전을 목적으로 하는 등전위 본딩을 말한다.

(16) 보호 본딩 도체

등전위 본딩을 확실하게 하기 위한 보호도체를 말한다.

(17) 보호 접지

고장 시 감전에 대한 보호를 목적으로 기기의 한 점 또는 여러 점을 접지하는 것을 말한다.

(18) 등전위 본딩망

구조물의 모든 도전부와 충전도체를 제외한 내부설비를 접지극에 상호 접속하는 망을 말한다.

(19) 분산형 전원

중앙급전 전원과 구분되는 것으로서 전력소비지역 부근에 분산하여 배치 가능한 전원을 말한다. 상용전원의 정전 시에만 사용하는 비상용 예비전원은 제외하며, 신·재생에너지 발전설비, 전기저장장치 등을 포함한다.

(20) 서지보호장치(SPD)

과도 과전압을 제한하고 서지전류를 분류시키기 위한 장치를 말한다.

(21) 수뢰부 시스템

낙뢰를 포착할 목적으로 피뢰침, 망상도체, 피뢰선 등과 같은 금속 물체를 이용한 외부 피뢰시스템의 일부를 말한다.

(22) 스트레스 전압

지락고장 중에 접지부분 또는 기기나 장치의 외함과 기기나 장치의 다른 부분 사이에 나타나는 전압을 말한다.

(23) 옥내배선

건축물 내부의 전기사용장소에 고정시켜 시설하는 전선을 말한다.

(24) 옥외배선

건축물 외부의 전기사용장소에서 그 전기사용장소에서의 전기 사용을 목적으로 고정시켜 시설하는 전선을 말한다.

(25) 옥측배선

건축물 외부의 전기사용장소에서 그 전기사용장소에서의 전기 사용을 목적으로 조영물에 고정시켜 시설하는 전선을 말한다.

(26) 외부 피뢰시스템

수뢰부시스템, 인하도선시스템, 접지극시스템으로 구성된 피뢰시스템의 일종을 말한다.

(27) 인하도선시스템

뇌전류를 수뢰시스템에서 접지극으로 흘리기 위한 외부 피뢰시스템의 일부를 말한다.

(28) 임펄스 내전압

지정된 조건하에서 절연파괴를 일으키지 않는 규정된 파형 및 극성의 임펄스 전압의 최대 피크값 또는 충격내전압을 말한다.

(29) 접지시스템

기기나 계통을 개별적 또는 공통으로 접지하기 위하여 필요한 접속 및 장치로 구성된 설비를 말한다.

(30) 제1차 접근상태

가공전선이 다른 시설물과 접근하는 경우에 가공전선이 다른 시설물의 위쪽 또는 옆쪽에서 수평거리로 가공전선로의 지지물의 지표상의 높이에 상당하는 거리 안에 시설됨으로써 가공전선로의 전선의 절단, 지지물의 도괴 등의 경우에 그 전선이 다른 시설물에 접촉할 우려가 있는 상태를 말한다.

(31) 제2차 접근상태

가공전선이 다른 시설물과 접근하는 경우에 그 가공전선이 다른 시설물의 위쪽 또는 옆쪽에서 수평거리로 3[m] 미만인 곳에 시설되는 상태를 말한다.

(32) 전기철도용 급전선

전기철도용 변전소로부터 다른 전기철도용 변전소 또는 전차선에 이르는 전선을 말한다.

(33) 전기철도용 급전선로

전기철도용 급전선 및 이를 지지하거나 수용하는 시설물을 말한다.

(34) 접속설비

공용 전력계통으로부터 특정 분산형 전원 전기설비에 이르기까지의 전선로와 이에 부속하는 개폐장치, 모선 및 기타 관련 설비를 말한다.

(35) 접지전위 상승(EPR)

접지계통과 기준 대지 사이의 전위차를 말한다.

(36) 접촉범위

사람이 통상적으로 서있거나 움직일 수 있는 바닥면상의 어떤 점에서라도 보조장치의 도움 없이 손을 뻗어서 접촉이 가능한 접근구역을 말한다.

(37) 지락고장전류

충전부에서 대지 또는 고장점(지락점)의 접지된 부분으로 흐르는 전류를 말하며, 지락에 의하여 전로의 외부로 유출되어 화재, 사람이나 동물의 감전 또는 전로나 기기의 손상 등 사고를 일으킬 우려가 있는 전류를 말한다.

(38) 지중관로

지중전선로·지중 약전류 전선로·지중 광섬유 케이블 선로·지중에 시설하는 수관 및 가스관과 이와 유사한 것 및 이들에 부속하는 지중함 등을 말한다.

(39) 충전부

통상적인 운전상태에서 전압이 걸리도록 되어 있는 도체 또는 도전부를 말한다. 중성선을 포함하나 PEN 도체, PEM 도체 및 PEL 도체는 포함하지 않는다.

(40) 특별저압(ELV)

인체에 위험을 초래하지 않을 정도의 저압을 말한다. 여기서 SELV는 비접지회로에 해당되며, PELV는 접지회로에 해당된다.

(41) 피뢰 등전위 본딩

뇌전류에 의한 전위차를 줄이기 위해 직접적인 도전접속 또는 서지보호장치를 통해 분리된 금속부를 피뢰시스템에 본딩하는 것을 말한다.

(42) 피뢰레벨(LPL)

자연적으로 발생하는 뇌방전을 초과하지 않는 최대 그리고 최소설계값에 대한 확률과 관련된 일련의 뇌격전류 매개변수(파라미터)로 정해지는 레벨을 말한다.

(43) 피뢰시스템(LPS)

구조물 뇌격으로 인한 물리적 손상을 줄이기 위해 사용되는 전체 시스템을 말하며, 외부 피뢰시스템과 내부 피뢰시스템으로 구성된다.

(44) PEN 도체

중성선 겸용 보호도체를 말한다.

03 전선(120)

[1] 전선의 식별(121.2)

상(문자)	색 상
L_1	갈색
L_2	흑색
L_3	회색
N	청색
보호도체	녹색 – 노란색

[2] 전선의 종류(122)

(1) 절연전선(122.1)

① 절연전선은 「전기용품안전관리법」의 적용을 받는 것

② 450/750[V] 비닐절연전선·450/750[V] 저독 난연 폴리올레핀 절연전선·750[V] 고무절연전선

③ 특고압 절연전선·고압 절연전선·600[V]급 저압 절연전선 또는 옥외용 비닐절연전선

(2) 코드(122.2)

(3) 캡타이어 케이블(122.3)

(4) 저압 케이블(122.4)

0.6/1[kV] 연피케이블, 클로로프렌외장케이블, 비닐외장케이블, 폴리에틸렌외장케이블, 무기물 절연케이블, 금속외장케이블 등

(5) 고압 및 특고압 케이블(122.5)

① 고압 케이블
클로로프렌외장케이블, 비닐외장케이블, 폴리에틸렌외장케이블, 콤바인 덕트 케이블

② 특고압 케이블
에틸렌 프로필렌고무혼합물, 가교폴리에틸렌 혼합물인 케이블로서 선심 위에 금속제의 전기적 차폐층을 설치한 것, 파이프형 압력 케이블

③ 특고압 전로의 다중 접지 지중 배전계통에 사용하는 동심중성선 전력케이블
㉠ 최고전압은 25.8[kV] 이하
㉡ 도체는 연동선 또는 알루미늄선을 소선으로 구성한 원형 압축연선으로 할 것. 도체 내부의 홈에는 물이 쉽게 침투하지 않도록 수밀 혼합물
㉢ 절연체는 동심원상으로 동시압출(3중 동시압출)한 내부 반도전층, 절연층 및 외부 반도전층으로 구성하여야 하며, 건식 방식으로 가교할 것
절연층은 가교폴리에틸렌(XLPE) 또는 수트리억제 가교폴리에틸렌(TR- XLPE)을 사용
㉣ 중성선 수밀층은 물이 침투하면 자기 부풀음성을 갖는 부풀음 테이프를 사용

(6) 나전선(122.6)

나전선 및 지선·가공지선·보호도체·보호망·전력보안 통신용 약전류전선·기타의 금속선

[3] 전선의 접속(123)

① 전선의 전기저항을 증가시키지 아니하도록 접속하여야 한다.
② 나전선 상호 또는 나전선과 절연전선 또는 캡타이어 케이블과 접속하는 경우
㉠ 전선의 세기를 20[%] 이상 감소시키지 아니할 것
㉡ 접속부분은 접속관, 기타의 기구를 사용할 것
③ 절연전선의 절연물과 동등 이상의 절연효력이 있는 것으로 충분히 피복할 것
④ 코드 접속기·접속함 기타의 기구를 사용할 것
⑤ 전기 화학적 성질이 다른 도체를 접속하는 경우에는 접속부분에 전기적 부식이 생기지 않도록 할 것
⑥ 두 개 이상의 전선을 병렬로 사용하는 경우
㉠ 각 전선의 굵기는 동선 50[mm^2] 이상, 알루미늄 70[mm^2] 이상, 같은 도체, 같은 재료, 같은 길이 및 같은 굵기의 것
㉡ 같은 극의 각 전선은 동일한 터미널러그에 완전히 접속할 것

㉢ 같은 극인 각 전선의 터미널러그는 동일한 도체에 2개 이상의 리벳 또는 2개 이상의 나사로 접속할 것
㉣ 병렬로 사용하는 전선에는 각각에 퓨즈를 설치하지 말 것
㉤ 교류회로에서 병렬로 사용하는 전선은 금속관 안에 전자적 불평형이 생기지 않도록 시설할 것

04 전로의 절연(130)

[1] 전로의 절연 원칙(131)

(1) 전로

대지로부터 절연한다.

(2) 절연하지 않아도 되는 경우

접지공사를 하는 경우의 접지점

(3) 절연할 수 없는 부분

① 시험용 변압기, 전력선 반송용 결합 리액터, 전기울타리용 전원장치, 엑스선발생장치, 전기부식방지용 양극, 단선식 전기철도의 귀선 등 전로의 일부를 대지로부터 절연하지 아니하고 전기를 사용하는 것이 부득이한 것
② 전기욕기·전기로·전기보일러·전해조 등 대지로부터 절연하는 것이 기술상 곤란한 것

기·출·개·념 **문제**

전로를 대지로부터 반드시 절연하여야 하는 것은?

① 전로의 중성점에 접지공사를 하는 경우의 접지점
② 계기용 변성기 2차측 전로에 접지공사를 하는 경우의 접지점
③ 시험용 변압기
④ 저압 가공전선로 접지측 전선

(해설) **절연을 생략하는 경우**

- 접지공사의 접지점
- 시험용 변압기 등
- 전기로 등

답 ④

[2] 전로의 절연저항 및 절연내력(132)

(1) 누설전류(기술기준 제27조)

① 저압인 전로에서 정전이 어려운 경우 등 절연저항 측정이 곤란한 경우 누설전류를 1[mA] 이하로 유지한다.

② 누설전류가 최대공급전류의 $\frac{1}{2,000}$을 넘지 아니하도록 한다.

㉠ 누설전류 $I_g \leq$ 최대공급전류(I_m)의 $\frac{1}{2,000}$[A]

㉡ 절연저항 $R \geq \frac{V}{I_g} \times 10^{-6} = [\mathrm{M}\Omega]$

(2) 저압 전로의 절연성능(기술기준 제52조)

① 개폐기 또는 과전류 차단기로 구분할 수 있는 전로마다 다음 표에서 정한 값 이상이어야 한다.

② 측정 시 영향을 주거나 손상을 받을 수 있는 SPD 또는 기타 기기 등은 측정 전에 분리시켜야 하고, 부득이하게 분리가 어려운 경우에는 시험전압을 250[V] DC로 낮추어 측정할 수 있지만 절연저항 값은 1[MΩ] 이상이어야 한다.

전로의 사용전압[V]	DC시험전압[V]	절연저항[MΩ]
SELV 및 PELV	250	0.5
FELV, 500[V] 이하	500	1.0
500[V] 초과	1,000	1.0

[주] 특별저압(extra low voltage : 2차 전압이 AC 50[V], DC 120[V] 이하)으로 SELV(비접지회로 구성) 및 PELV(접지회로 구성)은 1차와 2차가 전기적으로 절연된 회로, FELV는 1차와 2차가 전기적으로 절연되지 않은 회로

(3) 절연내력

정한 시험전압을 전로와 대지 사이에 연속하여 10분간 가하여 절연내력을 시험, 케이블을 사용하는 교류 전로로서 정한 시험전압의 2배의 직류전압을 전로와 대지 사이에 연속하여 10분간 가하여 절연내력을 시험

▌전로의 종류 및 시험전압▐

전로의 종류(최대사용전압)		시험전압
7[kV] 이하		1.5배(최저 500[V])
중성선 다중 접지하는 것		0.92배
7[kV] 초과 60[kV] 이하		1.25배(최저 10,500[V])
60[kV] 초과	중성점 비접지식	1.25배
	중성점 접지식	1.1배(최저 75[kV])
	중성점 직접 접지식	0.72배
170[kV] 초과 중성점 직접 접지		0.64배

기·출·개·념 **문제**

1. 사용전압이 저압인 전로에서 정전이 어려운 경우 등 절연저항 측정이 곤란한 경우에 누설전류는 몇 [mA] 이하로 유지하여야 하는가?

① 1 ② 2

③ 3 ④ 4

해설 **전로의 절연저항 및 절연내력(132)**

저압인 전로에서 정전이 어려운 경우 등 절연저항 측정이 곤란한 경우 누설전류를 1[mA] 이하로 유지한다.

답 ①

2. 1차 전압 22.9[kV], 2차 전압 100[V], 용량 15[kVA]인 변압기에서 저압측의 허용누설전류는 몇 [mA]를 넘지 않도록 유지하여야 하는가?

① 35

② 50

③ 75

④ 100

해설 $I_g = \frac{15 \times 10^3}{100} \times \frac{1}{2,000} \times 10^3 = 75[\text{mA}]$

답 ③

[3] 회전기 및 정류기의 절연내력(133)

종 류			시험전압	시험방법
회전기	발전기 전동기 조상기	7[kV] 이하	1.5배(최저 500[V])	권선과 대지 간에 연속하여 10분간
		7[kV] 초과	1.25배(최저 10,500[V])	
	회전변류기		직류측의 최대사용전압의 1배의 교류전압(최저 500[V])	
정류기	60[kV] 이하		직류측의 최대사용전압의 1배의 교류전압(최저 500[V])	충전부분과 외함 간에 연속하여 10분간
	60[kV] 초과		• 교류측의 최대사용전압의 1.1배의 교류전압 • 직류측의 최대사용전압의 1.1배의 직류전압	교류측 및 직류 고전압측 단자와 대지 간에 연속하여 10분간

[4] 연료전지 및 태양전지 모듈의 절연내력(134)

연료전지 및 태양전지 모듈은 최대사용전압의 1.5배의 직류전압 또는 1배의 교류전압(최저 500[V])을 충전부분과 대지 사이에 연속하여 10분간

기·출·개·념 문제

고압용 수은정류기의 절연내력시험을 직류측 최대사용전압의 몇 배의 교류전압을 음극 및 외함과 대지 간에 연속하여 10분간 가하여 이에 견디어야 하는가?

① 1배 ② 1.1배 ③ 1.25배 ④ 1.5배

(해설) 정류기

종 류	시험전압	시험방법
60[kV] 이하	직류측의 최대사용전압의 1배의 교류전압(최저 500[V])	충전부분과 외함 간에 연속하여 10분간
60[kV] 초과	• 교류측의 최대사용전압의 1.1배의 교류전압 • 직류측의 최대사용전압의 1.1배의 직류전압	교류측 및 직류 고전압측 단자와 대지 간에 연속하여 10분간

답 ①

[5] 변압기 전로의 절연내력(135)

전로의 종류(최대사용전압)		시험전압
7[kV] 이하		1.5배(최저 500[V])
중성선 다중 접지하는 것		0.92배
7[kV] 초과 60[kV] 이하		1.25배(최저 10,500[V])
60[kV] 초과	중성점 비접지식	1.25배
	중성점 접지식	1.1배(최저 75[kV])
	중성점 직접 접지식	0.72배
170[kV] 초과 중성점 직접 접지		0.64배

(1) 접지하는 곳

① 시험되는 권선의 중성점 단자
② 다른 권선의 임의의 1단자
③ 철심 및 외함

(2) 시험하는 곳

시험되는 권선의 중성점 단자 이외의 임의의 1단자와 대지 간에 시험전압 10분. 이 경우에 중성점에 피뢰기를 시설하는 것에 있어서는 다시 중성점 단자와 대지 간에 최대사용전압의 0.3배의 전압을 연속하여 10분간 가한다.

기·출·개·념 문제

어떤 변압기의 1차 전압이 6,900[V], 6,600[V], 6,300[V], 6,000[V], 5,700[V]로 되어 있다. 절연내력 시험전압은 몇 [V]인가?

① 7,590 ② 8,625 ③ 10,350 ④ 13,800

(해설) **시험전압** 6,900×1.5=10,350[V]

답 ③

[6] 기구 등의 전로의 절연내력(136)

전로의 종류(최대사용전압)		시험전압
7[kV] 이하		1.5배(최저 500[V])
중성선 다중 접지하는 것		0.92배
7[kV] 초과 60[kV] 이하		1.25배(최저 10,500[V])
60[kV] 초과	중성점 비접지식	1.25배
	중성점 접지식	1.1배(최저 75[kV])
	중성점 직접 접지식	0.72배
170[kV] 초과 중성점 직접 접지		0.64배

05 접지시스템(140)

1 접지시스템의 구분 및 종류(141)

(1) 접지시스템

계통접지, 보호접지, 피뢰시스템 접지

(2) 접지시스템의 시설 종류

단독접지, 공통접지, 통합접지

2 접지시스템의 시설(142)

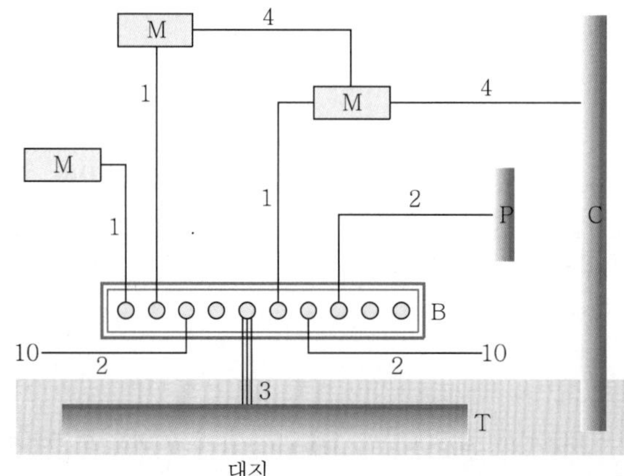

1 : 보호도체(PE)
2 : 보호등전위 본딩
3 : 접지도체
4 : 보조 보호등전위 본딩
10 : 기타 기기(예 통신기기)
B : 주접지단자
M : 전기기구의 노출 도전성 부분
C : 철골, 금속덕트 계통의 도전성 부분
P : 수도관, 가스관 등 금속배관
T : 접지극

▮ 접지극, 접지도체 및 주접지단자의 구성 예 ▮

[1] 접지시스템의 구성요소 및 요구사항(142.1)

(1) 접지시스템 구성요소(142.1.1)

접지극, 접지도체, 보호도체 및 기타 설비

(2) 접지시스템 요구사항(142.1.2)

① 접지시스템

㉠ 전기설비의 보호 요구사항을 충족하여야 한다.

㉡ 지락전류와 보호도체 전류를 대지에 전달할 것. 다만, 열적, 열·기계적, 전기·기계적 응력 및 이러한 전류로 인한 감전 위험이 없어야 한다.

㉢ 전기설비의 기능적 요구사항을 충족하여야 한다.

② 접지저항값

㉠ 부식, 건조 및 동결 등 대지환경 변화에 충족하여야 한다.

㉡ 인체감전보호를 위한 값과 전기설비의 기계적 요구에 의한 값을 만족한다.

[2] 접지극의 시설 및 접지저항(142.2)

(1) 접지극 시설

① 토양 또는 콘크리트에 매입되는 접지극의 재료 및 최소 굵기 등은 KS C IEC 60364-5-54의 표 54.1(토양 또는 콘크리트에 매설되는 접지극으로 부식방지 및 기계적 강도를 대비하여 일반적으로 사용되는 재질의 최소 굵기)에 따라야 한다.

② 피뢰시스템의 접지는 접지시스템을 우선 적용한다.

(2) 접지극은 다음의 방법 중 하나 또는 복합하여 시설

① 콘크리트에 매입된 기초 접지극

② 토양에 매설된 기초 접지극

③ 토양에 수직 또는 수평으로 직접 매설된 금속전극

④ 케이블의 금속외장 및 그 밖에 금속피복

⑤ 지중 금속구조물(배관 등)

⑥ 대지에 매설된 철근콘크리트의 용접된 금속 보강재

(3) 접지극의 매설

① 접지극은 매설하는 토양을 오염시키지 않아야 하며, 가능한 다습한 부분에 설치한다.

② 접지극은 지표면으로부터 지하 0.75[m] 이상, 동결깊이를 감안하여 매설깊이를 정해야 한다.

③ 접지도체를 철주 기타의 금속체를 따라서 시설하는 경우에는 접지극을 철주의 밑면으로부터 0.3[m] 이상의 깊이에 매설하는 경우 이외에는 접지극을 지중에서 그 금속체로부터 1[m] 이상 떼어 매설하여야 한다.

(4) 접지시스템 부식에 대한 고려

① 접지극에 부식을 일으킬 수 있는 폐기물 집하장 및 번화한 장소에 접지극 설치는 피해야 한다.

② 서로 다른 재질의 접지극을 연결할 경우 전식을 고려하여야 한다.

③ 콘크리트 기초 접지극에 접속하는 접지도체가 용융 아연도금 강제인 경우 접속부를 토양에 직접 매설해서는 안 된다.

(5) 접지극을 접속하는 경우

발열성 용접, 압착접속, 클램프 또는 그 밖의 적절한 기계적 접속장치로 접속하여야 한다.

(6) 접지극으로 사용할 수 없는 배관

가연성 액체, 가스를 운반하는 금속제 배관

(7) 수도관 등을 접지극으로 사용하는 경우

① 지중에 매설된 3[Ω] 이하의 금속제 수도관

② 내경 75[mm] 이상인 수도관에서 내경 75[mm] 미만인 수도관이 분기한 경우

㉠ 5[m] 이하 : 3[Ω] 이하

㉡ 5[m] 초과 : 2[Ω] 이하

③ 건축물·구조물의 철골 기타의 금속제는 이를 비접지식 고압전로에 시설하는 기계기구의 철대 또는 금속제 외함의 접지공사 또는 비접지식 고압전로와 저압 전로를 결합하는 변압기의 저압 전로의 접지공사의 접지극은 대지와의 사이에 전기저항값 2[Ω] 이하

기·출·개·념 문제

접지극을 시설할 때 동결깊이를 감안하여 지하 몇 [cm] 이상의 깊이로 매설하여야 하는가?

① 60　② 75　③ 90　④ 100

(해설) 접지극은 지표면으로부터 지하 0.75[m] 이상, 동결깊이를 감안하여 매설깊이를 정해야 한다.

답 ②

[3] 접지도체·보호도체(142.3)

(1) 접지도체(142.3.1)

① 접지도체의 선정

㉠ 보호도체의 최소 단면적에 의한다.

㉡ 큰 고장전류가 접지도체를 통하여 흐르지 않는 경우

- 구리 : 6[mm^2] 이상
- 철제 : 50[mm^2] 이상

㉢ 접지도체에 피뢰시스템이 접속되는 경우

- 구리 : 16[mm^2] 이상
- 철제 : 50[mm^2] 이상

② 접지도체와 접지극의 접속

접속은 견고하고 전기적인 연속성이 보장되도록 접속부는 발열성 용접, 압착접속, 클램프 또는 그 밖에 적절한 기계적 접속장치에 의해야 한다.

③ 접지도체를 접지극이나 접지의 다른 수단과 연결하는 것은 견고하게 접속하고, 전기적·기계적으로 적합하여야 하며, 부식에 대해 적절하게 보호되어야 한다.

㉠ 접지극의 모든 접지도체 연결 지점

㉡ 외부 도전성 부분의 모든 본딩도체 연결 지점

㉢ 주개폐기에서 분리된 주접지단자

④ 접지도체는 지하 0.75[m]부터 지표상 2[m]까지 부분은 합성수지관(두께 2[mm] 미만 제외) 또는 몰드로 덮어야 한다.

⑤ 접지도체는 절연전선(옥외용 제외) 또는 케이블(통신용 케이블 제외)을 사용하여야 한다. 금속체를 따라서 시설하는 경우 이외에는 접지도체의 지표상 0.6[m]를 초과하는 부분에 대하여는 절연전선을 사용하지 않을 수 있다.

⑥ 기타 접지도체의 굵기

㉠ 특고압·고압 전기설비용 접지도체 : 단면적 6[mm^2] 이상의 연동선

㉡ 중성점 접지용 접지도체 : 단면적 16[mm^2] 이상의 연동선

다만, 다음의 경우에는 공칭단면적 6[mm^2] 이상의 연동선

- 7[kV] 이하의 전로
- 22.9[kV] 중성선 다중 접지 전로(25[kV] 이하 특고압 가공전선로)

㉢ 이동하여 사용하는 전기기계기구의 금속제 외함 등의 접지시스템의 경우

- 특고압·고압 전기설비용 접지도체 및 중성점 접지용 접지도체
  - 클로로프렌캡타이어 케이블(3종 및 4종)
  - 클로로설포네이트폴리에틸렌캡타이어 케이블(3종 및 4종)의 1개 도체
  - 다심 캡타이어 케이블의 차폐 또는 기타의 금속체로 단면적 10[mm^2] 이상
- 저압 전기설비용 접지도체
  - 다심 코드 또는 캡타이어 케이블의 1개 도체의 단면적이 0.75[mm^2] 이상
  - 연동연선은 1개 도체의 단면적이 1.5[mm^2] 이상

기·출·개·념 문제

1. 접지도체에 피뢰시스템이 접속되는 경우 접지도체로 동선을 사용할 때 공칭단면적이 몇 [mm^2] 이상 사용하여야 하는가?

① 4　　② 6

③ 10　　④ 16

(해설) **접지도체에 피뢰시스템이 접속되는 경우**

- 구리 : 16[mm^2] 이상
- 철제 : 50[mm^2] 이상

답 ④

기·출·개·념 문제

2. 이동하여 사용하는 저압설비에 1개의 접지도체로 연동연선을 사용할 때 최소 단면적은 몇 $[mm^2]$인가?

① 0.75 ② 1.5 ③ 6 ④ 10

해설 이동하여 사용하는 전기기계기구의 금속제 외함 등의 접지시스템의 경우

㉠ 특고압·고압 전기설비용 접지도체 및 중성점 접지용 접지도체 : 단면적 $10[mm^2]$ 이상

㉡ 저압 전기설비용 접지도체

- 다심 코드 또는 캡타이어 케이블의 1개 도체의 단면적이 $0.75[mm^2]$ 이상
- 연동연선은 1개 도체의 단면적이 $1.5[mm^2]$ 이상

답 ②

(2) 보호도체(142.3.2)

① 보호도체의 최소 단면적

상도체의 단면적 S ($[mm^2]$, 구리)	보호도체의 최소 단면적($[mm^2]$, 구리)	
	보호도체의 재질	
	상도체와 같은 경우	상도체와 다른 경우
$S \leq 16$	S	$\left(\frac{k_1}{k_2}\right) \times S$
$16 < S \leq 35$	16	$\left(\frac{k_1}{k_2}\right) \times 16$
$S < 35$	$\frac{S}{2}$	$\left(\frac{k_1}{k_2}\right) \times \left(\frac{S}{2}\right)$

보호도체의 단면적(차단시간이 5초 이하) : $S = \frac{\sqrt{I^2 t}}{k}[mm^2]$

여기서, I : 보호장치를 통해 흐를 수 있는 예상 고장전류 실효값[A]

t : 자동차단을 위한 보호장치의 동작시간[s]

k : 보호도체, 절연, 기타 부위의 재질 및 초기온도와 최종온도에 따라 정해지는 계수

㉠ 기계적 손상에 대해 보호가 되는 경우 : 구리 $2.5[mm^2]$, 알루미늄 $16[mm^2]$ 이상

㉡ 기계적 손상에 대해 보호가 되지 않는 경우 : 구리 $4[mm^2]$, 알루미늄 $16[mm^2]$ 이상

② 보호도체의 종류

㉠ 보호도체

- 다심케이블의 도체
- 충전도체와 같은 트렁킹에 수납된 절연도체 또는 나도체
- 고정된 절연도체 또는 나도체
- 금속케이블 외장, 케이블 차폐, 케이블 외장, 전선묶음(편조전선), 동심도체, 금속관

㉡ 다음과 같은 금속부분은 보호도체 또는 보호본딩도체로 사용해서는 안 된다.

- 금속 수도관
- 가스·액체·분말과 같은 잠재적인 인화성 물질을 포함하는 금속관

- 상시 기계적 응력을 받는 지지구조물 일부
- 가요성 금속배관
- 가요성 금속전선관
- 지지선, 케이블트레이

(3) 보호도체의 단면적 보강(142.3.3)

보호도체에 10[mA]를 초과하는 전류가 흐르는 경우 구리 10[mm^2], 알루미늄 16[mm^2] 이상

(4) 보호도체와 계통도체 겸용(142.3.4)

① 보호도체와 계통도체를 겸용하는 겸용도체(중성선과 겸용, 상도체와 겸용, 중간도체와 겸용 등)는 해당하는 계통의 기능에 대한 조건을 만족하여야 한다.

② 겸용도체는 고정된 전기설비에서만 사용할 수 있으며 다음에 의한다.

㉠ 단면적 : 구리 10[mm^2] 또는 알루미늄 16[mm^2] 이상

㉡ 중성선과 보호도체의 겸용도체는 전기설비의 부하측으로 시설하면 안 된다.

㉢ 폭발성 분위기 장소는 보호도체를 전용으로 한다.

③ 겸용도체의 성능

㉠ 공칭전압과 같거나 높은 절연성능을 가져야 한다.

㉡ 배선설비의 금속 외함은 겸용도체로 사용해서는 안 된다.

④ 겸용도체의 준수사항

㉠ 전기설비의 일부에서 중성선·중간도체·상도체 및 보호도체가 별도로 배선되는 경우, 중성선·중간도체·상도체를 전기설비의 다른 접지된 부분에 접속해서는 안 된다. 다만, 겸용도체에서 각각의 중성선·중간도체·상도체와 보호도체를 구성하는 것은 허용한다.

㉡ 겸용도체는 보호도체용 단자 또는 바에 접속되어야 한다.

㉢ 계통 외 도전부는 겸용도체로 사용해서는 안 된다.

기·출·개·념 문제

주택 등 저압 수용장소에서 고정 전기설비에 TN-C-S 접지방식으로 접지공사 시 중성선 겸용 보호도체(PEN)를 알루미늄으로 사용할 경우 단면적은 몇 [mm^2] 이상이어야 하는가?

① 2.5 ② 6 ③ 10 ④ 16

(해설) **보호도체와 계통도체 겸용**

겸용도체는 고정된 전기설비에서만 사용할 수 있고, 단면적은 구리 10[mm^2] 또는 알루미늄 16[mm^2] 이상이어야 한다.

답 ④

(5) 주접지단자(142.3.7)

① 접지시스템은 주접지단자를 설치하고, 다음의 도체들을 접속하여야 한다.

㉠ 등전위 본딩도체

㉡ 접지도체

㉢ 보호도체

㉣ 기능성 접지도체

② 여러 개의 접지단자가 있는 장소는 접지단자를 상호 접속하여야 한다.

③ 주접지단자에 접속하는 각 접지도체는 개별적으로 분리할 수 있어야 하며, 접지저항을 편리하게 측정할 수 있어야 한다.

[4] 전기수용가 접지(142.4)

(1) 저압수용가 인입구 접지(142.4.1)

① 저압 전선로의 중성선 또는 접지측 전선에 추가로 접지공사를 할 수 있다.
   ㉠ 지중에 매설되고 대지와의 전기저항값이 3[Ω] 이하 금속제 수도관로
   ㉡ 대지 사이의 전기저항값이 3[Ω] 이하인 값을 유지하는 건물의 철골

② 접지도체는 공칭단면적 6[mm^2] 이상의 연동선

(2) 주택 등 저압수용장소 접지(142.4.2)

① 저압수용장소에서 계통접지가 TN-C-S 방식인 경우 보호도체
   ㉠ 보호도체의 최소 단면적 이상으로 한다.
   ㉡ 중성선 겸용 보호도체(PEN)는 고정 전기설비에만 사용할 수 있고, 그 도체의 단면적이 구리는 10[mm^2] 이상, 알루미늄은 16[mm^2] 이상

② 감전보호용 등전위 본딩을 하여야 한다.

[5] 변압기 중성점 접지(142.5)

(1) 변압기의 중성점 접지저항값

① 고압·특고압측 전로 1선 지락전류로 150을 나눈 값과 같은 저항값 이하

② 고압·특고압측 전로 또는 사용전압이 35[kV] 이하의 특고압 전로가 저압측 전로와 혼촉하고 저압 전로의 대지전압이 150[V]를 초과하는 경우
   ㉠ 1초 초과 2초 이내에 고압·특고압 전로를 자동으로 차단하는 장치를 설치할 때는 300을 나눈 값 이하
   ㉡ 1초 이내에 고압·특고압 전로를 자동으로 차단하는 장치를 설치할 때는 600을 나눈 값 이하

(2) 전로의 1선 지락전류는 실측값, 실측이 곤란한 경우에는 선로정수 등으로 계산

[6] 공통접지 및 통합접지(142.6)

① 공통 접지시스템
   ㉠ 저압 전기설비의 접지극이 고압 및 특고압 접지극의 접지저항 형성영역에 완전히 포함되어 있다면 위험전압이 발생하지 않도록 이들 접지극을 상호 접속하여야 한다.
   ㉡ 저압계통에 가해지는 상용주파 과전압

고압계통에서 지락고장시간[초]	저압설비 허용상용주파 과전압[V]	비 고
>5	U_0+250	중성선 도체가 없는 계통에서 U_0는 선간전압을 말한다.
≤ 5	$U_0+1{,}200$	

[비고] 1. 순시 상용주파 과전압에 대한 저압기기의 절연 설계기준과 관련된다.
2. 중성선이 변전소 변압기의 접지계통에 접속된 계통에서 건축물 외부에 설치한 외함이 접지되지 않은 기기의 절연에는 일시적 상용주파 과전압이 나타날 수 있다.

② 통합접지시스템은 낙뢰에 의한 과전압 등으로부터 전기전자기기 등을 보호하기 위해 서지보호장치를 설치하여야 한다.

[7] 기계기구의 철대 및 외함의 접지(142.7)

① 전로에 시설하는 기계기구의 철대 및 금속제 외함에는 접지공사를 한다.

② 접지공사를 하지 아니해도 되는 경우

㉠ 사용전압이 직류 300[V] 또는 교류 대지전압이 150[V] 이하인 기계기구를 **건조한** 곳에 시설하는 경우

㉡ 저압용의 기계기구를 건조한 **목재의 마루** 기타 이와 유사한 절연성 물건 위에서 취급하도록 시설하는 경우

㉢ 기계기구를 사람이 쉽게 접촉할 우려가 없도록 목주 기타 이와 유사한 것의 위에 시설하는 경우

㉣ 철대 또는 외함의 주위에 적당한 **절연대**를 설치하는 경우

㉤ 외함이 없는 계기용 변성기가 **고무·합성수지** 기타의 절연물로 피복한 것일 경우

㉥ **2중 절연구조**로 되어 있는 기계기구를 시설하는 경우

㉦ 저압용 기계기구에 전기를 공급하는 전로의 전원측에 절연변압기(2차 전압이 300[V] 이하이며, 정격용량이 3[kVA] **이하**)를 시설하고 또한 그 절연변압기의 부하측 전로를 접지하지 않은 경우

㉧ 물기 있는 장소 이외의 장소에 시설하는 저압용의 개별 기계기구에 **인체감전 보호용 누전차단기**(정격감도전류가 30[mA] 이하, 동작시간이 0.03초 이하의 전류 동작형에 한함)를 시설하는 경우

㉨ 외함을 충전하여 사용하는 기계기구에 사람이 접촉할 우려가 없도록 시설하거나 절연대를 시설하는 경우

3 감전보호용 등전위 본딩(143)

[1] 등전위 본딩의 적용(143.1)

① 수도관·가스관 등 외부에서 내부로 인입되는 금속배관

② 건축물·구조물의 철근, 철골 등 금속보강재

③ 일상생활에서 접촉이 가능한 금속제 난방배관 및 공조설비 등 계통 외 도전부

[2] 등전위 본딩 시설(143.2)

(1) 보호등전위 본딩(143.2.1)

① 건축물·구조물의 외부에서 내부로 들어오는 각종 금속제 배관

② 수도관·가스관의 경우 내부로 인입된 최초의 밸브 후단

③ 건축물·구조물의 철근, 철골 등 금속보강재

(2) 보조 보호등전위 본딩(143.2.2)

① 대상은 전원 자동차단에 의한 감전보호방식에서 고장 시 자동차단시간이 계통별 최대차단시간을 초과하는 경우이다.

② 차단시간을 초과하고 2.5[m] 이내에 설치된 고정기기의 노출도전부와 계통 외 도전부는 보조 보호등전위 본딩을 하여야 한다.

(3) 비접지 국부등전위 본딩(143.2.3)

① 절연성 바닥으로 된 비접지 장소에서 다음의 경우 국부등전위 본딩을 한다.

㉠ 전기설비 상호 간이 2.5[m] 이내인 경우

㉡ 전기설비와 이를 지지하는 금속체 사이

② 전기설비 또는 계통 외 도전부를 통해 대지에 접촉하지 않아야 한다.

[3] 등전위 본딩도체(143.3)

(1) 보호등전위 본딩도체(143.3.1)

주접지단자에 접속하기 위한 등전위 본딩도체는 설비 내에 있는 **가장 큰 보호접지도체 단면적의 $\frac{1}{2}$ 이상의 단면적**을 가져야 하고 다음의 단면적 이상이어야 한다.

① 구리 도체 6[mm^2]

② 알루미늄 도체 16[mm^2]

③ 강철 도체 50[mm^2]

(2) 보조 보호등전위 본딩도체(143.3.2)

① 두 개의 노출도전부를 접속하는 경우 도전성은 노출도전부에 접속된 더 작은 보호도체의 도전성보다 커야 한다.

② 노출도전부를 계통 외 도전부에 접속하는 경우 도전성은 같은 단면적을 갖는 보호도체의 $\frac{1}{2}$ 이상이어야 한다.

06 피뢰시스템(150)

1 피뢰시스템의 적용범위 및 구성(151)

[1] 적용범위(151.1)

전기전자설비가 설치된 건축물·구조물로서 낙뢰로부터 보호가 필요한 것 또는 지상으로부터 높이가 20[m] 이상인 것

[2] 피뢰시스템의 구성(151.2)

① 직격뢰로부터 대상물을 보호하기 위한 외부 피뢰시스템
② 간접뢰 및 유도뢰로부터 대상물을 보호하기 위한 내부 피뢰시스템

2 외부 피뢰시스템(152)

[1] 수뢰부시스템(152.1)

(1) 수뢰부시스템 선정

① 돌침, 수평도체, 메시도체의 요소 중에 한 가지 또는 이를 조합한 형식
② 구성요소로 자연적 구성부재를 이용할 수 있다.

(2) 수뢰부시스템의 배치

① 보호각법, 회전구체법, 메시법 중 하나 또는 조합된 방법으로 배치
② 건축물·구조물의 뾰족한 부분, 모서리 등에 우선하여 배치

(3) 높이 60[m]를 초과하는 건축물·구조물의 측뢰 보호용 수뢰부시스템

① 전체 높이 60[m]를 초과하는 건축물·구조물의 최상부로부터 20[%] 부분에 한하며 등급 Ⅳ의 요구에 따른다.
② 자연적 구성부재를 측뢰 보호용으로 사용할 수 있다.

(4) 건축물·구조물과 분리되지 않은 수뢰부시스템의 시설

① 지붕 마감재가 불연성 재료로 된 경우 지붕 표면에 시설할 수 있다.
② 지붕 마감재가 높은 가연성 재료로 된 경우 지붕재료
㉠ 초가지붕 : 0.15[m] 이상
㉡ 다른 재료의 가연성 재료인 경우 : 0.1[m] 이상

피뢰시스템의 등급	보호법		
	회전구체 반지름 r[m]	메시 치수 W_m[m]	보호각($\alpha°$)
Ⅰ	20	5×5	다음 도표 참조
Ⅱ	30	10×10	
Ⅲ	45	15×15	
Ⅳ	60	20×20	

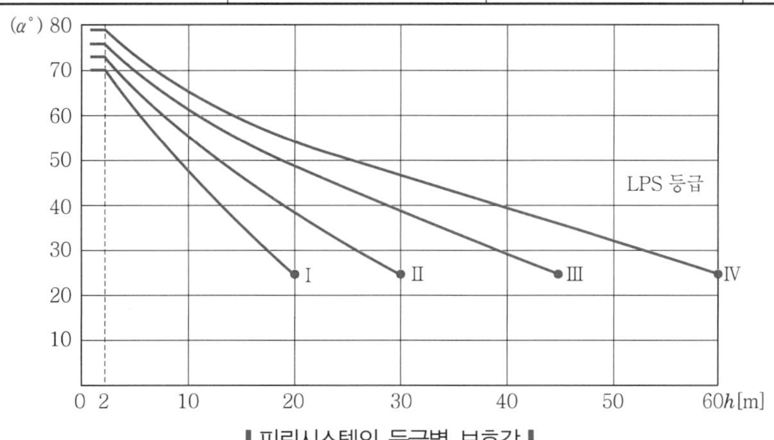

▌피뢰시스템의 등급별 보호각▐

[2] 인하도선시스템(152.2)

(1) 인하도선

① 복수의 인하도선을 병렬로 구성. 다만, 건축물·구조물과 분리된 피뢰시스템인 경우 예외로 한다.

② 경로의 길이가 최소가 되도록 한다.

③ 재료는 피뢰시스템 구조물의 물리적 손상 및 인명위험 수뢰도체, 피뢰침, 대지 인입 붕괴 인하도선의 재료, 형상과 최소 단면적에 따른다.

(2) 배치방법

① 건축물·구조물과 **분리된 피뢰시스템**인 경우

㉠ 뇌전류의 경로가 보호대상물에 접촉하지 않도록 하여야 한다.

㉡ 별개의 지주에 설치되어 있는 경우 각 지주마다 1조 이상의 인하도선을 시설한다.

㉢ 수평도체 또는 메시도체인 경우 지지구조물마다 1조 이상의 인하도선을 시설한다.

② 건축물·구조물과 **분리되지 않은 피뢰시스템**인 경우

㉠ 벽이 불연성 재료로 된 경우에는 벽의 표면 또는 내부에 시설할 수 있다. 다만, 벽이 가연성 재료인 경우에는 0.1[m] 이상 이격하고, 이격이 불가능한 경우에는 도체의 단면적을 100[mm^2] 이상으로 한다.

㉡ 인하도선의 수는 **2조 이상**으로 한다.

㉢ 보호대상 건축물·구조물의 투영에 따른 둘레에 가능한 한 균등한 간격으로 배치한다. 다만, 노출된 모서리 부분에 우선하여 설치한다.

㉣ **병렬 인하도선의 최대 간격**은 피뢰시스템 등급에 따라 Ⅰ·Ⅱ등급은 10[m], Ⅲ등급은 15[m], Ⅳ등급은 20[m]로 한다.

(3) 수뢰부시스템과 접지극시스템 사이에 전기적 연속성이 형성되도록 시설

① **경로는 가능한 한 루프 형성이 되지 않도록 하고** 최단거리로 곧게 수직으로 시설하며, 처마 또는 수직으로 설치된 홈통 내부에 시설하지 않아야 한다.

② **자연적 구성부재를 사용하기 위해서는 해당 철근 전체 길이의 전기저항을 0.2[Ω] 이하로 한다.**

③ 시험용 접속점을 접지극시스템과 가까운 인하도선과 접지극시스템의 연결부분에 시설하고, 이 접속점은 항상 폐로되어야 하며 측정 시에 공구 등으로만 개방할 수 있어야 한다.

(4) 인하도선으로 사용하는 자연적 구성부재

① 각 부분의 전기적 연속성과 내구성이 확실하고, 인하도선으로 규정된 값 이상

② 전기적 연속성이 있는 구조물 등의 금속제 구조체(철골, 철근 등)

③ 구조물 등의 상호 접속된 강제 구조체

④ 건축물 외벽 등을 구성하는 두께 0.5[mm] 이상인 금속판 또는 금속관

⑤ 구조물 등의 상호 접속된 철근·철골 등을 인하도선으로 이용하는 경우 수평 환상도체는 설치하지 않아도 된다.

[3] 접지극시스템(152.3)

(1) 뇌전류를 대지로 방류시키기 위한 접지극시스템

A형 접지극(수평 또는 수직 접지극) 또는 B형 접지극(환상도체 접지극 또는 기초 접지극) 중 하나 또는 조합한 시설로 하여야 한다.

(2) 접지극시스템 배치

① A형 접지극은 최소 2개 이상을 균등한 간격으로 배치해야 하고, LPS 등급별 각 접지극의 최소길이에 의한 피뢰시스템 등급별로 대지저항률에 따른 최소길이 이상으로 한다.

② B형 접지극은 접지극 면적을 환산한 평균 반지름이 LPS 등급별 각 접지극의 최소길이에 의한 최소길이 이상으로 하여야 하며, 평균 반지름이 최소길이 미만인 경우에는 해당하는 길이의 수평 또는 수직매설 접지극을 추가로 시설하여야 한다. 다만, 추가하는 수평 또는 수직매설 접지극의 수는 최소 2개 이상으로 한다.

③ **접지극시스템의 접지저항이** 10[Ω] **이하**인 경우 최소길이 이하이다.

(3) 접지극 시설

① 지표면에서 0.75[m] 이상 깊이로 매설하여야 한다.

② 대지가 암반지역으로 대지저항이 높거나 건축물·구조물이 전자통신시스템을 많이 사용하는 시설의 경우에는 환상도체 접지극 또는 기초 접지극으로 한다.

③ 접지극 재료는 대지에 환경오염 및 부식의 문제가 없어야 한다.

④ 철근콘크리트 기초 내부의 상호 접속된 철근 또는 금속제 지하구조물 등 자연적 구성부재는 접지극으로 사용할 수 있다.

3 내부 피뢰시스템(153)

[1] 전기전자설비 보호(153.1)

(1) 일반사항(153.1.1)

① 뇌서지에 대한 보호

㉠ 피뢰구역의 구분

㉡ 피뢰구역 경계에 접지 또는 본딩

㉢ 서지보호장치 설치

② 정격 임펄스 내전압은 규정의 제시한 값 이상

(2) 접지와 본딩(153.1.3)

① 접지와 피뢰 등전위 본딩

㉠ 뇌서지 전류를 대지로 방류시키기 위한 접지를 시설

㉡ 전위차를 해소하고 자계를 감소시키기 위한 본딩을 구성

② 접지극
㉠ 전자·통신설비의 접지는 환상도체 접지극 또는 기초 접지극
㉡ 메시접지망은 폭 5[m] 이내

[2] 피뢰 등전위 본딩(153.2)

(1) 일반사항(153.2.1)

① 피뢰시스템 등전위화는 다음과 같은 설비에 접속한다.
㉠ 금속제 설비
㉡ 구조물에 접속된 외부 도전성 부분
㉢ 내부 시스템

② 등전위 본딩의 상호 접속
㉠ 자연적 구성부재로 인한 본딩으로 전기적 연속성을 확보할 수 없는 장소는 본딩도체로 연결한다.
㉡ 본딩도체로 직접 접속할 수 없는 장소에는 서지보호장치를 이용한다.
㉢ 절연방전갭(ISG) 이용

(2) 금속제 설비의 등전위 본딩(153.2.2)

건축물·구조물에는 지하 0.5[m]와 높이 20[m]마다 환상 도체를 설치

(3) 인입설비의 등전위 본딩(153.2.3)

① 건축물·구조물의 외부에서 내부로 인입되는 설비의 도전부에 대한 등전위 본딩
㉠ 인입구 부근에서 등전위 본딩한다.
㉡ 전원선은 서지보호장치를 경유하여 등전위 본딩한다.
㉢ 통신 및 제어선은 내부와의 위험한 전위차 발생을 방지하기 위해 직접 또는 서지보호장치를 통해 등전위 본딩한다.

② 가스관 또는 수도관의 연결부가 절연체인 경우, 해당 설비 공급사업자의 동의를 받아 적절한 공법(절연방전갭 등 사용)으로 등전위 본딩하여야 한다.

(4) 등전위 본딩 바(153.2.4)

① 설치위치는 짧은 도전성 경로로 접지시스템에 접속할 수 있는 위치이어야 한다.
② 접지시스템(환상접지전극, 기초접지전극, 구조물의 접지보강재 등)에 짧은 경로로 접속하여야 한다.

이런 문제가 시험에 나온다!

CHAPTER 01
공통사항

단원 최근 빈출문제

01 전압의 종별에서 교류 600[V]는 무엇으로 분류하는가? [21년 기사]

① 저압 ② 고압
③ 특고압 ④ 초고압

해설 적용범위(KEC 111.1)
전압의 구분
- 저압 : 교류는 1[kV] 이하, 직류는 1.5[kV] 이하인 것
- 고압 : 교류는 1[kV]를, 직류는 1.5[kV]를 초과하고, 7[kV] 이하인 것
- 특고압 : 7[kV]를 초과하는 것

02 전기설비기술기준에서 정하는 안전 원칙에 대한 내용으로 틀린 것은? [21년 기사]

① 전기설비는 감전, 화재 그 밖에 사람에게 위해를 주거나 물건에 손상을 줄 우려가 없도록 시설하여야 한다.
② 전기설비는 다른 전기설비, 그 밖의 물건의 기능에 전기적 또는 자기적인 장해를 주지 않도록 시설하여야 한다.
③ 전기설비는 경쟁과 새로운 기술 및 사업의 도입을 촉진함으로써 전기사업의 건전한 발전을 도모하도록 시설하여야 한다.
④ 전기설비는 사용 목적에 적절하고 안전하게 작동하여야 하며, 그 손상으로 인하여 전기 공급에 지장을 주지 않도록 시설하여야 한다.

해설 안전 원칙(기술기준 제2조)
- 전기설비는 감전, 화재 그 밖에 사람에게 위해(危害)를 주거나 물건에 손상을 줄 우려가 없도록 시설하여야 한다.
- 전기설비는 사용 목적에 적절하고 안전하게 작동하여야 하며, 그 손상으로 인하여 전기공급에 지장을 주지 않도록 시설하여야 한다.
- 전기설비는 다른 전기설비, 그 밖의 물건의 기능에 전기적 또는 자기적인 장해를 주지 않도록 시설하여야 한다.

03 "리플 프리(ripple-free) 직류"란 교류를 직류로 변환할 때 리플 성분의 실효값이 몇 [%] 이하로 포함된 직류를 말하는가? [21년 기사]

① 3 ② 5
③ 10 ④ 15

해설 용어의 정의(KEC 112)
"리플 프리(ripple-free) 직류"란 교류를 직류로 변환할 때 리플 성분의 실효값이 10[%] 이하로 포함된 직류를 말한다.

04 전력계통의 일부가 전력계통의 전원과 전기적으로 분리된 상태에서 분산형 전원에 의해서만 가압되는 상태를 무엇이라 하는가? [18년 기사]

① 계통연계 ② 접속설비
③ 단독운전 ④ 단순 병렬운전

해설 용어의 정의(KEC 112)
"단독 운전"이란 전력계통의 일부가 전력계통의 전원과 전기적으로 분리된 상태에서 분산형 전원에 의해서만 가압되는 상태를 말한다.

05 다음 ( ) 안의 ㉠, ㉡에 들어갈 내용으로 옳은 것은? [20년 산업]

> 전기철도용 급전선이란 전기철도용 (㉠) 로부터 다른 전기철도용 (㉠) 또는 (㉡) 에 이르는 전선을 말한다.

① ㉠ 급전소, ㉡ 개폐소
② ㉠ 궤전선, ㉡ 변전소
③ ㉠ 변전소, ㉡ 전차선
④ ㉠ 전차선, ㉡ 급전소

정답 01. ① 02. ③ 03. ③ 04. ③ 05. ③

해설 **용어의 정의(KEC 112)**
전기철도용 급전선이란 전기철도용 변전소로부터 다른 전기철도용 변전소 또는 전차선에 이르는 전선을 말한다.

06 "지중관로"에 대한 정의로 가장 옳은 것은? [17년 기사]

① 지중전선로·지중 약전류 전선로와 지중 매설 지선 등을 말한다.
② 지중전선로·지중 약전류 전선로와 복합 케이블 선로·기타 이와 유사한 것 및 이들에 부속되는 지중함을 말한다.
③ 지중전선로·지중 약전류 전선로·지중에 시설하는 수관 및 가스관과 지중 매설 지선을 말한다.
④ 지중전선로·지중 약전류 전선로·지중 광섬유 케이블 선로·지중에 시설하는 수관 및 가스관과 기타 이와 유사한 것 및 이들에 부속하는 지중함 등을 말한다.

해설 **용어의 정의(KEC 112)**
"지중관로"란 지중전선로·지중 약전류 전선로·지중 광섬유 케이블 선로·지중에 시설하는 수관 및 가스관과 이와 유사한 것 및 이들에 부속하는 지중함 등을 말한다.

07 다음은 무엇에 관한 설명인가? [21년 산업]

> 가공전선이 다른 시설물과 접근하는 경우에 그 가공전선이 다른 시설물의 위쪽 또는 옆쪽에서 수평거리로 3 m 미만인 곳에 시설되는 상태를 말한다.

① 제1차 접근상태 ② 제2차 접근상태
③ 제3차 접근상태 ④ 제4차 접근상태

해설 **용어의 정의(KEC 112)**
"제2차 접근상태"란 가공전선이 다른 시설물과 접근하는 경우에 그 가공전선이 다른 시설물의 위쪽 또는 옆쪽에서 수평거리로 3[m] 미만인 곳에 시설되는 상태를 말한다.

08 전력계통의 운용에 관한 지시 및 급전 조작을 하는 곳은? [18년 산업]

① 급전소 ② 개폐소
③ 변전소 ④ 발전소

해설 **정의(기술기준 제3조)**
"급전소"란 전력계통의 운용에 관한 지시 및 급전 조작을 하는 곳을 말한다.

09 전로에 대한 설명 중 옳은 것은? [18년 기사]

① 통상의 사용 상태에서 전기를 절연한 곳
② 통상의 사용 상태에서 전기를 접지한 곳
③ 통상의 사용 상태에서 전기가 통하고 있는 곳
④ 통상의 사용 상태에서 전기가 통하고 있지 않은 곳

해설 **정의(기술기준 제3조)**
- 전선 : 강전류 전기의 전송에 사용하는 전기 도체, 절연물로 피복한 전기 도체 또는 절연물로 피복한 전기 도체를 다시 보호 피복한 전기 도체
- 전로 : 통상의 사용 상태에서 전기가 통하고 있는 곳
- 전선로 : 발전소·변전소·개폐소, 이에 준하는 곳, 전기사용장소 상호 간의 전선(전차선을 제외) 및 이를 지지하거나 수용하는 시설물

10 사용전압이 몇 [V] 이상의 중성점 직접 접지식 전로에 접속하는 변압기를 설치하는 곳에는 절연유의 구외 유출 및 지하 침투를 방지하기 위하여 절연유 유출 방지 설비를 하여야 하는가? [18년 기사]

① 25,000
② 50,000
③ 75,000
④ 100,000

해설 **절연유(기술기준 제20조)**
사용전압이 100[kV] 이상의 변압기를 설치하는 곳에는 절연유의 구외 유출 및 지하 침투를 방지하기 위하여 절연유 유출 방지 설비를 하여야 한다.

정답 06. ④ 07. ② 08. ① 09. ③ 10. ④

11 저압 절연전선으로 「전기용품 및 생활용품 안전관리법」의 적용을 받는 것 이외에 KS에 적합한 것으로서 사용할 수 없는 것은? [21년 기사]

① 450/750[V] 고무절연전선
② 450/750[V] 비닐절연전선
③ 450/750[V] 알루미늄절연전선
④ 450/750[V] 저독성 난연 폴리올레핀절연전선

해설 절연전선(KEC 122.1)
알루미늄절연전선은 없음

12 전선을 접속하는 경우 전선의 세기(인장 하중)는 몇 [%] 이상 감소되지 않아야 하는가? [18년 산업]

① 10
② 15
③ 20
④ 25

해설 전선의 접속(KEC 123)
- 전기저항을 증가시키지 말 것
- 전선의 세기 20[%] 이상 감소시키지 아니할 것
- 전선 절연물과 동등 이상 절연 효력이 있는 것으로 충분히 피복
- 코드 상호, 캡타이어 케이블 상호, 케이블 상호는 코드 접속기·접속함 사용

13 저압의 전선로 중 절연 부분의 전선과 대지 간의 절연저항은 사용전압에 대한 누설전류가 최대공급전류의 얼마를 넘지 않도록 유지하여야 하는가? [20년 기사]

① $\frac{1}{1,000}$　② $\frac{1}{2,000}$
③ $\frac{1}{3,000}$　④ $\frac{1}{4,000}$

해설 전선로의 전선 및 절연성능(기술기준 제27조)
누설전류가 최대공급전류의 $\frac{1}{2,000}$을 넘지 않도록 하여야 한다.

14 440[V] 옥내배선에 연결된 전동기 회로의 절연저항 최솟값은 몇 [MΩ]인가? [20년 기사]

① 0.1　② 0.5
③ 1.0　④ 2.0

해설 저압 전로의 절연성능(기술기준 제52조)

전로의 사용전압[V]	DC 시험전압[V]	절연저항[MΩ]
SELV 및 PELV	250	0.5
FELV, 500[V] 이하	500	1.0
500[V] 초과	1,000	1.0

15 최대사용전압 7[kV] 이하 전로의 절연 내력을 시험할 때 시험전압을 연속하여 몇 분간 가하였을 때 이에 견디어야 하는가? [17년 기사]

① 5분　② 10분
③ 15분　④ 30분

해설 전로의 절연저항 및 절연내력(KEC 132)
고압 및 특고압의 전로는 시험전압을 전로와 대지 간에 연속하여 10분간 가하여 절연내력을 시험하였을 때에 이에 견디어야 한다.

16 최대사용전압이 220[V]인 전동기의 절연내력시험을 하고자 할 때 시험전압은 몇 [V]인가? [18년 기사]

① 300　② 330
③ 450　④ 500

해설 회전기 및 정류기의 절연내력(KEC 133)
$220 \times 1.5 = 330$[V]
500[V] 미만으로 되는 경우에는 최저시험전압 500[V]로 한다.

17 최대사용전압 440[V]인 전동기의 절연내력시험전압은 몇 [V]인가? [19년 산업]

① 330　② 440
③ 500　④ 660

정답 11. ③ 12. ③ 13. ② 14. ③ 15. ② 16. ④ 17. ④

해설 회전기 및 정류기의 절연내력(KEC 133)

종 류		시험전압	시험방법
발전기, 전동기, 조상기	7[kV] 이하	1.5배 (최저 500[V])	권선과 대지 사이 10분간
	7[kV] 초과	1.25배 (최저 10,500[V])	

∴ 440×1.5=660[V]

18
최대사용전압이 3.3[kV]인 차단기 전로의 절연내력시험전압은 몇 [V]인가? [17년 기사]

① 3,036 ② 4,125
③ 4,950 ④ 6,600

해설 기구 등의 전로의 절연내력(KEC 136)
시험전압은 3,300×1.5=4,950[V]

19
1차측 3,300[V], 2차측 220[V]인 변압기 전로의 절연내력시험전압은 각각 몇 [V]에서 10분간 견디어야 하는가? [20년 산업]

① 1차측 4,950[V], 2차측 500[V]
② 1차측 4,500[V], 2차측 400[V]
③ 1차측 4,125[V], 2차측 500[V]
④ 1차측 3,300[V], 2차측 400[V]

해설 변압기 전로의 절연내력(KEC 134)
- 1차측 : 3,300 ×1.5=4,950[V]
- 2차측 : 220×1.5=330[V]

500 이하이므로 최소 시험전압 500[V]로 한다.

20
6.6[kV] 지중전선로의 케이블을 직류 전원으로 절연내력시험을 하자면 시험전압은 직류 몇 [V]인가? [19년 산업]

① 9,900
② 14,420
③ 16,500
④ 19,800

해설 전로의 절연저항 및 절연내력(KEC 132)
7[kV] 이하이고, 직류로 시험하므로
6,600×1.5×2=19,800[V]이다.

21
최대사용전압이 22,900[V]인 3상 4선식 중성선 다중 접지식 전로와 대지 사이의 절연내력시험전압은 몇 [V]인가? [19년 기사]

① 32,510 ② 28,752
③ 25,229 ④ 21,068

해설 전로의 절연저항 및 절연내력(KEC 132)
중성점 다중 접지방식이므로
22,900×0.92=21,068[V]이다.

22
최대사용전압 22.9[kV]인 3상 4선식 다중 접지방식의 지중전선로의 절연내력시험을 직류로 할 경우 시험전압은 몇 [V]인가? [18년 기사]

① 16,448 ② 21,068
③ 32,796 ④ 42,136

해설 전로의 절연저항 및 절연내력(KEC 132)
중성점 다중 접지방식이고, 직류로 시험하므로
22,900×0.92×2=42,136[V]이다.

23
최대사용전압이 1차 22,000[V], 2차 6,600[V]의 권선으로 중성점 비접지식 전로에 접속하는 변압기의 특고압측 절연내력시험전압은? [21년 기사]

① 24,000[V] ② 27,500[V]
③ 33,000[V] ④ 44,000[V]

해설 변압기 전로의 절연내력(KEC 135)
변압기 특고압측이므로
22,000×1.25=27,500[V]

24
기구 등의 전로의 절연내력시험에서 최대사용전압이 60[kV]를 초과하는 기구 등의 전로로서 중성점 비접지식 전로에 접속하는 것은 최대사용전압의 몇 배의 전압에 10분간 견디어야 하는가? [20년 산업]

① 0.72 ② 0.92
③ 1.25 ④ 1.5

정답 18. ③ 19. ① 20. ④ 21. ④ 22. ④ 23. ② 24. ③

해설 기구 등의 전로의 절연내력(KEC 136)

최대사용전압이 60[kV]를 초과	시험전압
중성점 비접지식 전로	최대사용전압의 1.25배의 전압
중성점 접지식 전로	최대사용전압의 1.1배의 전압 (최저시험전압 75[kV])
중성점 직접 접지식 전로	최대사용전압의 0.72배의 전압

25 최대사용전압이 7[kV]를 초과하는 회전기의 절연내력시험은 최대사용전압의 몇 배의 전압(10,500[V] 미만으로 되는 경우에는 10,500[V])에서 10분간 견디어야 하는가? [20년 기사]

① 0.92 ② 1
③ 1.1 ④ 1.25

해설 회전기 및 정류기의 절연내력(KEC 133)

종 류		시험전압	시험방법
발전기, 전동기, 조상기	7[kV] 이하	1.5배 (최저 500[V])	권선과 대지 사이 10분간
	7[kV] 초과	1.25배 (최저 10,500[V])	

26 발전기, 전동기, 조상기, 기타 회전기(회전변류기 제외)의 절연내력시험전압은 어느 곳에 가하는가? [20년 기사]

① 권선과 대지 사이
② 외함과 권선 사이
③ 외함과 대지 사이
④ 회전자와 고정자 사이

해설 회전기 및 정류기의 절연내력(KEC 133)

종 류		시험전압	시험방법
발전기, 전동기, 조상기	7[kV] 이하	1.5배 (최저 500[V])	권선과 대지 사이 10분간
	7[kV] 초과	1.25배 (최저 10,500[V])	

27 중성점 직접 접지식 전로에 접속되는 최대사용전압 161[kV]인 3상 변압기 권선(성형결선)의 절연내력시험을 할 때 접지시켜서는 안 되는 것은? [20년 기사]

① 철심 및 외함
② 시험되는 변압기의 부싱
③ 시험되는 권선의 중성점 단자
④ 시험되지 않는 각 권선(다른 권선이 2개 이상 있는 경우에는 각 권선)의 임의의 1단자

해설 변압기 전로의 절연내력(KEC 135)
접지하는 곳은 다음과 같다.
- 시험되는 권선의 중성점 단자
- 다른 권선의 임의의 1단자
- 철심 및 외함

28 하나 또는 복합하여 시설하여야 하는 접지극의 방법으로 틀린 것은? [21년 기사]

① 지중 금속구조물
② 토양에 매설된 기초 접지극
③ 케이블의 금속외장 및 그 밖에 금속피복
④ 대지에 매설된 강화 콘크리트의 용접된 금속 보강재

해설 접지극의 시설 및 접지저항(KEC 142.2)
접지극은 다음의 방법 중 하나 또는 복합하여 시설
- 콘크리트에 매입된 기초 접지극
- 토양에 매설된 기초 접지극
- 토양에 수직 또는 수평으로 직접 매설된 금속전극
- 케이블의 금속외장 및 그 밖에 금속피복
- 지중 금속구조물(배관 등)
- 대지에 매설된 철근 콘크리트의 용접된 금속 보강재

29 지중에 매설되어 있는 금속제 수도관로를 각종 접지공사의 접지극으로 사용하려면 대지와의 전기저항값이 몇 [Ω] 이하의 값을 유지하여야 하는가? [17년 기사]

① 1 ② 2
③ 3 ④ 5

해설 접지극의 시설 및 접지저항(KEC 142.2)
지중에 매설되어 있고 대지와의 전기저항값이 3[Ω] 이하의 값을 유지하고 있는 금속제 수도관로는 각각의 접지공사 접지극으로 사용할 수 있다.

정답 25. ④ 26. ① 27. ② 28. ④ 29. ③

30 접지공사에 사용하는 접지도체를 시설하는 경우 접지극을 그 금속체로부터 지중에서 몇 [m] 이상 이격시켜야 하는가? (단, 접지극을 철주의 밑면으로부터 30[cm] 이상의 깊이에 매설하는 경우는 제외한다.) [19년 산업]

① 1　② 2
③ 3　④ 4

해설 접지극의 시설 및 접지저항(KEC 142.2)
- 접지극은 지하 75[cm] 이상으로 하되 동결 깊이를 감안하여 매설할 것
- 접지극을 철주의 밑면으로부터 30[cm] 이상의 깊이에 매설하는 경우 이외에는 접지극을 지중에서 금속체로부터 1[m] 이상 떼어 매설할 것
- 지하 75[cm] 로부터 지표상 2[m]까지의 부분은 합성 수지관(두께 2[mm] 이상) 등으로 덮을 것

31 공통 접지공사 적용 시 상도체의 단면적이 16[mm²]인 경우 보호도체(PE)에 적합한 단면적은? (단, 보호도체의 재질이 상도체와 같은 경우) [17년 기사]

① 4　② 6
③ 10　④ 16

해설 보호도체(KEC 142.3.2)

상도체의 단면적 S[mm²]	대응하는 보호도체의 최소 단면적[mm²] (보호도체의 재질이 상도체와 같은 경우)
$S \le 16$	S
$16 < S \le 35$	16
$S > 35$	$\frac{S}{2}$

32 큰 고장전류가 구리 소재의 접지도체를 통하여 흐르지 않을 경우 접지도체의 최소 단면적은 몇 [mm²] 이상이어야 하는가? (단, 접지도체에 피뢰시스템이 접속되지 않는 경우이다.) [21년 기사]

① 0.75　② 2.5
③ 6　④ 16

해설 접지도체(KEC 142.3.1)
- 접지도체의 단면적은 142.3.2(보호도체)의 1에 의하며 큰 고장전류가 접지도체를 통하여 흐르지 않을 경우 접지도체의 최소 단면적은 구리 6[mm²] 이상, 철제 50[mm²] 이상
- 접지도체에 피뢰시스템이 접속되는 경우 접지도체의 단면적은 구리 16[mm²], 철 50[mm²] 이상

33 접지공사에 사용하는 접지도체를 사람이 접촉할 우려가 있는 곳에 시설하는 경우 「전기용품 및 생활용품 안전관리법」을 적용받는 합성수지관(두께 2[mm] 미만의 합성수지제 전선관 및 난연성이 없는 콤바인덕트관을 제외한다)으로 덮어야 하는 범위로 옳은 것은? [20년 기사]

① 접지도체의 지하 30[cm]로부터 지표상 1[m]까지의 부분
② 접지도체의 지하 50[cm]로부터 지표상 1.2[m]까지의 부분
③ 접지도체의 지하 60[cm]로부터 지표상 1.8[m]까지의 부분
④ 접지도체의 지하 75[cm]로부터 지표상 2[m]까지의 부분

해설 접지도체(KEC 142.3.1)
접지도체의 지하 75[cm]로부터 지표상 2[m]까지의 부분은 합성수지관(두께 2[mm] 미만 제외) 또는 이것과 동등 이상의 절연효력 및 강도를 가지는 몰드로 덮을 것

34 주택 등 저압수용장소에서 고정 전기설비에 계통접지가 TN-C-S 방식인 경우에 중성선 겸용 보호도체(PEN)는 고정 전기설비에만 사용할 수 있고, 그 도체의 단면적이 구리는 몇 [mm²] 이상이어야 하는가? [21년 산업]

① 4
② 6
③ 10
④ 16

정답 30. ① 31. ④ 32. ③ 33. ④ 34. ③

해설 주택 등 저압수용장소 접지(KEC 142.4.2)
중성선 겸용 보호도체(PEN)는 고정 전기설비에만 사용할 수 있고, 그 도체의 단면적이 구리는 10[mm^2] 이상, 알루미늄은 16[mm^2] 이상

35 혼촉 사고 시에 1초를 초과하고 2초 이내에 자동 차단되는 6.6[kV] 전로에 결합된 변압기 저압측의 전압이 220[V]인 경우 접지저항값[Ω]은? (단, 고압측 1선 지락전류는 30[A]라 한다.) [17년 산업]

① 5 ② 10
③ 20 ④ 30

해설 고압 또는 특고압과 저압의 혼촉에 의한 위험방지시설(KEC 322.1)

$$R = \frac{300}{I} = \frac{300}{30} = 10[\Omega]$$

36 돌침, 수평도체, 메시도체의 요소 중에 한 가지 또는 이를 조합한 형식으로 시설하는 것은? [21년 기사]

① 접지극시스템
② 수뢰부시스템
③ 내부 피뢰시스템
④ 인하도선시스템

해설 수뢰부시스템(KEC 152.1)
수뢰부시스템의 선정은 돌침, 수평도체, 메시도체의 요소 중에 한 가지 또는 이를 조합한 형식으로 시설하여야 한다.

37 피뢰설비 중 인하도선시스템의 건축물·구조물과 분리되지 않은 수뢰부시스템인 경우에 대한 설명으로 틀린 것은? [21년 산업]

① 인하도선의 수는 1가닥 이상으로 한다.
② 벽이 불연성 재료로 된 경우에는 벽의 표면 또는 내부에 시설할 수 있다.
③ 병렬 인하도선의 최대 간격은 피뢰시스템 등급에 따라 Ⅳ 등급은 20[m]로 한다.
④ 벽이 가연성 재료인 경우에는 0.1[m] 이상 이격하고, 이격이 불가능 한 경우에는 도체의 단면적을 100[mm^2] 이상으로 한다.

해설 인하도선시스템(KEC 152.2)
인하도선의 수는 2가닥 이상으로 한다.

38 내부 피뢰시스템 중 금속제 설비의 등전위 본딩에 대한 설명이다. 다음 ( )에 들어갈 내용으로 옳은 것은? [21년 산업]

> 건축물·구조물에는 지하 (㉠)m와 높이 (㉡)m 마다 환상도체를 설치한다. 다만 철근콘크리트, 철골구조물의 구조체에 인하도선을 등전위 본딩하는 경우 환상도체는 설치하지 않아도 된다.

① ㉠ 0.5, ㉡ 15 ② ㉠ 0.5, ㉡ 20
③ ㉠ 1.0, ㉡ 15 ④ ㉠ 1.0, ㉡ 20

해설 금속제 설비의 등전위 본딩(KEC 153.2.2)
건축물·구조물에는 지하 0.5[m]와 높이 20[m] 마다 환상도체를 설치한다. 다만 철근콘크리트, 철골구조물의 구조체에 인하도선을 등전위 본딩하는 경우 환상도체는 설치하지 않아도 된다.

정답 35. ② 36. ② 37. ① 38. ②

잠깐! 쉬어가세요.

"행복한 삶의 비밀은
올바른 관계를 형성하고
그것에 올바른 가치를 매기는 것이다."

– 노먼 토머스 –

CHAPTER

02 저압 전기설비

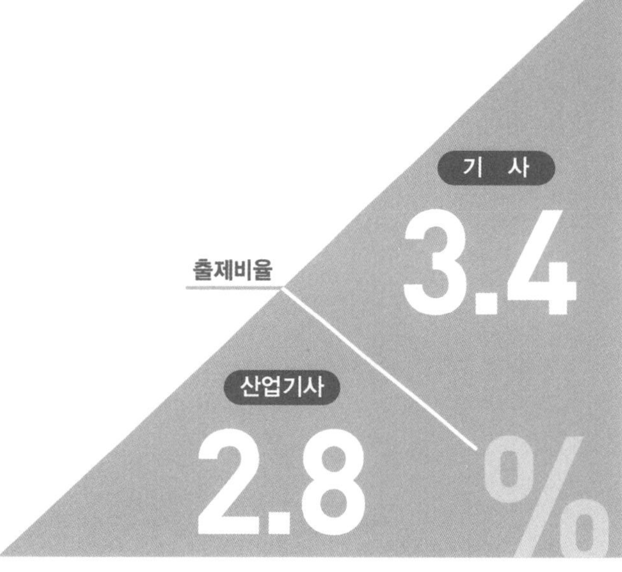

01 통칙(200)

1 적용범위(201)

교류 1[kV] 또는 직류 1.5[kV] 이하인 저압의 전기를 공급하거나 사용하는 전기설비에 적용
① 전기설비를 구성하거나, 연결하는 선로와 전기기계기구 등의 구성품
② 저압기기에서 유도된 1[kV] 초과 회로 및 기기

2 배전방식(202)

[1] 교류 회로(202.1)

① 3상 4선식의 중성선 또는 PEN 도체는 충전도체는 아니지만 운전전류를 흘리는 도체이다.
② 3상 4선식에서 파생되는 단상 2선식 배전방식의 경우 두 도체 모두가 선도체이거나 하나의 선도체와 중성선 또는 하나의 선도체와 PEN 도체이다.
③ 모든 부하가 선간에 접속된 전기설비에서는 중성선의 설치가 필요하지 않을 수 있다.

[2] 직류 회로(202.2)

PEL과 PEM 도체는 충전도체는 아니지만 운전전류를 흘리는 도체이다. 2선식 배전방식이나 3선식 배전방식을 적용한다.

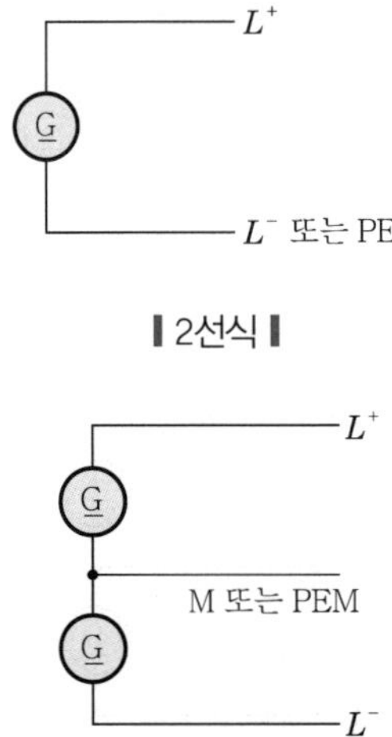

▌2선식▐
▌3선식▐

3 계통접지의 방식(203)

[1] 계통접지 구성(203.1)

(1) 저압 전로의 보호도체 및 중성선의 접속방식에 따른 접지계통

① TN 계통
② TT 계통
③ IT 계통

(2) 계통접지에서 사용되는 문자의 정의

① 제1문자 – 전원계통과 대지의 관계
　㉠ T(Terra) : 한 점을 대지에 직접 접속
　㉡ I(Insulation) : 모든 충전부를 대지와 절연시키거나 높은 임피던스를 통하여 한 점을 대지에 직접 접속
② 제2문자 – 전기설비의 노출도전부와 대지의 관계
　㉠ T(Terra) : 노출도전부를 대지로 직접 접속, 전원계통의 접지와는 무관
　㉡ N(Neutral) : 노출도전부를 전원계통의 접지점(교류계통에서는 통상적으로 중성점, 중성점이 없을 경우는 선도체)에 직접 접속
③ 그 다음 문자(문자가 있을 경우) – 중성선과 보호도체의 배치
　㉠ S(Separated 분리) : 중성선 또는 접지된 선도체 외에 별도의 도체에 의해 제공되는 보호기능
　㉡ C(Combined 결합) : 중성선과 보호기능을 한 개의 도체로 겸용(PEN 도체)

(3) 각 계통에서 나타내는 그림의 기호

구 분	기호 설명
	중성선(N), 중간도체(M)
	보호도체(PE : Protective Earthing)
	중성선과 보호도체 겸용(PEN)

[2] TN 계통(203.2)

전원측의 한 점을 직접 접지하고 설비의 노출도전부를 보호도체로 접속시키는 방식으로 중성선 및 보호도체(PE 도체)의 배치 및 접속방식에 따라 다음과 같이 분류한다.

① TN-S 계통은 계통 전체에 대해 별도의 중성선 또는 PE 도체를 사용한다. 배전계통에서 PE 도체를 추가로 접지할 수 있다.

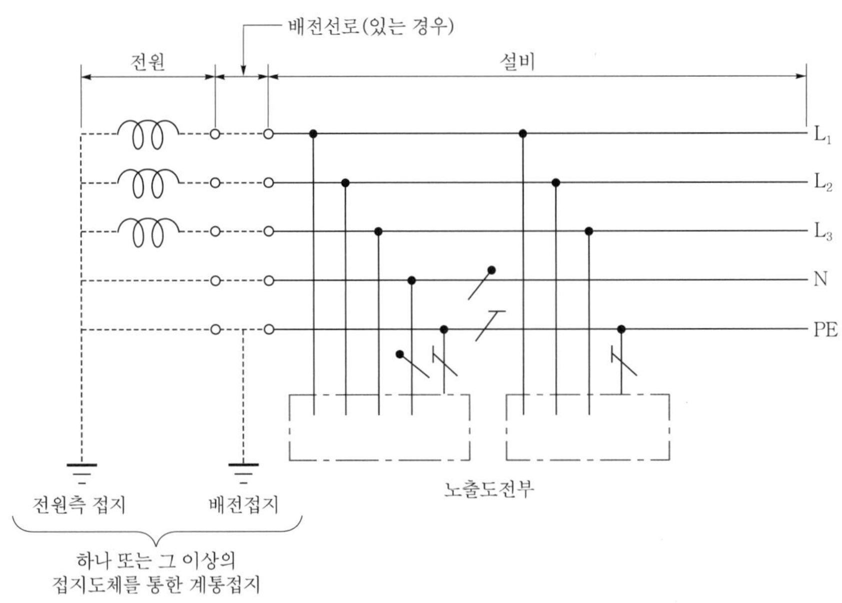

▌계통 내에서 별도의 중성선과 보호도체가 있는 TN-S 계통▐

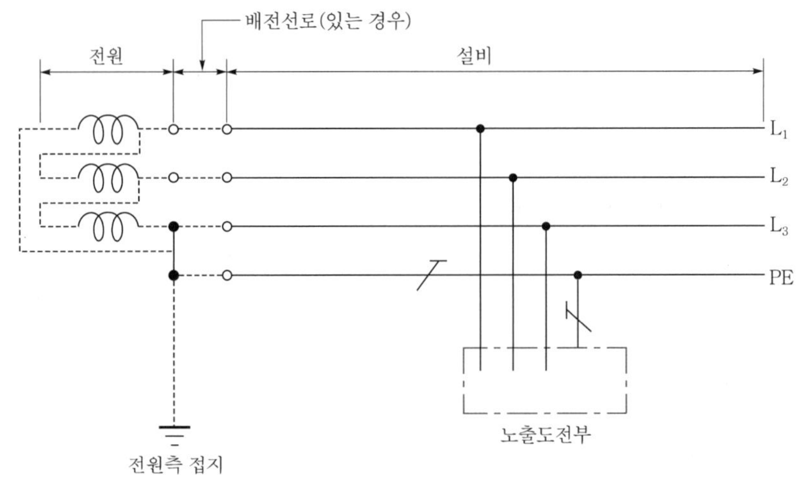

▌계통 내에서 별도의 접지된 선도체와 보호도체가 있는 TN-S 계통▐

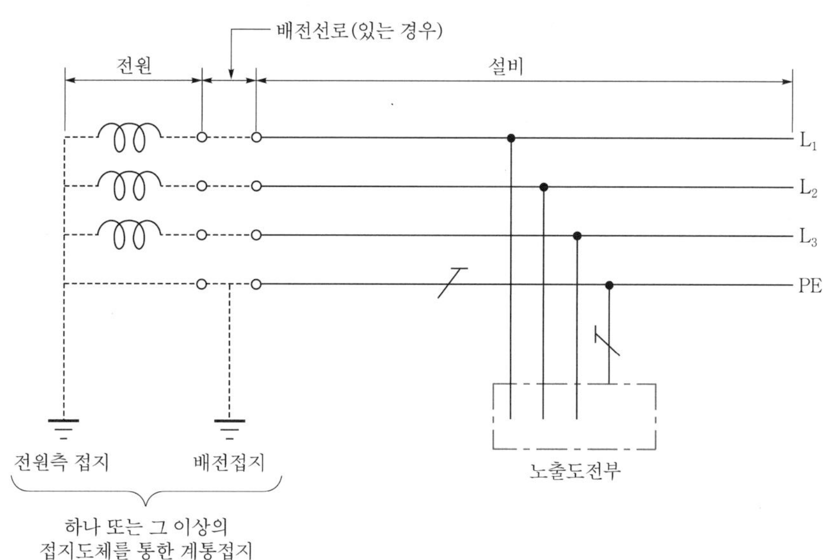

▌계통 내에서 접지된 보호도체는 있으나 중성선의 배선이 없는 TN-S 계통▌

② TN-C 계통은 그 계통 전체에 대해 중성선과 보호도체의 기능을 동일 도체로 겸용한 PEN 도체를 사용한다. 배전계통에서 PEN 도체를 추가로 접지할 수 있다.

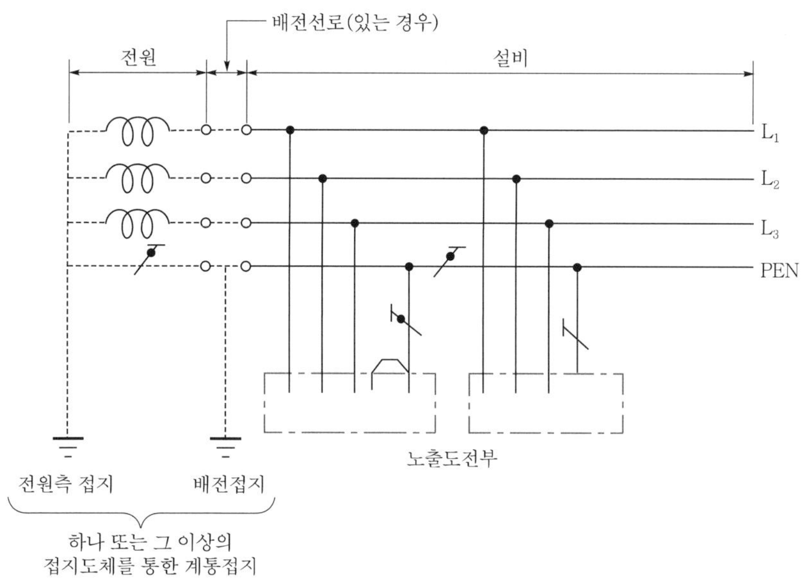

▌TN-C 계통▌

③ TN-C-S 계통은 계통의 일부분에서 PEN 도체를 사용하거나, 중성선과 별도의 PE 도체를 사용하는 방식이 있다. 배전계통에서 PEN 도체와 PE 도체를 추가로 접지할 수 있다.

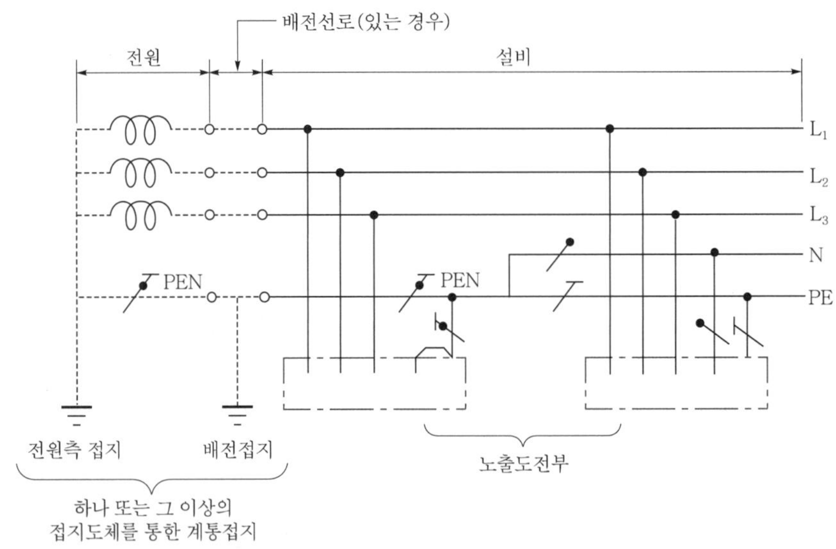

▌설비의 어느 곳에서 PEN이 PE와 N으로 분리된 3상 4선식 TN-C-S 계통▐

[3] TT 계통(203.3)

전원의 한 점을 직접 접지하고 설비의 노출도전부는 전원의 접지전극과 전기적으로 독립적인 접지극에 접속시킨다. 배전계통에서 PE 도체를 추가로 접지할 수 있다.

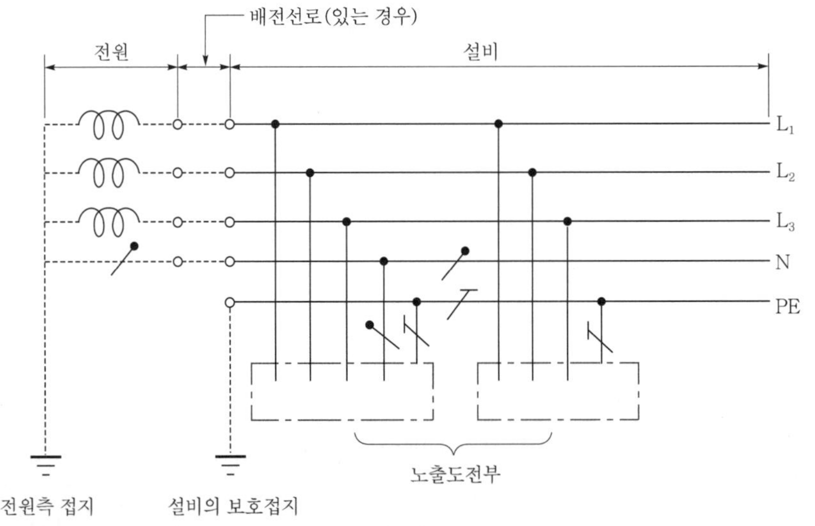

▌설비 전체에서 별도의 중성선과 보호도체가 있는 TT 계통▐

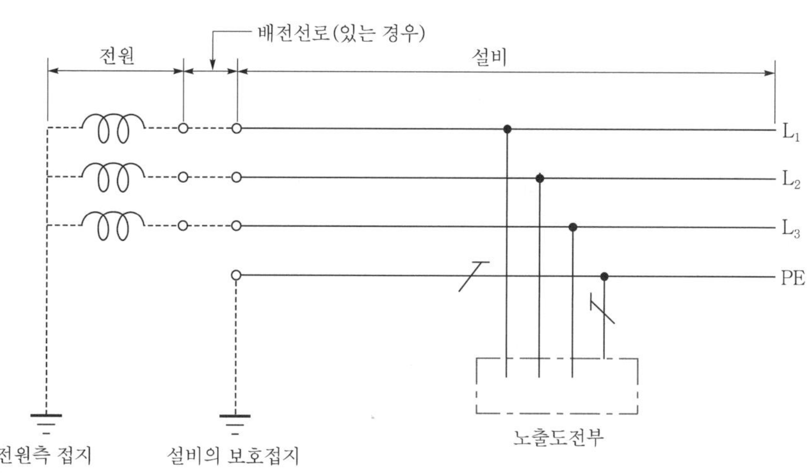

▌설비 전체에서 접지된 보호도체가 있으나 배전용 중성선이 없는 TT 계통▐

[4] IT 계통(203.4)

① 충전부 전체를 대지로부터 절연시키거나, 한 점을 임피던스를 통해 대지에 접속시킨다. 전기설비의 노출도전부를 단독 또는 일괄적으로 계통의 PE 도체에 접속시킨다. 배전계통에서 추가접지가 가능하다.

② 계통은 충분히 높은 임피던스를 통하여 접지할 수 있다.

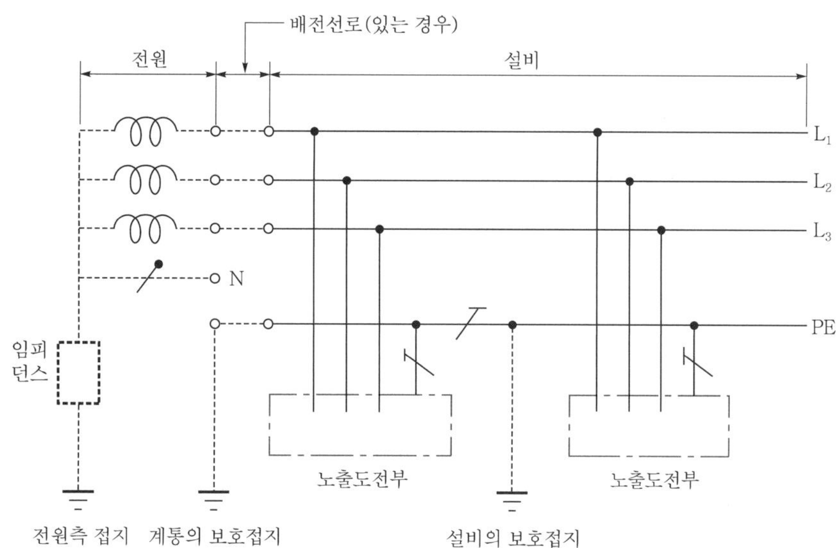

▌계통 내의 모든 노출도전부가 보호도체에 의해 접속되어 일괄 접지된 IT 계통▐

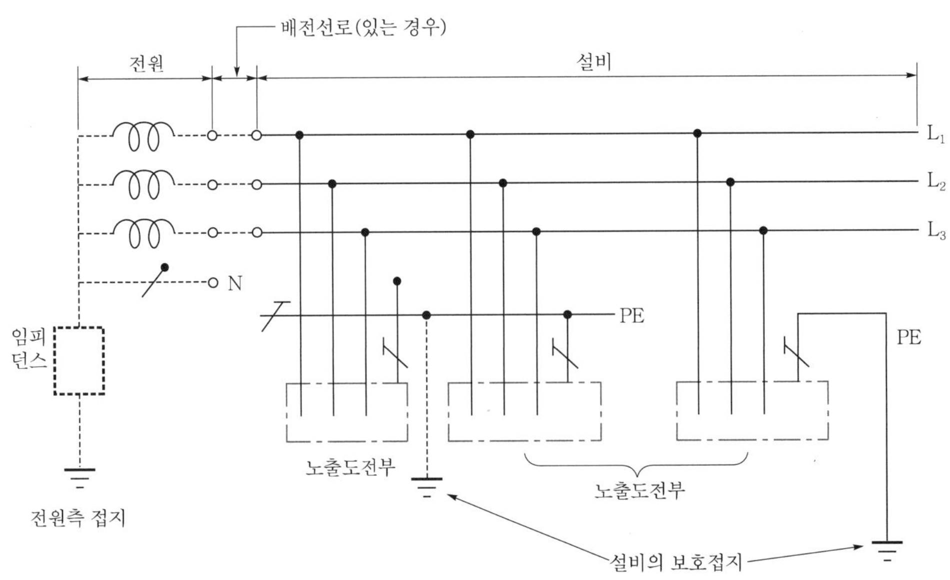

▌노출도전부가 조합으로 또는 개별로 접지된 IT 계통▐

기·출·개·념 **문제**

KS C IEC 60364에서 전원의 한 점을 직접 접지하고, 설비의 노출 도전성 부분을 전원계통의 접지극과 별도로 전기적으로 독립하여 접지하는 방식은?

① TT 계통　　② TN-C 계통
③ TN-S 계통　　④ TN-CS 계통

해설

접지방식	전원측의 한 점	설비의 노출도전부
TN	대지로 직접	보호도체 이용
TT	대지로 직접	대지로 직접
IT	대지로부터 절연	대지로 직접

답 ①

02 안전을 위한 보호(210)

1 감전에 대한 보호(211)

[1] 보호대책 일반 요구사항(211.1)

(1) 적용범위(211.1.1)

인축에 대한 기본보호와 고장보호를 위한 필수 조건, 외부 영향과 관련된 조건의 적용과 특수설비 및 특수장소의 시설에 있어서의 추가적인 보호의 적용을 위한 조건

(2) 일반 요구사항(211.1.2)

① 안전을 위한 전압 규정
  ㉠ 교류 전압 : 실효값
  ㉡ 직류 전압 : 리플프리

② 보호대책
  ㉠ 기본보호와 고장보호를 독립적으로 적절하게 조합
  ㉡ 기본보호와 고장보호를 모두 제공하는 강화된 보호 규정

③ 설비의 각 부분에서 하나 이상의 보호대책은 외부 영향의 조건을 고려하여 적용
  ㉠ 다음의 보호대책을 일반적으로 적용
    - 전원의 자동차단(211.2)
    - 이중절연 또는 강화절연(211.3)
    - 한 개의 전기사용기기에 전기를 공급하기 위한 전기적 분리(211.4)
    - SELV와 PELV에 의한 특별저압(211.5)
  ㉡ 전기기기의 선정과 시공을 할 때는 설비에 적용되는 보호대책을 고려

④ 장애물을 두거나 접촉범위 밖에 배치하는 보호대책(211.8)
  ㉠ 숙련자 또는 기능자
  ㉡ 숙련자 또는 기능자의 감독 아래에 있는 사람

⑤ 숙련자와 기능자의 통제 또는 감독이 있는 설비에 적용 가능한 보호대책(211.9)
  ㉠ 비도전성 장소
  ㉡ 비접지 국부등전위 본딩
  ㉢ 두 개 이상의 전기사용기기에 공급하기 위한 전기적 분리

[2] 전원의 자동차단에 의한 보호대책(211.2)

(1) 보호대책 일반 요구사항(211.2.1)

① 전원의 자동차단에 의한 보호대책
  ㉠ 기본보호는 충전부의 기본절연 또는 격벽이나 외함에 의한다.
  ㉡ 고장보호는 보호등전위 본딩 및 자동차단에 의한다.
  ㉢ 추가적인 보호로 누전차단기를 시설할 수 있다.

② 누설전류감시장치는 보호장치는 아니지만 전기설비의 누설전류를 감시하는 데 사용된다. 다만, 누설전류감시장치는 누설전류의 설정값을 초과하는 경우 음향 또는 음향과 시각적인 신호를 발생시켜야 한다.

(2) 고장보호의 요구사항(211.2.3)

① 보호접지

② 보호등전위 본딩

③ 고장 시의 자동차단 : 32[A] 이하 분기회로의 최대차단시간

(단위 : 초)

계 통	$50[V] < U_0 \le 120[V]$		$120[V] < U_0 \le 230[V]$		$230[V] < U_0 \le 400[V]$		$U_0 > 400[V]$	
	교류	직류	교류	직류	교류	직류	교류	직류
TN	0.8	[비고 1]	0.4	5	0.2	0.4	0.1	0.1
TT	0.3	[비고 1]	0.2	0.4	0.07	0.2	0.04	0.1

• TT 계통에서 차단은 과전류보호장치에 의해 이루어지고 보호등전위 본딩은 설비 안의 모든 계통 외 도전부와 접속되는 경우 TN 계통에 적용 가능한 최대차단시간이 사용될 수 있다.
• U_0는 대지에서 공칭교류전압 또는 직류 선간전압이다.

[비고] 1. 차단은 감전보호 외에 다른 원인에 의해 요구될 수도 있다.
2. 누전차단기에 의한 차단은 211.2.4 참조

④ 추가적인 보호

㉠ 일반적으로 사용되며 일반인이 사용하는 정격전류 20[A] 이하 콘센트

㉡ 옥외에서 사용되는 정격전류 32[A] 이하 이동용 전기기기

(3) 누전차단기의 시설(211.2.4)

① 자동차단에 의한 저압 전로의 보호대책으로 누전차단기를 시설해야 할 대상

㉠ 금속제 외함을 가지는 사용전압이 50[V]를 초과하는 저압의 기계기구로서 사람이 쉽게 접촉할 우려가 있는 곳. 다만, 다음의 어느 하나에 해당하는 경우에는 적용하지 않는다.

- 기계기구를 발전소·변전소·개폐소 또는 이에 준하는 곳에 시설
- 기계기구를 건조한 곳에 시설
- 대지전압이 150[V] 이하인 기계기구를 물기가 있는 곳 이외의 곳에 시설
- 이중절연구조의 기계기구를 시설
- 전원측에 절연변압기(2차 300[V] 이하)를 시설하고 또한 그 절연변압기의 부하측의 전로에 접지하지 아니하는 경우
- 기계기구가 고무·합성수지 기타 절연물로 피복
- 기계기구가 유도전동기의 2차측 전로에 접속되는 것
- 기계기구의 전원 연결선이 손상을 받을 우려가 없도록 시설하는 경우

㉡ 주택의 인입구 등 누전차단기 설치를 요구하는 전로

㉢ 특고압 전로, 고압 전로 또는 저압 전로와 변압기에 의하여 결합되는 사용전압 400[V] 이상의 저압 전로 또는 발전기에서 공급하는 사용전압 400[V] 이상의 저압 전로(발전소 및 변전소 제외)

㉣ 자동복구 기능을 갖는 누전차단기를 시설

- 독립된 무인 통신중계소·기지국
- 관련 법령에 의해 일반인의 출입을 금지 또는 제한하는 곳
- 옥외의 장소에 무인으로 운전하는 통신중계기 또는 단위기기 전용회로

② 누전차단기를 저압 전로에 사용하는 경우 일반인이 접촉할 우려가 있는 장소에는 주택용 누전차단기를 시설하여야 한다.

(4) 기능적 특별저압(FELV)(211.2.8)

① 기본보호

㉠ 전원의 1차 회로의 공칭전압에 대응하는 기본절연

㉡ 격벽 또는 외함

② 고장보호

1차 회로가 전원의 자동차단에 의한 보호가 될 경우 FELV 회로 기기의 노출도전부는 전원의 1차 회로의 보호도체에 접속하여야 한다.

③ FELV 계통의 전원은 최소한 단순 분리형 변압기에 의한다.

기·출·개·념 **문제**

금속제 외함을 가지는 사용전압 50[V]를 초과하는 저압의 기계기구의 전기를 공급하는 전로로서 지락차단장치를 시설하여야 되는 것은?

① 기계기구를 고무, 합성수지, 기타 절연물로 피복된 경우

② 기계기구를 건조한 장소에 시설하는 경우

③ 기계기구에 설치한 접지공사의 접지저항값이 10[Ω]인 경우

④ 절연변압기를 써서 부하측을 비접지로 시설하는 경우

해설 기계기구에 설치한 접지도체로 누전되는 전류의 통로가 되므로 누전차단기를 시설하여야 한다.

답 ③

[3] 이중절연 또는 강화절연에 의한 보호(211.3)

(1) 보호대책 일반 요구사항(211.3.1)

이중 또는 강화절연은 기본절연의 고장으로 인해 전기기기의 접근 가능한 부분에 위험전압이 발생하는 것을 방지하기 위한 보호대책으로 다음에 따른다.

① 기본보호는 기본절연에 의하며, 고장보호는 보조절연에 의한다.

② 기본 및 고장보호는 충전부의 접근 가능한 부분의 강화절연에 의한다.

(2) 기본보호와 고장보호를 위한 요구사항(211.3.2)

① 전기기기

㉠ 이중 또는 강화절연을 사용하는 보호대책이 설비의 일부분 또는 전체 설비에 사용될 경우, 전기기기는 보호대책 일반 요구사항(211.3.1)에 준한다.

㉡ 전기기기는 관련 표준에 따라 형식 시험을 하고 관련 표준이 표시된 다음과 같은 종류의 것이어야 한다.

- 이중 또는 강화절연을 갖는 전기기기(2종 기기)
- 2종 기기와 동등하게 관련 제품 표준에서 공시된 전기기기로 전체 절연이 된 전기기기의 조립품과 같은 것

② 외함

모든 도전부가 기본절연만으로 충전부로부터 분리되어 작동하도록 되어 있는 전기기기는 최소한 보호등급 IPXXB 또는 IP2X 이상의 절연 외함 안에 수용해야 한다.

③ 설치

㉠ 기기의 설치(고정, 도체의 접속 등)는 기기 설치 시방서에 따라 보호기능이 손상되지 않는 방법으로 시설하여야 한다.

㉡ 2종 기기에 공급하는 회로는 각 배선점과 부속품까지 배선되어 단말 접속되는 회로 보호도체를 가져야 한다.

④ 배선계통

㉠ 배선계통의 정격전압은 계통의 공칭전압 이상이며, 최소 300/500[V]이어야 한다.

㉡ 기본절연의 적절한 기계적 보호

- 비금속 외피케이블
- 비금속 트렁킹 및 덕트 또는 비금속 전선관 또는 전기설비용 전선관 시스템

[4] 전기적 분리에 의한 보호(211.4)

(1) 보호대책 일반 요구사항(211.4.1)

① 전기적 분리에 의한 보호대책

㉠ 기본보호는 충전부의 기본절연 또는 격벽과 외함에 의한다.

㉡ 고장보호는 분리된 다른 회로와 대지로부터 단순한 분리에 의한다.

② 단순 분리된 하나의 비접지 전원으로부터 한 개의 전기사용기기에 공급되는 전원으로 제한된다.

(2) 고장보호를 위한 요구사항(211.4.3)

① 분리된 회로의 전압은 500[V] 이하이어야 한다.

② 충전부는 어떤 곳에서도 다른 회로, 대지 또는 보호도체에 접속되어서는 안 되며, 전기적 분리를 보장하기 위해 회로 간에 기본절연을 한다.

③ 가요 케이블과 코드는 기계적 손상을 받기 쉬운 전체 길이에 대해 육안으로 확인이 가능하여야 한다.

④ 분리된 회로와 다른 회로가 동일 배선계통 내에 있으면 금속외장이 없는 다심케이블, 절연전선관 내의 절연전선, 절연덕팅 또는 절연트렁킹에 의한 배선이 되어야 하며 다음의 조건을 만족하여야 한다.

㉠ 정격전압은 최대공칭전압 이상일 것

㉡ 각 회로는 과전류에 대한 보호를 할 것

⑤ 노출도전부는 다른 회로의 보호도체, 노출도전부 또는 대지에 접속되어서는 아니 된다.

[5] SELV와 PELV를 적용한 특별저압에 의한 보호(211.5)

(1) 보호대책 일반 요구사항(211.5.1)

① 특별저압에 의한 보호

㉠ SELV : Safety Extra-Low Voltage)

㉡ PELV : Protective Extra-Low Voltage)

② 보호대책의 요구사항

㉠ 특별저압 계통의 전압한계는 건축전기설비의 전압밴드에 의한 전압밴드 I의 상한값인 교류 50[V] 이하, 직류 120[V] 이하이어야 한다.

㉡ 특별저압 회로를 제외한 모든 회로로부터 특별저압 계통을 보호 분리하고, 특별저압 계통과 다른 특별저압 계통 간에는 기본절연을 하여야 한다.

㉢ SELV 계통과 대지 간의 기본절연을 한다.

(2) SELV와 PELV용 전원(211.5.3)

특별저압 계통에는 다음의 전원을 사용한다.

① 안전절연변압기 전원

② 안전절연변압기 및 이와 동등한 절연의 전원

③ 축전지 및 디젤발전기 등과 같은 독립전원

④ 내부 고장이 발생한 경우에도 출력단자의 전압이 규정된 값을 초과하지 않도록 적절한 표준에 따른 전자장치

⑤ 저압으로 공급되는 안전절연변압기, 이중 또는 강화절연된 전동발전기 등 이동용 전원

(3) SELV와 PELV 회로에 대한 요구사항(211.5.4)

① 공칭전압이 교류 25[V] 또는 직류 60[V]를 초과하거나 기기가 (물에)잠겨 있는 경우 기본보호는 특별저압 회로에 대해 절연과 격벽 또는 외함을 시설한다.

② 건조한 상태에서 다음의 경우는 기본보호를 하지 않아도 된다.

㉠ SELV 회로에서 공칭전압 교류 25[V] 또는 직류 60[V]를 초과하지 않는 경우

㉡ PELV 회로에서 공칭전압 교류 25[V] 또는 직류 60[V]를 초과하지 않고 노출도전부 및 충전부가 보호도체에 의해서 주접지단자에 접속된 경우

③ SELV 또는 PELV 계통의 공칭전압 교류 12[V] 또는 직류 30[V]를 초과하지 않는 경우에는 기본보호를 하지 않아도 된다.

기·출·개·념 **문제**

특별저압 계통의 전압한계는 건축전기설비의 전압밴드에 의한 전압밴드 I의 상한값의 공칭전압은 얼마인가?

① 교류 30[V], 직류 80[V] 이하

② 교류 40[V], 직류 100[V] 이하

③ 교류 50[V], 직류 120[V] 이하

④ 교류 75[V], 직류 150[V] 이하

해설 특별저압 계통의 전압한계는 건축전기설비의 전압밴드에 의한 전압밴드 I의 상한값인 교류 50[V] 이하, 직류 120[V] 이하이어야 한다.

답 ③

2 과전류에 대한 보호(212)

[1] 회로의 특성에 따른 요구사항(212.2)

(1) 선도체의 보호(212.2.1)

① 과전류 검출기의 설치

㉠ 과전류의 검출은 모든 선도체에 대하여 과전류 검출기를 설치하여 과전류가 발생할 때 전원을 안전하게 차단해야 한다.

㉡ 3상 전동기 등과 같이 단상 차단이 위험을 일으킬 수 있는 경우 적절한 보호조치를 해야 한다.

② 과전류 검출기 설치 예외

TT 계통 또는 TN 계통에서 선도체만을 이용하여 전원을 공급하는 회로의 경우, 다음 조건들을 충족하면 선도체 중 어느 하나에는 과전류 검출기를 설치하지 않아도 된다.

㉠ 동일 회로 또는 전원측에서 부하 불평형을 감지하고 모든 선도체를 차단하기 위한 보호장치를 갖춘 경우

㉡ ㉠에서 규정한 보호장치의 부하측에 위치한 회로의 인위적 중성점으로부터 중성선을 배선하지 않는 경우

(2) 중성선의 보호(212.2.2)

① TT 계통 또는 TN 계통

㉠ 중성선의 단면적이 선도체의 단면적과 동등 이상의 크기이고, 그 중성선의 전류가 선도체의 전류보다 크지 않을 것으로 예상될 경우, 중성선에는 과전류 검출기 또는 차단장치를 설치하지 않아도 된다.

㉡ ㉠의 2가지 경우 모두 단락전류로부터 중성선을 보호해야 한다.

㉢ 중성선에 관한 요구사항은 차단에 관한 것을 제외하고 중성선과 보호도체 겸용(PEN) 도체에도 적용한다.

② IT 계통

중성선을 배선하는 경우 중성선에 과전류 검출기를 설치해야 하며, 과전류가 검출되면 중성선을 포함한 해당 회로의 모든 충전도체를 차단해야 한다. 다음의 경우에는 과전류 검출기를 설치하지 않아도 된다.

㉠ 설비의 전력 공급점과 같은 전원측에 설치된 보호장치에 의해 그 중성선이 과전류에 대해 효과적으로 보호되는 경우

㉡ 정격감도전류가 해당 중성선 허용전류의 0.2배 이하인 누전차단기로 그 회로를 보호하는 경우

(3) 중성선의 차단 및 재폐로(212.2.3)

중성선을 차단 및 재폐로하는 회로의 경우에 설치하는 개폐기 및 차단기는 차단 시에는 중성선이 선도체보다 늦게 차단되어야 하며, 재폐로 시에는 선도체와 동시 또는 그 이전에 재폐로 되는 것을 설치하여야 한다.

[2] 보호장치의 종류 및 특성(212.3)

(1) 과부하전류 및 단락전류 겸용 보호장치(212.3.1)

과부하전류 및 단락전류 모두를 보호하는 장치는 그 보호장치 설치점에서 예상되는 단락전류를 포함한 모든 과전류를 차단 및 투입할 수 있는 능력이 있어야 한다.

(2) 과부하전류 전용 보호장치(212.3.2)

과부하전류 전용 보호장치 차단용량은 그 설치점에서의 예상 단락전류값 미만으로 할 수 있다.

(3) 단락전류 전용 보호장치(212.3.3)

단락전류 전용 보호장치는 예상 단락전류를 차단할 수 있어야 하며, 차단기인 경우에는 이 단락전류를 투입할 수 있는 능력이 있어야 한다.

(4) 보호장치의 특성(212.3.4)

① 과전류 차단기로 저압 전로에 사용하는 퓨즈

▌퓨즈의 용단특성▐

정격전류의 구분	시 간	정격전류의 배수	
		불용단 전류	용단 전류
4[A] 이하	60분	1.5배	2.1배
4[A] 초과 16[A] 미만	60분	1.5배	1.9배
16[A] 이상 63[A] 이하	60분	1.25배	1.6배
63[A] 초과 160[A] 이하	120분	1.25배	1.6배
160[A] 초과 400[A] 이하	180분	1.25배	1.6배
400[A] 초과	240분	1.25배	1.6배

② 과전류 차단기로 저압 전로에 사용하는 산업용 배선차단기

▌과전류 트립 동작시간 및 특성(산업용 배선차단기)▐

정격전류의 구분	시 간	정격전류의 배수(모든 극에 통전)	
		부동작 전류	동작 전류
63[A] 이하	60분	1.05배	1.3배
63[A] 초과	120분	1.05배	1.3배

▌순시 트립에 따른 구분(주택용 배선차단기)▐

형	순시 트립범위
B	$3I_n$ 초과 ~ $5I_n$ 이하
C	$5I_n$ 초과 ~ $10I_n$ 이하
D	$10I_n$ 초과 ~ $20I_n$ 이하

[비고] 1. B, C, D : 순시 트립 전류에 따른 차단기 분류
2. I_n : 차단기 정격전류

▌과전류 트립 동작시간 및 특성(주택용 배선차단기)▐

정격전류의 구분	시 간	정격전류의 배수(모든 극에 통전)	
		부동작 전류	동작 전류
63[A] 이하	60분	1.13배	1.45배
63[A] 초과	120분	1.13배	1.45배

기·출·개·념 문제

1. 저압 전로에 사용하는 정격전류 4[A] 이하 퓨즈는 불용단 전류 1.5배, 용단 전류 2.1배에 용단 시간의 한계는 얼마인가?

① 60분 ② 120분
③ 180분 ④ 240분

(해설) 퓨즈의 용단특성

정격전류의 구분	시 간	정격전류의 배수	
		불용단 전류	용단 전류
4[A] 이하	60분	1.5배	2.1배
4[A] 초과 16[A] 미만	60분	1.5배	1.9배

답 ①

2. 정격전류 63[A] 이하인 산업용 배선차단기는 과전류 트립 동작시간 60분에 동작하는 전류는 정격전류의 몇 배의 전류가 흘렀을 경우 동작하여야 하는가?

① 1.05배 ② 1.3배
③ 1.5배 ④ 2배

(해설) 과전류 트립 동작시간 및 특성(산업용 배선차단기)
- 부동작 전류 : 1.05배
- 동작 전류 : 1.3배

답 ②

[3] 과부하전류에 대한 보호(212.4)

(1) 도체와 과부하 보호장치 사이의 협조(212.4.1)

$$I_B \le I_n \le I_Z$$
$$I_2 \le 1.45 \times I_Z$$

여기서, I_B : 회로의 설계전류
I_Z : 케이블의 허용전류
I_n : 보호장치의 정격전류
I_2 : 보호장치가 규약시간 이내에 유효하게 동작하는 것을 보장하는 전류

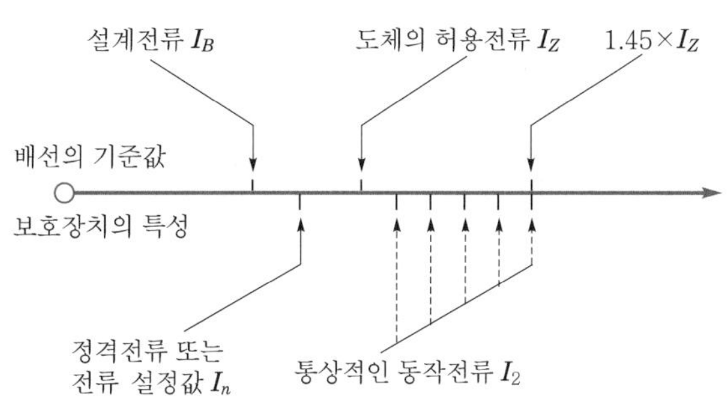

▌과부하 보호설계 조건도▐

(2) 과부하 보호장치의 설치위치(212.4.2)

① 설치위치

과부하 보호장치는 전로 중 도체의 단면적, 특성, 설치방법, 구성의 변경으로 도체의 허용전류값이 줄어드는 곳(분기점, O점)에 설치해야 한다.

② 설치위치의 예외

㉠ 분기회로(S_2)의 과부하 보호장치(P_2)의 전원측에 다른 분기회로 또는 콘센트의 접속이 없고 분기회로에 대한 단락보호가 이루어지고 있는 경우 : P_2는 분기회로의 분기점(O)으로부터 부하측으로 거리에 구애받지 않고 이동하여 설치할 수 있다.

㉡ 분기회로(S_2)의 보호장치(P_2)는 (P_2)의 전원측에서 분기점(O) 사이에 다른 분기회로 또는 콘센트의 접속이 없고, 단락의 위험과 화재 및 인체에 대한 위험성이 최소화되도록 시설된 경우 : P_2는 분기회로의 분기점(O)으로부터 3[m]까지 이동하여 설치할 수 있다.

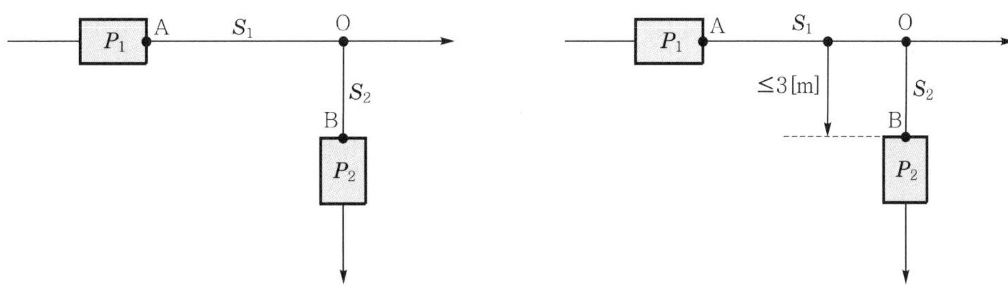

▌분기회로(S_2)의 분기점(O)에 설치되지 않은 분기회로 과부하 보호장치(P_2)▐

▌분기회로(S_2)의 분기점(O)에서 3[m] 이내에 설치된 과부하 보호장치(P_2)▐

(3) 과부하 보호장치의 생략(212.4.3)

① 일반사항

㉠ 분기회로의 전원측에 설치된 보호장치에 의하여 분기회로에서 발생하는 과부하에 대해 유효하게 보호되고 있는 분기회로

㉡ 단락보호가 되고 있으며, 분기점 이후의 분기회로에 다른 분기회로 및 콘센트가 접속되지 않는 분기회로 중 부하에 설치된 과부하 보호장치가 유효하게 동작하여 과부하전류가 분기회로에 전달되지 않도록 조치를 하는 경우

㉢ 통신회로용, 제어회로용, 신호회로용 및 이와 유사한 설비

② IT 계통에서 과부하 보호장치 설치위치 변경 또는 생략

㉠ 과부하에 대해 보호가 되지 않은 각 회로가 다음과 같은 방법 중 어느 하나에 의해 보호될 경우, 설치위치 변경 또는 생략이 가능하다.

- 보호수단 적용
- 2차 고장이 발생할 때 즉시 작동하는 누전차단기로 각 회로를 보호
- 지속적으로 감시되는 시스템의 경우 다음 중 어느 하나의 기능을 구비한 절연감시장치의 사용
  - 최초 고장이 발생한 경우 회로를 차단하는 기능
  - 고장을 나타내는 신호를 제공하는 기능. 이 고장은 운전 요구사항 또는 2차 고장에 의한 위험을 인식하고 조치가 취해져야 한다.

㉡ 중성선이 없는 IT 계통에서 각 회로에 누전차단기가 설치된 경우에는 선도체 중의 어느 1개에는 과부하 보호장치를 생략할 수 있다.

③ 안전을 위해 과부하 보호장치를 생략할 수 있는 경우

㉠ 회전기의 여자회로

㉡ 전자석 크레인의 전원회로

㉢ 전류변성기의 2차 회로

㉣ 소방설비의 전원회로

㉤ 안전설비(주거침입경보, 가스누출경보 등)의 전원회로

(4) 병렬 도체의 과부하 보호(212.4.4)

하나의 보호장치가 여러 개의 병렬도체를 보호할 경우, 병렬도체는 분기회로, 분리, 개폐장치를 사용할 수 없다.

[4] 단락전류에 대한 보호(212.5)

이 기준은 동일 회로에 속하는 도체 사이의 단락인 경우에만 적용하여야 한다.

(1) 예상 단락전류의 결정(212.5.1)

설비의 모든 관련 지점에서의 예상 단락전류를 결정해야 한다. 이는 계산 또는 측정에 의하여 수행할 수 있다.

(2) 단락보호장치의 설치위치(212.5.2)

① 단락전류 보호장치는 분기점(O)에 설치해야 한다. 다만, 그림과 같이 분기회로의 단락보호장치 설치점(B)과 분기점(O) 사이에 다른 분기회로 또는 콘센트의 접속이 없고 단락, 화재 및 인체에 대한 위험이 최소화될 경우, 분기회로의 단락보호장치 P_2는 분기점(O)으로부터 3[m]까지 이동하여 설치할 수 있다.

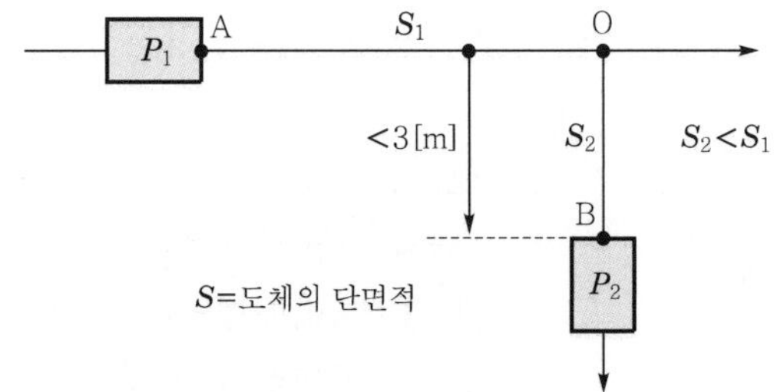

▌분기회로 단락보호장치(P_2)의 제한된 위치 변경▐

② 도체의 단면적이 줄어들거나 다른 변경이 이루어진 분기회로의 시작점(O)과 이 분기회로의 단락보호장치(P_2) 사이에 있는 도체가 전원측에 설치되는 보호장치(P_1)에 의해 단락보호가 되는 경우에 P_2의 설치위치는 분기점(O)으로부터 거리 제한이 없이 설치할 수 있다.

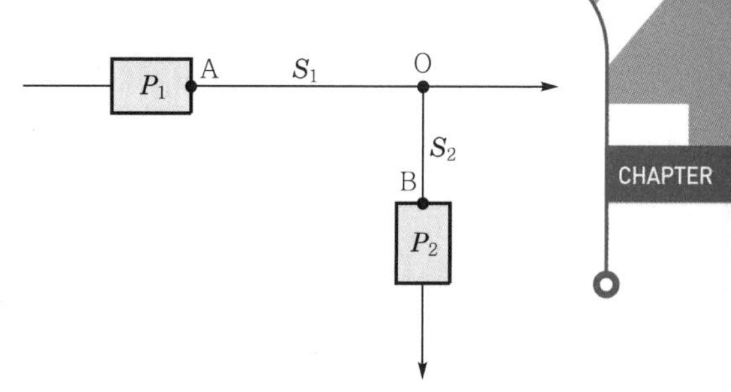

▌분기회로 단락보호장치(P_2)의 설치위치▐

(3) 단락보호장치의 생략(212.5.3)

배선을 단락위험이 최소화할 수 있는 방법과 가연성 물질 근처에 설치하지 않는 조건이 모두 충족되면 다음과 같은 경우 단락보호장치를 생략할 수 있다.

① 발전기, 변압기, 정류기, 축전지와 보호장치가 설치된 제어반 연결 도체

② 전원차단이 설비의 운전에 위험을 가져올 수 있는 회로

③ 특정 측정회로

(4) 병렬도체의 단락보호(212.5.4)

여러 개의 병렬도체를 사용하는 회로의 전원측에 1개의 단락보호장치가 설치되어 있는 조건에서 어느 하나의 도체에서 발생한 단락고장이라도 효과적인 동작이 보증되는 경우, 해당 보호장치 1개를 이용하여 그 병렬도체 전체의 단락보호장치로 사용할 수 있다.

(5) 단락보호장치의 특성(212.5.5)

① 차단용량

정격차단용량은 단락전류 보호장치 설치점에서 예상되는 최대 크기의 단락전류보다 커야 한다. 다만, 전원측 전로에 단락고장전류 이상의 차단능력이 있는 과전류 차단기가 설치되는 경우에는 그러하지 아니하다.

② 케이블 등의 단락전류

회로의 임의의 지점에서 발생한 모든 단락전류는 케이블 및 절연도체의 허용온도를 초과하지 않는 시간 내에 차단되도록 해야 한다. 단락지속시간이 5초 이하인 경우, 통상 사용조건에서의 단락전류에 의해 절연체의 허용온도에 도달하기까지의 시간은 다음과 같다.

$$t=\left(\frac{kS}{I}\right)^2$$

여기서, t : 단락전류 지속시간[초]

S : 도체의 단면적[mm^2]

I : 유효 단락전류[A, rms]

k : 도체 재료의 저항률, 온도계수, 열용량, 해당 초기온도와 최종온도를 고려한 계수

[5] 저압 전로 중의 개폐기 및 과전류차단장치의 시설(212.6)

(1) 저압 전로 중의 개폐기의 시설(212.6.1)

① 각 극에 설치한다.

② 사용전압이 다른 개폐기는 상호 식별이 용이하도록 시설한다.

(2) 저압 옥내전로 인입구에서의 개폐기의 시설(212.6.2)

① 각 극에 시설한다.

② 사용전압이 400[V] 미만인 옥내전로로서 다른 옥내전로(정격전류가 16[A] 이하인 과전류 차단기 또는 정격전류가 16[A]를 초과하고 20[A] 이하인 배선차단기로 보호되고 있는 것에 한함)에 접속하는 길이 15[m] 이하의 전로에서 전기의 공급을 받는 것은 인입구에서의 개폐기 시설을 아니할 수 있다.

(3) 저압 전로 중의 전동기 보호용 과전류 보호장치의 시설(212.6.3)

① 과전류 차단기로 저압 전로에 시설하는 과부하 보호장치와 단락보호 전용 차단기

㉠ 과부하 보호장치로 전자접촉기를 사용할 경우에는 반드시 과부하 계전기가 부착되어 있을 것

㉡ 단락보호 전용 차단기의 단락동작 설정 전류값은 전동기의 기동방식에 따른 기동돌입전류를 고려할 것

② 옥내에 시설하는 전동기(정격출력이 0.2[kW] 이하 제외)에는 전동기가 손상될 우려가 있는 과전류가 생겼을 때에 자동적으로 이를 저지하거나 이를 경보하는 장치를 하여야 한다. 다만, 다음의 어느 하나에 해당하는 경우에는 그러하지 아니하다.

㉠ 전동기를 운전 중 상시 취급자가 감시할 수 있는 위치에 시설하는 경우

㉡ 전동기의 구조나 부하의 성질로 보아 전동기가 손상될 수 있는 과전류가 생길 우려가 없는 경우

㉢ 단상 전동기로서 그 전원측 전로에 시설하는 과전류 차단기의 정격전류가 16[A](배선차단기는 20[A]) 이하인 경우

3 과도 과전압에 대한 보호(213)

[1] 고압계통의 지락고장으로 인한 저압설비 보호(213.1)

고압계통의 지락고장 시 저압계통에서의 과전압(213.1.1)은 변전소에서 고압측 지락고장의 경우, 다음 과전압의 유형들이 저압설비에 영향을 미칠 수 있다.

① 상용주파 고장전압(U_f)

② 상용주파 스트레스전압(U_1 및 U_2)

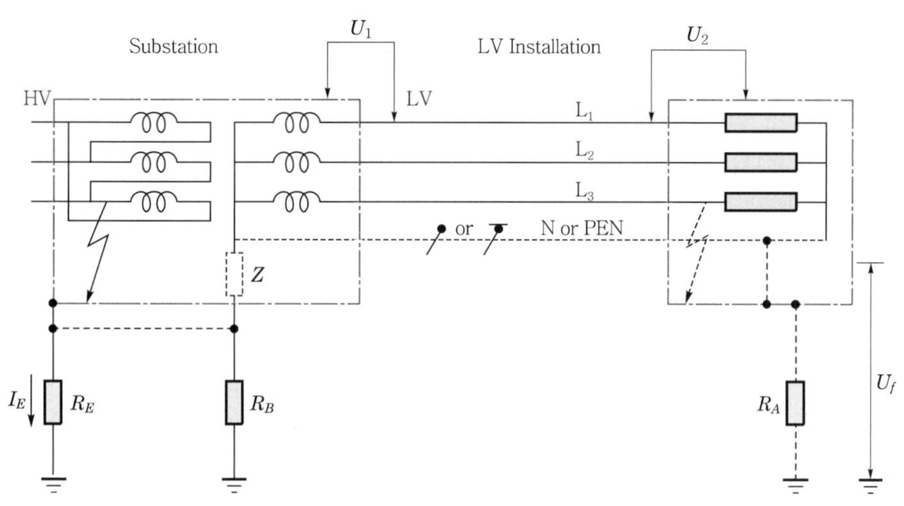

▌고압계통의 지락고장 시 저압계통에서의 과전압 발생도▐

[2] 낙뢰 또는 개폐에 따른 과전압 보호(213.2)

배전계통으로부터 전달되는 기상현상에 기인한 과도 과전압 및 설비 내 기기에 의해 발생하는 개폐 과전압에 대한 전기설비의 보호를 다룬다.

4 열 영향에 대한 보호(214)

[1] 적용범위(214.1)

① 전기기기에 의한 열적인 영향, 재료의 연소 또는 기능 저하 및 화상의 위험

② 화재재해의 경우, 전기설비로부터 격벽으로 분리된 인근의 다른 화재구획으로 전파되는 화염

③ 전기기기 안전 기능의 손상

[2] 화재 및 화상 방지에 대한 보호(214.2)

(1) 전기기기에 의한 화재 방지(214.2.1)

전기기기에 의해 발생하는 열은 근처에 고정된 재료나 기기에 화재 위험을 주지 않아야 한다.

(2) 전기기기에 의한 화상 방지(214.2.2)

접촉범위 내에 있는 기기에 접촉 가능성이 있는 부분에 대한 온도 제한

접촉할 가능성이 있는 부분	접촉할 가능성이 있는 표면의 재료	최고표면온도[℃]
손으로 잡고 조작시키는 것	금속	55
	비금속	65
손으로 잡지 않지만 접촉하는 부분	금속	70
	비금속	80
통상 조작 시 접촉할 필요가 없는 부분	금속	80
	비금속	90

[3] 과열에 대한 보호(214.3)

(1) 강제 공기 난방시스템(214.3.1)

① 강제 공기 난방시스템에서 중앙 축열기의 발열체가 아닌 발열체는 정해진 풍량에 도달할 때까지는 동작할 수 없고, 풍량이 정해진 값 미만이면 정지되어야 한다. 또한 공기덕트 내에서 허용온도가 초과하지 않도록 하는 2개의 서로 독립된 온도제한장치가 있어야 한다.

② 열소자의 지지부, 프레임과 외함은 불연성 재료이어야 한다.

(2) 온수기 또는 증기발생기(214.3.2)

① 온수 또는 증기를 발생시키는 장치는 어떠한 운전상태에서도 과열 보호가 되도록 설계 또는 공사를 하여야 한다. 보호장치는 기능적으로 독립된 자동 온도조절장치로부터 독립적 기능을 하는 비자동 복귀형 장치이어야 한다. 다만, 관련된 표준 모두에 적합한 장치는 제외한다.

② 장치에 개방 입구가 없는 경우에는 수압을 제한하는 장치를 설치하여야 한다.

(3) 공기난방설비(214.3.3)

① 공기난방설비의 프레임 및 외함은 불연성 재료이어야 한다.

② 열 복사에 의해 접촉되지 않는 복사 난방기의 측벽은 가연성 부분으로부터 충분한 간격을 유지하여야 한다. 불연성 격벽으로 간격을 감축하는 경우, 이 격벽은 복사 난방기의 외함 및 가연성 부분에서 0.01[m] 이상의 간격을 유지하여야 한다.

③ 복사 난방기는 복사 방향으로 가연성 부분으로부터 2[m] 이상의 안전거리를 확보할 수 있도록 부착하여야 한다.

이런 문제가 시험에 나온다!

CHAPTER 02

저압 전기설비

단원 최근 빈출문제

01 직류 회로에서 선도체 겸용 보호도체를 말하는 것은? [21년 기사]

① PEM ② PEL
③ PEN ④ PET

해설 용어의 정의(KEC 112)
- "PEN 도체"란 교류 회로에서 중성선 겸용 보호도체를 말한다.
- "PEM 도체"란 직류 회로에서 중간선 겸용 보호도체를 말한다.
- "PEL 도체"란 직류 회로에서 선도체 겸용 보호도체를 말한다.

02 저압 전로의 보호도체 및 중성선의 접속방식에 따른 접지계통의 분류가 아닌 것은? [21년 산업]

① IT 계통 ② TN 계통
③ TT 계통 ④ TC 계통

해설 계통접지 구성(KEC 203.1)
저압 전로의 보호도체 및 중성선의 접속방식에 따라 접지계통은 다음과 같이 분류한다.
- TN 계통
- TT 계통
- IT 계통

03 금속제 외함을 가진 저압의 기계기구로서, 사람이 쉽게 접촉될 우려가 있는 곳에 시설하는 경우 전기를 공급받는 전로에 지락이 생겼을 때 자동적으로 전로를 차단하는 장치를 설치하여야 하는 기계기구의 사용전압이 몇 [V]를 초과하는 경우인가? [20년 기사]

① 30 ② 50
③ 100 ④ 150

해설 누전차단기의 시설(KEC 211.2.4)
금속제 외함을 가지는 사용전압이 50[V]를 초과하는 저압의 기계기구로서, 사람이 쉽게 접촉할 우려가 있는 곳에 시설하는 것에 전기를 공급하는 전로에는 전로에 지락이 생겼을 때에 자동적으로 전로를 차단하는 장치를 하여야 한다.

04 일반적으로 저압 옥내 간선에서 분기하여 전기사용 기계기구에 이르는 저압 옥내전로는 저압 옥내 간선과의 분기점에서 전선의 길이가 몇 [m] 이하인 곳에 과전류 차단기를 시설하여야 하는가? [17년 기사]

① 0.5 ② 1.0
③ 2.0 ④ 3.0

해설 과부하 전류에 대한 보호(KEC 212.4)
저압 옥내 간선과의 분기점에서 전선의 길이가 3[m] 이하인 곳에 개폐기 및 과전류 차단기를 시설할 것

05 옥내에 시설하는 전동기가 소손되는 것을 방지하기 위한 과부하 보호장치를 하지 않아도 되는 것은? [19년 기사]

① 정격출력이 7.5[kW] 이상인 경우
② 정격출력이 0.2[kW] 이하인 경우
③ 정격출력이 2.5[kW]이며, 과전류 차단기가 없는 경우
④ 전동기 출력이 4[kW]이며, 취급자가 감시할 수 없는 경우

해설 저압 전로 중의 전동기 보호용 과전류 보호장치의 시설(KEC 212.6.4)
- 정격출력 0.2[kW] 초과하는 전동기에 과부하 보호장치를 시설한다.
- 과부하 보호장치시설을 생략하는 경우

정답 01. ② 02. ④ 03. ② 04. ④ 05. ②

- 운전 중 상시 취급자가 감시
- 구조상, 부하 성질상 전동기를 소손할 위험이 없는 경우
- 전동기가 단상인 것에 있어서 그 전원측 전로에 시설하는 과전류 차단기의 정격전류가 16[A] (배선 차단기는 20[A]) 이하인 경우

06 전동기의 과부하 보호장치의 시설에서 전원측 전로에 시설한 배선차단기의 정격전류가 몇 [A] 이하의 것이면 이 전로에 접속하는 단상 전동기에는 과부하 보호장치를 생략할 수 있는가? [17년 기사]

① 16　② 20
③ 30　④ 50

해설 **저압 전로 중의 전동기 과부하 보호용 과전류 보호장치(KEC 212.6.4)**

- 정격출력 0.2[kW] 초과하는 전동기에 과부하 보호장치를 시설한다.
- 과부하 보호장치시설을 생략하는 경우
  - 운전 중 상시 취급자가 감시
  - 구조상, 부하 성질상 전동기를 소손할 위험이 없는 경우
  - 전동기가 단상인 것에 있어서 그 전원측 전로에 시설하는 과전류 차단기의 정격전류가 16[A] (배선차단기는 20[A]) 이하인 경우

정답 06. ②

CHAPTER

03

전기사용 장소의 시설

출제비율

기 사 26.7 %

산업기사 22.3 %

01 배선 및 조명설비 등(230)

1 일반사항(231)

[1] 공통사항(231.1)

① 전기설비의 안전을 위한 보호방식
② 전기설비의 적합한 기능을 위한 요구사항
③ 예상되는 외부 영향에 대한 요구사항

[2] 운전조건 및 외부 영향(231.2)

(1) 운전조건(231.2.1)

① 전압
② 전류
③ 주파수
④ 전력
⑤ 적합성
⑥ 임펄스 내전압

(2) 외부 영향(231.2.2)

① 전기설비가 구조상의 이유로 설치장소의 외부 영향 관련 조건을 만족하지 못한다면 이를 보완하기 위한 적절한 보호조치가 추가로 적용되어야 한다. 이러한 보호조치가 보호대상기기의 운전에 영향을 미쳐서는 안 된다.
② 서로 다른 외부 영향이 동시에 발생할 경우 이 영향은 개별적으로 또는 상호적으로 영향을 미칠 수 있기 때문에 그에 맞는 안전보호 등급을 제공한다.

(3) 접근 용이성(231.2.3)

배선을 포함한 모든 전기설비는 운전, 검사 및 유지보수가 쉽고, 접속부에 접근이 용이하도록 설치하여야 한다. 이러한 설비는 외함 또는 구획 내에 기기를 설치함으로써 심각하게 손상되지 않도록 한다.

(4) 식별(231.2.4)

① 일반
㉠ 혼동 가능성이 있는 곳은 개폐장치 및 제어장치에 표찰이나 기타 적절한 식별 수단을 적용하여 그 용도를 표시하여야 한다.
㉡ 운전자가 개폐장치 및 제어장치의 동작을 감시할 수 없고, 이로 인하여 위험을 야기할 수 있는 경우에는 표시기를 운전자가 볼 수 있는 위치에 부착하여야 한다.

② 배선은 설비의 검사, 시험, 수리 또는 교체 시 식별할 수 있도록 표시한다.

③ 중성선 및 보호도체의 식별

④ **보호장치의 식별**
보호장치는 보호되는 회로를 쉽게 알아볼 수 있도록 배치하고 식별할 수 있도록 배치하여야 한다.

(5) 보호도체 전류와 관련 조치사항(231.2.6)

① 정상운전과 전기설비 설계의 조건하에 전기설비에서 발생하는 보호도체의 전류는 안전보호 및 정상운전에 적합하여야 한다.

② 제작자 정보를 활용할 수 없는 경우 전기설비의 보호도체 허용전류는 보호도체 전류의 규정을 준용해야 한다.

③ 절연변압기로 제한된 지역에만 전원을 공급함으로써 전기설비에서 보호도체 전류를 제한할 수 있다.

④ 보호도체는 어떠한 활선도체와 함께 신호용 귀로로 사용할 수 없다.

[3] 저압 옥내배선의 사용전선 및 중성선의 굵기(231.3)

(1) 저압 옥내배선의 전선(231.3.1)

단면적 2.5[mm^2] 이상의 연동선 또는 이와 동등 이상의 강도 및 굵기의 것

(2) 사용전압이 400[V] 이하인 경우

① 전광표시장치 기타 이와 유사한 장치 또는 제어회로 등에 사용하는 배선에 단면적 1.5[mm^2] 이상의 연동선을 사용하고 이를 합성수지관 공사·금속관 공사·금속 몰드 공사·금속 덕트 공사·플로어 덕트 공사 또는 셀룰러 덕트 공사에 의하여 시설하는 경우

② 전광표시장치 기타 이와 유사한 장치 또는 제어회로 등의 배선에 단면적 0.75[mm^2] 이상인 다심 케이블 또는 다심 캡타이어 케이블을 사용하고 또한 과전류가 생겼을 때에 자동적으로 전로에서 차단하는 장치를 시설하는 경우

③ 단면적 0.75[mm^2] 이상인 코드 또는 캡타이어 케이블을 사용하는 경우

④ 리프트 케이블을 사용하는 경우

(3) 중성선의 단면적(231.3.2)

① 중성선의 단면적은 최소한 선도체의 단면적 이상이어야 한다.

㉠ 2선식 단상 회로

㉡ 선도체의 단면적이 구리선 16[mm^2], 알루미늄선 25[mm^2] 이하인 다상 회로

㉢ 제3고조파 및 제3고조파의 홀수배수의 고조파 전류가 흐를 가능성이 높고 전류 종합 고조파 왜형률이 15~33[%]인 3상 회로

② 제3고조파 및 제3고조파 홀수배수의 전류 종합 고조파 왜형률이 33[%]를 초과하는 경우에는 선도체의 $1.45 \times I_B$(회로 설계전류)를 흘릴 수 있는 중성선을 선정한다.

[4] 나전선의 사용 제한(231.4)

옥내에 시설하는 저압 전선에는 나전선을 사용하여서는 아니 된다. 다만, 다음 중 어느 하나에 해당하는 경우에는 그러하지 아니하다.

① 애자공사에 의하여 전개된 곳에 다음의 전선을 시설하는 경우
  ㉠ 전기로용 전선
  ㉡ 전선의 피복 절연물이 부식하는 장소
  ㉢ 취급자 이외의 자가 출입할 수 없도록 설비한 장소

② 버스 덕트 공사

③ 라이팅 덕트 공사

④ 접촉전선

[5] 고주파 전류에 의한 장해의 방지(231.5)

① 형광 방전등에는 적당한 곳에 정전용량이 0.006[μF] 이상 0.5[μF] 이하[예열시동식의 것으로 글로우 램프에 병렬로 접속할 경우에는 0.006[μF] 이상 0.01[μF] 이하]인 커패시터를 시설할 것

② 저압으로서 정격출력이 1[kW] 이하인 교류 직권전동기
단자 상호 간 및 각 단자의 소형 교류 직권전동기를 사용하는 전기기계기구의 금속제 외함이나 소형 교류 직권전동기의 외함 또는 대지 사이에 각각 정전용량이 0.1[μF] 및 0.003[μF]인 커패시터를 시설할 것

[6] 옥내전로의 대지전압의 제한(231.6)

(1) 옥내전로의 대지전압은 300[V] 이하이어야 하며 다음에 따라 시설한다(대지전압 150[V] 이하의 전로는 따르지 않을 수 있음).

① 사람이 접촉할 우려가 없도록 시설한다.

② 백열전등 또는 방전등용 안정기는 저압의 옥내 배선과 직접 접속하여 시설한다.

③ 백열전등의 전구소켓은 키나 그 밖의 점멸기구가 없는 것이어야 한다.

(2) 주택의 대지전압은 300[V] 이하이어야 하며 다음에 따라 시설한다(대지전압 150[V] 이하의 전로는 따르지 않을 수 있음).

① 사용전압은 400[V] 이하로 한다.

② 주택의 전로 인입구에는 감전보호용 누전차단기를 시설하여야 한다. 다만, 전로의 전원측에 정격용량이 3[kVA] 이하인 절연변압기(1차 전압이 저압이고 2차 전압이 300[V] 이하인 것에 한함)를 사람이 쉽게 접촉할 우려가 없도록 시설하고 또한 그 절연변압기의 부하측 전로를 접지하지 않는 경우에는 예외로 한다.

③ 누전차단기는 침수 시 위험의 우려가 없도록 지상에 시설하여야 한다.

④ 전기기계기구 및 옥내의 전선은 사람이 쉽게 접촉할 우려가 없도록 시설한다.

⑤ 백열전등의 전구소켓은 키나 그 밖의 점멸기구가 없는 것이어야 한다.

⑥ 정격소비전력 3[kW] 이상의 전기기계기구에 전기를 공급하기 위한 전로에는 전용의 개폐기 및 과전류 차단기를 시설하고 그 전로의 옥내배선과 직접 접속하거나 적정 용량의 전용콘센트를 시설한다.

⑦ 합성수지관 공사, 금속관 공사, 케이블 공사에 의하여 시설한다.

2 배선설비(232)

[1] 배선설비 공사의 종류(232.2)

(1) 전선 및 케이블의 구분에 따른 배선설비의 공사방법

<table>
<tr><th colspan="2" rowspan="3">전선 및 케이블</th><th colspan="8">공사방법</th></tr>
<tr><th colspan="3">케이블 공사</th><th rowspan="2">케이블 트렁킹</th><th rowspan="2">케이블 덕트</th><th rowspan="2">케이블 트레이</th><th rowspan="2">애자공사</th><th rowspan="2">지지선</th></tr>
<tr><th>비고정</th><th>직접 고정</th><th>전선관</th></tr>
<tr><td colspan="2">나전선</td><td>−</td><td>−</td><td>−</td><td>−</td><td>−</td><td>−</td><td>−</td><td>+</td></tr>
<tr><td colspan="2">절연전선</td><td>−</td><td>−</td><td>−</td><td>+</td><td>+</td><td>+</td><td>−</td><td>+</td></tr>
<tr><td rowspan="2">케이블</td><td>다심</td><td>+</td><td>+</td><td>+</td><td>+</td><td>+</td><td>+</td><td>+</td><td>0</td></tr>
<tr><td>단심</td><td>0</td><td>+</td><td>+</td><td>+</td><td>+</td><td>+</td><td>+</td><td>0</td></tr>
</table>

[주] + : 사용할 수 있다.
− : 사용할 수 없다.
0 : 적용할 수 없거나 실용상 일반적으로 사용할 수 없다.

(2) 공사방법의 분류

종 류	공사방법
전선관 시스템	합성수지관 공사, 금속관 공사, 가요전선관 공사
케이블 트렁킹 시스템	합성수지 몰드 공사, 금속 몰드 공사, 금속 덕트 공사[1)]
케이블 덕트 시스템	플로어 덕트 공사, 셀룰러 덕트 공사, 금속 덕트 공사[2)]
애자공사	애자공사
케이블 트레이 시스템(래더, 브래킷 포함)	케이블 트레이 공사
케이블 공사	고정하지 않는 방법, 직접 고정하는 방법, 지지선 방법

[주] 1) 금속 본체와 커버가 별도로 구성되어 커버를 개폐할 수 있는 금속 덕트 공사를 말한다.
2) 본체와 커버 구분없이 하나로 구성된 금속 덕트 공사를 말한다.

[2] 배선설비 적용 시 고려사항(232.3)

① 회로 구성
② 병렬접속
③ 전기적 접속
④ 교류 회로-전기자기적 영향(맴돌이 전류 방지)
⑤ 하나의 다심 케이블 속의 복수회로
⑥ 화재의 확산을 최소화하기 위한 배선설비의 선정과 공사

⑦ 배선설비와 다른 공급설비와의 접근
⑧ 금속외장 단심 케이블
⑨ 수용가 설비에서의 전압강하

설비의 유형	조명[%]	기타[%]
A – 저압으로 수전하는 경우	3	5
B – 고압 이상으로 수전하는 경우*	6	8

* 가능한 한 최종회로 내의 전압강하가 A 유형의 값을 넘지 않도록 하는 것이 바람직하다.
사용자의 배선설비가 100[m]를 넘는 부분의 전압강하는 미터당 0.005% 증가할 수 있으나 이러한 증가분은 0.5[%]를 넘지 않아야 한다.

[3] 배선설비의 선정과 설치에 고려해야 할 외부 영향(232.4)

① 주위온도
② 외부 열원
③ 물의 존재(AD) 또는 높은 습도(AB)
④ 침입고형물의 존재(AE)
⑤ 부식 또는 오염 물질의 존재(AF)
⑥ 충격(AG)
⑦ 진동(AH)
⑧ 기계적 응력(AJ)
⑨ 식물과 곰팡이의 존재(AK)
⑩ 동물의 존재(AL)
⑪ 태양 방사(AN) 및 자외선 방사
⑫ 지진의 영향(AP)
⑬ 바람(AR)
⑭ 가공 또는 보관된 자재의 특성(BE)
⑮ 건축물의 설계(CB)

[4] 배선설비 공사

(1) 애자공사(232.56)

① 전선은 절연전선(옥외용 및 인입용 절연전선을 제외)을 사용할 것
② 전선 상호 간격은 6[cm] 이상
③ 전선과 조영재와의 이격거리
㉠ 400[V] 이하인 경우 2.5[cm] 이상
㉡ 400[V] 초과인 경우 4.5[cm](건조한 장소 2.5[cm]) 이상
④ 전선은 사람이 쉽게 접촉할 위험이 없도록 시설할 것
⑤ 애자는 절연성, 난연성 및 내수성이 있는 것일 것

⑥ 전선의 지지점 간 거리
㉠ 조영재의 윗면 또는 옆면에 따라 붙일 경우 2[m] 이하
㉡ 400[V] 초과인 것은 조영재의 윗면 또는 옆면에 따라 붙이지 않을 경우 6[m] 이하
⑦ 전선이 조영재를 관통하는 경우에는 그 관통하는 부분의 전선을 전선마다 각각 별개의 난연성 및 내수성이 있는 절연관에 넣을 것

(2) 전선관 시스템(232.10)

- 절연전선은 연선(옥외용 제외) 사용
  연동선 10[mm^2], 알루미늄선 16[mm^2] 이하는 단선 사용
- 전선관 안에서 전선 접속점 없도록 한다.
- 습기가 많은 장소 또는 물기가 있는 장소에는 방습장치를 할 것

① 합성수지관 공사(232.11)
㉠ 관을 삽입하는 길이 : 관 외경 1.2배(접착제 사용 0.8배)
㉡ 관 지지점 간 거리 : 1.5[m] 이하
㉢ 합성수지제 휨(가요) 전선관 상호 간은 직접 접속하지 말 것
② 금속관 공사(232.12)
㉠ 관의 두께 : 콘크리트에 매입하는 것 1.2[mm] 이상, 기타 1[mm] 이상
㉡ 관의 끝 부분에는 전선의 피복을 손상하지 아니하도록 부싱(절연 부싱)을 사용할 것
㉢ 전선관과의 접속부분의 나사는 5턱 이상 완전히 나사결합
㉣ 관에는 접지공사를 할 것
접지공사 생략하는 경우(400[V] 이하)
- 관의 길이가 4[m] 이하인 것을 건조한 장소에 시설하는 경우
- 사용전압이 직류 300[V] 또는 교류 대지전압 150[V] 이하로서 그 전선을 넣는 관의 이가 8[m] 이하인 것을 사람이 쉽게 접촉할 우려가 없도록 시설하는 경우 또는 건조한 장소에 시설하는 경우

③ 금속제 가요전선관 공사(232.13)
㉠ 2종 금속제 가요전선관일 것
㉡ 가요전선관의 끝부분은 피복을 손상하지 아니하는 구조로 되어 있을 것
㉢ 습기 많은 장소 또는 물기가 있는 장소에 시설하는 때에는 비닐 피복 2종 가요전선관일 것
㉤ 관에는 접지공사를 할 것

(3) 케이블 트렁킹 시스템(232.20)

① 합성수지 몰드 공사(232.21)
㉠ 절연전선(옥외용 제외)
㉡ 전선 접속점이 없도록 한다
㉢ 홈의 폭 및 깊이 3.5[cm] 이하, 두께는 2[mm] 이상
(단, 사람이 쉽게 접촉할 위험이 없으면 5[cm] 이하, 두께 1[mm] 이상)

② 금속 몰드 공사(232.22)

㉠ 절연전선(옥외용 제외)

㉡ 전선 접속점이 없도록 한다.

㉢ 사용전압이 400[V] 이하로 옥내의 건조한 장소로 전개된 장소 또는 점검할 수 있는 은폐장소에 한하여 시설

㉣ 황동제 또는 동제의 몰드는 폭이 0.5[cm] 이하, 두께 0.5[mm] 이상

㉤ 몰드에는 접지공사 시행

③ 금속 트렁킹 공사(232.23)

본체부와 덮개가 별도로 구성되어 덮개를 열고 전선을 교체하는 금속 트렁킹 공사방법은 금속 덕트 공사의 규정을 준용한다.

④ 케이블트렌치 공사(232.24)

㉠ 케이블트렌치 내의 사용전선 및 시설방법은 케이블트레이 공사 준용한다.

㉡ 케이블은 배선 회로별로 구분하고 2[m] 이내의 간격으로 받침대 등을 시설

㉢ 케이블트렌치에서 케이블트레이, 덕트, 전선관 등 다른 공사방법으로 변경되는 곳에는 전선에 물리적 손상을 주지 않도록 시설할 것

㉣ 내부에는 전기배선설비 이외의 수관·가스관 등 다른 시설물을 설치하지 말 것

(4) 케이블 덕팅 시스템(232.30)

- 절연전선은 연선(옥외용 제외) 사용
  연동선 10[mm^2], 알루미늄선 16[mm^2] 이하는 단선 사용
- 덕트 안에서 전선 접속점 없도록 한다.
- 습기가 많은 장소 또는 물기가 있는 장소에는 방습장치를 할 것
- 덕트의 끝부분은 막을 것
- 덕트 안에 먼지가 침입하지 아니하도록 할 것
- 덕트는 물이 고이는 낮은 부분을 만들지 않도록 시설할 것
- 덕트는 규정에 준하여 접지공사를 할 것

① 금속 덕트 공사(232.31)

㉠ 전선 단면적의 총합은 덕트의 내부 단면적의 20[%](전광표시장치, 제어회로 배선 50[%]) 이하

㉡ 폭 4[cm], 두께 1.2[mm] 이상

㉢ 지지점 간 거리 3[m](수직 6[m]) 이하

② 플로어 덕트 공사(232.32)

박스 및 인출구는 마루 위로 돌출하지 아니하도록 시설하고 또한 물이 스며들지 아니하도록 밀봉할 것

③ 셀룰러 덕트 공사(232.33)

(5) 케이블 트레이시스템(케이블 트레이 공사)(232.41)

① 종류 : 사다리형, 펀칭형, 메시형, 바닥 밀폐형

② 전선은 연피케이블, 알루미늄피 케이블 등 난연성 케이블 또는 기타 케이블(적당한 간격으로 연소방지 조치 한 것) 또는 금속관 혹은 합성수지관 등에 넣은 절연전선을 사용하여야 한다.

③ 케이블 트레이의 안전율은 1.5 이상

④ 금속재의 것은 적절한 방식처리를 한 것이거나 내식성 재료의 것

⑤ 비금속제 케이블 트레이는 난연성 재료의 것

⑥ 트레이 공사방법의 예

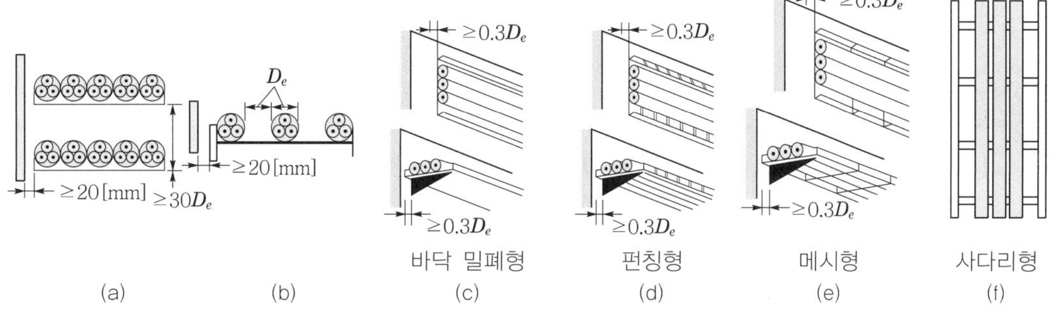

▌수평 트레이의 다심 케이블 공사방법▐

(6) 케이블 공사(232.51)

- 케이블 및 캡타이어 케이블일 것
- 지지점 간의 거리를 케이블은 2[m](수직 6[m]) 이하, 캡타이어 케이블은 1[m] 이하
- 금속체에는 접지공사

① 콘크리트 직매용 포설

㉠ 콘크리트 직매용 케이블

㉡ 황동이나 동으로 견고하게 제작

㉢ 콘크리트 안에는 전선에 접속점을 만들지 아니할 것

② 수직 케이블의 포설

㉠ 도체에 동을 사용하는 경우는 공칭단면적 25[mm^2] 이상, 도체에 알루미늄을 사용한 경우는 공칭단면적 35[mm^2] 이상의 것

㉡ 전선 및 그 지지부분의 안전율은 4 이상

㉢ 전선과의 분기부분에 시설하는 분기선은 케이블일 것

㉣ 분기선은 장력이 가하여지지 아니하도록 시설하고 또한 전선과의 분기부분에는 진동 방지장치를 시설할 것

(7) 버스바 트렁킹 시스템(버스 덕트 공사)(232.61)

① 덕트의 지지점 간 거리 3[m](수직 6[m]) 이하

② 덕트(환기형 제외)의 끝부분은 막을 것

③ 덕트(환기형 제외)의 내부에 먼지가 침입하지 아니하도록 할 것

④ 덕트는 접지공사를 할 것
⑤ 습기가 많은 장소 또는 물기가 있는 장소에 시설하는 경우에는 옥외용 버스덕트를 사용하고 버스덕트 내부에 물이 침입하여 고이지 아니하도록 할 것
⑥ 도체 선정
㉠ 단면적 20[mm^2] 이상의 띠 모양의 동
㉡ 지름 5[mm] 이상의 관 모양의 동
㉢ 단면적 30[mm^2] 이상의 띠 모양의 알루미늄

(8) 파워 트랙 시스템(라이팅 덕트 공사)

지지점 간 거리는 2[m] 이하

기·출·개·념 **문제**

1. 합성수지관 공사 시 관 상호간 및 박스와의 접속은 관에 삽입하는 깊이를 관 바깥지름의 몇 배 이상으로 하여야 하는가? (단, 접착제를 사용하지 않은 경우이다.)

① 0.5배　② 0.8배
③ 1.2배　④ 1.5배

해설 **관을 삽입하는 길이 :** 관 외경 1.2배(접착제 사용 0.8배)　답 ③

2. 합성수지관 공사에 의한 저압 옥내배선의 시설기준으로 옳지 않은 것은?

① 습기가 많은 장소에 방습장치를 하여 사용하였다.
② 전선은 옥외용 비닐절연전선을 사용하였다.
③ 전선은 연선을 사용하였다.
④ 관의 지지점 간의 거리는 1.5[m]로 하였다.

해설 전선은 연선일 것(옥외용 제외)　답 ②

3. 애자공사에 의한 저압 옥내배선시설 중 틀린 것은?

① 전선은 인입용 비닐절연전선일 것
② 전선 상호 간의 간격은 6[cm] 이상일 것
③ 전선의 지지점 간의 거리는 전선을 조영재의 윗면에 따라 붙일 경우에는 2[m] 이하일 것
④ 전선과 조영재 사이의 이격거리는 사용전압이 400[V] 이하인 경우에는 2.5[cm] 이상일 것

해설 전선은 절연전선(옥외용 및 인입용 절연전선을 제외)을 사용할 것　답 ①

4. 금속관 공사에 관한 사항이다. 일반적으로 콘크리트에 매설하는 금속관의 두께는 몇 [mm] 이상 되는 것을 사용하여야 하는가?

① 1.0[mm]　② 1.2[mm]
③ 2.0[mm]　④ 2.5[mm]

해설 **관의 두께 :** 콘크리트에 매설 1.2[mm]　답 ②

기·출·개·념 **문제**

5. 모양이나 배치 변경 등 전기배선이 변경되는 장소에 쉽게 응할 수 있게 마련한 저압 옥내배선은?

① 금속 덕트 공사　　② 가요전선관 공사
③ 금속 몰드 공사　　④ 합성수지관 공사

(해설) 모양이나 배치 변경 등 전기배선이 변경되는 장소, 아파트 단지 내 보안등 및 방송관로, 외부 노출부분, 지하실, 전기실, 기계실 등 외부 압력과 기계적 충격이 우려되는 장소 등에 가요전선관 공사를 한다.

답 ②

6. 제어회로용 절연전선을 금속 덕트 공사에 의하여 시설하고자 한다. 절연피복을 포함한 전선의 총 단면적은 덕트 내부 단면적의 몇 [%]까지 할 수 있는가?

① 20　　② 30　　③ 40　　④ 50

(해설) 전선 단면적의 총합은 덕트의 내부 단면적의 20[%](제어회로 배선 50[%]) 이하

답 ④

7. 저압 옥내배선 버스 덕트 공사에서 지지점 간의 거리[m]는? (단, 취급자만이 출입하는 곳에서 수직으로 붙이는 경우이다.)

① 3　　② 5　　③ 6　　④ 8

(해설) 지지점 간 거리 3[m](수직 6[m]) 이하

답 ③

8. 라이팅 덕트 공사에 의한 저압 옥내배선에서 덕트의 지지점 간의 거리는?

① 4[m] 이하　　② 3[m] 이하
③ 2[m] 이하　　④ 1[m] 이하

(해설) 지지점 간 거리는 2[m] 이하

답 ③

9. 플로어 덕트 공사에 의한 저압 옥내배선에서 절연전선으로 연선을 사용하지 않아도 되는 것은 전선의 단면적이 몇 [mm^2] 이하의 경우인가?

① 2.5　　② 4
③ 6　　④ 10

(해설)
- 전선은 연선일 것(옥외용 제외)
- 단면적 10[mm^2](알루미늄선 16[mm^2]) 이하 단선 사용

답 ④

10. 케이블을 지지하기 위하여 사용하는 금속제 케이블트레이의 종류가 아닌 것은?

① 통풍 밀폐형　　② 펀칭형
③ 바닥 밀폐형　　④ 사다리형

(해설) **케이블트레이의 종류**
사다리형, 바닥 밀폐형, 펀칭형, 메시형

답 ①

[5] 허용전류(232.5)

(1) 절연물의 허용온도(232.5.1)

절연물의 종류	최고허용온도[℃]
열가소성 물질[염화비닐(PVC)]	70(도체)
열경화성 물질[가교폴리에틸렌(XLPE) 또는 에틸렌프로필렌고무혼합물(EPR)]	90(도체)
무기물(열가소성 물질 피복 또는 나도체로 사람이 접촉할 우려가 있는 것)	70(시스)
무기물(사람의 접촉에 노출되지 않고, 가연성 물질과 접촉할 우려가 없는 나도체)	105(시스)

(2) 허용전류의 결정(232.5.2)

① 필요한 보정계수를 적용하고, 공사방법, 도체의 종류 등을 고려하여야 한다.

② 허용전류의 적정값은 방법, 시험 또는 방법이 정해진 경우 승인된 방법을 이용한 계산을 통해 결정할 수도 있다. 이것을 사용하려면 부하특성 및 토양 열저항의 영향을 고려하여야 한다.

[6] 옥내에 시설하는 저압 접촉전선 배선(232.81)

(1) 이동기중기·자동청소기 등 이동하며 사용하는 전기기계기구

전개된 장소, 점검할 수 있는 은폐된 장소에 애자공사 또는 버스 덕트 공사 또는 절연 트롤리 공사에 의하여야 한다.

(2) 애자공사에 의하여 옥내의 전개된 장소에 시설하는 경우

① 전선의 바닥에서의 높이는 3.5[m] 이상으로 하고 또한 사람이 접촉할 우려가 없도록 시설할 것. 다만, 60[V] 이하이고 또한 건조한 장소에 시설하는 경우 그러하지 아니하다.

② 전선과 건조물 또는 주행 크레인에 설치한 보도·계단·사다리·점검대이거나 이와 유사한 것 사이의 이격거리는 위쪽 2.3[m] 이상, 1.2[m] 이상으로 할 것

③ 전선

㉠ 400[V] 초과 : 인장강도 11.2[kN], 지름 6[mm] 이상 경동선, **단면적** 28[mm^2] 이상

㉡ 400[V] 이하 : 인장강도 3.44[kN], 지름 3.2[mm] 이상 경동선, **단면적** 8[mm^2] 이상

④ 전선은 각 지지점에 견고하게 고정시켜 시설하는 것 이외에는 양쪽 끝을 장력에 견디는 애자장치에 의하여 견고하게 인류할 것

⑤ 전선의 지지점 간의 거리는 6[m] 이하일 것

⑥ 전선 상호 간의 간격은 전선을 수평으로 배열하는 경우에는 0.14[m] 이상, 기타의 경우에는 0.2[m] 이상일 것

⑦ 전선과 조영재 사이의 이격거리

㉠ 습기가 많은 곳 또는 물기가 있는 곳에 시설하는 것은 45[mm] 이상

㉡ 기타의 곳에 시설하는 것은 25[mm] 이상

⑧ 애자는 절연성, 난연성 및 내수성이 있는 것일 것

(3) 애자공사에 의하여 옥내에 점검할 수 있는 은폐된 장소

① 전선에는 구부리기 어려운 도체를 사용

② 전선 상호 간의 간격은 0.12[m] 이상

③ 전선과 조영재 사이의 이격거리 및 그 전선에 접촉하는 집전장치의 충전부분과 조영재 사이의 이격거리는 45[mm] 이상

(4) 버스 덕트 공사에 의하여 옥내에 시설하는 경우

① 버스 덕트는 다음에 적합한 것

㉠ 도체는 단면적 20[mm^2] 이상의 띠 모양 또는 지름 5[mm] 이상의 관 모양이나 둥글고 긴 막대 모양의 동 또는 황동을 사용한 것

㉡ 도체 지지물은 절연성·난연성 및 내수성이 있는 견고한 것

② 덕트의 개구부는 아래를 향하여 시설할 것

③ 덕트의 끝부분은 충전부분이 노출하지 아니하는 구조로 되어 있을 것

④ 금속제 덕트에 접지공사를 할 것

(5) 절연 트롤리 공사에 의하여 시설하는 경우

① 절연 트롤리선은 사람이 쉽게 접할 우려가 없도록 시설할 것

② 절연 트롤리 공사에 사용하는 절연 트롤리선 및 그 부속품과 콜렉터
절연 트롤리선의 도체는 지름 6[mm]의 경동선 또는 이와 동등 이상의 세기의 것으로서 단면적이 28[mm^2] 이상의 것일 것

③ 절연 트롤리선의 개구부는 아래 또는 옆으로 향하여 시설할 것

④ 절연 트롤리선의 끝부분은 충전부분이 노출되지 아니하는 구조의 것일 것

⑤ 절연 트롤리선은 각 지지점에서 견고하게 시설하는 것 이외에 그 양쪽 끝을 내장 인류장치에 의하여 견고하게 인류할 것

(6) 옥내에서 사용하는 기계기구에 시설하는 저압 접촉전선

① 전선은 사람이 쉽게 접촉할 우려가 없도록 시설할 것

② 전선은 절연성·난연성 및 내수성이 있는 애자로 기계기구에 접촉할 우려가 없도록 지지할 것

㉠ 사용전압은 400[V] 이하일 것

㉡ 전선에 전기를 공급하기 위하여 변압기를 사용하는 경우에는 절연변압기를 사용할 것. 이 경우에 절연변압기의 1차측의 사용전압은 대지전압 300[V] 이하이어야 한다.

㉢ 전선에는 접지공사를 할 것

(7) 다른 옥내전선, 약전류 전선 등 또는 수관·가스관과 접근 교차

상호 간의 이격거리는 0.3[m](가스계량기 및 가스관의 이음부와는 0.6[m]) 이상이어야 한다. 다만, 저압 접촉전선을 절연 트롤리 공사에 의하여 시설하는 경우에 상호 간의 이격거리는 0.1[m] 이상

(8) 접촉전선 전용의 개폐기 및 과전류 차단기를 시설

기·출·개·념 **문제**

다음 중 사용전압이 440[V]인 이동 기중기용 접촉전선을 애자공사에 의하여 옥내의 전개된 장소에 시설하는 경우 사용하는 전선으로 옳은 것은?

① 인장강도가 3.44[kN] 이상인 것 또는 지름 2.6[mm]의 경동선으로 단면적이 8[mm^2] 이상인 것

② 인장강도가 3.44[kN] 이상인 것 또는 지름 3.2[mm]의 경동선으로 단면적이 18[mm^2] 이상인 것

③ 인장강도가 11.2[kN] 이상인 것 또는 지름 6[mm]의 경동선으로 단면적이 28[mm^2] 이상인 것

④ 인장강도가 11.2[kN] 이상인 것 또는 지름 8[mm]의 경동선으로 단면적이 18[mm^2] 이상인 것

해설 • **400[V] 초과** : 인장강도 11.2[kN], 지름 6[mm] 이상 경동선, 단면적 28[mm^2] 이상
• **400[V] 이하** : 인장강도 3.44[kN], 지름 3.2[mm] 이상 경동선, 단면적 8[mm^2] 이상

답 ③

[7] 옥내에 시설하는 저압용 배·분전반 등의 시설(232.84)

① 저압용 배·분전반의 기구 및 전선은 쉽게 점검할 수 있도록 하고 다음에 따라 시설할 것
 ㉠ 노출된 충전부가 있는 배전반 및 분전반은 취급자 이외의 사람이 쉽게 출입할 수 없도록 설치하여야 한다.
 ㉡ 한 개의 분전반에는 한 가지 전원(1회선의 간선)만 공급하여야 한다.
 ㉢ 주택용 분전반은 독립된 장소에 시설한다.
 ㉣ 옥내에 설치하는 배전반 및 분전반은 불연성 또는 난연성이 있도록 시설할 것

② 옥내에 시설하는 저압용 전기계량기와 이를 수납하는 계기함을 사용할 경우는 쉽게 점검 및 보수할 수 있는 위치에 시설하고, 계기함은 내연성에 적합한 재료일 것

3 조명설비(234)

[1] 등기구의 시설(234.1)

(1) 적용범위(234.1.1)

일반장소의 저압전등 및 조명설비 등의 시설에 대하여 적용한다.

(2) 설치 요구사항(234.1.2)

① 등기구는 다음을 고려하여 설치하여야 한다.
 ㉠ 기동 전류
 ㉡ 고조파 전류
 ㉢ 보상
 ㉣ 누설전류

ⓜ 최초 점화 전류

ⓑ 전압강하

② 램프에서 발생되는 모든 주파수 및 과도전류에 관련된 자료를 고려하여 보호방법 및 제어장치를 선정하여야 한다.

(3) 열 영향에 대한 주변의 보호(234.1.3)

등기구의 주변에 발광과 대류에너지의 열 영향은 다음을 고려하여 선정 및 설치하여야 한다.

① 램프의 최대허용소모전력

② 인접 물질의 내열성

㉠ 설치 지점

㉡ 열 영향이 미치는 구역

③ 등기구 관련 표시

④ 가연성 재료로부터 적절한 간격을 유지하여야 하며, 제작자에 의해 다른 정보가 주어지지 않으면, 스포트라이트나 프로젝터는 모든 방향에서 가연성 재료로부터 다음의 최소 거리를 두고 설치하여야 한다.

㉠ 정격용량 100[W] **이하** : 0.5[m]

㉡ 정격용량 100[W] 초과 300[W] **이하** : 0.8[m]

㉢ 정격용량 300[W] 초과 500[W] **이하** : 1.0[m]

㉣ 정격용량 500[W] **초과** : 1.0[m] **초과**

(4) 조명설비의 배선계통(234.1.4)

① 고정배선에 접속 : 배선계통의 단말처리

㉠ 가정용 고정 전기설비용 부속품의 박스와 외함의 관련 박스

㉡ 박스에 고정된 아웃렛 등기구 접속용 장치

㉢ 배선계통에 직접 접속되도록 고안된 전기기기

② 관통배선

㉠ 등기구 관통배선의 설치는 관통배선용으로 고안된 등기구에만 허용한다.

㉡ 관통배선용으로 고안된 등기구에 포함되어 있지 않을 경우, 접속기구는 다음과 같다.

- 가정용 저전압용 접속기구에 따른 전원 접속에 사용되는 단자
- 관통배선의 접속에 사용되는 설치 커플러

(5) 등기구의 집합(234.1.5)

하나의 공통 중성선만으로 3상 회로의 3개 선도체 사이에 나뉘어진 등기구의 집합은 모든 선도체가 하나의 장치로 동시에 차단되어야 한다.

(6) 등기구 안의 자외선 방사의 영향과 열에 대한 보호(234.1.6)

등기구 또는 통과 경로의 케이블 외피나 케이블의 심선은 등기구나 그 램프에 의해 발생되는 자외선 방사와 열로 인해 손상이나 악영향을 받지 않도록 선정한다.

(7) 보상 커패시터(234.1.7)

총 정전용량이 0.5[μF]를 초과하는 보상 커패시터는 램프 보조장치의 요구사항에 적합한 방전 저항기와 결합한 경우에 한해 사용할 수 있다.

(8) 조명 디스플레이 스탠드용 등기구의 감전에 대한 보호(234.1.8)

① SELV 또는 PELV 전원 공급

② 추가보호 제공

[2] 코드의 사용(234.2)

① 코드는 조명용 전원코드 및 이동전선으로만 사용

② 건조한 상태로 사용하는 진열장 등의 내부에 배선할 경우는 고정배선

③ 코드는 사용전압 400[V] 이하의 전로에 사용

[3] 코드 및 이동전선(234.3)

조명용 전원코드 또는 이동전선은 단면적 0.75[mm^2] 이상의 코드 또는 캡타이어 케이블

▌코드 또는 캡타이어 케이블의 선정▐

종류 \ 용도		옥내		옥외·옥측	
		조명용 전원코드	이동전선	조명용 전원코드	이동전선
코드	비닐	×	△○	×	×
	고무	○	○	×	×
	편조 고무			●	□
	금사	×	▲	×	×
	실내장식 전등기구용		○	×	×
캡타이어 케이블	고무	◎	◎	◎	◎
	비닐	×	△◎	×	△◎

[주] ○, □, ● : 300/300[V] 이하에 사용한다.
◎ : 0.6/1[kV] 이하에 사용한다.
× : 사용될 수 없다.
△ : 다음 조건에 적합한 것에 한하여 사용할 수 있다.
- 방전등, 라디오, 텔레비전, 선풍기, 전기이발기 등 전기를 열로 사용하지 않는 소형 기계기구에 사용할 경우
- 전기모포, 전기온수기 등 고온부가 노출되지 않은 것으로 이에 전선이 접촉될 우려가 없는 구조의 가열장치(가열장치와 전선과의 접속부 온도가 80[℃] 이하이고 또한 전열기 외면의 온도가 100[℃]를 초과할 우려가 없는 것)에 사용할 경우

▲ : 전기면도기, 전기이발기 등과 같은 소형 가정용 전기기계기구에 부속되고 또한 길이가 2.5[m] 이하이며, 건조한 장소에서 사용될 경우에 한한다.
● : 사람이 쉽게 접촉할 우려가 없도록 시설하는 경우
□ : 옥측에 비나 이슬에 맞지 아니하도록 시공한 경우 사용할 수 있다.

[4] 코드 또는 캡타이어 케이블의 접속(234.4)

(1) 코드 또는 캡타이어 케이블과 옥내배선과의 접속(234.4.1)

① 점검할 수 없는 은폐장소에는 시설하지 말 것

② 옥내에 시설하는 저압의 이동전선과 저압 옥내배선과의 접속에는 꽂음 접속기 기타 이와 유사한 기구를 사용하여야 한다. 다만, 이동전선을 조가용선에 조가하여 시설하는 경우에는 그러하지 아니하다.

③ 접속점에는 조명기구 및 기타 전기기계기구의 중량이 걸리지 않도록 할 것

(2) 코드 상호 또는 캡타이어 케이블 상호의 접속(234.4.2)

코드 상호, 캡타이어 케이블 상호 또는 이들 상호 간의 접속은 코드 접속기, 접속함 및 기타 기구를 사용하여야 한다. 다만, 단면적이 10[mm^2] 이상의 캡타이어 케이블 상호를 접속하는 경우로 접속부분을 123에 따라 시설하고 또한 다음에 의하여 시설할 경우는 적용하지 않는다.

① 절연피복에는 자기융착성 테이프를 사용하거나 또는 동등 이상의 절연효력을 갖도록 할 것

② 접속부분의 외면에는 견고한 금속제의 방호장치를 할 것

(3) 코드 또는 캡타이어 케이블과 전기사용 기계기구와의 접속(234.4.3)

동(銅)전선과 전기기계기구 단자의 접속은 접촉이 완전하고 헐거워질 우려가 없도록 다음에 의하여야 한다.

① 전선을 나사로 고정할 경우에 나사가 진동 등으로 헐거워질 우려가 있는 장소는 2중 너트, 스프링와셔 및 나사풀림 방지기구가 있는 것을 사용할 것

② 전선 1본만 접속할 수 있는 단자는 2본 이상의 전선을 접속하지 말 것

③ 기구단자가 누름나사형, 클램프형이거나 이와 유사한 구조가 아닌 경우는 단면적 10[mm^2]를 초과하는 단선 또는 단면적 6[mm^2]를 초과하는 연선(撚線)에 터미널러그를 부착할 것

④ 연선에 터미널러그를 부착하지 않는 경우는 연선의 소선이 흩어지지 않도록 할 것

⑤ 터미널러그는(압착형 제외) 납땜으로 전선을 부착할 것

⑥ 접속점에 장력이 걸리지 않도록 시설할 것

⑦ 누름나사형 단자 등에 전선을 접속하는 경우는 전선을 정해진 위치까지 확실하게 삽입할 것

[5] 콘센트의 시설(234.5)

(1) 콘센트의 정격전압은 사용전압과 동등 이상의 배선용 꽂음 접속기에 적합한 제품을 사용하고 다음에 의하여 시설하여야 한다.

① 노출형 콘센트는 기둥과 같은 내구성이 있는 조영재에 견고하게 부착할 것

② 콘센트를 조영재에 매입할 경우는 매입형의 것을 견고한 금속제 또는 난연성 절연물로 된 박스 속에 시설할 것

③ 콘센트를 바닥에 시설하는 경우는 방수구조의 플로어박스에 설치하거나 또는 이들 박스의 표면 플레이트에 틀어서 부착할 수 있도록 된 콘센트를 사용할 것

④ 욕조나 샤워시설이 있는 욕실 또는 화장실 등 인체가 물에 젖어있는 상태에서 전기를 사용하는 장소에 콘센트를 시설하는 경우

㉠ **인체감전보호용 누전차단기(15[mA] 이하, 0.03초 이하 전류동작형)** 또는 **절연변압기(정격용량 3[kVA] 이하)**로 보호된 전로에 접속하거나, 인체감전보호용 누전차단기가 부착된 콘센트를 시설하여야 한다.

㉡ 콘센트는 접지극이 있는 **방적형 콘센트**를 사용하고 접지하여야 한다.

⑤ 습기가 많은 장소 또는 수분이 있는 장소에 시설하는 콘센트 및 기계기구용 콘센트는 접지용 단자가 있는 것을 사용하여 규정에 준하여 접지하고 방습장치를 하여야 한다.

(2) 주택의 옥내전로에는 접지극이 있는 콘센트를 사용하여 규정에 준하여 접지하여야 한다.

기·출·개·념 **문제**

욕실 등 인체가 물에 젖어있는 상태에서 물을 사용하는 장소에 콘센트를 시설하는 경우에 적합한 누전차단기는?

① 정격 감도전류 15[mA] 이하, 동작시간 0.03초 이하의 전압 동작형 누전차단기
② 정격 감도전류 15[mA] 이하, 동작시간 0.03초 이하의 전류 동작형 누전차단기
③ 정격 감도전류 15[mA] 이하, 동작시간 0.3초 이하의 전압 동작형 누전차단기
④ 정격 감도전류 15[mA] 이하, 동작시간 0.3초 이하의 전류 동작형 누전차단기

(해설) 욕조나 샤워시설이 있는 욕실 또는 화장실 등 인체가 물에 젖어있는 상태에서 전기를 사용하는 장소에 콘센트를 시설하는 경우 인체감전보호용 누전차단기(15[mA] 이하, 0.03초 이하, 전류 동작형)를 시설한다.

답 ②

[6] 점멸기의 시설(234.6)

(1) 점멸기는 전로의 비접지측에 시설하고 분기개폐기에 배선용 차단기를 사용하는 경우는 이것을 점멸기로 대용할 수 있다.

(2) 노출형의 점멸기는 기둥 등의 내구성이 있는 조영재에 견고하게 설치할 것

(3) 점멸기를 조영재에 매입할 경우

① 매입형 점멸기는 금속제 또는 난연성 절연물의 박스에 넣어 시설할 것
② 점멸기 자체가 그 단자부분 등의 충전부가 노출되지 않도록 견고한 난연성 절연물로 덮여 있는 것은 이것을 벽 등에 견고하게 설치하고 방호 커버를 설치한 경우에 한하여 박스 사용을 생략할 수 있다.

(4) 욕실 내는 점멸기를 시설하지 말 것

(5) 가정용 전등은 매 등기구마다 점멸이 가능하도록 할 것. 다만, 장식용 등기구(상들리에, 스포트라이트, 간접조명등, 보조 등기구 등) 및 발코니 등기구는 예외로 할 수 있다.

(6) 공장·사무실·학교·상점 및 기타 이와 유사한 장소의 옥내에 시설하는 전체 조명용 전등은 부분조명이 가능하도록 전등군으로 구분하여 전등군마다 점멸이 가능하도록 하되, 태양광선이 들어오는 창과 가장 가까운 전등은 따로 점멸이 가능하도록 한다.

(7) 여인숙을 제외한 객실수가 30실 이상(「관광진흥법」 또는 「공중위생법」에 의한 관광숙박업 또는 숙박업)인 호텔이나 여관의 각 객실의 조명용 전원에는 출입문 개폐용 기구 또는 집중 제어방식을 이용한 자동 또는 반자동의 점멸이 가능한 장치를 할 것. 다만, 타임스위치를 설치한 입구등의 조명용 전원은 적용받지 않는다.

(8) 센서등(타임스위치 포함) 시설

① 「관광진흥법」과 「공중위생관리법」에 의한 관광숙박업 또는 숙박업에 이용되는 객실의 입구등은 1분 이내에 소등
② 일반주택 및 아파트 각 호실의 현관등은 3분 이내에 소등

(9) 가로등, 보안등 또는 옥외에 시설하는 공중전화기를 위한 조명등용 분기회로에는 주광센서를 설치하여 주광에 의하여 자동점멸하도록 시설할 것. 다만, 타이머를 설치하거나 집중제어방식을 이용하여 점멸하는 경우는 적용하지 않는다.

(10) 국부조명설비는 그 조명대상에 따라 점멸할 수 있도록 시설할 것

(11) 자동조명제어장치의 제어반은 쉽게 조작 및 점검이 가능한 장소에 시설하고, 자동조명제어장치에 내장된 전자회로는 다른 전기설비 기능에 전기적 또는 자기적인 장애를 주지 않도록 시설하여야 한다.

[7] 진열장 또는 이와 유사한 것의 내부 배선(234.8)

① 건조한 장소에 시설하고 또한 내부를 건조한 상태로 사용하는 진열장 또는 이와 유사한 것의 내부에 사용전압이 400[V] 이하의 배선을 외부에서 잘 보이는 장소에 한하여 코드 또는 캡타이어 케이블로 직접 조영재에 밀착하여 배선할 수 있다.
② 배선은 단면적 0.75[mm^2] 이상의 코드 또는 캡타이어 케이블일 것
③ 배선 또는 이것에 접속하는 이동전선과 다른 사용전압이 400[V] 이하인 배선과의 접속은 꽂음 플러그 접속기 기타 이와 유사한 기구를 사용하여 시공하여야 한다.

[8] 옥외등(234.9)

(1) 사용전압(234.9.1)

옥외등에 전기를 공급하는 전로의 사용전압은 대지전압 300[V] 이하

(2) 분기회로(234.9.2)

① 옥외등과 옥내등을 병용하는 분기회로는 20[A] 과전류 차단기 분기회로로 할 것
② 옥내등 분기회로에서 옥외등 배선을 인출할 경우는 인출점 부근에 개폐기 및 과전류 차단기를 시설할 것

(3) 옥외등의 인하선(234.9.4)

옥외등 또는 그의 점멸기에 이르는 인하선은 사람의 접촉과 전선피복의 손상을 방지하기 위하여 다음 공사방법으로 시설하여야 한다.

① 애자공사(지표상 2[m] 이상의 높이에서 노출된 장소에 시설할 경우)
② 금속관 공사
③ 합성수지관 공사
④ 케이블 공사(알루미늄피 등 금속제 외피가 있는 것은 목조 이외의 조영물에 시설하는 경우에 한함)

(4) 기구의 시설(234.9.5)

① 개폐기, 과전류 차단기, 기타 이와 유사한 기구는 옥내에 시설할 것. 다만, 견고한 방수함 속에 설치하거나 또는 방수형의 것은 적용하지 않는다.
② 노출하여 사용하는 소켓 등은 선이 부착된 방수소켓 또는 방수형 리셉터클을 사용하고 하향으로 시설할 것
③ 브라켓 등을 부착하는 목대에 삽입하는 절연관은 하향으로 하고 전선을 따라 빗물이 새어 들어가지 않도록 할 것
④ 파이프펜던트 및 직부기구는 하향으로 부착하지 말 것. 다만, 처마 밑에 부착하는 것 또는 방수장치가 되어 플랜지 내에 빗물이 스며들 우려가 없는 것은 적용하지 않는다.
⑤ 파이프펜던트 및 직부기구를 상향으로 부착할 경우는 홀더의 최하부에 지름 3[mm] 이상의 물 빼는 구멍을 2개소 이상 만들거나 또는 방수형으로 할 것

(5) 누전차단기(234.9.6)

옥측 및 옥외에 시설하는 저압의 전기간판에 전기를 공급하는 전로에는 전로에 지락이 생겼을 때에 자동으로 차단하는 누전차단기를 시설한다.

[9] 전주외등(234.10)

① 대지전압 300[V] 이하의 형광등, 고압방전등, LED등 등을 배전선로의 지지물 등에 시설하는 경우에 적용
② 기구는 광원의 손상을 방지하기 위하여 원칙적으로 갓 또는 글로브가 붙은 것
③ 기구는 전구를 쉽게 갈아 끼울 수 있는 구조일 것
④ 기구의 인출선은 도체 단면적이 0.75[mm^2] 이상일 것
⑤ 배선은 단면적 2.5[mm^2] 이상의 절연전선을 사용하고 다음 공사방법 중에서 시설하여야 한다.
㉠ 케이블 공사
㉡ 합성수지관 공사
㉢ 금속관 공사
⑥ 배선이 전주에 연한 부분은 1.5[m] 이내마다 새들 또는 밴드로 지지할 것
⑦ 등주 안에서 전선의 접속은 절연 및 방수성능이 있는 방수형 접속재를 사용하거나 적절한 방수함 안에서 접속할 것
⑧ 전로에 지락이 생겼을 때에 자동적으로 전로를 차단하는 장치를 각 분기회로에 시설하여야 한다.

[10] 1[kV] 이하 방전등(234.11)

(1) 적용범위(234.11.1)

① 관등회로의 사용전압이 1[kV] 이하인 방전등을 옥내에 시설할 경우에 적용한다.
② 방전등을 옥측 또는 옥외에 시설할 경우에도 이 규정에 의한다.

③ 방전등에 전기를 공급하는 전로의 대지전압은 300[V] 이하로 하여야 하며, 다음에 의하여 시설한다. 다만, 대지전압이 150[V] 이하의 것은 적용하지 않는다.
   ㉠ 방전등은 사람이 접촉될 우려가 없도록 시설할 것
   ㉡ 방전등용 안정기는 옥내배선과 직접 접속하여 시설할 것

(2) 방전등용 안정기(234.11.2)

① 방전등용 안정기는 조명기구에 내장하여야 한다. 다만, 다음에 의할 경우는 조명기구의 외부에 시설할 수 있다.
   ㉠ 안정기를 견고한 내화성의 외함 속에 넣을 때
   ㉡ 노출장소에 시설할 경우는 외함을 가연성의 조영재에서 1[cm] 이상 이격하여 견고하게 부착할 것
   ㉢ 간접조명을 위한 벽 안 및 진열장 안의 은폐장소에는 외함을 가연성의 조영재에서 1[cm] 이상 이격하여 견고하게 부착하고 쉽게 점검할 수 있도록 시설할 것

② 방전등용 안정기를 물기 등이 유입될 수 있는 곳에 시설할 경우는 방수형이나 이와 동등한 성능이 있는 것을 사용하여야 한다.

(3) 방전등용 변압기(234.11.3)

① 관등회로의 사용전압이 400[V] 초과인 경우는 방전등용 변압기를 사용할 것
② 방전등용 변압기는 절연변압기를 사용할 것

(4) 관등회로의 배선(234.11.4)

① 사용전압이 400[V] 이하인 배선은 전선에 형광등 전선 또는 공칭단면적 2.5[mm^2] 이상의 연동선과 이와 동등 이상의 세기 및 굵기의 절연전선(옥외용, 인입용 제외), 캡타이어 케이블 또는 케이블을 사용하여 시설하여야 한다.

② 관등회로의 사용전압이 400[V] 초과이고, 1[kV] 이하인 배선은 그 시설장소에 따라 합성수지관 공사·금속관 공사·가요전선관 공사나 케이블 공사 중 어느 한 방법에 의하여야 한다.

③ 배선(네온방전관 제외)
   ㉠ 애자공사 : 전선은 형광등 전선일 것. 다만, 전개된 장소에 관등회로의 사용전압이 600[V] 이하인 경우에는 단면적 2.5[mm^2] 이상의 연동선과 동등 이상의 세기 및 굵기의 절연전선(옥외용, 인입용 제외)을 사용할 수 있다.

▌관등회로의 공사방법▐

시설장소의 구분		공사방법
전개된 장소	건조한 장소	애자공사·합성수지 몰드 공사 또는 금속 몰드 공사
	기타의 장소	애자공사
점검할 수 있는 은폐된 장소	건조한 장소	금속 몰드 공사

▍애자공사의 시설▍

공사방법	전선 상호 간의 거리	전선과 조영재의 거리	전선 지지점 간의 거리	
			관등회로의 전압이 400[V] 초과 600[V] 이하의 것	관등회로의 전압이 600[V] 초과 1[kV] 이하의 것
애자공사	60[mm] 이상	25[mm](습기가 많은 장소는 45[mm]) 이상	2[m] 이하	1[m] 이하

㉡ 합성수지 몰드 공사
㉢ 금속관 공사
㉣ 금속 몰드 공사
㉤ 가요전선관 공사
㉥ 케이블 공사

(5) 진열장 또는 이와 유사한 것의 내부 관등회로 배선(234.11.5)

① 전선은 형광등 전선을 사용할 것
② 전선에는 방전등용 안정기의 리드선 또는 방전등용 소켓 리드선과의 접속점 이외에는 접속점을 만들지 말 것
③ 전선의 접속점은 조영재에서 이격하여 시설할 것
④ 전선은 건조한 목재·석재 등 기타 이와 유사한 절연성이 있는 조영재에 그 피복을 손상하지 아니하도록 적당한 기구로 붙일 것
⑤ 전선의 부착점 간의 거리는 1[m] 이하로 하고, 배선에는 전구 또는 기구의 중량을 지지하지 않도록 할 것

(6) 에스컬레이터 내의 관등회로의 배선(234.11.6)

건조한 장소에 시설하는 에스컬레이터 내의 관등회로의 배선(점검할 수 있는 은폐장소에 시설하는 것에 한함)을 압출튜브에 넣어 시설하는 경우에는 다음에 따라 시설하여야 한다.

① 전선은 형광등 전선을 사용하고 또한 전선마다 각각 별개의 압출튜브에 넣을 것
② 압출튜브는 플렉시블 절연 슬리빙 시험하였을 때에 적합할 것
③ 전선에는 방전등용 안정기의 출구선 또는 방전등용 소켓의 출구선과의 접속점 이외의 접속점을 만들지 말 것
④ 전선과 접속하는 금속제의 조영재에는 211과 140의 규정에 준하여 접지공사를 할 것

(7) 옥측 또는 옥외의 시설(234.11.8)

옥측 또는 옥외에 시설하는 방전등은 옥외형의 것을 사용하여야 한다.

(8) 접지(234.11.9)

① 방전등용 안정기의 외함 및 전등기구의 금속제 부분에는 접지공사를 한다.
② 접지공사를 생략하는 경우
㉠ 대지전압 150[V] 이하의 것을 건조한 장소에서 시공할 경우

㉡ 사용전압이 400[V] 이하의 것을 사람이 쉽게 접촉될 우려가 없는 건조한 장소에서 시설할 경우로 그 안정기의 외함 및 조명기구의 금속제 부분이 금속제의 조영재와 전기적으로 접속되지 않도록 시설할 경우
㉢ 사용전압이 400[V] 이하 또는 변압기의 정격 2차 단락전류 혹은 회로의 동작전류가 50[mA] 이하의 것으로 안정기를 외함에 넣고, 이것을 조명기구와 전기적으로 접속되지 않도록 시설할 경우
㉣ 건조한 장소에 시설하는 목제의 진열장 속에 안정기의 외함 및 이것과 전기적으로 접속하는 금속제 부분을 사람이 쉽게 접촉되지 않도록 시설할 경우

기·출·개·념 **문제**

사용전압이 400[V] 이하 또는 변압기의 정격 2차 단락전류 혹은 회로의 동작전류가 몇 [mA] 이하의 것으로 안정기를 외함에 넣고, 이것을 조명기구와 전기적으로 접속되지 않도록 시설할 경우, 전등용 안정기의 외함 및 방전등용 전등기구의 금속제 부분에 옥내 방전등 공사의 접지공사를 하지 않아도 되는가?

① 25 ② 50 ③ 75 ④ 100

(해설) **접지공사를 생략하는 경우**
변압기의 정격 2차 단락전류 혹은 회로의 동작전류가 50[mA] 이하의 것으로 안정기를 외함에 넣고, 이것을 조명기구와 전기적으로 접속되지 않도록 시설할 경우 답 ②

[11] 네온방전등(234.12)

(1) 적용범위(234.12.1)

① 네온방전등을 옥내, 옥측 또는 옥외에 시설할 경우에 적용한다.
② 네온방전등에 공급하는 전로의 대지전압은 300[V] 이하로 하여야 하며, 다음에 의하여 시설하여야 한다. 다만, 네온방전등에 공급하는 전로의 대지전압이 150[V] 이하인 경우는 적용하지 않는다.
㉠ 네온관은 사람이 접촉될 우려가 없도록 시설할 것
㉡ 네온변압기는 옥내배선과 직접 접촉하여 시설할 것

(2) 네온변압기(234.12.2)

① 네온변압기는 「전기용품 및 생활용품 안전관리법」의 적용을 받은 것
② 네온변압기는 2차측을 직렬 또는 병렬로 접속하여 사용하지 말 것. 다만, 조광장치 부착과 같이 특수한 용도에 사용되는 것은 적용하지 않는다.
③ 네온변압기를 우선 외에 시설할 경우는 옥외형의 것을 사용할 것

(3) 관등회로의 배선(234.12.3)

① 관등회로의 배선은 애자공사로 시설하여야 한다.
㉠ 전선은 네온전선을 사용할 것
㉡ 배선은 외상을 받을 우려가 없고 사람이 접촉될 우려가 없는 노출장소에 시설할 것

㉢ 전선은 자기 또는 유리제 등의 애자로 견고하게 지지하여 조영재의 아랫면 또는 옆면에 부착하고 또한 다음과 같이 시설할 것
- 전선 상호 간의 이격거리는 60[mm] 이상일 것
- 전선과 조영재 이격거리는 노출장소에서 표에 따를 것

▌전선과 조영재의 이격거리▐

전압 구분	이격거리
6[kV] 이하	20[mm] 이상
6[kV] 초과 9[kV] 이하	30[mm] 이상
9[kV] 초과	40[mm] 이상

- 전선 지지점 간의 거리는 1[m] 이하로 할 것
- 애자는 절연성·난연성 및 내수성이 있는 것일 것

② 관등회로의 유리관

㉠ 전선은 두께 1[mm] 이상의 유리관 속에 넣을 것

㉡ 유리관의 지지점 간 거리는 0.5[m] 이하일 것

㉢ 유리관의 지지점 중 관의 끝에 가까운 것은 관의 끝에서 0.08[m] 이상, 0.12[m] 이하의 부분에 설치할 것

㉣ 유리관은 조영재에 견고하게 부착할 것

[12] 수중조명등(234.14)

(1) 사용전압(234.14.1)

수중조명등에 전기를 공급하는 절연변압기

① 1차측 전로의 사용전압은 400[V] 이하일 것

② 2차측 전로의 사용전압은 150[V] 이하일 것

(2) 전원장치(234.14.2)

수중조명등에 전기를 공급하기 위한 절연변압기

① 절연변압기의 2차측 전로는 접지하지 말 것

② 절연변압기는 교류 5[kV]의 시험전압으로 하나의 권선과 다른 권선, 철심 및 외함 사이에 계속적으로 1분간 가하여 절연내력을 시험할 경우 이에 견디는 것이어야 한다.

(3) 2차측 배선 및 이동전선(234.14.3)

수중조명등의 절연변압기의 2차측 배선 및 이동전선

① 절연변압기의 2차측 배선은 금속관 배선에 의하여 시설할 것

② 수중조명등에 전기를 공급하기 위하여 사용하는 이동전선은 접속점이 없는 단면적 2.5[mm^2] 이상의 0.6/1[kV] EP 고무절연 클로로프렌 캡타이어 케이블일 것

(4) 조명기구의 시설(234.14.4)

수중조명등은 규정하는 용기에 넣고 또한 이것을 손상 받을 우려가 있는 곳에 시설하는 경우는 방호장치를 시설하여야 한다.

(5) 개폐기 및 과전류 차단기(234.14.5)

수중조명등의 절연변압기의 2차측 전로에는 개폐기 및 과전류 차단기를 각 극에 시설하여야 한다.

(6) 접지(234.14.6)

① 수중조명등의 절연변압기는 그 2차측 전로의 사용전압이 30[V] **이하인 경우는 1차 권선과 2차 권선 사이에 금속제의 혼촉방지판**을 설치하고 접지를 한다.

② 금속제의 외함과 용기 및 방호장치의 금속제 부분에는 접지를 한다.

(7) 누전차단기(234.14.7)

절연변압기의 2차측 전로의 사용전압이 30[V]를 **초과하는 경우**에는 그 전로에 지락이 생겼을 때에 자동적으로 전로를 차단하는 정격감도전류 30[mA] **이하의 누전차단기**를 시설한다.

(8) 사람 출입의 우려가 없는 수중조명등의 시설(234.14.8)

① 조명등에 전기를 공급하는 전로의 대지전압은 150[V] 이하일 것

② 조명등에 전기를 공급하기 위한 이동전선은 다음에 의하여 시설할 것

㉠ 케이블은 정격전압 450/750[V] 이하 고무절연 케이블 계열

㉡ 전선에는 접속점이 없을 것

기·출·개·념 **문제**

풀장용 수중조명등에 사용되는 절연변압기의 2차측 전로의 사용전압이 몇 [V]를 초과하는 경우에는 그 전로에 지기가 생겼을 때에 자동적으로 전로를 차단하는 장치를 하여야 하는가?

① 30 ② 60

③ 150 ④ 300

(해설) 절연변압기의 2차측 전로의 사용전압이 30[V]를 초과하는 경우에는 그 전로에 지락이 생겼을 때에 자동적으로 전로를 차단하는 정격감도전류 30[mA] 이하의 누전차단기를 시설한다.

답 ①

[13] 교통신호등(234.15)

(1) 사용전압(234.15.1)

교통신호등 제어장치의 2차측 배선의 최대사용전압은 300[V] **이하이어야** 한다.

(2) 2차측 배선(234.15.2)

① 제어장치의 2차측 배선 중 케이블로 시설하는 경우에는 지중전선로 규정에 따라 시설할 것

② 전선은 케이블인 경우 이외에는 공칭단면적 2.5[mm^2] 연동선과 동등 이상의 세기 및 굵기의 450/750[V] 일반용 단심 비닐절연전선 또는 450/750[V] 내열성 에틸렌아세테이트 고무절연전선일 것

③ 제어장치의 2차측 배선 중 전선(케이블 제외)을 조가용선으로 조가하여 시설하는 경우에는 다음에 의할 것

㉠ 조가용선은 인장강도 3.7[kN]의 금속선 또는 지름 4[mm] 이상의 아연도철선을 2가닥 이상 꼰 금속선을 사용할 것

㉡ 전선을 매다는 금속선에는 지지점 또는 이에 근접하는 곳에 애자를 삽입할 것

(3) 가공전선의 지표상 높이 등(234.15.3)

가공전선의 지표상 높이에 따른다.

(4) 교통신호등의 인하선(234.15.4)

① 전선의 지표상의 높이는 2.5[m] 이상일 것

② 애자사용배선에 의하여 시설하는 경우에는 전선을 적당한 간격마다 묶을 것

(5) 개폐기 및 과전류 차단기(234.15.5)

교통신호등의 제어장치 전원측에는 전용 개폐기 및 과전류 차단기를 각 극에 시설하여야 한다.

(6) 누전차단기(234.15.6)

교통신호등 회로의 사용전압이 150[V]를 넘는 경우는 전로에 지락이 생겼을 경우 자동적으로 전로를 차단하는 누전차단기를 시설할 것

(7) 접지(234.15.7)

교통신호등의 제어장치의 금속제 외함 및 신호등을 지지하는 철주에는 접지시스템(140)에 의하여 접지공사를 하여야 한다.

(8) 조명기구(234.15.8)

LED를 광원으로 사용하는 교통신호등의 설치는 LED 교통신호등에 적합할 것

02 특수설비(240)

1 특수시설(241)

[1] 전기울타리(241.1)

① 전기울타리는 사람이 쉽게 출입하지 아니하는 곳에 시설할 것

② 사람이 보기 쉽도록 적당한 간격으로 위험표시를 할 것

③ **사용전압은 250[V] 이하이며,** 전선은 인장강도 1.38[kN] 이상의 것 또는 지름 2[mm] 이상 경동선을 사용하고, 지지하는 **기둥과의 이격거리는 2.5[cm] 이상, 수목과의 거리는 30[cm]** 이상을 유지하여야 한다.

④ 전기울타리에 공급하는 전로는 전용 개폐기 시설을 해야 한다.

⑤ 전기울타리용 전원장치에 사용하는 변압기는 **절연변압기**일 것

[2] 전기욕기(241.2)

① 사용전압 : 1차 대지전압 300[V] 이하, 2차 사용전압 10[V] 이하
② 전기욕기에 넣는 전극에는 2.5[mm^2] 이상 연동선, 케이블 단면적 1.5[mm^2] 이상
③ 절연저항 : 0.1[MΩ] 이상
④ 욕탕 안의 전극 간 거리는 1[m] 이상

기·출·개·념 **문제**

욕탕의 양단에 판상의 전극을 설치하고 그 전극 상호간에 교류전압을 가하는 전기욕기의 전원변압기 2차 전압은 몇 [V] 이하인 것을 사용하여야 하는가?

① 5　　② 10　　③ 12　　④ 15

(해설) **사용전압** : 1차 대지전압 300[V] 이하, 2차 사용전압 10[V] 이하

답 ②

[3] 은이온 살균장치(241.3)

① 욕조 내에 전극을 수용한 이온발생기를 설치하여 그 전극 상호간에 미약한 직류전압을 가하여 은이온을 발생시켜 이것으로 살균하는 장치시설
② 금속제 외함 및 전선을 넣는 금속관에는 접지시스템(140)에 준하여 접지공사를 할 것
③ 전기욕기용 전원장치로부터 욕조 내의 이온발생기까지의 배선은 단면적 1.5[mm^2] 이상의 캡타이어 코드 사용
④ 전기욕기용 전원장치로부터 욕조 내의 전극까지의 전선 상호 간 및 전선과 대지 간의 절연저항값은 0.1[MΩ] 이상일 것

[4] 전극식 온천승온기(241.4)

① 사용전압은 400[V] 미만 절연변압기 사용
② 온천수 유입구 및 유출구에는 차폐장치를 한다. 이 경우 차폐장치와 전극식 온천온수기 및 차폐장치와 욕탕 사이의 거리는 각각 수관에 따라 0.5[m] 및 1.5[m] 이상이어야 한다.
③ 접속하는 수관 중 전극식 온천승온기와 차폐장치 사이 및 차폐장치에서 수관에 따라 1.5[m]까지는 절연성 및 내수성이 있는 견고한 것일 것(수도꼭지 시설 금지)
④ 전원장치의 절연변압기 철심 및 외함과 차폐장치의 전극에는 접지시스템(140)의 규정에 준하여 접지공사를 한다.

[5] 전기온상 등(241.5)

① 대지전압 : 300[V] 이하
② 전선 : 전기온상선
③ 발열선 온도 : 80[℃] 이하
④ 발열선 상호 간의 간격은 3[cm](함 내 2[cm]) 이상
⑤ 발열선과 조영재 사이의 이격거리는 2.5[cm] 이상

⑥ 발열선을 함 내에 시설하는 경우는 발열선과 함의 구성재(構成材) 사이의 이격거리를 1[cm] 이상
⑦ 발열선의 지지점 간의 거리는 1[m] 이하. 다만, 발열선 상호 간의 간격이 6[cm] 이상인 경우에는 2[m] 이하
⑧ 애자는 절연성·난연성 및 내수성이 있는 것일 것

기·출·개·념 **문제**

전기온상 등의 시설에서 전기온상 등에 전기를 공급하는 전로의 대지전압은 몇 [V] 이하인가?

① 500　② 300　③ 600　④ 700

(해설) **대지전압** : 300[V] 이하
- 전선은 전기온상선
- 발열선 온도 : 80[℃] 이하

답 ②

[6] 엑스선 발생장치의 시설(241.6)

(1) 제1종 엑스선 발생장치

① 전선의 마루 위 높이
  ㉠ 100[kV] 이하 : 2.5[m] 이상
  ㉡ 100[kV] 초과 : 2.5[m]에 10[kV] 단수마다 2[cm]를 더한 값
② 전선과 조영재 이격거리
  ㉠ 100[kV] 이하 : 30[cm] 이상
  ㉡ 100[kV] 초과 : 30[cm]에 10[kV] 단수마다 2[cm]를 더한 값
③ 전선 상호 간의 간격
  ㉠ 100[kV] 이하 : 45[cm] 이상
  ㉡ 100[kV] 초과 : 45[cm]에 10[kV] 단수마다 3[cm]를 더한 값

(2) 제2종 엑스선 발생장치

엑스선관 도선의 노출된 충전부분과 조영재, 엑스선관을 지지하는 금속체 및 침대의 금속제 부분과의 이격거리는 엑스선관의 최대사용전압이 100[kV] 이하인 경우에는 15[cm] 이상, 100[kV]를 초과하는 경우에는 15[cm]에 100[kV]를 초과하는 10[kV] 또는 그 단수마다 2[cm]를 더한 값 이상일 것

기·출·개·념 **문제**

제1종 엑스선관의 최대사용전압이 154[kV]인 경우에 전선 상호의 간격은 몇 [cm]인가?

① 45　② 63　③ 67　④ 70

(해설) **전선 상호 간의 간격**

100[kV] 초과는 45[cm]에 10[kV] 단수마다 3[cm]를 더한 값이므로 간격은

$45+3\times\frac{154-100}{10}\fallingdotseq 63$[cm]이다.

답 ②

[7] 전격 살충기(241.7)

① 전용 개폐기 시설
② 전격 격자가 지표상 또는 마루 위 3.5[m] 이상. 다만, 2차측 개방전압이 7[kV]인 절연변압기이고, 사람이 출입하지 않는 곳에는 1.8[m]까지 감할 수 있다.
③ 다른 시설물 또는 식물 사이의 이격거리는 30[cm] 이상

[8] 유희용 전차시설(241.8)

① 사용전압 직류 60[V] 이하, 교류 40[V] 이하
② 접촉전선은 제3레일 방식에 의하여 시설한다.
③ 변압기의 1차 전압은 400[V] 미만(승압용인 경우 2차 전압 150[V] 이하)인 절연변압기일 것
④ 사용전압에 대한 누설전류는 연장 1[km]마다 100[mA]를 넘지 않도록 유지하여야 한다.
⑤ 전로와 대지 사이의 누설전류는 규정전류의 $\frac{1}{5,000}$ 이하

기·출·개·념 문제

다음 ( ) 안에 들어갈 내용으로 옳은 것은?

> 유희용 전차에 전기를 공급하는 전로의 사용전압은 직류의 경우는 (㉠)[V] 이하, 교류의 경우는 (㉡)[V] 이하이어야 한다.

① ㉠ 60, ㉡ 40
② ㉠ 40, ㉡ 60
③ ㉠ 30, ㉡ 60
④ ㉠ 60, ㉡ 30

해설 사용전압 직류 60[V] 이하, 교류 40[V] 이하

답 ①

[9] 전기집진장치 등(241.9)

① 전기를 공급하기 위한 변압기의 1차측 전로에는 그 변압기에 가까운 곳으로 쉽게 개폐할 수 있는 곳에 개폐기를 시설할 것
② 전선은 케이블일 것
③ 금속체에는 접지시스템(140)의 규정에 준하여 접지공사를 할 것
④ 잔류전하는 변압기의 2차측 전로에 잔류전하 방전장치를 할 것

[10] 아크 용접기(241.10)

이동형의 용접 전극을 사용하는 아크 용접장치
① 1차측 대지전압 300[V], 개폐기가 있는 절연변압기
② 용접변압기에서 용접 케이블 사용
③ 용접전류를 안전하게 통할 수 있어야 한다.
④ 피용접재, 받침대·정반(定盤) 등 금속제 부분에는 접지공사를 한다.

[11] 파이프라인 등의 전열장치(241.11)

① 발열선에 전기를 공급하는 전로의 **사용전압** 400[V] **미만**
② 발열선은 그 온도가 피가열 액체의 **발화온도의** 80[%]를 넘지 아니하도록 시설할 것

기·출·개·념 **문제**

다음 중 파이프라인 등에 발열선을 시설하는 기준에 대한 설명으로 옳지 않은 것은?
① 발열선에 전기를 공급하는 전로의 사용전압은 400[V] 미만일 것
② 발열선은 사람이 접촉할 우려가 없고 또한 손상을 받을 우려가 없도록 시설할 것
③ 발열선은 그 온도가 피가열 액체의 발화온도의 90[%]를 넘지 아니하도록 시설할 것
④ 발열선 또는 발열선에 직접 접속하는 전선의 피복에 사용하는 금속체, 파이프라인 등에는 접지를 할 것

(해설) 발열선은 그 온도가 피가열 액체의 발화온도의 80[%]를 넘지 아니하도록 시설할 것 **답** ③

[12] 도로 등의 전열장치(241.12)

① 발열선 대지전압 : 300[V] 이하
② 발열선 온도 : 80[℃] 이하, 도로 또는 옥외 주차장에 금속피복을 한 발열선을 시설할 경우에는 발열선의 온도를 120[℃] 이하
③ 발열선 : 미네럴인슈레이션(MI)케이블
④ 콘크리트 양생선의 시설(241.12.2)
㉠ 발열선에 전기를 공급하는 전로의 대지전압은 300[V] 이하일 것
㉡ 발열선을 콘크리트 속에 매입하여 시설하는 경우 이외에는 발열선 상호 간의 간격을 5[cm] 이상으로 하고 또한 발열선이 손상을 받을 우려가 없도록 시설할 것
㉢ 발열선에 전기를 공급하는 전로에는 전용 개폐기 및 과전류 차단기를 각 극에 시설할 것

[13] 비행장 등화 배선(241.13)

① 비행장 등화에 접속하는 지중의 저압 또는 고압의 배선
㉠ 전선은 클로로프렌 외장 케이블이나 다음에 적합한 비행장 등화용 고압 케이블 또는 이들에 보호피복을 한 케이블일 것
㉡ 전선의 매설장소를 표시하는 적당한 표시를 할 것
㉢ 매설깊이는 항공기 이동지역에서는 50[cm], 그 밖의 지역에서는 75[cm] 이상으로 할 것
② 활주로·유도로 기타 포장된 노면에 만든 배선통로에 저압배선
전선은 공칭단면적 4[mm^2] 이상의 연동선

[14] 소세력 회로(241.14)

① 1·2차 전압
㉠ 1차 : **대지전압** 300[V] 이하 절연변압기
㉡ 2차 : **사용전압** 60[V] 이하

② 절연변압기 2차 단락전류

사용전압의 구분	2차 단락전류	과전류 차단기 정격전류
15[V] 이하	8[A]	5[A]
15[V] 초과 30[V] 이하	5[A]	3[A]
30[V] 초과 60[V] 이하	3[A]	1.5[A]

③ 전선은 케이블인 경우 이외에는 공칭단면적 1[mm^2] 이상의 연동선

④ 전선을 가공으로 시설하는 경우에는 인장강도 508[N/mm^2] 이상의 것 또는 지름 1.2[mm]의 경동선일 것. 다만, 인장강도 2.36[kN/mm^2] 이상의 금속선 또는 지름 3.2[mm]의 아연도금 철선으로 매달아 시설하는 경우에는 그러하지 아니하다.

기·출·개·념 **문제**

전자개폐기의 조작회로 또는 초인벨, 경보벨용에 접속하는 전로로서 최대사용전압이 몇 [V] 이하인 것을 소세력 회로라 하는가?

① 60 ② 80 ③ 100 ④ 150

(해설) • **1차** : 대지전압 300[V] 이하
• **2차** : 사용전압 60[V] 이하

답 ①

[15] 전기부식방지 시설(241.16)

① 사용전압은 직류 60[V] 이하

② 양극은 지중에 매설하거나 수중에서 쉽게 접촉할 우려가 없는 것

③ 지중에 매설하는 **양극의 매설깊이** 75[cm] 이상

④ **전선은** 2.0[mm] **절연** 경동선, **지중** 4.0[mm^2]의 연동선(양극 2.5[mm^2])

⑤ 변압기는 절연변압기이고, 교류 1[kV]의 시험전압을 하나의 권선과 다른 권선·철심 및 외함과의 사이에 연속적으로 1분간 가하여 절연내력을 시험하였을 때 이에 견디는 것일 것

⑥ 수중에 시설하는 **양극**과 그 주위 1[m] 이내의 거리에 있는 임의점과의 사이의 전위차는 10[V] 이하

⑦ 지표 또는 수중에서 1[m] 간격의 임의의 2점간의 전위차가 5[V] 이하

[16] 전기자동차 전원설비(241.17)

① 전용의 개폐기 및 과전류 차단기를 각 극에 시설하고 또한 전로에 지락이 생겼을 때 자동적으로 그 전로를 차단하는 장치를 시설하여야 한다.

② 옥내에 시설하는 저압용 배선기구의 시설

③ 충전장치는 부착된 충전 케이블을 거치할 수 있는 거치대 또는 충분한 수납공간(옥내 0.45[m] 이상, 옥외 0.6[m] 이상)을 갖는 구조이며, 충전 케이블은 반드시 거치할 것

④ 충전장치의 **충전 케이블 인출부는 옥내용**의 경우 지면으로부터 0.45[m] **이상** 1.2[m] 이내에, **옥외용**의 경우 지면으로부터 0.6[m] 이상에 위치할 것

2 특수장소(242)

[1] 분진 위험장소(242.2)

(1) 폭연성 분진 위험장소(242.2.1)

① 저압 옥내배선, 저압 관등회로 배선, 소세력 회로의 전선은 **금속관** 공사 또는 **케이블** 공사(캡타이어 케이블 제외)에 의할 것

② 금속관 공사

㉠ 금속관은 박강 전선관 이상의 강도를 가지는 것일 것

㉡ 박스 기타의 부속품 및 풀박스는 쉽게 마모·부식 기타의 손상을 일으킬 우려가 없는 패킹을 사용하여 먼지가 내부에 침입하지 아니하도록 시설할 것

㉢ 관 상호 간 및 관과 박스 기타의 부속품·풀박스 또는 전기기계기구와는 **5턱** 이상 나사조임으로 접속

③ 케이블 공사

㉠ 개장된 케이블 또는 미네럴인슈레이션 케이블을 사용하는 경우 이외에는 관 기타의 방호장치에 넣어 사용할 것

㉡ 전선을 전기기계기구에 인입할 경우에는 패킹 또는 충진제를 사용하여 인입구로부터 먼지가 내부에 침입하지 아니하도록 하고 또한 인입구에서 전선이 손상될 우려가 없도록 시설할 것

(2) 가연성 분진 위험장소(242.2.2)

합성수지관 공사(두께 2[mm] 미만 제외)·**금속관** 공사 또는 **케이블** 공사에 의할 것

(3) 먼지가 많은 그 밖의 위험장소(242.2.3)

애자공사·합성수지관 공사·금속관 공사·유연성 전선관 공사·금속 덕트 공사·버스 덕트 공사(환기형 제외) 또는 케이블 공사에 의하여 시설할 것

[2] 가연성 가스 등의 위험장소(242.3)

(1) 가스증기 위험장소(242.3.1)

① 저압 옥내배선, 저압 관등회로 배선, 소세력 회로의 전선은 **금속관** 공사 또는 **케이블** 공사(캡타이어 케이블 제외)에 의할 것

② 금속관 공사

㉠ 금속관은 박강 전선관 이상의 강도를 가지는 것일 것

㉡ 박스, 기타의 부속품 및 풀박스는 쉽게 마모·부식 기타의 손상을 일으킬 우려가 없는 패킹을 사용하여 먼지가 내부에 침입하지 아니하도록 시설할 것

㉢ 관 상호 간 및 관과 박스 기타의 부속품·풀박스 또는 전기기계기구와는 **5턱** 이상 나사조임으로 접속

③ 케이블 공사

㉠ 개장된 케이블 또는 미네럴인슈레이션 케이블을 사용하는 경우 이외에는 관 기타의 방호장치에 넣어 사용할 것

㉡ 전선을 전기기계기구에 인입할 경우에는 패킹 또는 충진제를 사용하여 인입구로부터 먼지가 내부에 침입하지 아니하도록 하고 또한 인입구에서 전선이 손상될 우려가 없도록 시설할 것

(2) 폭발 위험장소의 시설(242.3.2)

① 폭발성 메탄가스가 존재할 우려가 있는 광산. 다만, 광산의 지상에 설치하는 전기설비 및 폭발성 메탄가스 이외의 폭발성 가스가 존재할 우려가 있는 광산은 제외한다.
② 가연성 분진 또는 섬유가 존재하는 지역(분진폭발 위험장소)
③ 폭발성 물질의 제조 및 취급 공정과 같은 근원적인 폭발 위험장소
④ 의학적인 목적으로 하는 진료실 등

[3] 위험물 등이 존재하는 장소(242.4)

셀룰로이드·성냥·석유류, 기타 타기 쉬운 위험한 물질을 제조하거나 저장하는 곳에 시설하는 저압 옥내 전기설비

① 이동전선은 접속점이 없는 0.6/1[kV] EP 고무절연 클로로프렌 캡타이어 케이블 또는 0.6/1[kV] 비닐절연 비닐캡타이어 케이블을 사용하고 또한 손상을 받을 우려가 없도록 시설하는 이외에 이동전선을 전기기계기구에 끌어넣을 때에는 인입구에서 손상을 받을 우려가 없도록 시설할 것
② 통상의 사용 상태에서 불꽃 또는 아크를 일으키거나 온도가 현저히 상승할 우려가 있는 전기기계기구는 위험물에 착화할 우려가 없도록 시설할 것

[4] 화약류 저장소 등의 위험장소(242.5)

화약류 저장소에서 전기설비의 시설(242.5.1)은 다음과 같다.

① 전로에 대지전압은 300[V] 이하일 것
② 전기기계기구는 전폐형의 것일 것
③ 케이블을 전기기계기구에 인입할 때에는 인입구에서 케이블이 손상될 우려가 없도록 시설할 것

[5] 전시회, 쇼 및 공연장의 전기설비(242.6)

(1) 적용범위(242.6.1)

전시회, 쇼 및 공연장, 기타 이들과 유사한 장소에 시설하는 저압전기설비

(2) 사용전압(242.6.2)

무대·무대마루 밑·오케스트라 박스·영사실 기타 사람이나 무대 도구가 접촉할 우려가 있는 곳에 시설하는 저압 옥내배선, 전구선 또는 이동전선은 사용전압이 400[V] 미만이어야 한다.

(3) 배선설비(242.6.3)

① 배선용 케이블은 구리도체로 최소 단면적이 1.5[mm^2]
② 무대마루 밑에 시설하는 전구선은 300/300[V] 편조 고무코드 또는 0.6/1[kV] EP 고무절연 클로로프렌 캡타이어 케이블이어야 한다.

(4) 이동전선(242.6.4)

① 0.6/1[kV] EP 고무절연 클로로프렌 캡타이어 케이블 또는 0.6/1[kV] 비닐절연 비닐캡타이어 케이블이어야 한다.

② 보더라이트에 부속된 이동전선은 0.6/1[kV] EP 고무절연 클로로프렌 캡타이어 케이블이어야 한다.

(5) 플라이 덕트(242.6.5)

① 내부 배선에 사용하는 전선 : 절연전선(옥외용 제외)

② 덕트는 두께 0.8[mm] 이상의 철판

③ 안쪽 면은 전선의 피복을 손상하지 아니하도록 돌기(突起) 등이 없는 것일 것

④ 안쪽 면과 외면은 녹이 슬지 않게 하기 위하여 도금 또는 도장을 한 것일 것

⑤ 덕트의 끝부분은 막을 것

(6) 개폐기 및 과전류 차단기(242.6.7)

① 무대·무대마루 밑·오케스트라 박스 및 영사실의 전로에는 전용 개폐기 및 과전류 차단기를 시설하여야 한다.

② 무대용의 콘센트 박스·플라이 덕트 및 보더라이트의 금속제 외함에는 접지공사를 하여야 한다.

③ 비상조명을 제외한 조명용 분기회로 및 정격 32[A] 이하의 콘센트용 분기회로는 정격감도전류 30[mA] 이하의 누전차단기로 보호하여야 한다.

[6] 터널, 갱도, 기타 이와 유사한 장소(242.7)

(1) 사람이 상시 통행하는 터널 안의 배선의 시설(242.7.1)

① 전선은 공칭단면적 2.5[mm^2]의 연동선과 동등 이상의 세기 및 굵기의 절연전선(옥외용 제외)을 사용하여 애자사용배선에 의하여 시설하고 또한 이를 노면상 2.5[m] 이상의 높이로 할 것

② 전로에는 터널의 입구에 가까운 곳에 전용 개폐기를 시설할 것

(2) 광산, 기타 갱도 안의 시설(242.7.2)

① 저압 배선은 케이블 배선에 의하여 시설할 것. 다만, 사용전압이 400[V] 이하인 저압 배선에 공칭단면적 2.5[mm^2] 연동선과 동등 이상의 세기 및 굵기의 절연전선(옥외용 제외)을 사용

② 고압배선은 케이블을 사용하고 또한 관 기타의 케이블을 넣는 방호장치의 금속제 부분·금속제의 전선 접속함 및 케이블의 피복에 사용하는 금속체에는 접지공사를 하여야 한다.

③ 전로에는 갱 입구의 가까운 곳에 전용 개폐기를 시설할 것

(3) 터널 등의 전구선 또는 이동전선 등의 시설(242.7.4)

① 터널 등에 시설하는 사용전압이 400[V] 이하

㉠ 전구선은 단면적 0.75[mm^2] 이상

㉡ 이동전선은 300/300[V] 편조 고무코드, 비닐코드 또는 캡타이어 케이블일 것

㉢ 전구선 또는 이동전선을 현저히 손상시킬 우려가 있는 곳에 설치하는 경우에는 가요성 전선관에 넣거나 이에 강인한 외장을 할 것

② 터널 등에 시설하는 사용전압이 400[V] 이상인 저압의 이동전선은 0.6/1[kV] EP 고무절연 클로로프렌 캡타이어 케이블로서 단면적이 0.75[mm^2] 이상인 것일 것

③ 특고압의 이동전선은 터널 등에 시설해서는 안 된다.

[7] 이동식 숙박차량 정박지, 야영지 및 이와 유사한 장소(242.8)

(1) 적용범위(242.8.1)

레저용 숙박차량·텐트 또는 이동식 숙박차량 정박지의 이동식 주택, 야영장 및 이와 유사한 장소에 전원을 공급하기 위한 회로에만 적용한다.

(2) 일반 특성의 평가(242.8.2)

① TN 접지계통에서는 레저용 숙박차량·텐트 또는 이동식 주택에 전원을 공급하는 최종 분기회로에는 PEN 도체가 포함되어서는 아니 된다.

② 표준전압은 220/380[V]를 초과해서는 아니 된다.

(3) 배선방식(242.8.5)

① 이동식 숙박차량 정박지에 전원을 공급하기 위하여 시설하는 배선은 지중케이블 및 가공케이블 또는 가공절연전선을 사용하여야 한다.

② 지중배전회로 매설깊이를 차량 기타 중량물의 압력을 받을 우려가 있는 장소에는 1.2[m] 이상, 기타 장소에는 0.6[m] 이상으로 하여야 한다.

③ 가공케이블 또는 가공절연전선

㉠ 모든 가공전선은 절연되어야 한다.

㉡ 가공배선을 위한 전주 또는 다른 지지물은 차량의 이동에 의하여 손상을 받지 않는 장소에 설치하거나 손상을 받지 아니하도록 보호되어야 한다.

㉢ 가공전선은 차량이 이동하는 모든 지역에서 지표상 6[m], 다른 모든 지역에서는 4[m] 이상의 높이로 시설하여야 한다.

(4) 전원 자동차단에 의한 고장보호장치(242.8.6)

① 누전차단기

㉠ 모든 콘센트는 정격감도전류 30[mA] 이하인 누전차단기(중성선을 포함한 모든 극이 차단되는 것)에 의하여 개별적으로 보호되어야 한다.

㉡ 이동식 주택 또는 이동식 조립주택에 공급하기 위해 고정 접속되는 최종 분기회로는 정격감도전류 30[mA] 이하인 누전차단기(중성선을 포함한 모든 극이 차단되는 것)에 의하여 개별적으로 보호되어야 한다.

② 과전류에 대한 보호장치

㉠ 모든 콘센트는 개별적으로 보호하여야 한다.

㉡ 이동식 주택 또는 이동식 조립주택에 전원 공급을 위한 고정 접속용의 최종 분기회로는 개별적으로 보호하여야 한다.

(5) 단로장치(242.8.7)

각 배전반에는 적어도 하나의 단로장치를 설치하여야 한다. 이 장치는 중성선을 포함하여 모든 충전도체를 분리하여야 한다.

(6) 콘센트 시설(242.8.8)

① 모든 콘센트는 IP44의 보호등급을 충족하거나 외함에 의해 그와 동등한 보호등급 이상이 되도록 시설하여야 한다.

② 모든 콘센트는 이동식 숙박차량의 정박구획 또는 텐트구획에 가깝게 시설되어야 하며, 배전반 또는 별도의 외함 내에 설치되어야 한다.

③ 긴 연결코드로 인한 위험을 방지하기 위하여 하나의 외함 내에는 4개 이하의 콘센트를 조합·배치하여야 한다.

④ 모든 이동식 숙박차량의 정박구획 또는 텐트구획은 적어도 하나의 콘센트가 공급되어야 한다.

⑤ 정격전압 200~250[V], 정격전류 16[A] 단상 콘센트가 제공되어야 한다.

⑥ 콘센트는 지면으로부터 0.5~1.5[m] 높이에 설치하여야 한다.

[8] 의료장소(242.10)

(1) 적용범위(242.10.1)

의료장소는 의료용 전기기기의 장착부(의료용 전기기기의 일부로서 환자의 신체와 필연적으로 접촉되는 부분)의 사용방법에 따라 다음과 같이 구분한다.

① 그룹 0 : 일반병실, 진찰실, 검사실, 처치실, 재활치료실 등 장착부를 사용하지 않는 의료장소

② 그룹 1 : 분만실, MRI실, X선 검사실, 회복실, 구급처치실, 인공투석실, 내시경실 등 장착부를 환자의 신체 외부 또는 심장 부위를 제외한 환자의 신체 내부에 삽입시켜 사용하는 의료장소

③ 그룹 2 : 관상동맥질환 처치실(심장카테터실), 심혈관조영실, 중환자실(집중치료실), 마취실, 수술실, 회복실 등 장착부를 환자의 심장 부위에 삽입 또는 접촉시켜 사용하는 의료장소

(2) 의료장소별 접지계통(242.10.2)

① 그룹 0 : TT 계통 또는 TN 계통

② 그룹 1 : TT 계통 또는 TN 계통. 다만, 전원 자동차단에 의한 보호가 의료행위에 중대한 지장을 초래할 우려가 있는 의료용 전기기기를 사용하는 회로에는 의료 IT 계통을 적용할 수 있다.

③ 그룹 2 : 의료 IT 계통. 다만, 이동식 X-레이 장치, 정격출력이 5[kVA] 이상인 대형 기기용 회로, 생명유지장치가 아닌 일반 의료용 전기기기에 전력을 공급하는 회로 등에는 TT 계통 또는 TN 계통을 적용할 수 있다.

④ 의료장소에 TN 계통을 적용할 때에는 주배전반 이후의 부하계통에서는 TN-C 계통으로 시설하지 말 것

(3) 의료장소의 안전을 위한 보호설비(242.10.3)

① 그룹 1 및 그룹 2의 의료 IT 계통

㉠ 전원측에 전력 변압기, 전원공급장치에 따라 이중 또는 강화절연을 한 비단락보증 절연변압기를 설치하고 그 2차측 전로는 접지하지 말 것
㉡ 비단락보증 절연변압기는 함 속에 설치하여 충전부가 노출되지 않도록 하고 의료장소의 내부 또는 가까운 외부에 설치할 것
㉢ 비단락보증 절연변압기의 2차측 정격전압은 **교류 250[V]** 이하로 하며 공급방식 및 정격출력은 **단상 2선식, 10[kVA] 이하로** 할 것
㉣ 3상 부하에 대한 전력공급이 요구되는 경우 비단락보증 3상 절연변압기를 사용할 것
㉤ 비단락보증 절연변압기의 과부하 및 온도를 지속적으로 감시하는 장치를 적절한 장소에 설치할 것
㉥ 의료 IT 계통의 절연상태를 지속적으로 계측, 감시하는 장치
㉦ 의료 IT 계통의 분전반은 의료장소의 내부 혹은 가까운 외부에 설치할 것
㉧ 의료 IT 계통에 접속되는 콘센트는 TT 계통 또는 TN 계통에 접속되는 콘센트와 혼용됨을 방지하기 위하여 적절하게 구분 표시할 것

② 그룹 1과 그룹 2의 의료장소에서 사용하는 교류 콘센트는 배선용 꽂음 접속기에 따른 배선용 콘센트를 사용할 것. 다만, 플러그가 빠지지 않는 구조의 콘센트가 필요한 경우에는 걸림형을 사용한다.
③ 그룹 1과 그룹 2의 의료장소에 무영등 등을 위한 특별저압(SELV 또는 PELV)회로를 시설하는 경우에는 사용전압은 **교류 실효값** 25[V] 또는 **직류 비맥동** 60[V] 이하로 할 것
④ 의료장소의 전로에는 정격감도전류 30[mA] 이하, 동작시간 0.03초 이내의 **누전차단기**를 설치할 것

(4) 의료장소 내의 접지설비(242.10.4)

① 의료장소마다 그 내부 또는 근처에 등전위 본딩 바를 설치할 것. 다만, 인접하는 의료장소와의 바닥면적 합계가 50[m^2] 이하인 경우에는 **등전위 본딩 바를 공용**할 수 있다.
② 의료장소 내에서 사용하는 모든 전기설비 및 의료용 전기기기의 노출도전부는 보호도체에 의하여 등전위 본딩 바에 각각 접속되도록 할 것
③ 그룹 2의 의료장소에서 환자환경(환자가 점유하는 장소로부터 수평방향 1.5[m], 의료장소의 바닥으로부터 2.5[m] 높이 이내의 범위) 내에 있는 계통 외 도전부와 전기설비 및 의료용 전기기기의 노출도전부, 전자기장해(EMI) 차폐선, 도전성 바닥 등은 등전위 본딩을 시행할 것
④ 접지도체
㉠ 접지도체의 공칭단면적은 등전위 본딩 바에 접속된 보호도체 중 가장 큰 것 이상으로 할 것
㉡ 철골, 철근콘크리트 건물에서는 철골 또는 2조 이상의 주철근을 접지도체의 일부분으로 활용할 수 있다.
⑤ 보호도체, 등전위 본딩도체 및 접지도체의 종류는 450/750[V] 일반용 단심 비닐절연전선으로서 절연체의 색이 녹/황의 줄무늬이거나 녹색인 것을 사용할 것

기·출·개·념 **문제**

의료장소에서 인접하는 의료장소와의 바닥면적 합계가 몇 [m^2] 이하인 경우 등전위 본딩 바를 공용으로 할 수 있는가?

① 30 ② 50 ③ 80 ④ 100

해설 의료장소마다 그 내부 또는 근처에 등전위 본딩 바를 설치할 것. 다만, 인접하는 의료장소와의 바닥면적 합계가 50[m^2] 이하인 경우에는 등전위 본딩 바를 공용할 수 있다. 답 ②

(5) 의료장소 내의 비상전원(242.10.5)

① 절환시간 0.5초 이내에 비상전원을 공급하는 장치 또는 기기
  ㉠ 0.5초 이내에 전력공급이 필요한 생명유지장치
  ㉡ 그룹 1 또는 그룹 2의 의료장소의 수술등, 내시경, 수술실 테이블, 기타 필수 조명

② 절환시간 15초 이내에 비상전원을 공급하는 장치 또는 기기
  ㉠ 15초 이내에 전력공급이 필요한 생명유지장치
  ㉡ 그룹 2의 의료장소에 최소 50[%]의 조명, 그룹 1의 의료장소에 최소 1개의 조명

③ 절환시간 15초를 초과하여 비상전원을 공급하는 장치 또는 기기
  ㉠ 병원기능을 유지하기 위한 기본 작업에 필요한 조명
  ㉡ 그 밖의 병원 기능을 유지하기 위하여 중요한 기기 또는 설비

3 저압 옥내직류 전기설비(243)

(1) 전기품질(243.1.1)

① 저압 옥내직류 전로에 교류를 직류로 변환하여 공급하는 경우에 직류는 비맥동 직류이어야 한다.

② 고조파 전류
  ㉠ 고조파 전류의 한계값(기기의 입력전류 상당 16[A] 이하)
  ㉡ 공공 저전압 시스템에 연결된 기기에서 발생하는 고조파 전류의 한계값 (16[A] < 상당 입력전류 ≤ 75[A])

(2) 저압 옥내직류 전기설비의 시설(243.1.2)

저압 옥내직류 전기설비는 배선설비(232)의 규정에 따라 시설하여야 한다.

(3) 저압 직류 과전류 차단장치(243.1.3)

① 저압 직류 전로에 과전류 차단장치를 시설하는 경우 직류 단락전류를 차단하는 능력을 가지는 것이어야 하고 "직류용" 표시를 하여야 한다.

② 다중 전원전로의 과전류 차단기는 모든 전원을 차단할 수 있도록 시설

(4) 저압 직류 지락차단장치(243.1.4)

"직류용" 표시

(5) 저압 직류 개폐장치(243.1.5)

① 직류 전로에 사용하는 개폐기는 직류 전로 개폐시 발생하는 아크에 견디는 구조이어야 한다.

② 다중 전원전로의 개폐기는 개폐할 때 모든 전원이 개폐될 수 있도록 시설한다.

(6) 저압 직류 전기설비의 전기부식 방지(243.1.6)

저압 직류 전기설비를 접지하는 경우에는 직류 누설전류에 의한 전기부식작용으로 다른 금속체에 손상의 위험이 없도록 시설한다.

(7) 축전지실 등의 시설(243.1.7)

① 30[V]를 초과하는 축전지는 비접지측 도체에 쉽게 차단할 수 있는 곳에 개폐기를 시설한다.

② 옥내전로에 연계되는 축전지는 비접지측 도체에 과전류 보호장치를 시설한다.

③ 축전지실 등은 폭발성의 가스가 축적되지 않도록 환기장치 등을 시설한다.

(8) 저압 옥내직류 전기설비의 접지(243.1.8)

① 저압 옥내직류 전기설비는 전로 보호장치의 확실한 동작의 확보, 이상전압 및 대지전압의 억제를 위하여 직류 2선식의 임의의 한 점 또는 변환장치의 직류측 중간점, 산업의 중간점 등을 접지하여야 한다. 다만, 직류 2선식을 다음에 따라 시설하는 경우는 그러하지 아니하다.

㉠ 사용전압이 60[V] 이하인 경우

㉡ 접지검출기를 설치하고 특정구역 내의 산업용 기계기구에만 공급하는 경우

㉢ 교류 전로로부터 공급을 받는 정류기에서 인출되는 직류계통

㉣ 최대전류 30[mA] 이하의 직류 화재경보회로

② 접지공사는 규정에 의하여 접지하여야 한다.

③ 직류 전기설비의 접지시설을 양(+)도체를 접지하는 경우는 감전에 대한 보호를 하여야 한다.

④ 직류 전기설비의 접지시설을 음(-)도체를 접지하는 경우는 전기부식방지를 하여야 한다.

⑤ 직류 접지계통은 교류 접지계통과 같은 방법으로 금속제 외함, 교류 접지도체 등과 본딩하여야 하며, 교류접지가 피뢰설비·통신접지 등과 통합접지되어 있는 경우는 함께 통합접지공사를 할 수 있다.

4 비상용 예비전원설비(244)

[1] 일반 요구사항(244.1)

(1) 적용범위(244.1.1)

① 이 규정은 상용전원이 정전되었을 때 사용하는 비상용 예비전원설비를 수용장소에 시설하는 것에 적용하여야 한다.

② 비상용 예비전원으로 발전기 또는 이차전지 등을 이용한 전기저장장치 및 이와 유사한 설비를 시설하는 경우에는 해당 설비에 관련된 규정을 적용하여야 한다.

(2) 비상용 예비전원설비의 조건 및 분류(244.1.2)

① 비상용 예비전원설비의 전원 공급방법
㉠ 수동 전원공급
㉡ 자동 전원공급

② 자동 전원공급은 절환시간에 따라 다음과 같이 분류된다.
㉠ 무순단 : 과도시간 내에 전압 또는 주파수 변동 등 정해진 조건에서 연속적인 전원공급이 가능한 것
㉡ 순단 : 0.15초 이내 자동 전원공급이 가능한 것
㉢ 단시간 차단 : 0.5초 이내 자동 전원공급이 가능한 것
㉣ 보통 차단 : 5초 이내 자동 전원공급이 가능한 것
㉤ 중간 차단 : 15초 이내 자동 전원공급이 가능한 것
㉥ 장시간 차단 : 자동 전원공급이 15초 이후에 가능한 것

③ 비상용 예비전원설비에 필수적인 기기는 지정된 동작을 유지하기 위해 절환시간과 호환되어야 한다.

[2] 시설기준(244.2)

(1) 비상용 예비전원의 시설(244.2.1)

① 비상용 예비전원은 고정설비로 하고, 상용전원의 고장에 의해 해로운 영향을 받지 않는 방법으로 설치하여야 한다.

② 비상용 예비전원은 운전에 적절한 장소에 설치해야 하며, 기능자 및 숙련자만 접근 가능하도록 설치하여야 한다.

③ 비상용 예비전원에서 발생하는 가스, 연기 또는 증기가 사람이 있는 장소로 침투하지 않도록 확실하고 충분히 환기하여야 한다.

④ 비상용 예비전원의 유효성이 손상되지 않는 경우에만 비상용 예비전원설비 이외의 목적으로 사용할 수 있다. 비상용 예비전원설비는 다른 용도의 회로에 일어나는 고장 시 어떠한 비상용 예비전원설비 회로도 차단되지 않도록 하여야 한다.

⑤ 비상용 예비전원으로 전기사업자의 배전망과 수용가의 독립된 전원을 병렬운전이 가능하도록 시설하는 경우, 독립운전 또는 병렬운전 시 단락보호 및 고장보호가 확보되어야 한다. 이 경우, 병렬운전에 관한 전기사업자의 동의를 받아야 하며 전원의 중성점 간 접속에 의한 순환전류와 제3고조파의 영향을 제한하여야 한다.

⑥ 상용전원의 정전으로 비상용 전원이 대체되는 경우에는 상용전원과 병렬운전이 되지 않도록 다음 중 하나 또는 그 이상의 조합으로 격리조치를 하여야 한다.
㉠ 조작기구 또는 절환개폐장치의 제어회로 사이의 전기적, 기계적 또는 전기기계적 연동
㉡ 단일 이동식 열쇠를 갖춘 잠금계통
㉢ 차단 – 중립 – 투입의 3단계 절환개폐장치
㉣ 적절한 연동기능을 갖춘 자동 절환개폐장치
㉤ 동등한 동작을 보장하는 기타 수단

(2) 비상용 예비전원설비의 배선(244.2.2)

① 전로는 다른 전로로부터 독립되어야 한다.

② 전로는 그들이 내화성이 아니라면, 어떠한 경우라도 화재의 위험과 폭발의 위험에 노출되어 있는 지역을 통과해서는 안 된다.

③ 과전류 보호장치는 하나의 전로에서의 과전류가 다른 비상용 예비전원설비 전로의 정확한 작동에 손상을 주지 않도록 선정 및 설치하여야 한다.

④ 독립된 전원이 있는 2개의 서로 다른 전로에 의해 공급되는 기기에서는 하나의 전로 중에 발생하는 고장이 감전에 대한 보호는 물론 다른 전로의 운전도 손상해서는 안 된다. 그런 기기는 필요하다면, 두 전로의 보호도체에 접속하여야 한다.

⑤ 소방전용 엘리베이터 전원 케이블 및 특수 요구사항이 있는 엘리베이터용 배선을 제외한 비상용 예비전원설비 전로는 엘리베이터 샤프트 또는 굴뚝 같은 개구부에 설치해서는 안 된다.

이런 문제가 시험에 나온다!

CHAPTER 03

전기사용 장소의 시설

단원 최근 빈출문제

01 저압 옥내배선에 사용하는 연동선의 최소 굵기는 몇 [mm^2]인가? [21년 기사]

① 1.5 ② 2.5
③ 4.0 ④ 6.0

해설 **저압 옥내배선의 사용전선(KEC 231.3.1)**
저압 옥내배선의 전선은 단면적 2.5[mm^2] 이상의 연동선

02 옥내배선의 사용전압이 400[V] 이하일 때 전광표시장치 기타 이와 유사한 장치 또는 제어회로 등의 배선에 다심 케이블을 시설하는 경우 배선의 단면적은 몇 [mm^2] 이상인가? [17년 기사]

① 0.75 ② 1.5
③ 1 ④ 2.5

해설 **저압 옥내배선의 사용전선(KEC 231.3)**
전광표시장치 기타 이와 유사한 장치 또는 제어회로 등에 이용하는 배선에 단면적 0.75[mm^2] 이상의 코트 또는 캡타이어 케이블을 사용한다.

03 옥내배선 공사 중 반드시 절연전선을 사용하지 않아도 되는 공사방법은? (단, 옥외용 비닐절연전선은 제외한다.) [21년 기사]

① 금속관 공사
② 버스 덕트 공사
③ 합성수지관 공사
④ 플로어 덕트 공사

해설 **나전선의 사용 제한(KEC 231.4)**
나전선의 사용이 가능한 경우
- 애자공사
  - 전기로용 전선
  - 전선의 피복 절연물이 부식하는 장소
  - 취급자 이외의 자가 출입할 수 없도록 설비한 장소
- 버스 덕트 공사 및 라이팅 덕트 공사
- 접촉전선

04 백열전등 또는 방전등에 전기를 공급하는 옥내전로의 대지전압은 몇 [V] 이하이어야 하는가? (단, 백열전등 또는 방전등 및 이에 부속하는 전선은 사람이 접촉할 우려가 없도록 시설한 경우이다.) [20년 기사]

① 60 ② 110
③ 220 ④ 300

해설 **옥내전로의 대지전압의 제한(KEC 231.6)**
백열전등 또는 방전등에 전기를 공급하는 옥내의 전로의 대지전압은 300[V] 이하이어야 한다.

05 애자공사에 의한 저압 옥내배선을 시설할 때 전선의 지지점 간의 거리는 전선을 조영재의 윗면 또는 옆면에 따라 붙일 경우 몇 [m] 이하인가? [17년 기사]

① 1.5 ② 2
③ 2.5 ④ 3

해설 **애자공사(KEC 232.56)**
전선 지지점 간의 거리 : 조영재의 윗면 또는 옆면에 따라 붙일 경우에는 2[m] 이하

06 사용전압이 380[V]인 옥내배선을 애자공사로 시설할 때 전선과 조영재 사이의 이격거리는 몇 [cm] 이상이어야 하는가? [18년 산업]

① 2 ② 2.5
③ 4.5 ④ 6

정답 01. ② 02. ① 03. ② 04. ④ 05. ② 06. ②

해설 애자공사(KEC 232.56)

전선과 조영재 사이의 이격거리는 사용전압이 400[V] 이하인 경우에는 2.5[cm] 이상, 400[V] 초과인 경우에는 4.5[cm](건조한 장소 2.5[cm]) 이상일 것

07 금속관 공사에서 절연 부싱을 사용하는 가장 주된 목적은? [17년 기사]

① 관의 끝이 터지는 것을 방지
② 관 내 해충 및 이물질 출입 방지
③ 관의 단구에서 조영재의 접촉 방지
④ 관의 단구에서 전선 피복의 손상 방지

해설 금속관 공사(KEC 232.12)

절연 부싱은 금속관에 전선을 넣을 때 관의 단구에서 전선의 피복 손상을 방지한다.

08 금속관 공사에 의한 저압 옥내배선시설에 대한 설명으로 틀린 것은? [18년 산업]

① 인입용 비닐절연전선을 사용했다.
② 옥외용 비닐절연전선을 사용했다.
③ 짧고 가는 금속관에 연선을 사용했다.
④ 단면적 10[mm^2] 이하의 전선을 사용했다.

해설 금속관 공사(KEC 232.6)

- 전선은 절연전선(옥외용 비닐절연전선 제외)일 것
- 전선은 연선일 것
- 금속관 안에는 전선에 접속점이 없도록 할 것
- 콘크리트에 매설하는 것은 1.2[mm] 이상

09 일반 주택의 저압 옥내배선을 점검하였더니 다음과 같이 시설되어 있었을 경우 시설기준에 적합하지 않은 것은? [21년 기사]

① 합성수지관의 지지점 간의 거리를 2[m]로 하였다.
② 합성수지관 안에서 전선의 접속점이 없도록 하였다.
③ 금속관 공사에 옥외용 비닐절연전선을 제외한 절연전선을 사용하였다.
④ 인입구에 가까운 곳으로서 쉽게 개폐할 수 있는 곳에 개폐기를 각 극에 시설하였다.

해설 합성수지관 공사(KEC 232.11)

- 전선은 연선(옥외용 제외) 사용. 연동선 10[mm^2], 알루미늄선 16[mm^2] 이하 단선 사용
- 전선관 내 전선 접속점이 없도록 함
- 관을 삽입하는 길이 : 관 외경 1.2배(접착제 사용 0.8배)
- 관 지지점 간 거리 : 1.5[m] 이하

10 금속제 가요전선관 공사에 의한 저압 옥내배선의 시설기준으로 틀린 것은? [21년 기사]

① 가요전선관 안에는 전선에 접속점이 없도록 한다.
② 옥외용 비닐절연전선을 제외한 절연전선을 사용한다.
③ 점검할 수 없는 은폐된 장소에는 1종 가요전선관을 사용할 수 있다.
④ 2종 금속제 가요전선관을 사용하는 경우에 습기 많은 장소에 시설하는 때에는 비닐 피복 2종 가요전선관으로 한다.

해설 금속제 가요전선관 공사(KEC 232.13)

가요전선관은 2종 금속제 가요전선관일 것. 다만, 전개된 장소 또는 점검할 수 있는 은폐된 장소에는 1종 가요전선관(습기가 많은 장소 또는 물기가 있는 장소에는 비닐 피복 1종 가요전선관에 한한다)을 사용할 수 있다.

11 금속 덕트 공사에 의한 저압 옥내배선 공사 시설에 대한 설명으로 틀린 것은? [18년 기사]

① 저압 옥내배선의 사용전압이 400[V] 이하인 경우에는 덕트에 접지공사를 한다.
② 금속 덕트는 두께 1.0[mm] 이상인 철판으로 제작하고 덕트 상호간에 완전하게 접속한다.
③ 덕트를 조영재에 붙이는 경우 덕트 지지점 간의 거리를 3[m] 이하로 견고하게 붙인다.
④ 금속 덕트에 넣은 전선의 단면적의 합계가 덕트의 내부 단면적의 20[%] 이하가 되도록 한다.

정답 07. ④ 08. ② 09. ① 10. ③ 11. ②

해설 **금속 덕트 공사(KEC 232.31)**
금속 덕트 공사에 사용하는 금속 덕트의 폭이 5[cm]를 초과하고 또한 두께가 1.2[mm] 이상인 철판 사용

12 라이팅 덕트 공사에 의한 저압 옥내배선 공사 시설기준으로 틀린 것은? [19년 기사]

① 덕트의 끝부분은 막을 것
② 덕트는 조영재에 견고하게 붙일 것
③ 덕트는 조영재를 관통하여 시설할 것
④ 덕트의 지지점 간의 거리는 2[m] 이하로 할 것

해설 **라이팅 덕트 공사(KEC 232.71)**
- 덕트의 개구부(開口部)는 아래로 향하여 시설할 것
- 덕트는 조영재를 관통하여 시설하지 아니할 것

13 금속 몰드 배선 공사에 대한 설명으로 틀린 것은? [18년 산업]

① 몰드에는 접지공사를 하지 않는다.
② 접속점을 쉽게 점검할 수 있도록 시설할 것
③ 황동제 또는 동제의 몰드는 폭이 5[cm] 이하, 두께 0.5[mm] 이상인 것일 것
④ 몰드 안의 전선을 외부로 인출하는 부분은 몰드의 관통 부분에서 전선이 손상될 우려가 없도록 시설할 것

해설 **금속 몰드 공사(KEC 232.22)**
몰드에는 접지 시스템(140) 규정에 준하여 접지공사를 할 것

14 케이블 공사에 의한 저압 옥내배선의 시설방법에 대한 설명으로 틀린 것은? [18년 산업]

① 전선은 케이블 및 캡타이어 케이블로 한다.
② 콘크리트 안에는 전선에 접속점을 만들지 아니한다.
③ 전선을 넣는 방호장치의 금속제 부분에는 접지공사를 한다.
④ 전선을 조영재의 옆면에 따라 붙이는 경우 전선의 지지점 간의 거리를 케이블은 3[m] 이하로 한다.

해설 **케이블 공사(KEC 232.51)**
- 케이블 및 캡타이어 케이블일 것
- 조영재의 아랫면 또는 옆면에 따라 붙이는 경우 지지점 간의 거리를 2[m](수직 6[m]) 이하, 캡타이어 케이블은 1[m] 이하

15 케이블 트레이 공사에 사용할 수 없는 케이블은? [21년 기사]

① 연피 케이블
② 난연성 케이블
③ 캡타이어 케이블
④ 알루미늄피 케이블

해설 **케이블 트레이 공사(KEC 232.41)**
전선은 연피 케이블, 알루미늄피 케이블 등 난연성 케이블 또는 기타 케이블(적당한 간격으로 연소방지 조치를 하여야 한다) 또는 금속관 혹은 합성수지관 등에 넣은 절연전선을 사용하여야 한다.

16 케이블 트레이 공사에 사용되는 케이블 트레이가 수용된 모든 전선을 지지할 수 있는 적합한 강도의 것일 경우 케이블 트레이의 안전율은 얼마 이상으로 하여야 하는가? [18년 산업]

① 1.1 ② 1.2
③ 1.3 ④ 1.5

해설 **케이블 트레이 공사(KEC 232.41)**
케이블 트레이의 안전율은 1.5 이상이어야 한다.

17 케이블 트레이 공사에 사용하는 케이블 트레이에 대한 기준으로 틀린 것은? [20년 기사]

① 안전율은 1.5 이상으로 하여야 한다.
② 비금속제 케이블 트레이는 수밀성 재료의 것이어야 한다.
③ 금속제 케이블 트레이 계통은 기계적 및 전기적으로 완전하게 접속하여야 한다.
④ 저압 옥내배선의 사용전압이 400[V] 초과인 경우에는 금속제 트레이에 접지공사를 하여야 한다.

정답 12. ③ 13. ① 14. ④ 15. ③ 16. ④ 17. ②

해설 **케이블 트레이 공사(KEC 232.41)**

- 금속재의 것은 적절한 방식 처리를 한 것이거나 내식성 재료의 것이어야 한다.
- 비금속제 케이블 트레이는 난연성 재료의 것이어야 한다.

18 점멸기의 시설에서 센서등(타임스위치 포함)을 시설하여야 하는 곳은? [21년 기사]

① 공장 ② 상점
③ 사무실 ④ 아파트 현관

해설 **점멸기의 시설(KEC 234.6)**

센서등(타임스위치 포함) 시설

- 「관광진흥법」과 「공중위생관리법」에 의한 관광숙박업 또는 숙박업(여인숙업은 제외)에 이용되는 객실의 입구등은 1분 이내에 소등되는 것
- 일반 주택 및 아파트 각 호실의 현관등은 3분 이내에 소등되는 것

19 관광숙박업 또는 숙박업을 하는 객실의 입구등에 조명용 전등을 설치할 때는 몇 분 이내에 소등되는 타임스위치를 시설하여야 하는가? [18년 기사]

① 1 ② 3
③ 5 ④ 10

해설 문제 18번 해설 참조

20 저압 옥내배선과 옥내 저압용의 전구선의 시설 방법으로 틀린 것은? [19년 산업]

① 쇼케이스 내의 배선에 0.75[mm^2]의 캡타이어 케이블을 사용하였다.
② 전광표시장치의 전선으로 1.0[mm^2]의 연동선을 사용하여 금속관에 넣어 시설하였다.
③ 전광표시장치의 배선으로 1.5[mm^2]의 연동선을 사용하고 합성수지관에 넣어 시설하였다.
④ 조영물에 고정시키지 아니하고 백열전등에 이르는 전구선으로 0.75[mm^2]의 케이블을 사용하였다.

해설 **저압 옥내배선의 사용전선(KEC 231.3.1)**

전광표시장치 또는 제어회로 등에 사용하는 배선에 단면적 1.5[mm^2] 이상의 연동선

21 옥내에 시설하는 사용전압 400[V] 이하의 이동전선으로 사용할 수 없는 전선은? [18년 산업]

① 면절연전선
② 고무코드 전선
③ 용접용 케이블
④ 고무 절연 클로로프렌 캡타이어 케이블

해설 **전구선 및 이동전선(KEC 234.3)**

이동전선은 고무코드(사용전압이 400[V] 이하) 또는 0.6/1[kV] EP 고무 절연 클로로프렌 캡타이어 케이블로서 단면적이 0.75[mm^2] 이상인 것일 것

22 욕조나 샤워시설이 있는 욕실 또는 화장실 등 인체가 물에 젖어 있는 상태에서 전기를 사용하는 장소에 콘센트를 시설하는 경우에 적합한 누전차단기는? [20년 산업]

① 정격감도전류 15[mA] 이하, 동작시간 0.03초 이하의 전류 동작형 누전차단기
② 정격감도전류 15[mA] 이하, 동작시간 0.03초 이하의 전압 동작형 누전차단기
③ 정격감도전류 20[mA] 이하, 동작시간 0.3초 이하의 전류 동작형 누전차단기
④ 정격감도전류 20[mA] 이하, 동작시간 0.3초 이하의 전압 동작형 누전차단기

해설 **옥내에 시설하는 저압용 배선기구의 시설 (KEC 234.5)**

- 욕조나 샤워시설이 있는 욕실 또는 화장실 등 인체가 물에 젖어 있는 상태에서 전기를 사용하는 장소에 콘센트를 시설한다.
- 인체감전보호용 누전차단기(정격감도전류 15[mA] 이하, 동작시간 0.03초 이하의 전류 동작형) 또는 절연변압기(정격용량 3[kVA] 이하)로 보호된 전로에 접속하거나 인체감전보호용 누전차단기가 부착된 콘센트를 시설하여야 한다.

정답 18. ④ 19. ① 20. ② 21. ③ 22. ①

23 옥내에 시설하는 사용전압이 400[V] 초과 1,000[V] 이하인 전개된 장소로서, 건조한 장소가 아닌 기타의 장소의 관등회로 배선 공사로서 적합한 것은? [20년 기사]

① 애자공사
② 금속 몰드 공사
③ 금속 덕트 공사
④ 합성수지 몰드 공사

해설 **옥내 방전등 배선(KEC 234.11.4)**

시설장소의 구분		공사방법
전개된 장소	건조한 장소	애자공사·합성수지 몰드 공사 또는 금속 몰드 공사
	기타의 장소	애자공사
점검할 수 있는 은폐된 장소	건조한 장소	애자공사·합성수지 몰드 공사 또는 금속 몰드 공사
	기타의 장소	애자공사

24 풀장용 수중 조명등에 전기를 공급하기 위하여 사용되는 절연변압기에 대한 설명으로 틀린 것은? [20년 산업]

① 절연변압기 2차측 전로의 사용전압은 150[V] 이하이어야 한다.
② 절연변압기의 2차측 전로에는 반드시 접지공사를 하며, 그 저항값은 5[Ω] 이하가 되도록 하여야 한다.
③ 절연변압기 2차측 전로의 사용전압이 30[V] 이하인 경우에는 1차 권선과 2차 권선 사이에 금속제의 혼촉 방지판이 있어야 한다.
④ 절연변압기 2차측 전로의 사용전압이 30[V]를 초과하는 경우에는 그 전로에 지락이 생겼을 때 자동적으로 전로를 차단하는 장치가 있어야 한다.

해설 **수중 조명등(KEC 234.14)**
절연변압기의 2차측 전로는 접지하지 아니할 것

25 교통신호등 회로의 사용전압이 몇 [V]를 넘는 경우는 전로에 지락이 생겼을 경우 자동적으로 전로를 차단하는 누전차단기를 시설하는가? [21년 기사]

① 60
② 150
③ 300
④ 450

해설 **누전차단기(KEC 234.15.6)**
교통신호등 회로의 사용전압이 150[V]를 넘는 경우는 전로에 지락이 생겼을 경우 자동적으로 전로를 차단하는 누전차단기를 시설할 것

26 교통신호등의 시설기준에 관한 내용으로 틀린 것은? [20년 산업]

① 제어장치의 금속제 외함에는 접지공사를 한다.
② 교통신호등 회로의 사용전압은 300[V] 이하로 한다.
③ 교통신호등 회로의 인하선은 지표상 2[m] 이상으로 시설한다.
④ LED를 광원으로 사용하는 교통신호등의 설치 KS C 7528 'LED 교통신호등'에 적합한 것을 사용한다.

해설 **교통신호등(KEC 234.15)**
- 배선은 케이블인 경우 공칭단면적 2.5[mm^2] 이상 연동선
- 전선의 지표상의 높이는 2.5[m] 이상

27 목장에서 가축의 탈출을 방지하기 위하여 전기울타리를 시설하는 경우 전선은 인장강도가 몇 [kN] 이상의 것이어야 하는가? [20년 기사]

① 1.38
② 2.78
③ 4.43
④ 5.93

해설 **전기울타리의 시설(KEC 241.1)**
사용전압은 250[V] 이하이며, 전선은 인장강도 1.38[kN] 이상의 것 또는 지름 2[mm] 이상 경동선을 사용하고, 지지하는 기둥과의 이격거리는 2.5[cm] 이상, 수목과의 거리는 30[cm] 이상으로 한다.

정답 23. ① 24. ② 25. ② 26. ③ 27. ①

28 전기울타리용 전원장치에 전기를 공급하는 전로의 사용전압은 몇 [V] 이하이어야 하는가? [18년 기사]

① 150 ② 200
③ 250 ④ 300

해설 문제 27번 해설 참조

29 전기욕기용 전원장치로부터 욕조 안의 전극까지의 전선 상호간 및 전선과 대지 사이에 절연저항값은 몇 [MΩ] 이상이어야 하는가? [19년 산업]

① 1.0 ② 2.0
③ 3.0 ④ 4.0

해설 **전기욕기(KEC 241.2)**
전기욕기용 전원장치로부터 욕조 안의 전극까지의 전선 상호간 및 전선과 대지 사이의 절연저항값은 1.0[MΩ] 이상일 것

30 전격 살충기의 전격 격자는 지표 또는 바닥에서 몇 [m] 이상의 높은 곳에 시설하여야 하는가? [21년 기사]

① 1.5 ② 2
③ 2.8 ④ 3.5

해설 **전격 살충기의 시설(KEC 241.7.1)**
- 전격 격자는 지표 또는 바닥에서 3.5[m] 이상의 높은 곳에 시설할 것
- 전격 격자와 다른 시설물(가공전선 제외) 또는 식물과의 이격거리는 0.3[m] 이상

31 전격 살충기의 시설방법으로 틀린 것은? [21년 기사]

① 전기용품 및 생활용품 안전관리법의 적용을 받은 것을 설치한다.
② 전용 개폐기를 가까운 곳에 쉽게 개폐할 수 있게 시설한다.
③ 전격 격자가 지표상 3.5[m] 이상의 높이가 되도록 시설한다.
④ 전격 격자와 다른 시설물 사이의 이격거리는 50[cm] 이상으로 한다.

해설 문제 30번 해설 참조

32 전기 온상용 발열선은 그 온도가 몇 [℃]를 넘지 않도록 시설하여야 하는가? [20년 기사]

① 50 ② 60
③ 80 ④ 100

해설 **전기 온상 등(KEC 241.5)**
발열선은 그 온도가 80[℃]를 넘지 아니하도록 시설할 것

33 발열선을 도로, 주차장 또는 조영물의 조영재에 고정시켜 신설하는 경우 발열선에 전기를 공급하는 전로의 대지전압은 몇 [V] 이하이어야 하는가? [17년 기사]

① 100 ② 150
③ 200 ④ 300

해설 **도로 등의 전열장치(KEC 241.12)**
- 발열선에 전기를 공급하는 전로의 대지전압은 300[V] 이하
- 발열선은 미네랄 인슐레이션 케이블 또는 제2종 발열선을 사용
- 발열선 온도 80[℃] 이하

34 이동형의 용접 전극을 사용하는 아크 용접장치의 용접변압기의 1차측 전로의 대지전압은 몇 [V] 이하이어야 하는가? [18년 기사]

① 60
② 150
③ 300
④ 400

해설 **아크 용접기(KEC 241.10)**
이동형(可搬型)의 용접 전극을 사용하는 아크 용접 장치 시설
- 용접변압기는 절연변압기일 것
- 용접변압기의 1차측 전로의 대지전압은 300[V] 이하일 것

정답 28. ③ 29. ① 30. ④ 31. ④ 32. ③ 33. ④ 34. ③

35 소세력 회로에 전기를 공급하기 위한 변압기는 1차측 전로의 대지전압이 300[V] 이하, 2차측 전로의 사용전압은 몇 [V] 이하인 절연변압기이어야 하는가? [20년 기사]

① 60 ② 80
③ 100 ④ 150

해설 **소세력 회로(KEC 241.14)**
소세력 회로에 전기를 공급하기 위한 변압기는 1차측 전로의 대지전압이 300[V] 이하, 2차측 전로의 사용전압이 60[V] 이하인 절연변압기일 것

36 소세력 회로의 사용전압이 15[V] 이하일 경우 절연변압기의 2차 단락전류 제한값은 8[A]이다. 이때 과전류 차단기의 정격전류는 몇 [A] 이하이어야 하는가? [21년 산업]

① 1.5 ② 3
③ 5 ④ 10

해설 **소세력 회로(KEC 241.14)**
절연변압기의 2차 단락전류 및 과전류 차단기의 정격전류

최대사용전압의 구분	2차 단락전류	과전류 차단기의 정격전류
15[V] 이하	8[A]	5[A]
15[V] 초과 30[V] 이하	5[A]	3[A]
30[V] 초과 60[V] 이하	3[A]	1.5[A]

37 지중 또는 수중에 시설되어 있는 금속체의 부식을 방지하기 위한 전기부식방지 회로의 사용전압은 직류 몇 [V] 이하이어야 하는가? (단, 전기부식방지 회로로는 전기 부식 방지용 전원장치로부터 양극 및 피방식체까지의 전로를 말한다.) [19년 산업]

① 30 ② 60
③ 90 ④ 120

해설 **전기부식방지 회로의 전압 등(KEC 241.16.3)**
전기부식방지 회로의 사용전압은 직류 60[V] 이하일 것

38 전기부식방지 시설에서 전원장치를 사용하는 경우로 옳은 것은? [17년 산업]

① 전기부식방지 회로의 사용전압은 교류 60[V] 이하일 것
② 지중에 매설하는 양극(+)의 매설깊이는 50[cm] 이상일 것
③ 지표 또는 수중에서 1[m] 간격의 임의의 2점 간의 전위차는 7[V]를 넘지 말 것
④ 수중에 시설하는 양극(+)과 그 주위 1[m] 이내의 거리에 있는 임의점과의 사이의 전위차는 10[V]를 넘지 말 것

해설 **전기부식방지 회로의 전압 등(KEC 241.16.3)**
- 전기부식방지 회로의 사용전압은 직류 60[V] 이하일 것
- 지중에 매설하는 양극의 매설깊이는 75[cm] 이상일 것
- 수중에 시설하는 양극과 그 주위 1[m] 이내의 거리에 있는 임의점과의 사이의 전위차는 10[V]를 넘지 아니할 것
- 지표 또는 수중에서 1[m] 간격의 임의의 2점 간의 전위차가 5[V]를 넘지 아니할 것

39 폭연성 분진 또는 화약류의 분말이 전기설비가 발화원이 되어 폭발할 우려가 있는 곳에 시설하는 저압 옥내배선의 공사방법으로 옳은 것은? [17년 산업]

① 금속관 공사
② 애자공사
③ 합성수지관 공사
④ 캡타이어 케이블 공사

해설 **폭연성 분진 위험 장소(KEC 242.2.1)**
금속관 공사 또는 케이블 공사(캡타이어 케이블 제외)에 의할 것

40 석유류를 저장하는 장소의 전등배선에 사용하지 않는 공사방법은? [19년 기사]

① 케이블 공사 ② 금속관 공사
③ 애자공사 ④ 합성수지관 공사

정답 35. ① 36. ③ 37. ② 38. ④ 39. ① 40. ③

해설 **위험물 등이 존재하는 장소(KEC 242.4)**
저압 옥내배선은 금속관 공사, 케이블 공사, 합성수지관 공사에 의한다.

41 **전용 개폐기 또는 과전류 차단기에서 화약류 저장소의 인입구까지의 배선은 어떻게 시설하는가?** [19년 산업]

① 애자공사에 의하여 시설한다.
② 케이블을 사용하여 지중으로 시설한다.
③ 케이블을 사용하여 가공으로 시설한다.
④ 합성수지관 공사에 의하여 가공으로 시설한다.

해설 **화약류 저장소에서 전기설비의 시설(KEC 242.5)**
케이블을 전기기계기구에 인입할 때에는 인입구에서 케이블이 손상될 우려가 없도록 시설할 것

42 **건조한 곳에 시설하고 또한 내부를 건조한 상태로 사용하는 진열장 안의 사용전압이 400[V] 이하인 저압 옥내배선은 외부에서 보기 쉬운 곳에 한하여 코드 또는 캡타이어 케이블을 조영재에 접촉하여 시설할 수 있다. 이때, 전선의 붙임점 간의 거리는 몇 [m] 이하로 시설하여야 하는가?** [20년 산업]

① 0.5 ② 1.0
③ 1.5 ④ 2.0

해설 **진열장 안의 배선(KEC 234.8)**
전선의 붙임점 간의 거리는 1[m] 이하로 하고 또한 배선에는 전구 또는 기구의 중량을 지지시키지 아니할 것

43 **무대, 무대마루 밑, 오케스트라 박스, 영사실, 기타 사람이나 무대 도구가 접촉할 우려가 있는 곳에 시설하는 저압 옥내배선·전구선 또는 이동전선은 사용전압이 몇 [V] 이하이어야 하는가?** [18년 기사]

① 60 ② 110
③ 220 ④ 400

해설 **전시회, 쇼 및 공연장의 전기설비(KEC 242.6)**
저압 옥내배선·전구선 또는 이동전선은 사용전압이 400[V] 이하일 것

44 **터널 등에 시설하는 사용전압이 220[V]인 전구선이 0.6/1[kV] EP 고무절연 클로로프렌 캡타이어 케이블일 경우 단면적은 최소 몇 [mm^2] 이상이어야 하는가?** [17년 기사]

① 0.5 ② 0.75
③ 1.25 ④ 1.4

해설 **터널 등의 전구선 또는 이동전선 등의 시설(KEC 242.7.4)**
터널 등에 시설하는 사용전압이 400[V] 이하인 저압의 전구선 또는 이동전선은 단면적 0.75[mm^2] 이상의 300/300[V] 편조 고무코드 또는 0.6/1[kV] EP 고무절연 클로로프렌 캡타이어 케이블일 것

45 **사람이 상시 통행하는 터널 안의 배선(전기기계기구 안의 배선, 관등회로의 배선, 소세력 회로의 전선은 제외)의 시설기준에 적합하지 않은 것은? (단, 사용전압이 저압의 것에 한한다.)** [20년 기사]

① 합성수지관 공사로 시설하였다.
② 공칭단면적 2.5[mm^2]의 연동선을 사용하였다.
③ 애자공사 시 전선의 높이는 노면상 2[m]로 시설하였다.
④ 전로에는 터널의 입구 가까운 곳에 전용 개폐기를 시설하였다.

해설 **사람이 상시 통행하는 터널 안의 배선시설(KEC 242.7.1)**
- 전선은 공칭단면적 2.5[mm^2]의 연동선과 동등 이상의 세기 및 굵기의 절연전선(옥외용 제외)을 사용하여 애자공사에 의하여 시설하고 또한 이를 노면상 2.5[m] 이상의 높이로 할 것
- 전로에는 터널의 입구에 가까운 곳에 전용 개폐기를 시설할 것

정답 41. ② 42. ② 43. ④ 44. ② 45. ③

46 사람이 상시 통행하는 터널 안 배선의 시설 기준으로 틀린 것은? [20년 산업]

① 사용전압은 저압에 한한다.
② 전로에는 터널의 입구에 가까운 곳에 전용 개폐기를 시설한다.
③ 애자공사에 의하여 시설하고 이를 노면상 2[m] 이상의 높이에 시설한다.
④ 공칭단면적 2.5[mm^2] 연동선과 동등 이상의 세기 및 굵기의 절연전선을 사용한다.

해설 **사람이 상시 통행하는 터널 안의 배선시설(KEC 242.7.1)**

- 전선은 공칭단면적 2.5[mm^2]의 연동선과 동등 이상의 세기 및 굵기의 절연전선(옥외용 제외)을 사용하여 애자공사에 의하여 시설하고 또한 이를 노면상 2.5[m] 이상의 높이로 할 것
- 전로에는 터널의 입구에 가까운 곳에 전용 개폐기를 시설할 것

47 의료장소의 안전을 위한 비단락보증 절연변압기에 대한 설명으로 옳은 것은? [21년 산업]

① 정격출력은 5[kVA] 이하로 할 것.
② 정격출력은 10[kVA] 이하로 할 것.
③ 2차측 정격전압은 직류 25[V] 이하이다.
④ 2차측 정격전압은 교류 300[V] 이하이다.

해설 **의료장소의 안전을 위한 보호설비(KEC 242.10.3)**

비단락보증 절연변압기의 2차측 정격전압은 교류 250[V] 이하로 하며 공급방식은 단상 2선식, 정격출력은 10[kVA] 이하로 할 것

48 의료장소 중 그룹 1 및 그룹 2의 의료 IT계통에 시설되는 전기설비의 시설기준으로 틀린 것은? [20년 산업]

① 의료용 절연변압기의 정격출력은 10[kVA] 이하로 한다.
② 의료용 절연변압기의 2차측 정격전압은 교류 250[V] 이하로 한다.
③ 전원측에 강화절연을 한 의료용 절연변압기를 설치하고 그 2차측 전로는 접지한다.
④ 절연감시장치를 설치하여 절연저항이 50[kΩ]까지 감소하면 표시설비 및 음향설비로 경보를 발하도록 한다.

해설 **의료장소의 안전을 위한 보호설비(KEC 242.10.3)**

전원측에 전력변압기, 전원공급장치에 따라 이중 또는 강화절연을 한 비단락보증 절연변압기를 설치하고 그 2차측 전로는 접지하지 말 것

49 그룹 2의 의료장소에 상용전원 공급이 중단될 경우 15초 이내에 최소 몇 [%]의 조명에 비상전원을 공급하여야 하는가? [18년 산업]

① 30
② 40
③ 50
④ 60

해설 **의료장소 내의 비상전원(KEC 242.10.5)**

상용전원 공급이 중단될 경우 의료행위에 중대한 지장을 초래할 우려가 있는 전기설비 및 의료용 전기기기의 비상전원

- 절환시간 0.5초 이내에 비상전원을 공급하는 장치 또는 기기
  - 0.5초 이내에 전력공급이 필요한 생명유지장치
  - 그룹 1 또는 그룹 2의 의료장소의 수술 등, 내시경, 수술실 테이블, 기타 필수 조명
- 절환시간 15초 이내에 비상전원을 공급하는 장치 또는 기기
  - 15초 이내에 전력공급이 필요한 생명유지장치
  - 그룹 2의 의료장소에 최소 50[%]의 조명, 그룹 1의 의료장소에 최소 1개의 조명
- 절환시간 15초를 초과하여 비상전원을 공급하는 장치 또는 기기
  - 병원 기능을 유지하기 위한 기본 작업에 필요한 조명
  - 그 밖의 병원 기능을 유지하기 위하여 중요한 기기 또는 설비

정답 46. ③ 47. ② 48. ③ 49. ③

50 **의료장소의 수술실에서 전기설비 시설에 대한 설명으로 틀린 것은?** [17년 산업]

① 의료용 절연변압기의 정격출력은 10[kVA] 이하로 한다.
② 의료용 절연변압기의 2차측 정격전압은 교류 250[V] 이하로 한다.
③ 절연감시장치를 설치하는 경우 누설전류가 5[mA]에 도달하면 경보를 발하도록 한다.
④ 전원측에 강화절연을 한 의료용 절연변압기를 설치하고 그 2차측 전로는 접지한다.

해설 **의료장소(KEC 242.10)**
의료장소의 안전을 위한 보호설비 시설
전원측에 이중 또는 강화절연을 한 의료용 절연변압기를 설치하고 그 2차측 전로는 접지하지 말 것

정답 50. ④

"행복한 사람은 희망과 기쁨과 사랑에 살고,
불행한 사람은 분노와 질투와 절망에 산다."

– 철학자 안병욱 –

CHAPTER

04 고압·특고압 전기설비

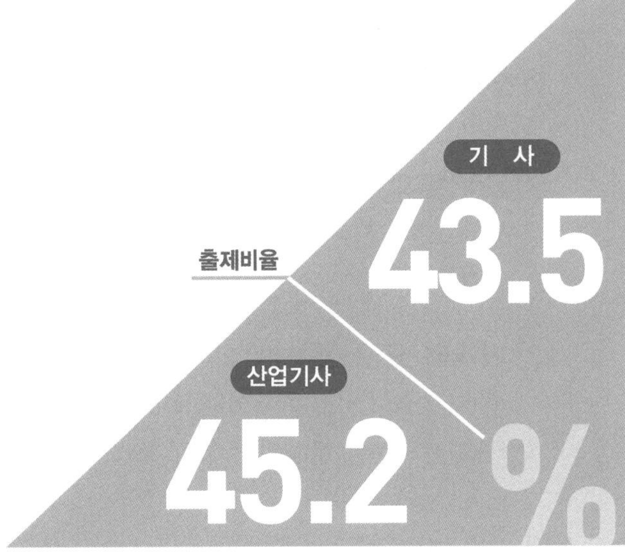

01 통칙(300)

1 적용범위(301)

교류 1[kV] 초과, 직류 1.5[kV]를 초과하는 고압 및 특고압 전기를 공급하거나 사용하는 전기설비에 적용한다.

2 기본 원칙(302)

[1] 일반사항(302.1)

설비 및 기기는 그 설치장소에서 예상되는 전기적, 기계적, 환경적인 영향에 견디는 능력이 있어야 한다.

[2] 전기적 요구사항(302.2)

(1) 중성점 접지방법

중성점 접지방식의 선정 시 다음을 고려하여야 한다.

① 전원공급의 연속성 요구사항
② 지락고장에 의한 기기의 손상 제한
③ 고장부위의 선택적 차단
④ 고장위치의 감지
⑤ 접촉 및 보폭전압
⑥ 유도성 간섭
⑦ 운전 및 유지보수 측면

(2) 전압 등급

사용자는 계통 공칭전압 및 최대운전전압을 결정해야 한다.

(3) 정상운전 전류 및 정격 주파수

설비의 모든 부분은 정의된 운전조건에서의 전류를 견디고, 정격 주파수에 적합하여야 한다.

(4) 단락전류와 지락전류

단락전류로부터 발생하는 열적 및 기계적 영향에 견디고, 지락 자동차단 및 지락상태 자동표시 장치를 한다.

[3] 기계적 요구사항(302.3)

① 예상되는 기계적 충격에 견디어야 한다.
② 인장하중은 현장의 가혹한 조건에서 계산된 최대 도체 인장력을 견딜 수 있어야 한다.

③ 전선로는 빙설로 인한 하중을 고려하여야 한다.
④ 풍압하중은 그 지역의 지형적인 영향과 주변 구조물의 높이를 고려하여야 한다.
⑤ 지지물을 설계할 때에는 개폐 전자기력이 고려되어야 한다.
⑥ 단락 시 전자기력에 의한 기계적 영향을 고려하여야 한다.
⑦ 인장 애자련이 설치된 구조물은 최악의 하중이 가해지는 애자나 도체(케이블)의 손상으로 인한 도체 인장력의 상실에 견딜 수 있어야 한다.
⑧ 지진의 우려성이 있는 지역에 설치하는 설비는 지진하중을 고려하여 설치하여야 한다.

02 안전을 위한 보호(310)

(1) 절연수준의 선정(311.1)

절연수준은 기기 최고전압 또는 충격 내전압을 고려하여 결정하여야 한다.

(2) 직접 접촉에 대한 보호(311.2)

① 전기설비는 충전부에 무심코 접촉하거나 충전부 근처의 위험구역에 무심코 도달하는 것을 방지하도록 설치되어져야 한다.
② 계통의 도전성 부분에 대한 접촉을 방지하기 위한 보호가 이루어져야 한다.
③ 보호는 그 설비의 위치가 출입제한 전기운전구역 여부에 의하여 다른 방법으로 이루어질 수 있다.

(3) 간접 접촉에 대한 보호(311.3)

전기설비의 노출도전성 부분은 고장 시 충전으로 인한 인축의 감전을 방지한다.

(4) 아크 고장에 대한 보호(311.4)

전기설비는 운전 중에 발생되는 아크 고장으로부터 운전자가 보호될 수 있도록 시설해야 한다.

(5) 직격뢰에 대한 보호(311.5)

낙뢰 등에 의한 과전압으로부터 전기설비 등을 보호하기 위해 피뢰설비를 시설하고, 그 밖의 적절한 조치를 하여야 한다.

(6) 화재에 대한 보호(311.6)

전기기기의 설치 시에는 공간분리, 내화벽, 불연재료의 시설 등 화재예방을 위한 대책을 고려하여야 한다.

(7) 절연유 누설에 대한 보호(311.7)

① 옥내 기기의 절연유 유출방지설비
㉠ 옥내 기기가 위치한 구역의 주위에 누설되는 절연유가 스며들지 않는 바닥에 유출방지턱을 시설하거나 건축물 안에 지정된 보존구역으로 집유한다.

㉡ 유출방지턱의 높이나 보존구역의 용량을 선정할 때 기기의 절연유량뿐만 아니라 화재보호시스템의 용수량을 고려하여야 한다.

② 옥외설비의 절연유 유출방지설비

㉠ 절연유 유출방지설비의 선정은 기기에 들어있는 절연유의 양, 우수 및 화재보호시스템의 용수량, 근접 수로 및 토양조건을 고려하여야 한다.

㉡ 집유조 및 집수탱크가 시설되는 경우 집수탱크는 최대 용량 변압기의 유량에 대한 집유능력이 있어야 한다.

㉢ 벽, 집유조 및 집수탱크에 관련된 배관은 액체가 침투하지 않는 것이어야 한다.

㉣ 절연유 및 냉각액에 대한 집유조 및 집수탱크의 용량은 물의 유입으로 지나치게 감소되지 않아야 하며, 자연배수 및 강제배수가 가능하여야 한다.

㉤ 수로 및 지하수를 보호하여야 한다.

(8) SF_6의 누설에 대한 보호(311.8)

① 환경보호를 위하여 SF_6가 함유된 기기의 누설에 대한 대책이 있어야 한다.

② SF_6 가스 누설로 인한 위험성이 있는 구역은 환기가 되어야 한다.

03 접지설비(320)

1 고압 · 특고압 접지계통(321)

[1] 일반사항(321.1)

① 고압 또는 특고압 기기가 출입제한된 전기설비 운전구역 이외의 장소에 설치되었다면 저압 한계 50[V]를 초과하는 고압측 고장으로부터의 접촉전압을 방지할 수 있도록 통합접지를 하여야 한다.

② 모든 케이블의 금속시스(sheath) 부분은 접지를 시행하여야 한다.

[2] 접지시스템(321.2)

(1) 고압 또는 특고압 전기설비의 접지는 원칙적으로 공통접지와 통합접지에 적합하여야 한다.

(2) 고압 또는 특고압과 저압 접지시스템이 서로 근접한 경우

고압 또는 특고압 변전소에서 인입 또는 인출되는 저압전원이 있을 때, 접지시스템은 다음과 같이 시공하여야 한다.

① 고압 또는 특고압 변전소의 접지시스템은 공통 및 통합접지의 일부분이거나 또는 다중 접지된 계통의 중성선에 접속되어야 한다. 다만, 공통 및 통합 접지시스템이 아닌 경우 대지전위 상승(EPR) 요건의 스트레스 전압이 고장지속시간 5초 이하는 1,200[V] 이하, 5초 초과는 250[V] 이하로 한다.

② 보폭전압과 접촉전압은 허용값 이내로 한다.

2 혼촉에 의한 위험방지시설(322)

[1] 고압 또는 특고압과 저압의 혼촉에 의한 위험방지시설(322.1)

(1) 고압 전로 또는 특고압 전로와 저압 전로를 결합하는 변압기의 저압측의 중성점에는 접지공사를 하여야 한다(사용전압이 35[kV] 이하의 특고압 전로로서 전로에 지락이 생겼을 때에 1초 이내에 자동적으로 이를 차단하는 장치가 되어 있는 것 및 특고압 전로와 저압 전로를 결합하는 경우에 계산된 접지저항값이 10[Ω]을 넘을 때에는 접지저항값이 10[Ω] 이하인 것에 한함). 다만, 저압 전로의 사용전압이 300[V] 이하인 경우에 그 접지공사를 변압기의 중성점에 하기 어려울 때에는 저압측의 1단자에 시행할 수 있다.

(2) **가공 공동지선**

① 접지공사는 변압기의 설치장소마다 시행하여야 한다.

② 토지의 상황에 따라서 규정의 저항값을 얻기 어려운 경우에는 인장강도 5.26[kN] 이상 또는 직경 4[mm] 이상 경동선의 가공 접지선을 저압 가공전선에 준하여 시설할 때에는 접지점을 변압기 시설장소에서 200[m]까지 떼어 놓을 수 있다.

③ 2 이상의 시설장소에 공통의 접지공사를 할 수 있다.

④ 접지공사는 각 변압기를 중심으로 한 지름 400[m] 이내에 있어서 변압기의 양측에 있도록 설치한다.

⑤ 가공 공동지선과 대지 사이의 합성 전기저항값은 1[km]를 지름으로 하는 지역 이내마다 규정의 접지저항값 이하

⑥ 접지선을 가공 공동지선에서 분리한 경우 각 접지선의 접지저항값

$R = \frac{150}{I} \times n$(300[Ω]을 초과하는 경우 300[Ω]) 이하

여기서, n : 1[km] 구간 내 접지 개소의 수

⑦ 가공 공동지선에는 인장강도 5.26[kN] 이상 또는 지름 4[mm]의 경동선을 사용하는 저압 가공전선의 1선을 겸용할 수 있다.

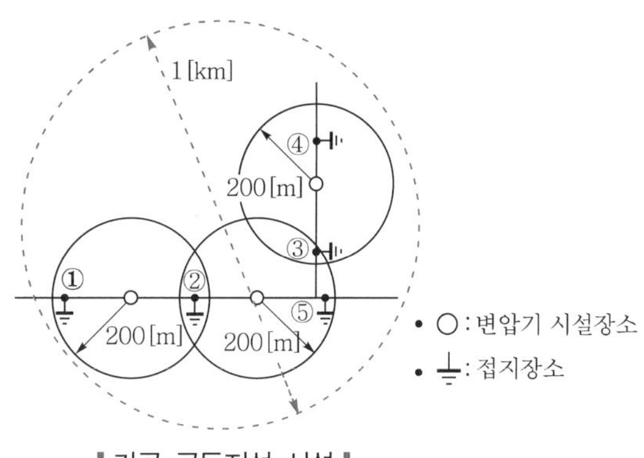

▌가공 공동지선 시설▐

기·출·개·념 **문제**

1. 고압 또는 특고압과 저압의 혼촉에 의한 위험방지시설에서 가공 공동지선은 인장강도 몇 [kN] 이상 또는 지름 4[mm] 가공 접지선을 사용하는가?

① 1.04 ② 2.46 ③ 5.26 ④ 8.01

(해설) 가공 공동지선은 인장강도 5.26[kN] 이상 또는 직경 4[mm] 이상 경동선의 가공 접지선을 저압 가공전선에 준하여 시설한다.

답 ③

2. 고·저압의 혼촉에 의한 위험을 방지하기 위하여 저압측의 중성점에 접지공사를 시설할 때는 변압기의 시설장소마다 시행하여야 한다. 그러나 토지의 상황에 따라 규정의 접지저항값을 얻기 어려운 경우에는 몇 [m]까지 떼어 놓을 수 있는가?

① 75 ② 100 ③ 200 ④ 300

(해설) 접지선을 토지의 상황에 따라서 규정의 저항값을 얻기 어려운 경우에는 변압기 시설장소에서 200[m]까지 떼어 놓을 수 있다.

답 ③

3. 접지공사를 가공 공동지선으로 하여 4개소에서 접지하여 1선 지락전류는 5[A]로 되었다. 이 경우에 각 접지선을 가공 공동지선으로부터 분리하였다면 각 접지선과 대지 사이의 전기저항은 몇 [Ω] 이하로 하여야 하는가?

① 37.5 ② 75
③ 120 ④ 300

(해설) $R = \frac{150}{I} \times n = \frac{150}{5} \times 4 = 120[\Omega]$

답 ③

[2] 혼촉방지판이 있는 변압기에 접속하는 저압 옥외전선의 시설 등(322.2)

① 저압 전선은 1구내에만 시설할 것
② 저압 가공전선로 또는 저압 옥상전선로의 전선은 케이블일 것
③ 저압 가공전선과 고압 또는 특고압의 가공전선을 동일 지지물에 시설하지 아니할 것. 다만, 고압 가공전선로 또는 특고압 가공전선로의 전선이 케이블인 경우에는 그러하지 아니하다.

기·출·개·념 **문제**

혼촉방지판이 설치된 변압기로써 고압 전로 또는 특고압 전로와 저압 전로를 결합하는 변압기 2차측 저압 전로를 옥외에 시설하는 경우 기술 규정에 부합되지 않는 것은 다음 중 어느 것인가?

① 저압선 가공전선로 또는 저압 옥상 전선로의 전선은 케이블일 것
② 저압 전선은 1구내에만 시설할 것
③ 저압 전선이 구외로의 연장범위는 200[m] 이하일 것
④ 저압 가공전선과 또는 특고압의 가공전선은 동일 지지물에 시설하지 말 것

(해설) 저압 전선은 1구내에만 시설하므로 구외로 연장할 수 없다.

답 ③

[3] 특고압과 고압의 혼촉 등에 의한 위험방지시설(322.3)

고압 전로에는 사용전압의 3배 이하인 전압이 가하여진 경우에 방전하는 장치를 그 변압기의 단자에 가까운 1극에 설치하여야 한다. 다만, 사용전압의 3배 이하인 전압이 가하여진 경우에 방전하는 피뢰기를 고압 전로의 모선의 각 상에 시설하거나 특고압 권선과 고압 권선 간에 혼촉방지판을 시설하여 접지저항값이 10[Ω] 이하인 경우 방전장치를 생략할 수 있다.

기·출·개·념 **문제**

1. 변압기로서 특고압과 결합되는 고압 전로의 혼촉에 의한 위험방지시설로 옳은 것은?

① 프라이머리 컷아웃 스위치 장치
② 중성점 접지공사
③ 퓨즈
④ 사용전압의 3배의 전압에서 방전하는 방전장치

(해설) 고압 전로에는 사용전압의 3배 이하인 전압이 가하여진 경우에 방전하는 장치를 그 변압기의 단자에 가까운 1극에 설치

답 ④

2. 변압기에 의하여 특고압 전로에 결합되는 고압 전로에서 사용전압의 3배 이하의 전압이 가하여진 경우에 방전하는 피뢰기를 어느 곳에 시설할 때, 방전장치를 생략할 수 있는가?

① 변압기의 단자 ② 변압기 단자의 1극
③ 고압 전로의 모선의 각 상 ④ 특고압 전로의 1극

(해설) 사용전압의 3배 이하인 전압이 가하여진 경우에 방전하는 피뢰기를 고압 전로의 모선의 각 상에 시설하거나 특고압 권선과 고압 권선 간에 혼촉방지판을 시설하여 접지저항값이 10[Ω] 이하인 경우 방전장치를 생략할 수 있다.

답 ③

[4] 계기용 변성기의 2차측 전로의 접지(322.4)

고압 및 특고압 계기용 변성기의 2차측 전로에는 접지공사를 한다.

[5] 전로의 중성점의 접지(322.5)

(1) 전로의 보호장치의 확실한 동작의 확보, 이상전압의 억제 및 대지전압의 저하를 위하여 특히 필요한 경우에 전로의 중성점에 접지공사를 한다.

① 접지극은 고장 시 그 근처의 대지 사이에 생기는 전위차에 의하여 사람이나 가축 또는 다른 시설물에 위험을 줄 우려가 없도록 시설할 것
② 접지도체는 공칭단면적 16[mm^2] 이상의 연동선(저압 전로의 중성점 6[mm^2] 이상)으로서 고장 시 흐르는 전류가 안전하게 통할 수 있는 것을 사용하고 또한 손상을 받을 우려가 없도록 시설할 것
③ 접지도체에 접속하는 저항기·리액터 등은 고장 시 흐르는 전류를 안전하게 통할 수 있는 것을 사용할 것

④ 접지도체 · 저항기 · 리액터 등은 취급자 이외의 자가 출입하지 아니하도록 설비한 곳에 시설하는 경우 이외에는 사람이 접촉할 우려가 없도록 시설할 것

(2) 변압기의 안정권선(安定卷線)이나 유휴권선(遊休卷線) 또는 전압조정기의 내장권선(內藏卷線)을 이상전압으로부터 보호하기 위하여 특히 필요할 경우에 그 권선에 140의 규정에 의한 접지공사를 하여야 한다.

기·출·개·념 **문제**

1. 전로의 중성점을 접지하는 목적에 해당되지 않는 것은?

① 보호장치의 확실한 동작의 확보
② 이상전압의 억제
③ 대지전압의 저하
④ 부하전류의 일부를 대지로 흐르게 함으로써 전선을 절약

해설 전로의 중성점의 접지는 전로의 보호장치의 확실한 동작의 확보, 이상전압의 억제 및 대지전압의 저하를 위하여 시설한다.

답 ④

2. 5.7[kV]의 고압 배전선의 중성점을 접지하는 경우에 접지도체에 연동선을 사용하면 공칭단면적은 얼마인가?

① 6[mm^2] ② 10[mm^2]
③ 16[mm^2] ④ 25[mm^2]

해설 접지도체는 공칭단면적 16[mm^2] 이상의 연동선(저압 전로의 중성점 6[mm^2] 이상)으로서 고장 시 흐르는 전류가 안전하게 통할 수 있는 것을 사용하고 또한 손상을 받을 우려가 없도록 시설할 것

답 ③

04 전선로(330)

1 전선로 일반(331)

[1] 전파장해 및 유도장해의 방지

(1) 전파장해의 방지(331.1)

① 1[kV] 초과의 가공전선로에서 발생하는 전파장해 측정용 루프 안테나의 중심은 가공전선로의 최외측 전선의 직하로부터 가공전선로와 직각방향으로 외측 15[m] 떨어진 지표상 2[m]에 있게 하고 안테나의 방향은 잡음 전계강도가 최대로 되도록 조정하며 측정기의 기준 측정 주파수는 0.5 ± 0.1[MHz] 범위에서 방송 주파수를 피하여 정한다.

② 1[kV] 초과의 가공전선로에서 발생하는 전파의 허용한도는 531[kHz]에서 1,602[Hz]까지의 주파수대에서 신호 대 잡음비(SNR)가 24[dB] 이상 되도록 가공전선로를 설치해야 하며, 신호강도(S)는 저잡음지역의 방송전계강도인 71[dBμV/m](전계강도)로 한다.

(2) 고저압 가공전선의 유도장해 방지(332.1)

① 고저압 가공전선로와 병행하는 경우
약전류 전선과 2[m] 이상 이격시킨다.

② 가공 약전류 전선에 장해를 줄 우려가 있는 경우
㉠ 이격거리를 증가시킬 것
㉡ 교류식인 경우는 가공전선을 적당한 거리로 연가한다.
㉢ 인장강도 5.26[kN] 이상의 것 또는 직경 4[mm]의 경동선을 2가닥 이상을 시설하고 접지공사를 한다.

(3) 특고압 가공전선로의 유도장해 방지(333.2)

① 사용전압이 60[kV] 이하
전화선로의 길이 12[km]마다 유도전류가 2[μA] 이하

② 사용전압이 60[kV]를 초과하는 경우
전화선로의 길이 40[km]마다 유도전류가 3[μA] 이하

③ 특고압 가공전선로
기설 통신선로에 대하여 상시 정전유도작용에 의하여 통신상의 장해를 주지 아니하도록 시설하여야 한다.

기·출·개·념 **문제**

1. 저압 또는 고압 가공전선로와 기설 가공 약전류 전선로가 병행할 때 유도작용에 의한 통신상의 장해가 생기지 아니하도록 하려면 양자의 이격거리는 최소 몇 [m] 이상으로 하여야 하는가?

① 2 ② 4
③ 6 ④ 8

(해설) 고·저압 가공전선로와 병행하는 경우 약전류 전선과 2[m] 이상 이격시킨다. 답 ①

2. 사용전압이 60[kV] 이하인 특고압 가공전선로는 상시 정전유도작용에 의한 통신상의 장해가 없도록 하기 위하여 전화선로의 길이 12[km]마다 유도전류는 몇 [μA]를 넘지 않도록 하여야 하는가?

① 0.2 ② 1.0
③ 1.5 ④ 2.0

(해설) • **사용전압이 60[kV] 이하** : 전화선로의 길이 12[km]마다 유도전류가 2[μA] 이하
• **사용전압이 60[kV]를 초과하는 경우** : 전화선로의 길이 40[km]마다 유도전류가 3[μA] 이하
답 ④

[2] 지지물의 철탑오름 및 전주오름 방지(331.4)

가공전선로의 지지물에 취급자가 오르고 내리는데 사용하는 발판 볼트 등을 지표상 1.8[m] 미만에 시설하여서는 아니 된다.

[3] 풍압하중의 종별과 적용(331.6)

(1) 풍압하중의 종별

① 갑종 풍압하중

구성재의 수직 투영면적 $1[m^2]$에 대한 풍압을 기초로 하여 계산한다.

<table>
<tr><th colspan="4">풍압을 받는 구분</th><th>구성재의 수직 투영면적 1[m²]에 대한 풍압</th></tr>
<tr><td rowspan="10">지지물</td><td colspan="3">목주</td><td>588[Pa]</td></tr>
<tr><td rowspan="3">철주</td><td colspan="2">원형</td><td>588[Pa]</td></tr>
<tr><td colspan="2">삼각형 또는 마름모형</td><td>1,412[Pa]</td></tr>
<tr><td colspan="2">강관에 의하여 구성되는 4각형</td><td>1,117[Pa]</td></tr>
<tr><td rowspan="2">철근콘크리트주</td><td colspan="2">원형</td><td>588[Pa]</td></tr>
<tr><td colspan="2">기타</td><td>882[Pa]</td></tr>
<tr><td rowspan="4">철탑</td><td rowspan="2">단주</td><td>원형</td><td>588[Pa]</td></tr>
<tr><td>기타</td><td>1,117[Pa]</td></tr>
<tr><td colspan="2">강관으로 구성</td><td>1,255[Pa]</td></tr>
<tr><td colspan="2">기타</td><td>2,157[Pa]</td></tr>
<tr><td rowspan="2">전선
기타 가섭선</td><td colspan="3">다도체
(2가닥마다 수평으로 배열, 전선 상호 간의 거리가 전선의 바깥지름의 20배)</td><td>666[Pa]</td></tr>
<tr><td colspan="3">기타</td><td>745[Pa]</td></tr>
<tr><td colspan="4">애자장치(특고압 전선용)</td><td>1,039[Pa]</td></tr>
<tr><td colspan="4">완금류(특고압 전선용)</td><td>단일재 1,196[Pa]</td></tr>
</table>

② 을종 풍압하중

두께 6[mm], 비중 0.9의 빙설이 부착한 경우에는 갑종 풍압의 $\frac{1}{2}$을 적용한다.

③ 병종 풍압하중

㉠ 갑종 풍압의 $\frac{1}{2}$을 기초로 하여 계산한 것

㉡ 인가가 많이 연접되어 있는 장소

(2) 풍압하중의 적용

구 분	고온계	저온계
빙설이 많은 지방	갑종	을종
빙설이 적은 지방	갑종	병종

(3) 인가가 많이 연접되어 있는 장소

갑종 풍압하중 또는 을종 풍압하중 대신에 **병종 풍압하중**을 적용

① 저압 또는 고압 가공전선로의 지지물 또는 가섭선

② 사용전압이 35[kV] 이하의 전선에 특고압 절연전선 또는 케이블을 사용하는 특고압 가공전선로의 지지물, 가섭선 및 특고압 가공전선을 지지하는 애자장치 및 완금류

기·출·개·념 **문제**

1. 가공전선로에 사용하는 지지물의 강도 계산에 적용하는 풍압하중의 종류는?

① 갑종, 을종, 병종 ② A종, B종, C종

③ 1종, 2종, 3종 ④ 수평, 수직, 각도

(해설) 풍압하중의 종류는 갑종, 을종, 병종으로 구분한다.

답 ①

2. 고저압 가공전선로의 지지물을 인가가 많이 연접된 장소에 시설할 때 적용하는 적합한 풍압하중은?

① 갑종 풍압하중 값의 30[%] ② 을종 풍압하중 값의 1.1배

③ 갑종 풍압하중 값의 50[%] ④ 병종 풍압하중 값의 1.13배

(해설) **병종 풍압하중**

- 갑종 풍압의 $\frac{1}{2}$을 기초로 하여 계산한 것
- 인가가 많이 연접되어 있는 장소

답 ③

[4] 가공전선로 지지물의 기초의 안전율(331.7)

(1) 지지물 기초의 안전율

지지물의 하중에 대한 **기초의 안전율은 2 이상**(**이상 시 상정 하중**에 대한 **철탑**의 기초에 대하여서는 1.33 이상)

(2) 기초 안전율 2 이상을 고려하지 않는 경우

① A종(16[m] 이하, 설계하중 6.8[kN]인 철근콘크리트주)

㉠ 길이 15[m] 이하 : 길이의 $\frac{1}{6}$ 이상

㉡ 길이 15[m] 초과 : 2.5[m] 이상

㉢ 근가시설

② 16[m] 초과 20[m] 이하, 설계하중 6.8[kN] 이하 : 2.8[m] 이상

③ 14[m] 이상 20[m] 이하, 설계하중 6.8[kN] 초과 9.8[kN] 이하 : 기준보다 30[cm]를 더한 값

④ 14[m] 이상 20[m] 이하, 설계하중 9.8[kN] 초과 14.72[kN] 이하

㉠ 전체의 길이가 15[m] 이하 : 기준보다 50[cm]를 더한 값

㉡ 전체의 길이가 15[m] 초과 18[m] 이하 : 3[m] 이상

㉢ 전체의 길이가 18[m] 초과 : 3.2[m] 이상

기·출·개·념 **문제**

철근콘크리트주로서 전체 길이가 15[m]이고 설계하중이 8.8[kN]이다. 이 지지물을 논, 기타 지반이 연약한 곳에 기초 안전율의 고려 없이 시설하는 경우에 그 묻히는 깊이는 기준보다 몇 [cm]를 더한 값으로 하는가?

① 10 ② 20
③ 30 ④ 40

해설 길이 14[m] 이상 20[m] 이하, 설계하중 6.8[kN] 초과 9.8[kN] 이하
기준보다 30[cm]를 더한 값으로 한다.

답 ③

[5] 지지물의 구성 등

(1) 철주 또는 철탑의 구성 등(331.8)

강판(鋼板) · 형강(形鋼) · 평강(平鋼) · 봉강(棒鋼) · 강관(鋼管) 또는 리벳트재

(2) 철근콘크리트주의 구성 등(331.9)

형강 · 평강 또는 봉강

(3) 목주의 강도 계산(331.10)

① 지표면 목주 지름 : $D_0 = D + 0.9H$[cm]

② 목주의 안전율

㉠ 저압인 경우 : 풍압하중의 1.2배의 하중

㉡ 고압인 경우 : 1.3 이상

㉢ 특고압인 경우 : 1.5 이상

기·출·개·념 **문제**

가공전선로의 지지물로서 사용하는 철탑 또는 철주의 고시하는 규격에 구성재료가 아닌 것은?

① 강판 ② 형강
③ 평강 ④ 단강

해설 철주 또는 철탑의 구성 등
강판(鋼板) · 형강(形鋼) · 평강(平鋼) · 봉강(棒鋼) · 강관(鋼管) 또는 리벳트재

답 ④

[6] 지선의 시설(331.11)

(1) 지선의 사용

① 철탑은 지선을 이용하여 강도를 분담시켜서는 안 된다.

② 가공전선로의 지지물로 사용하는 철주 또는 철근콘크리트주는 그 철주 또는 철근콘크리트주가 지선을 사용하지 아니하는 상태에서 풍압하중의 $\frac{1}{2}$ 이상의 풍압하중에 견디는 강도를 가진 것

(2) 지선의 시설

① 지선의 안전율
  ㉠ 2.5 이상
  ㉡ 목주·A종 : 1.5

② 허용인장하중 : 4.31[kN]

③ **소선(素線) 3가닥** 이상의 연선일 것

④ 소선은 **지름 2.6[mm]** 이상의 금속선을 사용한 것일 것. 다만, 소선의 지름이 2[mm] 이상인 아연도강연선으로서 소선의 인장도가 0.68[kN/mm^2] 이상인 것을 사용하는 경우에는 그러하지 아니하다.

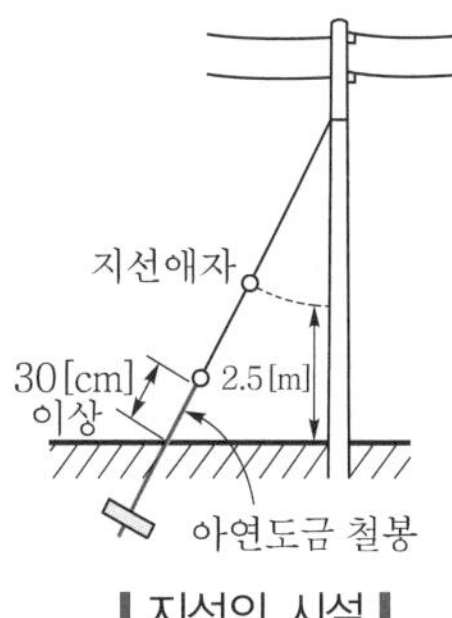

▌지선의 시설▐

⑤ 지중의 부분 및 지표상 30[cm]까지의 부분에는 아연도금을 한 철봉 또는 이와 동등 이상의 세기 및 내식 효력이 있는 것을 사용하고 이를 쉽게 부식하지 아니하는 근가에 견고하게 붙일 것

⑥ 지선의 근가는 지선의 인장하중에 충분히 견디도록 시설할 것

(3) 도로 횡단

도로를 **횡단**하여 시설하는 지선의 높이는 **지표상** 5[m] 이상

(4) 지선애자 사용

저압 및 고압 또는 25[kV] 미만인 특고압 가공전선로의 지지물에 시설하는 지선으로서 전선과 접촉할 우려가 있는 것에는 그 상부에 애자를 삽입하여야 한다.

기·출·개·념 **문제**

다음 중 가공전선로의 지지물로 사용하는 지선에 대한 설명으로 옳지 않은 것은?

① 지선의 안전율은 2.5 이상이며, 허용인장하중의 최저는 4.31[kN]으로 한다.
② 지선에 연선을 사용할 경우 소선(素線) 4가닥 이상의 연선이어야 한다.
③ 도로를 횡단하는 경우 지선의 높이는 기술상 부득이한 경우 등을 제외하고 지표상 5[m] 이상으로 하여야 한다.
④ 지중부분 및 지표상 30[cm]까지의 부분에는 내식성이 있는 것을 사용한다.

해설 소선(素線) 3가닥 이상의 연선일 것

 답 ②

[7] 구내 인입선(221.1)

(1) 저압 가공 인입선의 시설(221.1.1)

① 인장강도 2.30[kN] 이상, 지름 2.6[mm] 경동선(단, 지지점 간 거리 15[m] 이하, 인장강도 1.25[kN] 이상, 지름 2[mm] 경동선)

② 절연전선, 다심형 전선, 케이블

③ 전선의 높이
   ㉠ 도로 횡단 : 노면상 5[m]
   ㉡ 철도 횡단 : 레일면상 6.5[m]
   ㉢ 횡단보도교 위 : 노면상 3[m]
   ㉣ 기타의 경우 : 지표상 4[m]

(2) 저압 연접 인입선의 시설(221.1.2)

① 인입선에서 분기하는 점으로부터 100[m] 이하
② 폭 5[m]를 초과하는 도로를 횡단하지 아니할 것
③ 옥내를 통과하지 아니할 것

[8] 고압 인입선 등의 시설(331.12.1)

① 전선에는 인장강도 8.01[kN] 이상의 고압 절연전선, 특고압 절연전선 또는 지름 5[mm]의 경동선 또는 케이블로 시설하여야 한다.
② 고압 가공 인입선의 높이는 지표상 5[m] 이상으로 하여야 한다.
③ 고압 가공 인입선이 케이블일 때와 전선의 아래쪽에 위험표시를 하면 지표상 3.5[m]까지로 감할 수 있다.
④ 고압 연접 인입선은 시설하여서는 아니 된다.

[9] 특고압 인입선 등의 시설(331.12.2)

① 특고압 가공 인입선은 사용전압이 100[kV] 이하이며 전선에 케이블을 사용한다.
② 특고압 인입선이 옥측부분 또는 옥상부분은 사용전압이 100[kV] 이하이다.
③ 특고압 연접 인입선은 시설하여서는 아니 된다.

기·출·개·념 **문제**

1. 저압 가공 인입선의 시설에 대한 설명으로 틀린 것은?

① 전선은 절연전선, 다심형 전선 또는 케이블일 것
② 전선은 지름 1.0[mm]의 경동선 또는 이와 동등 이상의 세기 및 굵기일 것
③ 전선의 높이는 철도 및 궤도를 횡단하는 경우에는 레일면상 6.5[m] 이상일 것
④ 전선의 높이는 횡단보도교의 위에 시설하는 경우 노면상 3[m] 이상일 것

(해설) **저압 가공 인입선의 시설**
인장강도 2.30[kN] 이상, 지름 2.6[mm] 경동선(단, 지지점 간 거리 15[m] 이하, 인장강도 1.25[kN] 이상, 지름 2[mm] 경동선)

답 ②

기·출·개·념 문제

2. 고압 인입선 등의 시설기준에 맞지 않는 것은?

① 고압 가공 인입선 아래에 위험표시를 하고 지표상 3.5[m] 높이에 설치하였다.
② 전선은 5.0[mm] 경동선과 동등한 세기의 고압 절연전선을 사용하였다.
③ 애자사용공사로 시설하였다.
④ 15[m] 떨어진 다른 수용가에 고압 연접 인입선을 시설하였다.

(해설) 고압 연접 인입선은 시설하여서는 아니 된다.

답 ④

[10] 옥측 전선로의 시설

(1) 저압 옥측 전선로 시설(221.2)

① 저압 옥측 전선로는 다음의 공사방법에 의할 것
 ㉠ 애자공사(전개된 장소에 한함)
 ㉡ 합성수지관 공사
 ㉢ 금속관 공사(목조 이외의 조영물)
 ㉣ 버스 덕트 공사(목조 이외의 조영물)
 ㉤ 케이블 공사

② 애자공사에 의한 저압 옥측 전선로는 사람이 쉽게 접촉할 우려가 없도록 시설할 것
 ㉠ 전선은 공칭단면적 4[mm^2] 이상의 연동 절연전선(OW, DV 제외)일 것
 ㉡ 시설장소별 조영재 사이의 이격거리

시설장소	전선 상호 간의 간격		전선과 조영재 사이의 이격거리	
	사용전압 400[V] 이하	사용전압 400[V] 초과	사용전압 400[V] 이하	사용전압 400[V] 초과
비나 이슬에 젖지 않는 장소	0.06[m]	0.06[m]	0.025[m]	0.025[m]
비나 이슬에 젖는 장소	0.06[m]	0.12[m]	0.025[m]	0.045[m]

 ㉢ 전선 지지점 간의 거리 : 2[m] 이하
 ㉣ 전선에 인장강도 1.38[kN], 지름 2[mm] 경동선
  • 전선 상호 간 : 0.2[m] 이상
  • 전선과 조영재 : 0.3[m] 이상
 ㉤ 애자는 절연성·난연성·내수성
 ㉥ 식물과 이격거리 0.2[m] 이상

(2) 고압 옥측 전선로의 시설(331.13.1)

① 전선은 케이블일 것
② 케이블은 견고한 관 또는 트라프에 넣거나 사람이 접촉할 우려가 없도록 시설
③ 케이블 지지점 간 거리 : 2[m](수직으로 붙일 경우 6[m]) 이하

(3) 특고압 옥측 전선로의 시설(331.13.2)

특고압 옥측 전선로(특고압 인입선의 옥측부분 제외)는 시설하여서는 아니 된다. 다만, 사용전압이 100[kV] 이하이고 고압 옥측 전선로의 시설 규정에 의한다.

기·출·개·념 문제

1. 다음 ( ) 안에 알맞은 것은?

애자공사에 의한 저압 옥측 전선로에 사용하는 전선은 공칭단면적 ( )[mm^2] 이상의 연동선을 사용하고 또한 사람이 쉽게 접속할 우려가 없도록 시설하여야 한다.

① 2.5 ② 4 ③ 6 ④ 10

(해설) 전선은 공칭단면적 4[mm^2] 이상의 연동 절연전선(OW, DV 제외)일 것

답 ②

2. 고압 옥측 전선로의 전선으로 사용할 수 있는 것은?

① 케이블 ② 절연전선
③ 다심형 전선 ④ 나경동선

(해설) **고압 옥측 전선로의 시설**

- 전선은 케이블일 것
- 케이블은 견고한 관 또는 트라프에 넣거나 사람이 접촉할 우려가 없도록 시설
- 케이블 지지점 간 거리 : 2[m](수직으로 붙일 경우 6[m]) 이하

답 ①

[11] 옥상 전선로(221.3, 331.14)

(1) 저압 옥상 전선로의 시설(221.3)

① 인장강도 2.30[kN] 이상 또는 2.6[mm]의 경동선
② 전선은 절연전선일 것
③ 절연성·난연성 및 내수성이 있는 애자 사용
④ 지지점 간의 거리 : 15[m] 이하
⑤ 전선과 저압 옥상 전선로를 시설하는 조영재와의 이격거리 2[m]
⑥ 저압 옥상 전선로의 전선은 바람 등에 의하여 식물에 접촉하지 아니하도록 한다.

(2) 고압 옥상 전선로의 시설(331.14.1)

① 전선은 케이블을 사용한다.
② 케이블 이외의 것을 사용할 때
  ㉠ 조영재 사이의 이격거리를 1.2[m] 이상
  ㉡ 고압 옥측 전선로의 규정에 준하여 시설
③ 전선이 다른 시설물과 접근 교차하는 경우 이격거리 60[cm] 이상
④ 전선은 식물에 접촉하지 아니하도록 시설하여야 한다.

(3) 특고압 옥상 전선로의 시설(331.14.2)

특고압 옥상 전선로(특고압의 인입선의 옥상부분 제외)는 시설하여서는 아니 된다.

기·출·개·념 **문제**

옥상 전선로에 대한 내용 중 옳지 않은 것은?

① 저압 옥상 전선로의 전선은 인장강도 2.3[kN] 이상의 것 또는 지름 2.6[mm] 이상의 경동선이어야 한다.
② 고압 옥상 전선로의 전선은 상시 부는 바람 등에 의하여 식물에 접촉하지 않도록 시설한다.
③ 고압 옥상 전선로의 전선이 가공전선을 제외한 다른 시설물과 접근하는 경우 60[cm] 이상 이격하여야 한다.
④ 특고압의 인입선의 옥상부분을 제외한 특고압 옥상 전선로는 케이블을 사용하여 시설한다.

해설 특고압 옥상 전선로(특고압의 인입선의 옥상부분 제외)는 시설하여서는 아니 된다. 답 ④

2 가공전선 시설

[1] 가공케이블의 시설(332.2, 333.3)

① 조가용선
㉠ 조가용선은 인장강도 5.93[kN] 이상, **단면적** 22[mm^2](특고압 가공케이블인 경우 13.93[kN], **단면적** 25[mm^2]) 이상인 아연도강연선일 것
㉡ 접지공사를 하여야 한다.
② 케이블은 조가용선에 행거로 시설 : **행거 간격을** 0.5[m] 이하로 시설한다.
③ 조가용선을 케이블에 접촉시켜 **금속테이프**를 감을 때에는 0.2[m] **이하** 나선상으로 감는다.

기·출·개·념 **문제**

특고압 가공전선로를 가공케이블로 시설하는 경우 잘못된 것은?

① 조가용선에 행거의 간격을 1[m]로 하였다.
② 조가용선을 케이블의 외장에 견고하게 붙여 시설하였다.
③ 조가용선은 단면적 25[mm^2] 아연도강연선 이상을 사용하였다.
④ 조가용선에 접촉시켜 금속테이프를 간격 20[cm] 이하의 간격을 유지시켜 나선형으로 감아 붙였다.

해설 **케이블은 조가용선에 행거로 시설할 것** : 행거 간격을 0.5[m] 이하로 시설한다. 답 ①

[2] 전선의 세기·굵기 및 종류(222.5, 332.3)

(1) 전선의 종류

① 저압 가공전선 : 절연전선, 다심형 전선, 케이블, 나전선(중성선에 한함)
② 고압 가공전선 : 고압 절연전선, 특고압 절연전선 또는 케이블

(2) 전선의 굵기 및 종류

① 400[V] 이하의 저압 가공전선

인장강도 3.43[kN] 이상의 것 또는 지름 3.2[mm](절연전선인 경우는 인장강도 2.3[kN] 이상의 것 또는 지름 2.6[mm] 이상의 경동선) 이상

② 400[V] 초과인 저압 또는 고압 가공전선

㉠ 시가지에 시설하는 것은 인장강도 8.01[kN] 이상의 것 또는 지름 5[mm] 이상의 경동선

㉡ 시가지 외에 시설하는 것은 인장강도 5.26[kN] 이상의 것 또는 지름 4[mm] 이상의 경동선

㉢ 인입용 비닐절연전선을 사용하여서는 아니 된다.

③ 특고압 가공전선(333.4)

인장강도 8.71[kN] 이상의 연선 또는 단면적 22[mm^2] 이상의 경동연선 또는 동등 이상의 인장강도를 갖는 알루미늄 전선이나 절연전선

(3) 가공전선의 안전율(222.6, 332.4, 333.6)

경동선 또는 내열 동합금선은 2.2 이상, 그 밖의 전선은 2.5 이상

기·출·개·념 문제

1. 저고압 가공전선의 시설기준으로 옳지 않은 것은?

① 사용전압 400[V] 이하 저압 가공전선은 2.6[mm] 이상의 절연전선을 사용하여 시설할 수 있다.

② 사용전압 400[V] 이하인 저압 가공전선으로 다심형 전선을 사용하는 경우 접지공사를 한 조가용선을 사용하여야 한다.

③ 사용전압 400[V] 초과의 저압 가공전선에는 다심형 전선을 사용하여 시설할 수 있다.

④ 사용전압 400[V] 초과의 저압 가공전선을 시외에 가설하는 경우 지름 4[mm] 이상의 경동선을 사용하여야 한다.

해설 다심형 전선은 400[V] 이하에서 사용한다. 답 ③

2. 고압 가공전선로의 전선에 사용한 경동선의 이도 계산에 사용하는 안전율은 얼마 이상이어야 하는가?

① 2.0 ② 2.2 ③ 2.5 ④ 3.0

해설 경동선 또는 내열 동합금선은 2.2 이상, 그 밖의 전선은 2.5 이상 답 ②

[3] 가공전선의 높이

(1) 고·저압 가공전선의 높이(222.7, 332.5)

① 고·저압 가공전선 : 지표상 5[m] 이상(교통에 지장이 없는 경우 4[m] 이상)

② 도로를 횡단하는 경우에는 지표상 6[m] 이상

③ 철도 또는 궤도를 횡단하는 경우에는 레일면상 6.5[m] 이상

④ 횡단보도교의 위에 시설하는 경우에는 저압 가공전선은 그 노면상 3.5[m](절연전선·다심형 전선·케이블 3[m]) 이상, 고압 가공전선은 그 노면상 3.5[m] 이상
⑤ 다리의 하부 : 저압의 전기철도용 급전선은 지표상 3.5[m] 이상

(2) 특고압 가공전선의 높이(333.7)

사용전압의 구분	지표상의 높이
35[kV] 이하	• 지표상 : 5[m] • 철도, 궤도 횡단 : 6.5[m] • 도로 횡단 : 6[m] • 횡단보도교의 위 : 특고압 절연전선, 케이블인 경우 4[m]
35[kV] 초과 160[kV] 이하	• 지표상 : 6[m] • 철도, 궤도 횡단 : 6.5[m] • 산지(山地) 등 사람이 쉽게 들어갈 수 없는 장소 : 5[m] • 횡단보도교의 위 : 케이블인 경우 5[m]
160[kV] 초과	지표상 6[m](철도, 궤도 횡단 6.5[m], 산지 5[m])에 160[kV]를 초과하는 10[kV] 또는 그 단수마다 0.12[m]를 더한 값

기·출·개·념 **문제**

1. 시가지에서 저압 가공전선로를 도로에 따라 시설할 경우 지표상의 최저 높이는 몇 [m] 이상이어야 하는가?

① 4.5　　② 5.0
③ 5.5　　④ 6.0

(해설) 고·저압 가공전선의 높이
지표상 5[m] 이상(교통에 지장이 없는 경우 4[m] 이상)

답 ②

2. 특고압 345[kV]의 가공 송전선로를 평지에 건설하는 경우 전선의 지표상 높이는 최소 몇 [m] 이상이어야 하는가?

① 7.5　　② 7.95
③ 8.28　　④ 8.85

(해설) $h = 6 + 0.12 \times \dfrac{345-160}{10} \fallingdotseq 8.28[\mathrm{m}]$

답 ③

3. 시가지 도로를 횡단하여 저압 가공전선을 시설하는 경우의 지표상의 높이는 몇 [m] 이상이어야 하는가?

① 5　　② 5.5
③ 6　　④ 6.5

(해설) 도로를 횡단하는 경우에는 지표상 6[m] 이상

답 ③

[4] 가공지선(332.6, 333.8)

(1) 설치 목적

① 가공전선에 뇌가 침입하는 것을 방지한다.
② 통신선에 대한 전자유도장해를 경감한다.

(2) 가공지선의 굵기

① 고압 가공전선로
인장강도 5.26[kN] 이상의 나선 또는 지름 4[mm]의 나경동선

② 특고압 가공전선로
인장강도 8.01[kN] 이상의 나선 또는 지름 5[mm] 이상의 나경동선, 22[mm^2] 이상의 나경동연선, 아연도강연선 22[mm^2] 또는 OPGW 전선을 사용

기·출·개·념 **문제**

고압 가공전선로에 사용하는 가공지선은 인장강도 5.26[kN] 이상의 것 또는 지름 몇 [mm] 이상의 나경동선을 사용하여야 하는가?

① 2.6　　② 3.2
③ 4.0　　④ 5.0

해설 가공지선의 굵기
- 고압 가공전선로 : 인장강도 5.26[kN] 이상의 나선 또는 지름 4[mm]의 나경동선
- 특고압 가공전선로 : 인장강도 8.01[kN] 이상의 나선 또는 지름 5[mm] 이상의 나경동선, 22[mm^2] 이상의 나경동연선, 아연도강연선 22[mm^2] 또는 OPGW 전선을 사용

답 ③

[5] 가공전선로의 지지물의 강도 등(222.8, 332.7)

(1) 목주

① 저압 가공전선로의 경우 : 풍압하중의 1.2배의 하중
② 고압 가공전선로의 경우
㉠ 풍압하중에 대한 안전율은 1.3 이상일 것
㉡ 굵기는 말구(末口)지름 12[cm] 이상일 것

(2) A종 철근콘크리트주

고압 가공전선로의 지지물로 사용하는 것은 풍압하중 및 상시 상정하중의 수직하중에 견디는 강도를 가지는 것

(3) B종 철주, B종 철근콘크리트주, 철탑

고압 가공전선로의 지지물로 사용하는 것은 상시 상정하중에 견디는 강도를 가지는 것

[6] 저·고압 및 특고압 가공전선의 병행 설치(병가)

(1) 고압 가공전선의 병행 설치(222.9, 332.8)

① 저압 가공전선을 고압 가공전선의 아래로 하고 별개의 완금을 시설한다.
② 저압 가공전선과 고압 가공전선과 이격거리는 50[cm] 이상
③ 고압 가공전선에 케이블을 사용할 경우 저압선과 30[cm] 이상

(2) 특고압 가공전선의 병행 설치(333.17)

① 사용전압이 35[kV] 이하의 특고압 가공전선인 경우
㉠ 별개의 완금에 시설하고 특고압 가공전선은 연선일 것
㉡ 저압 또는 고압의 가공전선의 굵기
- 인장강도 8.31[kN] 이상의 것 또는 케이블
- 가공전선로의 경간이 50[m] 이하인 경우 인장강도 5.26[kN] 이상 또는 지름 4[mm] 경동선
- 가공전선로의 경간이 50[m]를 초과하는 경우 인장강도 8.01[kN] 이상 지름 5[mm] 경동선

㉢ 특고압선과 고·저압선의 이격거리는 1.2[m] 이상
단, 특고압 전선이 케이블이면 50[cm]까지 감할 수 있다.

② 사용전압이 35[kV]를 넘고 100[kV] 미만인 경우
㉠ 제2종 특고압 보안공사에 의할 것
㉡ 특고압선과 고·저압선의 이격거리는 2[m](케이블인 경우 1[m]) 이상
㉢ 특고압 가공전선의 굵기
인장강도 21.67[kN] 이상 연선 또는 50[mm^2] 이상 경동선
㉣ 특고압 가공전선로의 지지물은 철주(강판 조립주 제외)·철근콘크리트주 또는 철탑을 사용하고, 사용전압이 100[kV] 이상인 특고압 가공전선과 저압 또는 고압 가공전선은 병가해서는 안 된다.

▌특고압 가공전선과 지지물에 시설하는 기계기구에 접속한 저압 가공전선을 동일 지지물에 시설하는 경우 이격거리▐

사용전압 구분	이격거리
35[kV] 이하	1.2[m] (특고압선이 케이블일 때 0.5[m])
35[kV] 초과 60[kV] 이하	2[m] (특고압선이 케이블일 때 1[m])
60[kV]를 초과	2[m] (특고압선이 케이블일 때 1[m]에 60[kV] 초과 10[kV] 단수마다 0.12[m]씩 가산한 값)

기·출·개·념 **문제**

1. 저압 가공전선과 고압 가공전선을 동일 지지물에 병행 설치하는 경우 고압 가공전선에 케이블을 사용하면 그 케이블과 저압 가공전선의 최소 이격거리는 몇 [cm]인가?

① 30 ② 50
③ 70 ④ 90

(해설) **고압 가공전선의 병행 설치**
- 저압 가공전선을 고압 가공전선의 아래로 하고 별개의 완금을 시설한다.
- 저압 가공전선과 고압 가공전선과의 이격거리는 50[cm] 이상
- 고압 가공전선에 케이블을 사용할 경우 저압선과 30[cm] 이상

답 ①

2. 66[kV] 가공전선로에 6[kV] 가공전선을 동일 지지물에 시설하는 경우 특고압 가공전선은 케이블인 경우를 제외하고 인장강도가 몇 [kN] 이상의 연선이어야 하는가?

① 5.26 ② 8.31
③ 14.5 ④ 21.67

(해설) **사용전압이 35[kV]를 넘고 100[kV] 미만인 경우**
- 제2종 특고압 보안공사에 의할 것
- 특고압선과 고·저압선의 이격거리는 2[m](케이블인 경우 1[m]) 이상
- 특고압 가공전선의 굵기 : 인장강도 21.67[kN] 이상 연선 또는 50[mm^2] 이상 경동선

답 ④

[7] 가공전선과 가공 약전류 전선과의 공용 설치(공가)

(1) 저·고압 가공전선의 공가(222.21, 332.21)

① 목주의 풍압하중에 대한 안전율은 1.5 이상
② 가공전선을 가공 약전류 전선의 위로 하고 별개의 완금류에 시설
③ 상호 이격거리
㉠ 저압에 있어서는 75[cm] 이상
㉡ 고압에 있어서는 1.5[m] 이상
㉢ 가공 약전류 전선에 절연전선 또는 통신용 케이블을 사용하고 또는 가공전선에 절연전선 또는 케이블을 사용한 경우에는 저압 30[cm], 고압 50[cm], 관리자의 승낙을 얻은 경우에는 저압 60[cm], 고압 1[m]까지 각각 감할 수 있다.

(2) 특고압 가공전선의 공용 설치(333.19)

① 35[kV]를 넘으면 가공 약전류 전선과 공가할 수 없다.
② 35[kV] 이하의 특고압 가공전선의 공가
㉠ 제2종 특고압 보안공사에 의한다.
㉡ 가공전선은 케이블을 제외하고 인장강도 21.67[kN] 이상의 연선 또는 50[mm^2] 이상의 경동연선 사용

㉢ 이격거리는 2[m](케이블 50[cm]) 이상
㉣ 특고압 가공전선은 가공 약전류 전선 등의 위로 하고 별개의 완금류에 시설할 것
㉤ 가공 약전류 전선을 특고압 가공전선이 케이블인 경우 이외에는 금속제의 전기적 차폐층이 있는 통신용 케이블일 것

기·출·개·념 **문제**

1. 저·고압 가공전선과 가공 약전류 전선 등을 동일 지지물에 시설하는 경우로서 옳지 않은 방법은?

① 가공전선을 가공 약전류 전선 등의 위로 하여 별개의 완금류에 시설할 것
② 가공전선과 가공 약전류 전선 등 사이의 이격거리는 저압과 고압이 모두 75[cm] 이상일 것
③ 전선로의 지지물로 사용하는 목주의 풍압하중에 대한 안전율은 1.5 이상일 것
④ 가공전선이 가공 약전류 전선에 대하여 유도작용에 의한 통신상의 장해를 줄 우려가 있는 경우에는 가공전선을 적당한 거리에서 연가할 것

(해설) **상호 이격거리**
- 저압에 있어서는 75[cm] 이상
- 고압에 있어서는 1.5[m] 이상

답 ②

2. 특고압 가공전선과 가공 약전류 전선을 동일 지지물에 시설하는 경우 공가할 수 있는 사용전압은 최대 몇 [V]인가?

① 25[kV] ② 35[kV]
③ 70[kV] ④ 100[kV]

(해설) 35[kV]를 넘으면 가공 약전류 전선과 공가할 수 없다.

답 ②

[8] 경간의 제한

(1) 고압·특고압 가공전선로의 경간(333.21)

① 고압·특고압 가공전선로의 경간

지지물의 종류	경 간
목주·A종 철주 또는 A종 철근콘크리트주	150[m] 이하
B종 철주 또는 B종 철근콘크리트주	250[m] 이하
철탑	600[m] 이하 (특고압 단주 400[m])

② 고압 가공전선로의 경간이 100[m]를 초과하는 경우
㉠ 고압 가공전선은 인장강도 8.01[kN] 이상의 것 또는 지름 5[mm] 이상의 경동선의 것
㉡ 목주의 풍압하중에 대한 안전율은 1.5 이상일 것

(2) 경간을 늘릴 수 있는 경우

고압 가공전선에 인장강도 8.71[kN] 이상의 것 또는 단면적이 22[mm^2] 이상의 경동연선인 경우, 특고압 가공전선로의 전선에 인장강도 21.67[kN] 이상의 것 또는 단면적 50[mm^2]인 경동연선의 경우

① 목주·A종은 경간을 300[m] 이하, B종인 것은 500[m] 이하

② 목주·A종 철주 또는 A종 철근콘크리트주에는 전 공중선에 대하여 각 공중선의 상정 최대 장력의 $\frac{1}{3}$과 같은 불평균 장력에 의한 수평력에 견디는 지선을 그 전선로의 방향으로 양쪽에 시설할 것

기·출·개·념 **문제**

1. 고압 가공전선로의 지지물로서 B종 철주, 철근콘크리트주를 시설하는 경우의 최대 경간은 몇 [m]인가?

① 100　② 150
③ 200　④ 250

(해설)

지지물의 종류	경 간
목주·A종	150[m] 이하
B종	250[m] 이하
철탑	600[m] 이하

답 ④

2. 고압 가공전선로의 지지물로 A종 철근콘크리트주를 시설하고 전선으로는 단면적 22[mm^2]의 경동연선을 사용하였을 경우, 경간은 몇 [m]까지로 할 수 있는가?

① 150　② 250
③ 300　④ 500

(해설) 고압 가공전선에 인장강도 8.71[kN] 이상의 것 또는 단면적이 22[mm^2] 이상의 경동연선인 경우, 특고압 가공전선로의 전선에 인장강도 21.67[kN] 이상의 것 또는 단면적 50[mm^2]인 경동연선의 경우 → 목주·A종은 경간을 300[m] 이하, B종인 것은 500[m] 이하

답 ③

[9] 보안공사

(1) 저·고압 보안공사(222.10, 332.10)

① 전선은 인장강도 8.01[kN] 이상 또는 지름 5[mm](400[V] 이하 인장강도 5.26[kN] 이상 또는 4[mm])의 경동선일 것

② 목주는 다음에 의할 것

㉠ 풍압하중에 대한 안전율은 1.5 이상일 것

㉡ 목주의 굵기는 말구(末口)의 지름 12[cm] 이상일 것

③ 경간

지지물의 종류	경 간
목주·A종 철주 또는 A종 철근콘크리트주	100[m]
B종 철주 또는 B종 철근콘크리트주	150[m]
철탑	400[m]

저압 가공전선에 인장강도 8.71[kN] 이상, 단면적 22[mm^2]의 경동연선 또는 고압 가공전선에 인장강도 14.51[kN] 이상, 단면적 38[mm^2]의 경동연선을 사용하는 경우에는 표준 경간을 적용한다.

(2) 특고압 보안공사(333.22)

① 제1종 특고압 보안공사

㉠ 전선의 단면적

사용전압	전 선
100[kV] 미만	인장강도 21.67[kN] 이상의 연선 또는 단면적 55[mm^2] 이상의 경동연선 또는 동등 이상의 인장강도를 갖는 알루미늄 전선이나 절연전선
100[kV] 이상 300[kV] 미만	인장강도 58.84[kN] 이상의 연선 또는 단면적 150[mm^2] 이상의 경동연선 또는 동등 이상의 인장강도를 갖는 알루미늄 전선이나 절연전선
300[kV] 이상	인장강도 77.47[kN] 이상의 연선 또는 단면적 200[mm^2] 이상의 경동연선 또는 동등 이상의 인장강도를 갖는 알루미늄 전선이나 절연전선

㉡ 경간 제한

지지물의 종류	경 간
B종 철주 또는 B종 철근콘크리트주	150[m]
철탑	400[m] (단주 300[m])

㉢ 사용전압이 35[kV]를 넘고 다른 시설물과 **제2차 접근상태**로 시설되는 경우에 적용한다.

㉣ 현수애자 또는 장간애자는 50[%]의 충격섬락전압의 값이 그 전선의 근접하는 다른 부분을 지지하는 애자장치의 110[%](130[kV]를 넘으면 105[%]) 이상으로 되거나, 아크혼을 붙인 현수애자·장간애자 또는 라인포스트애자를 사용한 것

㉤ **지기 또는 단락**이 생긴 경우에는 **100[kV] 미만은 3초, 100[kV] 이상은 2초** 이내에 자동적으로 전로로부터 차단하는 장치를 시설할 것

㉥ 전선은 바람 또는 눈에 의한 요동으로 단락될 우려가 없도록 시설하고, 가공지선을 시설할 것

② 제2종 **특고압** 보안공사

㉠ **35[kV] 이하**의 특고압 가공전선이 조영물 등과 **제2차 접근상태**로 시설되는 경우 또는 특고압 가공전선이 도로 등 시설과 교차하는 경우에 적용한다.

㉡ 목주의 풍압하중에 대한 안전율은 2 이상

㉢ 경간 제한

지지물의 종류	경 간
목주·A종 철주 또는 A종 철근콘크리트주	100[m]
B종 철주 또는 B종 철근콘크리트주	200[m]
철탑	400[m] (단주 300[m])

인장강도 38.05[kN] 이상의 연선 또는 95[mm^2] 이상인 경동연선을 사용하는 경우에 B종 또는 철탑을 사용하면 표준 경간을 적용한다.

㉣ 애자장치는 50[%]의 충격섬락전압의 값이 그 전선의 근접하는 다른 부분을 지지하는 애자장치의 110[%](130[kV]를 넘으면 105[%]) 이상으로 되거나, 아크혼 또는 2련 이상의 현수애자 또는 장간애자, 2개 이상의 핀애자, 라인포스트애자를 사용한다.

㉤ 전선은 바람 또는 눈에 의한 요동으로 단락될 우려가 없도록 시설할 것

③ 제3종 **특고압 보안공사**

㉠ 특고압 가공전선이 조영물 그 밖의 시설과 **제1차 접근상태**에 시설하는 경우의 보안공사이다.

㉡ 경간 제한

지지물의 종류	경 간
목주·A종 철주 또는 A종 철근콘크리트주	100[m] (인장강도 14.51[kN] 이상의 연선 또는 단면적이 38[mm^2] 이상인 경동연선을 사용하는 경우에는 150[m])
B종 철주 또는 B종 철근콘크리트주	200[m] (인장강도 21.67[kN] 이상의 연선 또는 단면적이 55[mm^2] 이상인 경동연선을 사용하는 경우에는 250[m])
철탑	400[m] (인장강도 21.67[kN] 이상의 연선 또는 단면적이 55[mm^2] 이상인 경동연선을 사용하는 경우에는 600[m])

㉢ 전선은 바람 또는 눈에 의한 요동으로 단락될 우려가 없도록 시설할 것

기·출·개·념 **문제**

1. 사용전압이 380[V]인 저압 보안공사에 사용되는 경동선은 그 지름이 최소 몇 [mm] 이상의 것을 사용하여야 하는가?

① 2.0 ② 2.6
③ 4.0 ④ 5.0

(해설) 전선은 인장강도 8.01[kN] 이상 또는 지름 5[mm](400[V] 이하 인장강도 5.26[kN] 이상 또는 4[mm])의 경동선일 것

답 ③

기·출·개·념 **문제**

2. 345[kV]인 가공전선로를 제1종 특고압 보안공사로 시설하는 경우에 사용하는 전선은 인장강도 77.47[kN] 이상의 연선 또는 단면적은 몇 [mm^2] 이상 경동연선이어야 하는가?

① 100　　② 125
③ 150　　④ 200

해설

사용전압	전 선
100[kV] 미만	인장강도 21.67[kN] 이상의 연선 또는 단면적 55[mm^2] 이상
100[kV] 이상 300[kV] 미만	인장강도 58.84[kN] 이상의 연선 또는 단면적 150[mm^2] 이상
300[kV] 이상	인장강도 77.47[kN] 이상의 연선 또는 단면적 200[mm^2] 이상

답 ④

3. 제2종 특고압 보안공사의 기술기준으로 옳지 않은 것은?

① 특고압 가공전선은 연선일 것
② 지지물로 사용하는 목주의 풍압하중에 대한 안전율은 2 이상일 것
③ 지지물이 목주인 경우 그 경간은 150[m] 이하일 것
④ 지지물이 철탑이라면 그 경간은 400[m] 이하일 것

해설

지지물의 종류	경 간
목주·A종	100[m]
B종	200[m]
철탑	400[m]

답 ③

[10] 가공전선과 건조물의 접근

(1) 저·고압 가공전선과 건조물 접근(222.11, 332.11)

① 고압 가공전선로 고압 보안공사에 의할 것
② 저·고압 가공전선과 건조물의 조영재 사이의 이격거리

건조물 조영재의 구분	접근형태	이격거리
상부 조영재	위쪽	2[m] (고압 절연전선, 특고압 절연전선 또는 케이블인 경우는 1[m])
	옆쪽 또는 아래쪽	1.2[m] (전선에 사람이 쉽게 접촉할 우려가 없도록 시설한 경우에는 0.8[m], 고압 절연전선, 특고압 절연전선 또는 케이블인 경우에는 0.4[m])
기타의 조영재	–	

③ 저·고압 가공전선이 건조물의 아래쪽에 시설될 때 이격거리

가공전선의 종류	이격거리
저압 가공전선	0.6[m] (고압 절연전선, 특고압 절연전선 또는 케이블인 경우에는 0.3[m])
고압 가공전선	0.8[m](케이블인 경우에는 0.4[m])

(2) 특고압 가공전선과 건조물 등과 접근 교차(333.23)

① 이격거리

접근·교차 \ 구 분		가공전선		절연전선(케이블)
		35[kV] 이하	35[kV] 초과	35[kV] 이하
건조물	위쪽	3[m] 이상	$3+0.15N$	2.5[m] 이상(1.2[m])
	옆쪽, 아래쪽			1.5[m] 이상(0.5[m])
도로 등				수평 이격거리 1.2[m]

여기서, N : 35[kV] 초과하는 것으로 10[kV] 단수

② 건조물과 제1차 접근상태로 시설되는 경우에는 제3종 특고압 보안공사

③ 사용전압이 35[kV] 이하이고, 건조물과 제2차 접근상태로 시설한 경우에는 제2종 특고압 보안공사에 의할 것

④ 사용전압이 35[kV]를 넘고 170[kV] 미만일 때 건조물과 제2차 접근상태

㉠ 제1종 특고압 보안공사에 의할 것

㉡ 전선에는 아마로드를 붙이고 또한 애자에 아크혼을 붙일 것

㉢ 건조물의 금속제 상부 조영재 중 제2차 접근상태에 있는 것에는 접지공사를 할 것

⑤ 사용전압이 400[kV] 이상 건조물과 제2차 접근상태로 있는 경우
가공전선과 건조물 상부와의 수직거리가 28[m] 이상일 것

기·출·개·념 문제

1. 450/750[V] 비닐절연전선을 사용한 저압 가공전선이 위쪽에서 상부 조영재와 접근하는 경우의 전선과 상부 조영재 상호간의 최소 이격거리는 몇 [m]인가?

① 1.0　② 1.5
③ 2.0　④ 2.5

(해설)

조영재의 구분	접근형태	이격거리
상부 조영재	위쪽	2[m](케이블 1[m])
	옆쪽, 아래쪽	1.2[m](사람이 쉽게 접촉할 우려가 없도록 시설 0.8[m], 케이블 0.4[m])

답 ③

2. 345[kV] 가공전선이 건조물과 제1차 접근상태로 시설되는 경우 양자 간의 최소이격거리는 얼마이어야 하는가?

① 6.75[m]　② 7.65[m]　③ 7.8[m]　④ 9.48[m]

(해설) $h=3+0.15\times\frac{345-35}{10}=7.65[\mathrm{m}]$

답 ②

(3) 특고압 가공전선과 도로 등의 접근·교차(333.23)

① 특고압 가공전선이 도로 등과 제1차 접근상태로 시설한 경우

㉠ 제3종 특고압 보안공사에 의할 것

CHAPTER 4

㉡ 이격거리

사용전압의 구분	이격거리
35[kV] 이하	3[m]
35[kV] 초과	3 + 0.15N

여기서, N : 35[kV] 초과하는 것으로 10[kV] 단수

② 특고압 가공전선이 도로 등과 제2차 접근상태로 시설한 경우
㉠ 특고압 가공전선로는 제2종 특고압 보안공사에 의할 것
㉡ 특고압 가공전선 중 도로 등에서 수평거리 3[m] 미만으로 시설되는 부분의 길이가 연속하여 100[m] 이하이고 또한 1 경간 안에서의 그 부분의 길이의 합계가 100[m] 이하일 것

③ 특고압 가공전선이 도로 등과 교차하는 경우
㉠ 특고압 가공전선로는 제2종 특고압 보안공사에 의할 것
㉡ 보호망 시설
- 금속제 망상장치
- 특고압 가공전선의 바로 아래 : 인장강도 8.01[kN], 지름 5[mm] 경동선
- 기타 부분에 시설 : 인장강도 5.26[kN], 지름 4[mm] 경동선
- 보호망 상호 간격 : 가로, 세로 각 1.5[m] 이하

㉢ 보호망이 특고압 가공전선의 외부에 뻗은 폭은 특고압 가공전선과 보호망과의 수직거리의 $\frac{1}{2}$ 이상일 것

[11] 가공전선과 가공 약전류 전선 등의 접근 또는 교차(222.13, 332.13)

① 고압 가공전선은 고압 보안공사에 의할 것
② 가공 약전류 전선과 이격거리

가공전선의 종류	이격거리
저압 가공전선	0.6[m](고압 절연전선 또는 케이블 0.3[m])
고압 가공전선	0.8[m](케이블 0.4[m])

③ 가공전선이 약전류 전선 위에서 교차할 때 저압 가공 중성선에는 절연전선

기·출·개·념 문제

1. 저압 가공전선이 가공 약전류 전선과 접근하여 시설될 때 가공전선과 가공 약전류 전선 사이의 이격거리는 몇 [cm] 이상이어야 하는가?

① 30[cm] ② 40[cm]
③ 60[cm] ④ 80[cm]

해설

가공전선의 종류	이격거리
저압 가공전선	0.6[m](고압 절연전선 또는 케이블 0.3[m])
고압 가공전선	0.8[m](케이블 0.4[m])

답 ③

기·출·개·념 문제

2. 고압 가공전선이 가공 약전류 전선 등과 접근하는 경우는 고압 가공전선과 가공 약전류 전선 등 사이의 이격거리는 몇 [cm] 이상이어야 하는가? (전선이 케이블인 경우이다.)

① 15[cm] ② 30[cm] ③ 40[cm] ④ 80[cm]

해설

가공전선의 종류	이격거리
저압 가공전선	0.6[m](고압 절연전선 또는 케이블 0.3[m])
고압 가공전선	0.8[m](케이블 0.4[m])

답 ③

[12] 가공전선과 안테나의 접근 또는 교차(222.14, 332.14)

① 고압 보안공사

② 이격거리

가공전선의 종류	이격거리
저압 가공전선	0.6[m] (고압 절연전선 또는 케이블인 경우 0.3[m])
고압 가공전선	0.8[m] (케이블인 경우 0.4[m])

③ 안테나와 접근하는 경우

안테나 아래쪽에서 수평거리로 안테나 지주의 지표상의 높이에 상당하는 거리 안에 시설하면 안 된다.

④ 안테나와 교차하는 경우

안테나 아래쪽에 시설하여서는 안 된다.

기·출·개·념 문제

고압 가공전선이 안테나와 접근상태로 시설되는 경우에 가공전선과 안테나 사이의 수평 이격거리는 최소 몇 [cm] 이상이어야 하는가? (단, 가공전선으로는 절연전선을 사용한다고 한다.)

① 60 ② 80 ③ 100 ④ 120

해설

가공전선의 종류	이격거리
저압 가공전선	0.6[m](고압 절연전선 또는 케이블 0.3[m])
고압 가공전선	0.8[m](케이블 0.4[m])

답 ②

[13] 가공전선과 교류 전차선 등의 접근 또는 교차(222.15, 332.15)

(1) 저·고압 가공전선이 교류 전차선 등의 위에 시설할 때

① 가공전선에 케이블을 사용하는 경우

단면적 38[mm^2] 이상인 아연도 연선으로 인장강도 19.61[kN] 이상인 것으로 조가시설

② 고압 가공전선에 경동연선 사용

인장강도 14.51[kN], 단면적 38[mm^2] 경동연선

③ 가공전선로의 경간

㉠ 목주·A종 : 60[m] 이하

㉡ B종 : 120[m] 이하

(2) 저·고압 가공전선이 교류 전차선 등과 접근하는 경우

① 전차선로의 지지물에는 철주 또는 철근콘크리트주를 사용하고 또한 그 경간이 60[m] 이하일 것

② 전차선로의 지지물에는 가공전선과 접근하는 쪽의 반대쪽에 지선을 시설할 것

③ 교류 전차선 등과 가공전선 사이의 수평 이격거리는 2[m] 이상일 것

기·출·개·념 **문제**

1. 저압 가공전선이 25[kV] 교류 전차선의 위에 교차하여 시설되는 경우 저압 가공전선으로 케이블을 사용하고 또한 이를 단면적 몇 [mm^2] 이상인 아연도 연선으로 인장강도 19.61[kN] 이상인 것으로 조가하여 시설하여야 하는가?

① 22　　② 38　　③ 55　　④ 100

(해설) 가공전선에 케이블을 사용하는 경우

단면적 38[mm^2] 이상인 아연도 연선으로 인장강도 19.61[kN] 이상인 것으로 조가시설

 ②

2. B종 철주를 사용한 고압 가공전선로를 교류 전차선로와 교차해서 시설하는 경우 고압 가공전선로의 경간은 몇 [m] 이하이어야 하는가?

① 60　　② 80　　③ 100　　④ 120

(해설) 가공전선로의 경간

- 목주·A종 : 60[m] 이하
- B종 : 120[m] 이하

답 ④

[14] 가공전선 상호 간 접근·교차

(1) 저압 가공전선 상호 간의 접근 또는 교차(222.16)

① 이격거리 0.6[m] 이상

② 절연전선, 케이블 0.3[m] 이상

③ 지지물과 전선 0.3[m] 이상

(2) 고압 가공전선 등과 저압 가공전선 등의 접근 또는 교차(222.17)

① 고압 가공전선로의 고압 보안공사에 의할 것

② 고압 가공전선과 저압 가공전선 등 또는 그 지지물 사이의 이격거리

가공전선의 종류	이격거리
저압 가공전선	0.6[m] (고압 절연전선 또는 케이블인 경우에는 0.3[m])
고압 가공전선	0.8[m] (케이블인 경우에는 0.4[m])

(3) 고압 가공전선 상호 간의 접근 또는 교차(332.17)

① 위쪽 또는 옆쪽에 시설되는 고압 가공전선로는 고압 보안공사에 의할 것
② 고압 가공전선 상호 간의 이격거리는 0.8[m] 이상(단, 한쪽의 전선이 케이블인 경우에는 0.4[m] 이상)

[15] 가공전선과 다른 시설물과 접근 · 교차(222.18, 332.18)

다른 시설물의 구분	이격거리
조영물의 상부 조영재	위쪽은 2[m](절연전선, 케이블 1[m]), 옆쪽 또는 아래쪽은 0.6[m](절연전선, 케이블 0.3[m])
상부 조영재 이외의 부분	0.6[m] (절연전선, 케이블 0.3[m])

[16] 가공전선과 식물의 이격거리(222.19, 332.19, 333.30)

① 저압 또는 고압 가공전선은 상시 부는 바람 등에 의하여 식물에 접촉하지 않도록 시설한다.
② 특고압 가공전선과 식물 사이 이격거리(333.30)

㉠ 이격거리

사용전압	이격거리
60[kV] 이하	2[m] 이상
60[kV] 초과	$2+0.12N$[m]

여기서, N : 60[kV] 초과하는 10[kV] 단수

㉡ 사용전압이 35[kV] 이하인 특고압 가공전선
- 고압 절연전선 : 0.5[m] 이상
- 특고압 절연전선, 케이블 : 식물이 접촉하지 않도록 시설
- 특고압 수밀형 케이블 : 식물의 접촉에 관계없이 시설

기·출·개·념 **문제**

저압 가공전선과 식물이 상호 접촉되지 않도록 이격시키는 기준으로 옳은 것은?

① 이격거리는 최소 50[cm] 이상 떨어져 시설하여야 한다.
② 상시 불고 있는 바람 등에 의하여 접촉하지 않도록 시설하여야 한다.
③ 저압 가공전선은 반드시 방호구에 넣어 시설하여야 한다.
④ 트리와이어(Treewire)를 사용하여 시설하여야 한다.

해설 저압 또는 고압 가공전선은 상시 부는 바람 등에 의하여 식물에 접촉하지 않도록 시설한다.

답 ②

[17] 농사용 저압 가공전선로(222.22)

① 사용전압이 저압일 것
② 저압 가공전선은 인장강도 1.38[kN] 이상의 것 또는 지름 2[mm] 이상의 경동선

③ 지표상 3.5[m] 이상(사람이 쉽게 출입하지 않으면 3[m])
④ 목주의 말구지름은 9[cm] 이상일 것
⑤ 경간은 30[m] 이하
⑥ 전용 개폐기 및 과전류 차단기(중성극 제외) 시설

[18] 구내에 시설하는 저압 가공전선로(222.23)

① 1구내 시설, 사용전압 400[V] 미만
② 가공전선 : 1.38[kN], 지름 2[mm] 이상 경동선
③ 경간 : 30[m] 이하
④ 전선과 다른 시설물과의 이격거리

구 분	접근형태	이격거리
조영물의 상부 조영재	위쪽	1[m]
	옆쪽, 아래쪽	0.6[m] (절연전선, 케이블 0.3[m])
기 타	–	

⑤ 도로 횡단 : 4[m] 이상

3 특고압 가공전선로(333)

[1] 시가지 등에서 특고압 가공전선로의 시설(333.1)

(1) 사용전압 170[kV] 이하인 전선로

① 애자장치
㉠ 50[%]의 충격섬락전압의 값이 타부분의 110[%](130[kV]를 초과하는 경우는 105[%]) 이상인 것
㉡ 아크혼을 붙인 현수애자·장간애자(長幹碍子) 또는 라인포스트애자를 사용하는 것
㉢ 2련 이상의 현수애자 또는 장간애자를 사용하는 것
㉣ 2개 이상의 핀애자 또는 라인포스트애자를 사용하는 것
② 지지물의 경간
㉠ 지지물에는 철주, 철근콘크리트주 또는 철탑을 사용한다.
㉡ 경간

지지물의 종류	경 간
A종	75[m]
B종	150[m]
철탑	400[m] (전선 상호간의 수평 간격이 4[m] 미만 : 250[m])

③ 전선의 굵기

사용전압의 구분	전선의 단면적
100[kV] 미만	인장강도 21.67[kN] 이상, 단면적 55[mm²] 이상의 경동연선 및 알루미늄 전선이나 절연전선
100[kV] 이상	인장강도 58.84[kN] 이상, 단면적 150[mm²] 이상의 경동연선 및 알루미늄 전선이나 절연전선

④ 전선의 지표상 높이

사용전압의 구분	지표상의 높이
35[kV] 이하	10[m](특고압 절연전선 8[m])
35[kV] 초과	10[m]에 35[kV]를 초과하는 10[kV] 또는 그 단수마다 0.12[m]를 더한 값

⑤ 지지물에는 위험표시를 보기 쉬운 곳에 시설할 것

⑥ 지기나 단락이 생긴 경우
100[kV] 초과하는 것은 1초 안에 이를 전선로로부터 차단하는 자동차단장치를 시설할 것

(2) 사용전압이 170[kV] 초과하는 전선로

① 전선로는 회선수 2 이상 또는 그 전선로의 손괴에 의하여 현저한 공급 지장이 발생하지 않도록 시설할 것

② 전선을 지지하는 애자(碍子)장치에는 아크혼을 취부한 현수애자 또는 장간(長幹)애자를 사용할 것

③ 전선을 인류(引留)하는 경우에는 압축형 클램프, 쐐기형 클램프 또는 이와 동등 이상의 성능을 가지는 클램프를 사용할 것

④ 현수애자장치에 의하여 전선을 지지하는 부분에는 아머로드를 사용할 것

⑤ 경간거리는 600[m] 이하일 것

⑥ 지지물은 철탑을 사용할 것

⑦ 전선은 단면적 240[mm^2] 이상의 강심알루미늄선 또는 이와 동등 이상의 인장강도 및 내(耐)아크 성능을 가지는 연선(撚線)을 사용할 것

⑧ 전선로에는 가공지선을 시설할 것

⑨ 전선은 압축접속에 의하는 경우 이외에는 경간 도중에 접속점을 시설하지 아니할 것

⑩ 전선의 지표상의 높이는 10[m]에 35[kV]를 초과하는 10[kV]마다 0.12[m]를 더한 값 이상일 것

⑪ 지지물에는 위험표시를 보기 쉬운 곳에 시설할 것

⑫ 전선로에 지락 또는 단락이 생겼을 때에는 1초 이내에 차단하는 장치

기·출·개·념 **문제**

1. 사용전압이 66[kV]인 특고압 가공전선로를 시가지에 위험의 우려가 없도록 시설한다면 전선의 단면적은 몇 [mm^2] 이상의 경동연선 및 알루미늄 전선이나 절연전선을 사용하여야 하는가?

① 38[mm^2]　　② 55[mm^2]
③ 80[mm^2]　　④ 100[mm^2]

(해설)

사용전압의 구분	전선의 단면적
100[kV] 미만	인장강도 21.67[kN] 이상, 단면적 55[mm^2] 이상의 경동연선 및 알루미늄 전선이나 절연전선
100[kV] 이상	인장강도 58.84[kN] 이상, 단면적 150[mm^2] 이상의 경동연선 및 알루미늄 전선이나 절연전선

답 ②

기·출·개·념 문제

2. 154[kV] 특고압 가공전선로를 시가지에 위험의 우려가 없도록 시설하는 경우, 지지물로 A종 철주를 사용한다면 경간 최대 몇 [m] 이하이어야 하는가?

① 50 ② 75 ③ 150 ④ 200

해설

지지물의 종류	경 간
A종	75[m]
B종	150[m]
철탑	400[m] (전선 상호 간의 수평 간격이 4[m] 미만 : 250[m])

답 ②

[2] 특고압 가공전선과 지지물 등의 이격거리(333.5)

사용전압	이격거리	사용전압	이격거리
15[kV] 미만	15[cm]	80[kV] 미만	45[cm]
25[kV] 미만	20[cm]	130[kV] 미만	65[cm]
35[kV] 미만	25[cm]	160[kV] 미만	90[cm]
50[kV] 미만	30[cm]	200[kV] 미만	110[cm]
60[kV] 미만	35[cm]	230[kV] 미만	130[cm]
70[kV] 미만	40[cm]	230[kV] 이상	160[cm]

[3] 특고압 가공전선로의 애자장치 등(333.9)

① 특고압 가공전선을 지지하는 애자장치 안전율이 2.5 이상

② 애자장치를 붙이는 완금류에 접지시스템(140)에 의하여 접지공사한다.

[4] 특고압 가공전선로의 목주시설(333.10)

① 풍압하중에 대한 안전율은 1.5 이상일 것

② 굵기는 말구지름 12[cm] 이상일 것

[5] 특고압 가공전선로의 철주·철근콘크리트주 또는 철탑의 종류(333.11)

① 직선형 : 전선로의 직선부분으로 3도 이하의 수평 각도를 이루는 곳

② 각도형 : 전선로 중 3도를 초과하는 수평 각도를 이루는 곳

③ 인류형 : 전가섭선을 인류하는 곳에 사용하는 것

④ 내장형 : 전선로의 지지물 양쪽의 경간의 차가 큰 곳에 사용하는 것

⑤ 보강형 : 전선로의 직선부분에 그 보강을 위하여 사용하는 것

[6] 특고압 가공전선로의 철주·철근콘크리트주 또는 철탑의 강도(333.12)

① 상시 상정하중에 의하여 생기는 1배의 응력에 견디는 것이어야 한다.

② 철근콘크리트주의 강도
㉠ A종 철근콘크리트주의 강도 : 풍압하중에 견디는 것
㉡ B종 철근콘크리트주의 강도 : 상시 상정하중에 견디는 것
③ 철탑의 강도
상시 상정하중 또는 이상 시 상정하중의 $\frac{2}{3}$배(완금류는 1배)의 하중 중 큰 것에 견디는 강도의 것

[7] 상시 상정하중(333.13)

(1) 풍압이 직각 방향 하중과 전선로의 방향 하중 중 큰 쪽 채택

① 풍압이 전선로에 직각 방향
㉠ 수직하중 : 자중, 빙설하중
㉡ 수평 횡하중 : 풍압하중, 수평 횡분력
② 풍압이 전선로의 방향
㉠ 수직하중 : 자중, 빙설하중
㉡ 수평 횡하중 : 수평 횡분력
㉢ 수평 종하중 : 풍압하중

(2) 인류형 · 내장형 · 보강형의 불평균 장력에 의한 수평 종하중 가산

① 인류형 : 상정 최대 장력과 같은 불평균 장력의 수평 종분력에 의한 하중
② 내장형 : 상정 최대 장력의 33[%]와 같은 불평균 장력의 수평 종분력에 의한 하중
③ 직선형 : 상정 최대 장력의 3[%]와 같은 불평균 장력의 수평 종분력에 의한 하중
④ 각도형 : 상정 최대 장력의 10[%]와 같은 불평균 장력의 수평 종분력에 의한 하중

[8] 이상 시 상정하중(333.14)

(1) 풍압이 직각 방향과 전선로 방향 하중 중 큰 쪽 채택

① 풍압이 전선로에 직각 방향
㉠ 수직하중 : 상시 상정하중
㉡ 수평 횡하중 : 풍압하중, 수평 횡분력, 절단에 의하여 생기는 비틀림 힘
㉢ 수평 종하중 : 절단에 의하여 생기는 수평 종분력 및 비틀림 힘
② 풍압이 전선로의 방향
㉠ 수직하중 : 상시 상정하중
㉡ 수평 횡하중 : 수평 횡분력, 절단에 의하여 생기는 비틀림 힘에 의한 하중
㉢ 수평 종하중 : 풍압하중, 절단에 의하여 생기는 수평 종분력 및 비틀림 힘에 의한 하중

(2) 전선 절단에 의하여 생기는 불평균 장력의 크기

① 가섭전선상의 총수가 12 이하인 경우
각 부재에 생기는 응력이 최대로 될 수 있는 1상

② 가섭선상의 총수가 12를 넘을 경우
각 부재에 생기는 응력이 최대로 되는 회선을 달리하는 2상
③ 가섭전선이 세로 9상 이상이고, 가로 2상인 경우
세로 9상 이상 중 위쪽의 6상에서 1상 및 기타의 상에서 1상으로서 응력이 최대로 되는 것

[9] 특고압 가공전선로의 내장형 등의 지지물 시설(333.16)

(1) 목주·A종 철주·A종 철근콘크리트주

① 연속하여 5기 이상 사용하는 직선부분에는 5기 이하마다 지선을 전선로와 직각 방향으로 그 양쪽에 시설하는 목주·A종 1기
② 연속하여 15기 이상으로 사용하는 경우에는 15기 이하마다 지선을 전선로의 방향으로 그 양쪽에 시설하는 목주·A종 1기

(2) B종 철주 또는 B종 철근콘크리트주

지지물로서 B종 철주 또는 B종 철근콘크리트주를 연속하여 10기 이상 사용하는 부분에는 10기 이하마다 **내장형**의 철주 또는 철근콘크리트주 1기를 시설하거나 5기 이하마다 보강형의 철주 또는 철근콘크리트주 1기를 시설하여야 한다.

(3) 철탑

직선형의 철탑을 연속하여 10기 이상 사용하는 부분에는 10기 이하마다 내장 애자장치가 되어 있는 철탑 또는 이와 동등 이상의 강도를 가지는 철탑 1기를 시설하여야 한다.

[10] 특고압 가공전선로의 지지물에 시설하는 저압 기계기구 등의 시설(333.20)

① 저압의 기계기구에 접속하는 전로에는 다른 부하를 접속하지 아니할 것
② 전로와 다른 전로를 변압기에 의하여 결합하는 경우에는 절연변압기를 사용할 것
③ 절연변압기의 부하측의 1단자 또는 중성점 및 기계기구의 금속제 외함에는 접지시스템(140)에 의하여 접지공사한다.

[11] 특고압 가공전선과 삭도의 접근 또는 교차(333.25)

(1) 삭도와 제1차 접근상태로 시설되는 경우

① 특고압 가공전선로는 제3종 특고압 보안공사에 의할 것
② 특고압 가공전선과 삭도의 접근 또는 교차 시 이격거리(제1차 접근상태)

사용전압의 구분	이격거리
35[kV] 이하	2[m] (특고압 절연전선 1[m], 케이블 0.5[m])
35[kV] 초과 60[kV] 이하	2[m]
60[kV] 초과	2[m]에 사용전압이 60[kV]를 초과하는 10[kV] 또는 그 단수마다 0.12[m] 더한 값

(2) 삭도와 제2차 접근상태로 시설되는 경우

① 특고압 가공전선로는 제2종 특고압 보안공사에 의할 것
② 특고압 가공전선 중 삭도에서 수평거리로 3[m] 미만으로 시설되는 부분의 길이가 연속하여 50[m] 이하이고 또한 1경간 안에서의 그 부분의 길이의 합계가 50[m] 이하일 것

(3) 삭도와 교차하는 경우에 특고압 가공전선이 삭도의 위에 시설되는 때

① 제2종 특고압 보안공사에 의할 것
② 삭도의 특고압 가공전선으로부터 수평거리로 3[m] 미만에 시설되는 부분의 길이는 50[m]를 넘지 아니할 것
③ 삭도와 접근하는 경우에는 특고압 가공전선은 삭도의 아래쪽에 시설
④ 케이블인 경우 이외에는 특고압 가공전선의 위쪽에 견고하게 방호장치를 설치하고 또한 그 금속제 부분에는 접지공사를 할 것

기·출·개·념 **문제**

나전선을 사용한 69[kV] 가공전선이 삭도와 제1차 접근상태에 시설되는 경우 전선과 삭도와의 최소이격거리는?

① 2.12[m] ② 2.24[m] ③ 2.36[m] ④ 2.48[m]

해설 $h = 2 + 0.12 \times \frac{69-60}{10} \fallingdotseq 2.12[\mathrm{m}]$

답 ①

[12] 특고압 가공전선과 저·고압 가공전선 등의 접근 또는 교차(333.26)

(1) 제1차 접근상태로 시설되는 경우

① 특고압 가공전선로는 제3종 특고압 보안공사에 의할 것
② 특고압 가공전선과 저·고압 가공전선 등의 접근 또는 교차 시 이격거리

사용전압의 구분	이격거리
60[kV] 이하	2[m]
60[kV] 초과	2[m]에 사용전압이 60[kV]를 초과하는 10[kV] 또는 그 단수마다 0.12[m]를 더한 값

(2) 제2차 접근상태로 시설되는 경우

① 특고압 가공전선로는 제2종 특고압 보안공사에 의할 것
② 특고압 가공전선과 저·고압 가공전선 등과의 수평 이격거리는 2[m] 이상일 것
③ 특고압 가공전선 중 저·고압 가공전선 등에서 수평거리로 3[m] 미만으로 시설되는 부분의 길이가 연속하여 50[m] 이하이고 또한 1경간 안에서의 그 부분의 길이의 합계가 50[m] 이하일 것

(3) 특고압 가공전선이 저·고압 가공전선 등과 교차하는 경우

① 특고압 가공전선로는 제2종 특고압 보안공사에 의할 것

② 특고압 가공전선이 가공 약전류 전선이나 저압 또는 고압 가공전선과 교차하는 경우에는 특고압 가공전선의 양외선이 바로 아래에 접지시스템(140)의 규정에 준하여 접지공사를 한 인장강도 8.01[kN] 이상 또는 지름 5[mm] 이상의 경동선을 약전류 전선이나 저압 또는 고압의 가공전선과 0.6[m] 이상의 이격거리를 유지하여 시설할 것

(4) 보호망은 접지시스템에 의한 접지공사를 한 금속제의 망상장치

① 보호망을 구성하는 금속선은 그 외주 및 특고압 가공전선의 바로 아래에 시설하는 금속선에 인장강도 8.01[kN] 이상의 것 또는 지름 5[mm] 이상의 경동선을 사용하고 기타 부분에 시설하는 금속선에 인장강도 3.64[kN] 이상 또는 지름 4[mm] 이상의 아연도철선을 사용
② 보호망을 구성하는 금속선 상호 간의 간격은 가로, 세로 각 1.5[m] 이하
③ 보호망과 저·고압 가공전선 등과의 수직 이격거리는 60[cm] 이상
④ 보호망이 저·고압 가공전선 등의 밖으로 뻗은 폭은 저·고압 가공전선 등과 보호망 사이의 수직거리의 $\frac{1}{2}$ 이상

기·출·개·념 문제

특고압 가공전선과 약전류 전선 사이에 시설하는 보호망에서 보호망을 구성하는 금속선 상호 간의 간격은 가로 및 세로 각각 몇 [m] 이하이어야 하는가?

① 0.5 ② 1
③ 1.5 ④ 2

해설 보호망을 구성하는 금속선 상호 간의 간격은 가로, 세로 각 1.5[m] 이하이다. 답 ③

[13] 특고압 가공전선 상호 간의 접근 또는 교차(333.27)

특고압 가공전선로는 제3종 특고압 보안공사에 의할 것

[14] 25[kV] 이하인 특고압 가공전선로의 시설(333.32)

(1) 지락이나 단락 시

2초 이내 전로 차단

(2) 중성선의 다중 접지 및 중성선의 시설

① 접지도체는 단면적 6[mm^2]의 연동선
② 접지한 곳 상호 간 거리 300[m] 이하
③ 1[km]마다의 중성선과 대지 사이 전기저항값

구 분	각 접지점 저항	1[km]마다 합성저항
15[kV] 이하	300[Ω]	30[Ω]
25[kV] 이하	300[Ω]	15[Ω]

④ 중성선은 저압 가공전선 시설에 준한다.
⑤ 저압 접지측 전선이나 중성선과 공용

(3) 경간

지지물의 종류	경 간
목주·A종	100[m]
B종	150[m]
철탑	400[m]

(4) 특고압 가공전선과 건조물의 상부 조영재 사이 이격거리

구 분	접근형태	전선의 종류	이격거리
상부 조영재	위쪽	나전선	3[m]
		특고압 절연전선	2.5[m]
		케이블	1.2[m]
	옆쪽 아래쪽	나전선	1.5[m]
		특고압 절연전선	1.0[m]
		케이블	0.5[m]

(5) 도로, 횡단보도교, 철도, 궤도와 접근하는 경우

① 도로 등과 접근상태로 시설되는 경우

㉠ 3[m] 이상

㉡ 특고압 절연전선 수평 이격거리 : 1.5[m] 이상

㉢ 케이블 수평 이격거리 : 1.2[m] 이상

② 도로 등 아래쪽에서 접근 상호 간의 이격거리

전선의 종류	이격거리
나전선	1.5[m]
특고압 절연전선	1.0[m]
케이블	0.5[m]

(6) 특고압 가공전선이 삭도와 접근 또는 교차하는 경우(15[kV] 초과 25[kV] 이하)

전선의 종류	이격거리
나전선	2.0[m]
특고압 절연전선	1.0[m]
케이블	0.5[m]

(7) 특고압 가공전선이 저·고압 가공전선 등과 접근 이격거리

구 분	가공전선의 종류	수평 이격거리	지지물
가공 약전류 전선, 저·고압 가공전선, 전차선, 안테나	나전선	2.0[m]	1.0[m]
	특고압 절연전선	1.5[m]	0.75[m]
	케이블	0.5[m]	0.5[m]

(8) 특고압 가공전선로가 상호 간 접근 또는 교차하는 경우

① 15[kV] 초과 25[kV] 이하

사용전선의 종류	이격거리
어느 한쪽 또는 양쪽이 나전선인 경우	1.5[m]
양쪽이 특고압 절연전선인 경우	1.0[m]
한쪽이 케이블이고 다른 한쪽이 케이블이거나 특고압 절연전선인 경우	0.5[m]

② 특고압 가공전선과 다른 특고압 가공전선로의 지지물 사이의 이격거리는 1[m](케이블 0.6[m]) 이상

(9) 특고압 가공전선과 식물 사이의 이격거리

식물과 이격거리는 1.5[m] 이상일 것

(10) 특고압 가공전선과 저압 또는 고압의 가공전선 병행 설치

① 다중 접지한 중성선은 저압 전선의 접지측 전선이나 중성선과 공용

② 특고압 가공전선과 저압 또는 고압의 가공전선 사이의 이격거리는 1[m] 이상일 것. 케이블인 때에는 50[cm]까지 감할 수 있다.

③ 특고압 가공전선은 저압 또는 고압의 가공전선 위로 하고 별개의 완금류로 시설할 것

기·출·개·념 문제

3상 4선식 22.9[kV] 중성점 다중 접지식 가공전선로에 저압 가공전선을 병가하는 경우 상호 간의 이격거리는 몇 [m]이어야 하는가? (단, 특고압 가공전선으로는 케이블을 사용하지 않는 것으로 한다.)

① 1.0　　② 1.3

③ 1.7　　④ 2.0

(해설) 특고압 가공전선과 저압 또는 고압의 가공전선 사이의 이격거리는 1[m] 이상일 것. 케이블인 때에는 50[cm] 까지 감할 수 있다.

답 ①

4 지중 및 기타 전선로 시설

[1] 지중전선로(223, 334)

(1) 지중전선로의 시설(223.1, 334.1)

① 케이블 사용

② 관로식, 암거식, 직접 매설식

③ 견고하고 차량 기타 중량물의 압력에 견디는 것

④ 매설깊이

㉠ 관로식 및 직접 매설식 : 1[m] 이상

㉡ 중량물의 압력을 받을 우려가 없는 곳 : 0.6[m] 이상

(2) 지중함의 시설(223.2, 334.2)

① 지중함은 견고하고, 차량 기타 중량물의 압력에 견디는 구조
② 지중함은 고인 물 제거
③ 지중함 크기 $1[m^3]$ 이상
④ 지중함의 뚜껑은 시설자 이외의 자가 쉽게 열 수 없도록 시설
차도 이외의 장소에 설치하는 저압 지중함은 절연성능이 있는 재질의 뚜껑을 사용할 수 있다.

(3) 케이블 가압장치의 시설(223.3, 334.3)

① 최고사용압력의 1.5배의 유압 또는 수압(1.25배의 기압) 10분간 시험
② 압력을 계측하는 장치를 설치할 것
③ 압축가스는 가연성 및 부식성의 것이 아닐 것
④ 압력관은 최고사용압력이 294[kPa] 이상

(4) 지중전선의 피복 금속체의 접지(223.4, 334.4)

관·암거 기타 지중전선을 넣은 방호장치의 금속제 부분, 금속제의 전선 접속함 및 지중전선의 피복으로 사용하는 금속체에는 접지시스템(140)의 규정에 준하여 접지공사를 하여야 한다.

(5) 지중 약전류 전선의 유도장해의 방지(223.5, 334.5)

지중전선로는 누설전류 또는 유도작용에 의하여 통신상의 장해를 주지 아니하도록 기설 약전류 전선로로부터 충분히 이격시킨다.

(6) 지중전선과 지중 약전류 전선 등 또는 관과의 접근 또는 교차(223.6, 334.6)

① 상호 간의 이격거리
㉠ 저압 또는 고압의 지중전선은 30[m] 이상
㉡ 특고압 지중전선은 60[cm] 이상
② 특고압 지중전선이 가연성이나 유독성의 유체(流體)를 내포하는 관과 접근하거나 교차하는 경우에 상호 간의 이격거리 1[m] 이상

(7) 지중전선 상호 간의 접근 또는 교차(223.7, 334.7)

저압 지중전선이 고압 지중전선과 저압이나 고압의 지중전선이 특고압 지중전선과 교차하거나 교차하는 경우에 지중함 내 이외의 곳에서 상호 간의 거리가 0.3[m] 이상

기·출·개·념 **문제**

지중전선로를 직접 매설식에 의하여 시설하는 경우에는 매설깊이를 차량 기타의 중량물의 압력을 받을 우려가 있는 장소에는 몇 [m] 이상 시설하여야 하는가?

① 0.45[m] ② 0.6[m] ③ 1.0[m] ④ 1.5[m]

(해설) **매설깊이**
- 직접 매설식 및 관로식 : 1[m] 이상
- 중량물의 압력을 받을 우려가 없는 곳 : 0.6[m] 이상

답 ③

[2] 특수장소 전선로(224)

(1) 터널 안 전선로 시설(224.1, 335.1)

구 분	전선의 굵기	노면상 높이	이격거리
저압	2.30[kN], 2.6[mm] 이상 경동선의 절연전선 애자공사, 케이블	2.5[m]	10[cm]
고압	5.26[kN], 4[mm] 이상 경동선의 절연전선 애자공사, 케이블	3[m]	15[cm]

(2) 터널 안 전선로의 전선과 약전류 전선 등 또는 관 사이의 이격거리(224.2, 335.2)

① 저압 전선 : 10[cm] 이상

② 고압 전선 또는 특고압 전선 : 고압 옥측 전선로(331.13.1) 시설에 준한다.

기·출·개·념 **문제**

철도, 궤도 또는 자동차도의 전용 터널 내의 터널 내 전선로의 시설방법으로 틀린 것은?

① 저압 전선은 지름 2.0[mm]의 경동선을 사용하였다.

② 고압 전선은 케이블 공사로 하였다.

③ 저압 전선을 애자공사에 의하여 시설하고 이를 노면상 2.5[m] 이상으로 하였다.

④ 저압 전선을 애자공사에 의하여 시설하였다.

(해설) 전선의 굵기는 2.30[kN], 지름 2.6[mm] 이상 경동선의 절연전선 답 ①

(3) 수상 전선로의 시설(224.3, 335.3)

① 사용전압 : 저압 또는 고압

② 사용하는 전선

㉠ 저압 : 클로로프렌 캡타이어 케이블

㉡ 고압 : 캡타이어 케이블

③ 전선 접속점 높이

㉠ 육상 : 5[m] 이상(도로상 이외 저압 4[m])

㉡ 수면상 : 고압 5[m], 저압 4[m] 이상

④ 전용 개폐기 및 과전류 차단기를 각 극에 시설

기·출·개·념 **문제**

다음 중 수상 전선로를 시설하는 경우 알맞은 것은?

① 사용전압이 고압인 경우에는 캡타이어 케이블을 사용한다.

② 가공전선로의 전선과 접속하는 경우, 접속점이 육상에 있는 경우에는 지표상 4[m] 이상의 높이로 지지물에 견고하게 붙인다.

③ 가공전선로의 전선과 접속하는 경우, 접속점이 수면상에 있는 경우, 사용전압이 고압인 경우에는 수면상 5[m] 이상의 높이로 지지물에 견고하게 붙인다.

④ 고압 수상 전선로에 지락이 생길 때를 대비하여 전로를 수동으로 차단하는 장치를 시설한다.

해설 전선 접속점 높이
- 육상 : 5[m] 이상(도로상 이외 저압 4[m])
- 수면상 : 고압 5[m], 저압 4[m] 이상

답 ③

(4) 물밑 전선로의 시설(224.4, 335.4)

① 케이블 사용, 견고한 관에 넣을 것
② 지름 4.5[mm] 이상인 아연도철선으로 개장한 케이블을 사용하고 수저에 매설
③ 특고압 물밑 전선로는 케이블을 견고한 관에 시설하거나 또는 6[mm]의 아연도철선 이상의 기계적 강도가 있는 금속선으로 개장한 케이블을 사용

(5) 지상에 시설하는 전선로(224.5, 335.5)

① 1구내에만 시설하는 전선로의 전부 또는 일부로 시설하는 경우
② 1구내 전용의 전선로 중 그 구내에 시설
③ 교통에 지장을 줄 우려가 없는 곳에 시설할 것
④ 특고압의 전선로는 사용전압이 100[kV] 이하

(6) 교량에 시설하는 전선로(224.6, 335.6)

① 저압 전선로
㉠ 교량의 윗면 또는 옆면에 노면상 5[m] 이상
㉡ 인장강도 2.30[kN] 이상의 것 또는 2.6[mm] 이상 경동선의 절연전선 사용
㉢ 전선과 조영재 사이의 이격거리는 30[cm](케이블 15[cm]) 이상일 것
㉣ 교량의 아랫면에 시설하는 것은 합성수지관 공사, 금속관 공사, 가요전선관 공사 또는 케이블 공사에 의하여 시설할 것

② 고압 전선로
㉠ 교량의 윗면에 노면상 5[m] 이상
㉡ 전선은 케이블인 경우 이외에는 4.0[mm] 이상 경동선 사용
㉢ 전선과 조영재 사이의 이격거리는 30[cm](케이블 15[cm]) 이상일 것

(7) 전선로 전용 교량 등에 시설하는 전선로(224.7, 335.7)

① 저압 전선로
㉠ 버스 덕트 공사에 의하는 경우
- 1구내만에 시설하는 전선로의 전부 또는 일부로 시설할 것
- 덕트에 물이 스며들어 고이지 아니할 것

㉡ 버스 덕트 공사 이외에는 케이블 공사일 것

② 고압 전선로 : 전선은 케이블 또는 고압용의 클로로프렌 캡타이어 케이블
③ 특고압 : 사용전압 100[kV] 이하

(8) 급경사지에 시설하는 전선로(224.8, 335.8)

① 저압 또는 고압의 전선로는 수평거리 3[m] 이상

② 지지점 간의 거리는 15[m] 이하
③ 전선은 케이블인 경우 이외에는 급경사지에 견고하게 붙인 금속제 완금류에 절연성·난연성 및 내수성의 애자로 지지할 것
④ 전선에 적당한 방호장치를 시설
⑤ 저·고압을 같은 급경사지에 시설하는 경우에는 고압 전선로를 저압 전선로의 위로 하고 또한 고압 전선과 저압 전선 사이의 이격거리는 0.5[m] 이상

(9) 옥내에 시설하는 전선로(224.9, 335.9)

① 1구내에만 시설하는 전선로의 일부로 시설
② 1구내 전용의 전선로 중 그 구내에 시설하는 부분의 일부로 시설
③ 동일 모선에 연결한 시설

5 기계·기구 시설 및 옥내배선(340)

[1] 기계 및 기구(341)

(1) 특고압 배전용 변압기의 시설(341.2)

① 사용전선 : 특고압 절연전선 또는 케이블
② 1차 35[kV] 이하, 2차는 저압 또는 고압일 것
③ 특고압측에 개폐기 및 과전류 차단기를 시설할 것

(2) 특고압을 직접 저압으로 변성하는 변압기의 시설(341.3)

① 전기로 등 전류가 큰 전기를 소비하기 위한 변압기
② 발전소·변전소·개폐소의 **소내용** 변압기
③ 특고압 전선로에 접속하는 **배전용** 변압기
④ 사용전압이 35[kV] 이하인 변압기로서 그 특고압측 권선과 저압측 권선이 혼촉한 경우에 자동적으로 변압기를 전로로부터 차단하기 위한 장치를 설치한 것
⑤ 사용전압이 100[kV] 이하인 변압기로서 그 특고압측 권선과 저압측 권선 사이의 접지저항값이 10[Ω] 이하인 금속제의 혼촉방지판이 있는 것
⑥ 교류식 **전기철도용 신호회로**에 전기를 공급하기 위한 변압기

기·출·개·념 **문제**

1. 특고압 전선로에 접속하는 배전용 변압기를 시설하는 경우에 대한 설명으로 틀린 것은?

① 변압기의 2차 전압이 고압인 경우에는 저압측에 개폐기를 시설한다.
② 특고압 전선으로 특고압 절연전선 또는 케이블을 사용한다.
③ 변압기의 특고압측에 개폐기 및 과전류 차단기를 시설한다.
④ 변압기의 1차 전압은 35[kV] 이하, 2차 전압은 저압 또는 고압이어야 한다.

(해설) 특고압측에 개폐기 및 과전류 차단기를 시설할 것

답 ①

기·출·개·념 문제

2. 다음의 변압기는 특고압을 직접 저압으로 변성하는 변압기이다. 이들 중 시설할 수 없는 것은 어느 것인가?

① 중성점 접지식으로 전로에 지기가 생긴 경우에 2초 안에 자동적으로 이를 전로로부터 차단되는 차단장치가 22.9[kV] 가공전선로에 연결된 변압기
② 1차 전압이 22.9[kV]이고, 1차측과 2차측 권선이 혼촉한 경우에 자동적으로 전로로부터 차단되는 차단기가 설치된 변압기
③ 1차 전압이 66[kV]이고, 변압기로서 1차측과 2차측 권선 사이에 혼촉방지판이 있고 이에 10[Ω] 이하의 접지가 된 변압기
④ 1차 전압이 22[kV]이고, 델타(△) 결선된 비접지 변압기로써 2차측 부하설비가 항상 일정하게 유지되도록 된 변압기

해설 **특고압을 직접 저압으로 변성하는 변압기의 시설**
전기로용, 소내용, 배전용 변압기, 접지저항 10[Ω] 이하, 전기철도용 신호회로 답 ④

(3) 고압용 기계기구의 시설(341.8)

① 울타리의 높이와 충전부분까지의 거리 합계를 5[m] 이상으로 하고 위험표시를 하여야 한다.
② 지표상 높이 4.5[m](시가지 외 4[m]) 이상
③ 기계기구의 콘크리트제 함 사용

(4) 특고압용 기계기구의 시설(341.4)

사용전압의 구분	울타리 높이와 울타리로부터 충전부분까지의 거리의 합계 또는 지표상의 높이
35[kV] 이하	5[m]
35[kV]를 넘고, 160[kV] 이하	6[m]
160[kV]를 초과하는 것	6[m]에 160[kV]를 초과하는 10[kV] 또는 그 단수마다 12[cm]를 더한 값

기·출·개·념 문제

1. 변전소에 고압용 기계기구를 시가지 내에 사람이 쉽게 접촉할 우려가 없도록 시설하는 경우 지표상 몇 [m] 이상의 높이에 시설하여야 하는가? (단, 고압용 기계기구에 부속하는 전선으로는 케이블을 사용하였다.)

① 4 ② 4.5 ③ 5 ④ 5.5

해설 지표상 높이 4.5[m](시가지 외 4[m]) 이상 답 ②

2. 345[kV] 변전소의 충전부분에서 5.98[m]의 거리에 울타리를 설치하고자 한다. 울타리의 높이는 몇 [m]인가?

① 2.1 ② 2.3 ③ 2.5 ④ 2.7

해설 울타리의 높이와 충전부분까지의 거리 합계 $h = 6 + 0.12 \times \dfrac{345-160}{10} \fallingdotseq 8.28[\text{m}]$

∴ 울타리 높이 $8.28 - 5.98 = 2.3[\text{m}]$ 답 ②

(5) 고주파 이용 전기설비의 장해 방지(341.5)

아래 그림의 측정장치로 2회 이상 연속하여 10분간 측정하였을 때에 각각 측정값의 최댓값에 대한 평균값이 −30[dB](1[mW]를 0[dB]로 함)일 것

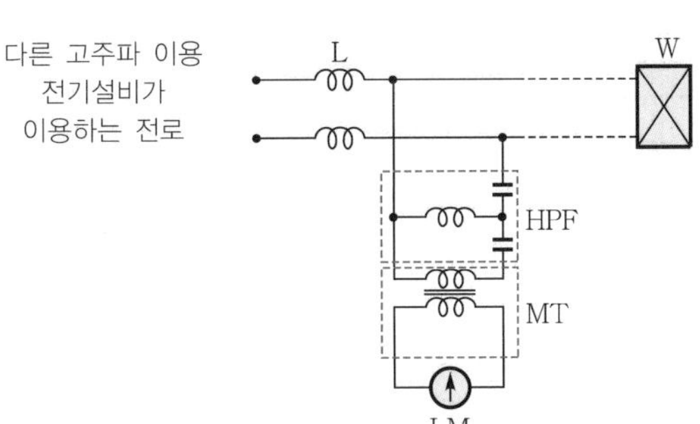

- LM : 선택 레벨계
- MT : 정합변성기
- L : 고주파 대역의 하이임피던스장치(고주파 이용 전기설비가 이용하는 전로와 다른 고주파 이용 전기설비가 이용하는 전로와의 경계점에 시설할 것)
- HPF : 고역여파기
- W : 고주파 이용 전기설비

▌고주파 이용 전기설비의 장해 판정을 위한 측정장치▐

(6) 전기기계기구의 열적 강도(341.6)

전로에 시설하는 변압기, 차단기, 개폐기, 전력용 커패시터, 계기용 변성기 기타의 전기기계기구는 전기기계기구의 열적 강도 확인방법에서 정하는 방법에 규정하는 열적 강도에 적합할 것

(7) 아크를 발생하는 기구의 시설(341.7)

고압용 또는 특고압용의 개폐기·차단기·피뢰기 기타 이와 유사한 기구로서 동작 시에 아크가 생기는 것은 목재의 벽 또는 천장 기타의 가연성 물체로부터 이격하여 시설하여야 한다.

① 고압용의 것에 있어서는 1[m] 이상

② 특고압용의 것에 있어서는 2[m] 이상

기·출·개·념 문제

고압용의 개폐기, 차단기, 피뢰기, 기타 이와 유사한 기구로서 동작 시에 아크가 생기는 것은 목재의 벽 또는 천장 기타의 가연성 물체로부터 몇 [m] 이상 떼어 놓아야 하는가?

① 1	② 0.8
③ 0.5	④ 0.3

(해설) • 고압용의 것 : 1[m] 이상

• 특고압용의 것 : 2[m] 이상

답 ①

(8) 개폐기의 시설(341.9)

① 각 극에 시설하여야 한다.

② 고압용 또는 특고압용은 개폐상태를 표시하여야 한다.

③ 중력 등에 자연히 작동할 우려가 있는 것은 자물쇠 장치를 한다.

④ 부하전류를 차단하기 위한 것이 아닌 개폐기는 부하전류가 통하고 있을 경우 개로될 수 없도록 시설하거나 이를 방지하기 위한 조치를 한다.

㉠ 보기 쉬운 위치에 부하전류의 유무를 표시한 장치
㉡ 전화기 기타의 지령장치
㉢ 터블렛 등 사용

기·출·개·념 **문제**

고압용 또는 특고압용 개폐기를 시설할 때 반드시 조치하지 않아도 되는 것은?

① 작동 시에 개폐상태가 쉽게 확인될 수 없는 경우에는 개폐상태를 표시하는 장치
② 중력 등에 의하여 자연히 작동할 우려가 있는 것은 자물쇠 장치 기타 이를 방지하는 장치
③ 고압용 또는 특고압용이라는 위험표시
④ 부하전류의 차단용이 아닌 것은 부하전류가 통하고 있을 경우 개로할 수 없도록 시설

해설 고압용 또는 특고압용 개폐기에는 고압용 또는 특고압용이라는 위험표시를 하지 않는다.

답 ③

(9) 고압 및 특고압 전로 중의 과전류 차단기의 시설(341.10)

① **포장 퓨즈**는 정격전류의 **1.3배**의 전류에 견디고 또한 **2배의 전류로 120분** 안에 용단되는 것 또는 고압 전류 제한 퓨즈이어야 한다.
② **비포장 퓨즈**는 정격전류의 **1.25배**의 전류에 견디고 또한 **2배의 전류로 2분** 안에 용단되는 것이어야 한다.
③ 과전류 차단기는 이것을 시설하는 곳을 통과하는 단락전류를 차단하는 능력을 가지는 것이어야 한다.
④ 고압 또는 특고압의 과전류 차단기는 그 동작에 따라 그 **개폐상태를 표시**하는 장치가 되어 있는 것이어야 한다.

(10) 과전류 차단기의 시설 제한(341.11)

① 접지공사의 접지도체
② 다선식 전로의 중성선
③ 전로의 일부에 접지공사를 한 저압 가공전선로의 접지측 전선

(11) 지락차단장치 등의 시설(341.12)

① 특고압 전로 또는 고압 전로에 변압기에 의하여 결합되는 사용전압 400[V] 초과의 저압 전로 또는 발전기에서 공급하는 사용전압 400[V] 초과의 저압 전로에는 전로에 지락이 생겼을 때에 자동적으로 전로를 차단하는 장치를 시설하여야 한다.
② 고압 및 특고압 전로 중 다음에 열거하는 곳 또는 이에 근접한 곳에는 전로에 지락이 생겼을 때에 자동적으로 전로를 차단하는 장치를 시설하여야 한다.
㉠ 발전소·변전소 또는 이에 준하는 곳의 **인출구**
㉡ 다른 전기사업자로부터 공급받는 **수전점**
㉢ **배전용 변압기**(단권 변압기를 제외)의 시설장소

(12) 피뢰기의 시설(341.13)

① 고압 및 특고압 전로의 피뢰기 시설

㉠ 발전소·변전소 또는 이에 준하는 장소의 가공전선 인입구 및 인출구

㉡ 특고압 가공전선로에 접속하는 배전용 변압기의 고압측 및 특고압측

㉢ 고압 및 특고압 가공전선로로부터 공급을 받는 수용장소의 인입구

㉣ 가공전선로와 지중전선로가 접속되는 곳

② 피뢰기 시설을 생략하는 경우

㉠ 직접 접속하는 전선이 짧은 경우

㉡ 피보호기기가 보호범위 내에 위치하는 경우

(13) 피뢰기의 접지(341.14)

① 고압 및 특고압의 전로에 시설하는 피뢰기 접지저항값은 10[Ω] 이하로 한다.

② 피뢰기 접지도체가 그 접지공사 전용의 것인 경우에 그 접지공사의 접지저항값이 30[Ω] 이하인 때에는 그 접지공사의 접지저항값을 적용하지 아니한다.

기·출·개·념 **문제**

1. 피뢰기를 설치하지 않아도 되는 곳은?

① 발·변전소의 가공전선 인입구 및 인출구
② 가공전선로의 말구부분
③ 가공전선에 접속한 1차측 전압이 35[kV] 이하인 배전용 변압기의 고압측 및 특고압측
④ 특고압 가공전선로로부터 공급을 받는 수용장소의 인입구

해설 **고압 및 특고압의 전로의 피뢰기 시설**

- 발전소·변전소 또는 이에 준하는 장소의 가공전선 인입구 및 인출구
- 특고압 가공전선로에 접속하는 배전용 변압기의 고압측 및 특고압측
- 고압 및 특고압 가공전선로로부터 공급을 받는 수용장소의 인입구
- 가공전선로와 지중전선로가 접속되는 곳

답 ②

2. 피뢰기를 접지공사할 때 그 접지저항값은 몇 [Ω] 이하이어야 하는가?

① 3 ② 5
③ 7 ④ 10

해설 고압 및 특고압의 전로에 시설하는 피뢰기 접지저항값은 10[Ω] 이하이다.

답 ④

(14) 압축공기 계통(341.15)

발전소·변전소·개폐소 또는 이에 준하는 곳에서 개폐기 또는 차단기에 사용하는 압축공기장치는 다음에 따라 시설하여야 한다.

① 공기압축기는 최고사용압력의 1.5배의 수압(1.25배의 기압)을 연속하여 10분간 가하여 시험을 하였을 때에 이에 견디고 또한 새지 아니할 것

② 공기탱크는 사용압력에서 공기의 보급이 없는 상태로 개폐기 또는 차단기의 투입 및 차단을 연속하여 1회 이상 할 수 있는 용량을 가지는 것일 것
③ 공기압축기·공기탱크 및 압축공기를 통하는 관은 용접에 의한 잔류응력이 생기거나 나사의 조임에 의하여 무리한 하중이 걸리지 아니하도록 할 것
④ 주공기탱크의 압력이 저하한 경우에 자동적으로 압력을 회복하는 장치를 시설할 것
⑤ 주공기탱크 또는 이에 근접한 곳에는 사용압력의 1.5배 이상 3배 이하의 최고 눈금이 있는 압력계를 시설할 것

(15) 절연가스 취급설비(341.16)

발전소·변전소·개폐소 또는 이에 준하는 곳에 시설하는 가스절연기기는 다음에 따라 시설하여야 한다.

① 100[kPa]를 초과하는 절연가스의 압력을 받는 부분으로써 외기에 접하는 부분
  ㉠ 최고사용압력의 1.5배의 수압(1.25배의 기압)을 연속하여 10분간 가하여 시험하였을 때에 이에 견디고 또한 새지 아니하는 것일 것
  ㉡ 정격전압이 52[kV]를 초과하는 가스절연기기로서 용접된 알루미늄 및 용접된 강판구조일 경우는 설계압력의 1.3배, 주물형 알루미늄 및 복합 알루미늄(composite aluminium) 구조일 경우는 설계압력의 2배를 1분 이상 가하였을 때 파열이나 변형이 나타나지 않을 것
② 절연가스는 가연성·부식성 또는 유독성의 것이 아닐 것
③ 절연가스의 압력 저하를 경보하는 장치 또는 절연가스의 압력을 계측하는 장치를 설치할 것
④ 안전밸브를 설치

기·출·개·념 **문제**

발전소나 변전소의 차단기에 사용하는 압축공기장치에 대한 설명 중 틀린 것은?

① 압축공기를 통하는 관은 용접에 의한 잔류응력이 생기지 않도록 할 것
② 주공기탱크에 설치하는 압력계는 사용압력의 1.5배 이상 3배 이하의 최고 눈금이 있는 것일 것
③ 공기압축기는 최소사용압력의 1.25배의 수압으로 10분간 시험하여 견딜 것
④ 주공기탱크의 압력이 저하한 경우에 자동적으로 압력을 회복하는 장치를 할 것

(해설) 최고사용압력의 1.5배의 수압(1.25배의 기압)을 연속하여 10분간 가하여 시험한다. **답** ③

[2] 고압·특고압 옥내 설비의 시설(342)

(1) 고압 옥내배선 등의 시설(342.1)

① 고압 옥내배선 시설 : 애자공사(건조한 장소로서 전개된 장소에 한함), 케이블 공사, 케이블 트레이 공사
  ㉠ 애자공사
    • 전선은 공칭단면적 6[mm^2] 이상의 연동선
    • 전선의 지지점 간의 거리는 6[m] 이하일 것. 다만, 전선을 조영재의 면을 따라 붙이는 경우에는 2[m] 이하이어야 한다.

- 전선 상호 간의 간격은 8[cm] 이상, 전선과 조영재 사이의 이격거리는 5[cm] 이상일 것
- 애자는 절연성·난연성 및 내수성의 것일 것
- 고압 옥내배선은 저압 옥내배선과 쉽게 식별되도록 시설할 것
- 전선이 조영재를 관통하는 경우에는 그 관통하는 부분의 전선을 전선마다 각각 별개의 난연성 및 내수성이 있는 견고한 절연관에 넣을 것

㉡ 케이블 공사

㉢ 케이블 트레이 공사

- 전선은 연피 케이블, 알루미늄피 케이블 등 난연성 케이블, 기타 케이블을 사용하여야 한다.
- 금속제 케이블 트레이 계통은 기계적 및 전기적으로 완전하게 접속하여야 하며 금속제 트레이에는 접지공사로 접지하여야 한다.
- 동일 케이블 트레이 내에 시설하는 케이블의 수는 단심 및 다심 케이블들의 지름의 합계가 케이블 트레이의 내측 폭 이하가 되도록 하고, 케이블은 단층으로 시설할 것

② 고압 옥내배선이 다른 고압 옥내배선·저압 옥내전선·관등회로의 배선·약전류 전선 등 또는 수관·가스관이나 이와 유사한 것과 접근하거나 교차하는 경우에는 고압 옥내배선과 다른 고압 옥내배선·저압 옥내전선·관등회로의 배선·약전류 전선 등 또는 수관·가스관이나 이와 유사한 것 사이의 이격거리는 0.15[m](나전선 0.3[m], 가스계량기 및 가스관의 이음부와 전력량계 및 개폐기와는 0.6[m]) 이상

(2) 옥내 고압용 이동전선의 시설(342.2)

① 전선은 고압용의 캡타이어 케이블일 것

② 이동전선과 전기사용기계기구와는 볼트조임

③ 이동전선에 전기를 공급하는 전로에는 전용 개폐기 및 과전류 차단기를 각 극에 시설하고, 또한 전로에 지락이 생겼을 때에 자동적으로 전로를 차단하는 장치를 시설할 것

(3) 옥내에 시설하는 고압 접촉전선 공사(342.3)

① 고압 접촉전선 시설

㉠ 사람이 접촉할 우려가 없도록 시설

㉡ 전선 : 인장강도 2.78[kN] 이상, 지름 10[mm] 경동선으로 단면적 70[mm^2] 이상인 구부리기 어려운 것

㉢ 집전장치 이동에 의하여 동요하지 않도록 시설

㉣ 전선 지지점 간 거리 6[m] 이하

㉤ 전선 상호 간 간격 30[cm] 이상

㉥ 전선과 조영재 이격거리 20[cm] 이상

㉦ 애자는 절연성, 난연성, 내수성

② 다른 시설물과 이격거리 60[cm] 이상

③ 전용 개폐기 및 과전류 차단기 시설

④ 지락사고 시 자동적으로 전로를 차단하는 장치

⑤ 무선설비의 기능에 장해를 줄 우려가 없도록 시설

(4) 특고압 옥내 전기설비의 시설(342.4)

① 사용전압은 100[kV] 이하. 다만, 케이블 트레이 배선에 의하여 시설하는 경우에는 35[kV] 이하
② 전선은 케이블일 것
③ 케이블은 철재 또는 철근콘크리트제의 관·덕트, 기타의 견고한 방호장치에 넣어 시설할 것
④ 금속체에는 접지공사를 하여야 한다.
⑤ 특고압 옥내배선과 저압 옥내전선·관등회로의 배선 또는 고압 옥내전선 사이의 이격거리는 0.6[m] 이상일 것

05 발전소, 변전소, 개폐소 등의 전기설비(351)

1 발전소 등의 울타리·담 등의 시설(351.1)

(1) 고압 또는 특고압의 기계기구·모선 등을 옥외에 시설하는 발전소·변전소·개폐소

① 울타리·담 등을 시설할 것
② 출입구에는 출입금지의 표시를 할 것
③ 출입구에는 자물쇠 장치, 기타 적당한 장치를 할 것

(2) 울타리·담 등 시설

① 울타리·담 등의 높이는 2[m] 이상
지표면과 울타리·담 등의 하단 사이의 간격은 0.15[m] 이하
② 발전소 등의 울타리·담 등의 시설 시 이격거리

사용전압의 구분	울타리·담 등의 높이와 울타리·담 등으로부터 충전부분까지의 거리의 합계
35[kV] 이하	5[m]
35[kV] 초과 160[kV] 이하	6[m]
160[kV] 초과	6[m]에 160[kV]를 초과하는 10[kV] 또는 그 단수마다 0.12[m]를 더한 값

(3) 고압 또는 특고압의 기계기구, 모선 등을 옥내에 시설하는 발전소·변전소·개폐소

① 출입구에 출입금지의 표시와 자물쇠 장치, 기타 적당한 장치를 할 것
② 견고한 벽을 시설하고 그 출입구에 출입금지의 표시와 자물쇠 장치, 기타 적당한 장치를 할 것

(4) 고압 또는 특고압 가공전선과 금속제의 울타리·담 등이 교차하는 경우

금속제의 울타리·담 등에는 교차점과 좌·우로 45[m] 이내의 개소에 접지공사를 하여야 한다. 고압 가공전선로는 고압 보안공사, 특고압 가공전선로는 제2종 특고압 보안공사에 의하여 시설할 수 있다.

(5) 공장 등의 구내에 있어서 옥외 또는 옥내에 고압 또는 특고압의 기계기구 및 모선 등을 시설

발전소·변전소·개폐소에는 "위험" 경고 표지

기·출·개·념 문제

다음 ( ) 안에 들어가는 내용은?

> 고압 또는 특고압의 기계기구 모선을 옥외에 시설하는 발전소, 변전소, 개폐소 또는 이에 준하는 곳에 시설하는 울타리, 담 등의 높이는 (㉠)[m] 이상으로 하고, 지표면과 울타리, 담 등의 하단 사이의 간격은 (㉡)[cm] 이하로 하여야 한다.

① ㉠ 3, ㉡ 15 ② ㉠ 2, ㉡ 15

③ ㉠ 3, ㉡ 25 ④ ㉠ 2, ㉡ 25

해설 • 울타리·담 등의 높이는 2[m] 이상

• 지표면과 울타리·담 등의 하단 사이의 간격은 0.15[m] 이하

답 ②

2 특고압 전로의 상 및 접속상태의 표시(351.2)

① 특고압 전로에는 그의 보기 쉬운 곳에 **상별 표시**를 하여야 한다.

② 특고압 전로에 대하여는 그 접속상태를 모의모선의 사용 기타의 방법에 의하여 표시하여야 한다. 다만, 이러한 전로에 접속하는 특고압 전선로의 **회선수가 2 이하 단일모선인 경우**에는 그러하지 아니하다.

기·출·개·념 문제

발·변전소의 특고압 전로에서 접속상태를 모의모선 등으로 표시하지 않아도 되는 것은?

① 2회선의 복모선 ② 2회선의 단일모선

③ 4회선의 복모선 ④ 3회선의 단일모선

해설 특고압 전로에 대하여는 그 접속상태를 모의모선의 사용 기타의 방법에 의하여 표시하여야 한다. 다만, 이러한 전로에 접속하는 특고압 전선로의 회선수가 2 이하 단일모선인 경우에는 그러하지 아니하다.

답 ②

3 발전기 등의 보호장치(351.3)

(1) 자동적으로 이를 전로로부터 차단하는 장치를 시설

① 발전기에 **과전류나 과전압**이 생긴 경우

② **용량 500[kVA] 이상**의 발전기를 구동하는 **수차의 압유장치**의 유압 또는 전동식 가이드밴 제어장치, 전동식 니들 제어장치 또는 전동식 디플렉터 제어장치의 전원전압이 현저히 저하한 경우

③ 용량 100[kVA] 이상의 발전기를 구동하는 풍차의 압유장치의 유압, 압축공기장치의 공기압 또는 전동식 브레이드 제어장치의 전원전압이 현저히 저하한 경우
④ 용량 2,000[kVA] 이상인 수차 발전기의 스러스트 베어링의 온도가 현저히 상승한 경우
⑤ 용량 10,000[kVA] 이상인 발전기의 내부에 고장이 생긴 경우
⑥ 정격출력이 10,000[kW]를 초과하는 증기터빈은 그 스러스트 베어링이 현저하게 마모되거나 그의 온도가 현저히 상승한 경우

(2) 연료전지

다음의 경우에 자동적으로 이를 전로에서 차단하고 연료전지에 연료가스 공급을 자동적으로 차단하며 연료전지 내의 연료가스를 자동적으로 배제하는 장치를 시설하여야 한다.

① 연료전지에 과전류가 생긴 경우
② 발전요소의 발전전압에 이상이 생겼을 경우 또는 연료가스 출구에서의 산소농도 또는 공기 출구에서의 연료가스 농도가 현저히 상승한 경우
③ 연료전지의 온도가 현저하게 상승한 경우

(3) 상용전원으로 쓰이는 축전지

과전류가 생겼을 경우에 자동적으로 이를 전로로부터 차단하는 장치를 시설하여야 한다.

기·출·개·념 **문제**

1. 발전기의 용량에 관계없이 자동적으로 이를 전로로부터 차단하는 장치를 시설하여야 하는 경우는?

① 베어링 과열　　② 과전류 인입
③ 유압의 과팽창　　④ 발전기 내부고장

(해설) 발전기의 용량에 관계없이 자동적으로 이를 전로로부터 차단하는 장치를 시설하는 경우는 발전기에 과전류나 과전압이 생긴 경우이다.

답 ②

2. 발전기를 구동하는 수차의 압유장치 유압이 현저히 저하한 경우 자동적으로 이를 전로로부터 차단시키도록 보호장치를 하여야 한다. 용량 몇 [kVA] 이상인 발전기에 자동차단 보호장치를 하는가?

① 500　　② 1,000
③ 1,500　　④ 2,000

(해설) 용량 500[kVA] 이상의 발전기를 구동하는 수차의 압유장치의 유압 또는 전동식 가이드밴 제어장치, 전동식 니들 제어장치 또는 전동식 디플렉터 제어장치의 전원전압이 현저히 저하한 경우

답 ①

4 특고압용 변압기의 보호장치(351.4)

뱅크용량의 구분	동작조건	장치의 종류
5,000[kVA] 이상 10,000[kVA] 미만	변압기 내부 고장	자동차단장치 또는 경보장치
10,000[kVA] 이상	변압기 내부 고장	자동차단장치
타냉식 변압기	냉각장치에 고장 변압기 온도 현저히 상승	경보장치

기·출·개·념 문제

특고압용 변압기는 냉각방식에 따라 온도가 현저히 상승한 경우 이를 경보하는 장치를 시설하도록 되어 있다. 다음에서 그러한 장치가 필요 없는 것은?

① 자냉식
② 수냉식
③ 송유 풍냉식
④ 송유 자냉식

해설

뱅크용량의 구분	동작조건	장치의 종류
타냉식 변압기	냉각장치에 고장 변압기 온도 현저히 상승	경보장치

답 ①

5 조상설비의 보호장치(351.5)

설비 종별	뱅크용량의 구분	자동적으로 차단하는 장치
전력용 커패시터 및 분로리액터	500[kVA] 초과 15,000[kVA] 미만	내부 고장, 과전류
	15,000[kVA] 이상	내부 고장, 과전류, 과전압
조상기	15,000[kVA] 이상	내부 고장

기·출·개·념 문제

과전류가 생긴 경우 자동적으로 전로로부터 차단하는 장치를 하여야 하는 전력용 커패시터의 뱅크용량[kVA]은?

① 500[kVA] 초과 15,000[kVA] 미만
② 500[kVA] 초과 20,000[kVA] 미만
③ 50[kVA] 초과 15,000[kVA] 미만
④ 50[kVA] 초과 20,000[kVA] 미만

해설

설비 종별	뱅크용량의 구분	자동적으로 차단하는 장치
전력용 커패시터 및 분로리액터	500[kVA] 초과 15,000[kVA] 미만	내부 고장, 과전류
	15,000[kVA] 이상	내부 고장, 과전류, 과전압

답 ①

6 계측장치(351.6)

(1) 발전소

① 발전기·연료전지 또는 태양전지 모듈의 **전압 및 전류 또는 전력**
② 발전기의 베어링 및 **고정자의 온도**
③ 정격출력이 10,000[kW]를 초과하는 증기터빈에 접속하는 **발전기의 진동의 진폭**
④ 주요 변압기의 전압 및 전류 또는 전력
⑤ 특고압용 **변압기의 온도**

(2) 정격출력이 10[kW] 미만의 내연력 발전소

연계하는 전력계통에 그 발전소 이외의 전원이 없는 것에 대해서는 전류 및 전력을 측정하는 장치를 시설하지 아니할 수 있다.

(3) 동기발전기를 시설하는 경우

동기검정장치를 시설하여야 한다. 동기발전기를 연계하는 전력계통에는 그 동기발전기 이외의 전원이 없는 경우 또는 동기발전기의 용량이 그 발전기를 연계하는 전력계통의 용량과 비교하여 현저히 적은 경우에는 그러하지 아니하다.

(4) 변전소(전기철도용 주요 변압기의 전압을 계측하는 장치 제외)

① 주요 변압기의 **전압 및 전류 또는 전력**
② 특고압용 변압기의 **온도**

(5) 동기조상기를 시설하는 경우

다음의 사항을 계측하는 장치 및 **동기검정장치**를 시설하여야 한다. 다만, 동기조상기의 용량이 전력계통의 용량과 비교하여 현저히 적은 경우에는 동기검정장치를 시설하지 아니할 수 있다.
① 동기조상기의 전압 및 전류 또는 전력
② 동기조상기의 베어링 및 고정자의 온도

기·출·개·념 **문제**

1. 발전소에는 필요한 계측장치를 시설하여야 한다. 다음 중 시설하지 않아도 되는 계측장치는?

① 발전기의 전압 ② 주요 변압기의 역률
③ 발전기의 고정자 온도 ④ 특고압용 변압기의 온도

(해설) **발전소에 필요한 계측장치**
- 발전기·연료전지 또는 태양전지 모듈의 전압 및 전류 또는 전력
- 발전기의 베어링 및 고정자의 온도
- 정격출력 10,000[kW] 초과하는 증기터빈 발전기의 진동의 진폭
- 주요 변압기의 전압 및 전류 또는 전력
- 특고압용 변압기의 온도

답 ②

기·출·개·념 **문제**

2. 동기조상기의 계측장치에서 동기조상기의 용량이 전력계통의 용량과 비교하여 현저히 저하한 경우에 그 시설을 생략할 수 있는 것은?

① 전압, 전류 및 전력의 측정장치
② 고정자의 온도 측정장치
③ 베어링의 온도 측정장치
④ 동기검정장치

(해설) 동기조상기를 시설하는 경우에는 계측하는 장치 및 동기검정장치를 시설하여야 한다. 다만, 동기조상기의 용량이 전력계통의 용량과 비교하여 현저히 적은 경우에는 동기검정장치를 시설하지 아니할 수 있다.

답 ④

7 배전반의 시설(351.7)

① 발전소·변전소·개폐소 또는 이에 준하는 곳에 시설하는 배전반에 붙이는 기구 및 전선은 점검할 수 있도록 시설하여야 한다.

② 배전반에 고압용 또는 특고압용의 기구 또는 전선을 시설하는 경우에는 취급자에게 위험이 미치지 아니하도록 적당한 방호장치 또는 통로를 시설하여야 하며, 기기조작에 필요한 공간을 확보하여야 한다.

8 상주 감시를 하지 아니하는 발전소의 시설(351.8)

(1) 상주 감시를 하지 아니하는 발전소

① 원동기 및 발전기 또는 연료전지에 자동부하조정장치 또는 부하제한장치를 시설하는 수력발전소, 풍력발전소, 내연력발전소, 연료전지발전소(출력 500[kW] 미만으로서 연료개질계통설비의 압력이 100[kPa] 미만의 인산형의 것에 한함), 및 산업발전소로서 전기공급에 지장을 주지 아니하고 또한 기술원이 그 발전소를 수시 순회하는 경우

② 수력, 풍력, 내연력, 연료전지발전소 및 산업발전소로서 그 발전소를 원격감시 제어하는 제어소에 기술원이 상주하여 감시하는 경우

(2) 발전소는 비상용 예비전원을 얻을 목적으로 시설하는 것 이외의 경우

① 다음과 같은 경우에는 발전기를 전로에서 자동적으로 차단하고 또한 수차 또는 풍차를 자동적으로 정지하는 장치 또는 내연기관에 연료 유입을 자동적으로 차단하는 장치를 시설할 것

㉠ 원동기 제어용의 압유장치의 유압, 압축공기장치의 공기압 또는 전동제어장치의 전원전압이 현저히 저하한 경우

㉡ 원동기의 회전속도가 현저히 상승한 경우

㉢ 발전기에 과전류가 생긴 경우

㉣ 정격출력이 500[kW] 이상의 원동기(풍차를 시가지 그 밖에 인가가 밀집된 지역에 시설하는 경우에는 100[kW] 이상) 또는 그 발전기의 베어링의 온도가 현저히 상승한 경우

ⓜ 용량이 2,000[kVA] 이상의 발전기의 내부에 고장이 생긴 경우
ⓗ 내연기관의 냉각수 온도가 현저히 상승한 경우 또는 냉각수의 공급이 정지된 경우
ⓢ 내연기관의 윤활유 압력이 현저히 저하한 경우
ⓞ 내연력발전소의 제어회로 전압이 현저히 저하한 경우
ⓙ 시가지 그 밖에 인가 밀집지역에 시설하는 것으로서 정격출력이 10[kW] 이상의 풍차의 중요한 베어링 또는 그 부근의 축에서 회전 중에 발생하는 진동의 진폭이 현저히 증대된 경우

② 다음의 경우에 연료전지를 자동적으로 전로로부터 차단하여 연료전지, 연료개질계통설비 및 연료기화기에의 연료의 공급을 자동적으로 차단하고 또한 연료전지 및 연료개질계통설비의 내부의 연료가스를 자동적으로 배제하는 장치를 시설할 것
㉠ 발전소의 운전 제어장치에 이상이 생긴 경우
㉡ 발전소의 제어용 압유장치의 유압, 압축공기장치의 공기압 또는 전동식 제어장치의 전원전압이 현저히 저하한 경우
㉢ 설비 내의 연료가스를 배제하기 위한 불활성 가스 등의 공급 압력이 현저히 저하한 경우

9 상주 감시를 하지 아니하는 변전소의 시설(351.9)

변전소(50[kV]를 초과)의 운전에 필요한 지식 및 기능을 가진 자가 그 변전소에 상주하여 감시를 하지 아니하는 변전소는 다음과 같다.

① 사용전압이 170[kV] 이하의 변압기를 시설하는 변전소로서 기술원이 수시로 순회하거나 그 변전소를 원격감시 제어하는 제어소에서 상시 감시하는 경우
② 사용전압이 170[kV]를 초과하는 변압기를 시설하는 변전소로서 변전제어소에서 상시 감시하는 경우

10 수소냉각식 발전기 등의 시설(351.10)

① 발전기 또는 조상기는 기밀구조(氣密構造)의 것이고 또한 수소가 대기압에서 폭발하는 경우에 생기는 압력에 견디는 강도를 가지는 것일 것
② 발전기축의 밀봉부에는 질소가스를 봉입할 수 있는 장치 또는 발전기 축의 밀봉부로부터 누설된 수소가스를 안전하게 외부에 방출할 수 있는 장치를 시설할 것
③ 발전기 내부 또는 조상기 내부의 수소의 순도가 85 % 이하로 저하한 경우에 이를 경보하는 장치를 시설할 것
④ 발전기 내부 또는 조상기 내부의 수소의 온도 및 압력을 계측하는 장치 및 그 압력이 현저히 변동한 경우에 이를 경보하는 장치를 시설할 것
⑤ 발전기 내부 또는 조상기 내부로 수소를 안전하게 도입할 수 있는 장치 및 발전기 안 또는 조상기 안의 수소를 안전하게 외부로 방출할 수 있는 장치를 시설할 것
⑥ 발전기 또는 조상기에 붙인 유리제의 점검 창 등은 쉽게 파손되지 아니하는 구조로 되어 있을 것

이런 문제가 시험에 나온다!

CHAPTER 04

고압·특고압 전기설비

단원 최근 빈출문제

01 가공 접지선을 사용하여 접지공사를 하는 경우 변압기의 시설장소로부터 몇 [m]까지 떼어놓을 수 있는가? [17년 기사]

① 50　② 100
③ 150　④ 200

해설 **고압 또는 특고압과 저압의 혼촉에 의한 위험방지시설(KEC 322.1)**
토지의 상황에 따라서 규정의 저항치를 얻기 어려운 경우에는 인장강도 5.26[kN] 이상 또는 직경 4[mm] 이상 경동선의 가공 접지선을 저압 가공전선에 준하여 시설할 때에는 접지점을 변압기 시설장소에서 200[m]까지 떼어놓을 수 있다.

02 변압기에 의하여 154[kV]에 결합되는 3,300[V] 전로에는 몇 배 이하의 사용전압이 가하여진 경우에 방전하는 장치를 그 변압기의 단자에 가까운 1극에 시설하여야 하는가? [20년 산업]

① 2　② 3
③ 4　④ 5

해설 **특고압과 고압의 혼촉 등에 의한 위험 방지 시설(KEC 322.3)**
변압기에 의하여 특고압 전로에 결합되는 고압 전로에는 사용전압의 3배 이하인 전압이 가하여진 경우에 방전하는 장치를 그 변압기의 단자에 가까운 1극에 설치하여야 한다.

03 다음 (　)에 들어갈 내용으로 옳은 것은? [20년 기사]

> 전차선로는 무선설비의 기능에 계속적이고 또한 중대한 장해를 주는 (　)가 생길 우려가 있는 경우에는 이를 방지하도록 시설하여야 한다.

① 전파　② 혼촉
③ 단락　④ 정전기

해설 **전파장해의 방지(KEC 331.1)**
전차선로는 무선설비의 기능에 계속적이고 또한 중대한 장해를 주는 전파가 생길 우려가 있는 경우는 이를 방지하도록 시설하여야 한다.

04 특고압 가공전선로에서 발생하는 극저주파 전자계는 지표상 1[m]에서 전계가 몇 [kV/m] 이하가 되도록 시설하여야 하는가? [19년 산업]

① 3.5
② 2.5
③ 1.5
④ 0.5

해설 **유도장해 방지(기술기준 제17조)**
특고압 가공전선로에서 발생하는 극저주파 전자계는 지표상 1[m]에서 전계가 3.5[kV/m] 이하, 자계가 83.3[μT] 이하가 되도록 시설한다.

05 가공전선로의 지지물에 취급자가 오르고 내리는 데 사용하는 발판 볼트 등은 지표상 몇 [m] 미만에 시설하여서는 아니 되는가? [19년 기사]

① 1.2
② 1.8
③ 2.2
④ 2.5

해설 **가공전선로 지지물의 철탑 오름 및 전주 오름 방지(KEC 331.4)**
가공전선로의 지지물에 취급자가 오르고 내리는 데 사용하는 발판못 등을 지표상 1.8[m] 미만에 시설하여서는 아니 된다.

정답 01. ④ 02. ② 03. ① 04. ① 05. ②

06 가공전선로의 지지물이 원형 철근콘크리트주인 경우 갑종 풍압하중은 몇 [Pa]를 기초로 하여 계산하는가? [17년 산업]

① 294
② 588
③ 627
④ 1,078

해설 풍압하중의 종별과 적용(KEC 331.6)

풍압을 받는 구분			풍압하중
지지물	목주		588[Pa]
	철주	원형의 것	588[Pa]
	철근콘크리트주	원형의 것	588[Pa]
	철탑	강관으로 구성되는 것	1,255[Pa]

07 가공전선로에 사용하는 지지물의 강도 계산에 적용하는 갑종 풍압하중을 계산할 때 구성재의 수직 투영면적 1[m^2]에 대한 풍압의 기준으로 틀린 것은? [18년 기사]

① 목주 : 588[Pa]
② 원형 철주 : 588[Pa]
③ 원형 철근콘크리트주 : 882[Pa]
④ 강관으로 구성(단주는 제외)된 철탑 : 1,255[Pa]

해설 풍압하중의 종별과 적용(KEC 331.6)

풍압을 받는 구분			풍압하중
지지물	목주		588[Pa]
	철주	원형의 것	588[Pa]
	철근콘크리트주	원형의 것	588[Pa]
	철탑	강관으로 구성되는 것	1,255[Pa]

08 특고압 전선로에 사용되는 애자장치에 대한 갑종 풍압하중은 그 구성재의 수직 투영면적 1[m^2]에 대한 풍압하중을 몇 [Pa]을 기초로 하여 계산한 것인가? [17년 산업]

① 588
② 666
③ 946
④ 1,039

해설 풍압하중의 종별과 적용(KEC 331.6)

풍압을 받는 구분		갑종 풍압하중
지지물	원형	588[Pa]
	강관 철주	1,117[Pa]
	강관 철탑	1,255[Pa]
전선 가섭선	다도체	666[Pa]
	기타의 것(단도체 등)	745[Pa]
애자장치(특고압 전선용)		1,039[Pa]
완금류		1,196[Pa]

09 가공전선로의 지지물의 강도 계산에 적용하는 풍압하중은 빙설이 많은 지방 이외의 지방에서 저온 계절에는 어떤 풍압하중을 적용하는가? (단, 인가가 연접되어 있지 않다고 한다.) [20년 기사]

① 갑종 풍압하중
② 을종 풍압하중
③ 병종 풍압하중
④ 을종과 병종 풍압하중을 혼용

해설 풍압하중의 종별과 적용(KEC 331.6)

- 빙설이 많은 지방
  - 고온 계절 : 갑종 풍압하중
  - 저온 계절 : 을종 풍압하중
- 빙설이 적은 지방
  - 고온 계절 : 갑종 풍압하중
  - 저온 계절 : 병종 풍압하중

10 인가가 많이 연접되어 있는 장소에 시설하는 가공전선로의 구성재에 병종 풍압하중을 적용할 수 없는 경우는? [18년 산업]

① 저압 또는 고압 가공전선로의 지지물
② 저압 또는 고압 가공전선로의 가섭선
③ 사용전압이 35[kV] 이상의 전선에 특고압 가공전선로에 사용하는 케이블 및 지지물
④ 사용전압이 35[kV] 이하의 전선에 특고압 절연전선을 사용하는 특고압 가공전선로의 지지물

정답 06. ② 07. ③ 08. ④ 09. ③ 10. ②

해설 풍압하중의 종별과 적용(KEC 331.6)
인가가 많이 연접되어 있는 장소에 시설하는 병종 풍압하중을 적용
- 저압 또는 고압 가공전선로의 지지물 또는 가섭선
- 사용전압이 35[kV] 이하의 전선에 특고압 절연전선 또는 케이블을 사용하는 특고압 가공전선로의 지지물, 가섭선 및 특고압 가공전선을 지지하는 애자장치 및 완금류

11 가공전선로의 지지물로 볼 수 없는 것은? [21년 기사]

① 철주 ② 지선
③ 철탑 ④ 철근콘크리트주

해설 정의(기술기준 제3조)
"지지물"이란 목주·철주·철근콘크리트주 및 철탑과 이와 유사한 시설물로서 전선·약전류 전선 또는 광섬유 케이블을 지지하는 것을 주된 목적으로 하는 것을 말한다.

12 가공전선로 지지물 기초의 안전율은 일반적으로 얼마 이상인가? [17년 기사]

① 1.5 ② 2
③ 2.2 ④ 2.5

해설 가공전선로 지지물의 기초의 안전율(KEC 331.7)
지지물의 하중에 대한 기초의 안전율은 2 이상(이상시 상정하중에 대한 철탑의 기초에 대하여서는 1.33 이상)

13 철탑의 강도 계산을 할 때 이상 시 상정하중이 가하여지는 경우 철탑의 기초에 대한 안전율은 얼마 이상이어야 하는가? [18년 기사]

① 1.33 ② 1.83
③ 2.25 ④ 2.75

해설 가공전선로 지지물의 기초의 안전율(KEC 331.7)
지지물의 하중에 대한 기초의 안전율은 2 이상(이상시 상정하중에 대한 철탑의 기초에 대하여서는 1.33 이상)

14 고압 가공전선로의 지지물로서 사용하는 목주의 풍압하중에 대한 안전율은 얼마 이상이어야 하는가? [18년 기사]

① 1.2 ② 1.3
③ 2.2 ④ 2.5

해설 저·고압 가공전선로의 지지물의 강도 등(KEC 332.7)
- 저압 가공전선로의 지지물은 목주인 경우에는 풍압하중의 1.2배의 하중, 기타의 경우에는 풍압하중에 견디는 강도를 가지는 것이어야 한다.
- 고압 가공전선로의 지지물로서 사용하는 목주는 풍압하중에 대한 안전율은 1.3 이상인 것이어야 한다.

15 전체의 길이가 16[m]이고 설계하중이 6.8[kN] 초과 9.8[kN] 이하인 철근콘크리트주를 논, 기타 지반이 연약한 곳 이외의 곳에 시설할 때, 묻히는 깊이를 2.5[m]보다 몇 [cm] 가산하여 시설하는 경우에는 기초의 안전율에 대한 고려 없이 시설하여도 되는가? [19년 산업]

① 10 ② 20
③ 30 ④ 40

해설 가공전선로 지지물의 기초의 안전율(KEC 331.7)
철근콘크리트주로서 전체의 길이가 14[m] 이상 20[m] 이하이고, 설계하중이 6.8[kN] 초과 9.8[kN] 이하의 것을 논이나 그 밖의 지반이 연약한 곳 이외에 시설하는 경우 그 묻히는 깊이는 기준(2.5[m])보다 30[cm]를 가산한다.

16 전체의 길이가 18[m]이고, 설계하중이 6.8[kN]인 철근콘크리트주를 지반이 튼튼한 곳에 시설하려고 한다. 기초 안전율을 고려하지 않기 위해서는 묻히는 깊이를 몇 [m] 이상으로 시설하여야 하는가? [17년 산업]

① 2.5
② 2.8
③ 3
④ 3.2

정답 11. ② 12. ② 13. ① 14. ② 15. ③ 16. ②

해설 가공전선로 지지물의 기초의 안전율(KEC 331.7)
철근콘크리트주로서 그 전체의 길이가 16[m] 초과 20[m] 이하이고, 설계하중이 6.8[kN] 이하의 것을 논이나 그 밖의 지반이 연약한 곳 이외에 그 묻히는 깊이는 2.8[m] 이상

17 가공전선로의 지지물에 시설하는 지선으로 연선을 사용할 경우에는 소선이 최소 몇 가닥 이상이어야 하는가? [17년 기사]

① 3 ② 4
③ 5 ④ 6

해설 지선의 시설(KEC 331.11)
• 소선(素線) 3가닥 이상의 연선일 것
• 소선의 지름이 2.6[mm] 이상의 금속선을 사용한 것일 것

18 가공전선로의 지지물에 시설하는 지선의 시설기준으로 옳은 것은? [19년 기사]

① 지선의 안전율은 2.2 이상이어야 한다.
② 연선을 사용할 경우에는 소선(素線) 3가닥 이상이어야 한다.
③ 도로를 횡단하여 시설하는 지선의 높이는 지표상 4[m] 이상으로 하여야 한다.
④ 지중부분 및 지표상 20[cm]까지의 부분에는 내식성이 있는 것 또는 아연도금을 한다.

해설 지선의 시설(KEC 331.11)
• 지선의 안전율은 2.5 이상. 이 경우에 허용인장하중의 최저는 4.31[kN]
• 지선에 연선을 사용할 경우
  – 소선(素線) 3가닥 이상의 연선일 것
  – 소선의 지름이 2.6[mm] 이상의 금속선을 사용한 것일 것
• 지중부분 및 지표상 30[cm]까지의 부분에는 내식성이 있는 것 또는 아연도금을 한 철봉을 사용하고 쉽게 부식되지 아니하는 근가에 견고하게 붙일 것
• 철탑은 지선을 사용하여 그 강도를 분담시켜서는 아니 된다.

19 가공전선로의 지지물에 지선을 시설하려는 경우 이 지선의 최저 기준으로 옳은 것은? [20년 산업]

① 허용인장하중 : 2.11[kN],
소선지름 : 2.0[mm], 안전율 : 3.0
② 허용인장하중 : 3.21[kN],
소선지름 : 2.6[mm], 안전율 : 1.5
③ 허용인장하중 : 4.31[kN],
소선지름 : 1.6[mm], 안전율 : 2.0
④ 허용인장하중 : 4.31[kN],
소선지름 : 2.6[mm], 안전율 : 2.5

해설 문제 18번 해설 참조

20 저압 가공 인입선 시설 시 도로를 횡단하여 시설하는 경우 노면상 높이는 몇 [m] 이상으로 하여야 하는가? [20년 산업]

① 4 ② 4.5
③ 5 ④ 5.5

해설 저압 인입선의 시설(KEC 221.1.1)
저압 가공 인입선의 높이는 다음과 같다.
• 도로를 횡단하는 경우에는 노면상 5[m]
• 철도 또는 궤도를 횡단하는 경우에는 레일면상 6.5[m] 이상
• 횡단보도교의 위에 시설하는 경우에는 노면상 3[m] 이상

21 고압 인입선 시설에 대한 설명으로 틀린 것은? [17년 기사]

① 15[m] 떨어진 다른 수용가에 고압 연접 인입선을 시설하였다.
② 전선은 5[mm] 경동선과 동등한 세기의 고압 절연전선을 사용하였다.
③ 고압 가공 인입선 아래에 위험표시를 하고 지표상 3.5[m]의 높이에 설치하였다.
④ 횡단보도교 위에 시설하는 경우 케이블을 사용하여 노면상에서 3.5[m]의 높이에 시설하였다.

해설 고압 가공 인입선의 시설(KEC 331.12.1)
고압 연접 인입선은 시설하여서는 아니 된다.

정답 17. ① 18. ② 19. ④ 20. ③ 21. ①

22 저압 옥측 전선로에서 목조의 조영물에 시설할 수 있는 공사방법은? [21년 기사]

① 금속관 공사
② 버스 덕트 공사
③ 합성수지관 공사
④ 케이블 공사(무기물 절연(MI) 케이블을 사용하는 경우)

해설 **옥측 전선로(KEC 221.2)**
저압 옥측 전선로 공사방법
- 애자공사(전개된 장소에 한한다)
- 합성수지관 공사
- 금속관 공사(목조 이외의 조영물에 시설하는 경우에 한한다)
- 버스 덕트 공사[목조 이외의 조영물(점검할 수 없는 은폐된 장소는 제외한다)에 시설하는 경우에 한한다]
- 케이블 공사(연피 케이블, 알루미늄피 케이블 또는 무기물 절연(MI) 케이블을 사용하는 경우에는 목조 이외의 조영물에 시설하는 경우에 한한다)

23 버스 덕트 공사에 의한 저압의 옥측배선 또는 옥외배선의 사용전압이 400[V] 초과인 경우의 시설기준에 대한 설명으로 틀린 것은? [20년 산업]

① 목조 외의 조영물(점검할 수 없는 은폐장소)에 시설할 것
② 버스 덕트는 사람이 쉽게 접촉할 우려가 없도록 시설할 것
③ 버스 덕트는 KS C IEC 60529(2006)에 의한 보호 등급 IPX4에 적합할 것
④ 버스 덕트는 옥외용 버스 덕트를 사용하여 덕트 안에 물이 스며들어 고이지 아니하도록 한 것일 것

해설 **옥측 전선로(KEC 221.2)**
버스 덕트 공사에 의한 저압의 옥측배선 또는 옥외배선의 사용전압이 400[V] 초과인 경우는 다음에 의하여 시설할 것
- 목조 외의 조영물(점검할 수 없는 은폐장소를 제외)에 시설할 것

24 저압 옥상 전선로를 전개된 장소에 시설하는 내용으로 틀린 것은? [18년 기사]

① 전선은 절연전선일 것
② 전선은 지름 2.5[mm] 이상의 경동선의 것
③ 전선과 그 저압 옥상 전선로를 시설하는 조영재와의 이격거리는 2[m] 이상일 것
④ 전선은 조영재에 내수성이 있는 애자를 사용하여 지지하고 그 지지점 간의 거리는 15[m] 이하일 것

해설 **저압 옥상 전선로의 시설(KEC 221.3)**
전선은 인장강도 2.30[kN] 이상의 것 또는 지름 2.6[mm] 이상의 경동선의 것

25 고압 가공전선에 케이블을 사용하는 경우 케이블을 조가용선에 행거로 시설하고자 할 때 행거의 간격은 몇 [cm] 이하로 하여야 하는가? [17년 기사]

① 30 ② 50
③ 80 ④ 100

해설 **가공케이블의 시설(KEC 332.2)**
- 케이블은 조가용선에 행거의 간격을 50[cm] 이하로 시설
- 조가용선은 인장강도 5.93[kN] 이상 또는 단면적 22[mm^2] 이상인 아연도강연선
- 조가용선 및 케이블의 피복에 사용하는 금속체는 접지공사

26 저압 가공전선으로 사용할 수 없는 것은? [20년 기사]

① 케이블
② 절연전선
③ 다심형 전선
④ 나동복 강선

해설 **저압 가공전선의 굵기 및 종류(KEC 222.5)**
저압 가공전선은 나전선(중성선에 한함), 절연전선, 다심형 전선 또는 케이블을 사용해야 한다.

정답 22. ③ 23. ① 24. ② 25. ② 26. ④

27 사용전압이 400[V] 이하인 저압 가공전선은 케이블인 경우를 제외하고는 지름이 몇 [mm] 이상이어야 하는가? (단, 절연전선은 제외한다.) [20년 기사]

① 3.2 ② 3.6
③ 4.0 ④ 5.0

해설 **저압 가공전선의 굵기 및 종류(KEC 222.5)**
사용전압이 400[V] 이하는 인장강도 3.43[kN] 이상의 것 또는 지름 3.2[mm](절연전선은 인장강도 2.3[kN] 이상의 것 또는 지름 2.6[mm] 이상의 경동선) 이상

28 시가지에 시설하는 440[V] 가공전선으로 경동선을 사용하려면 그 지름은 최소 몇 [mm]이어야 하는가? [19년 산업]

① 2.6 ② 3.2
③ 4.0 ④ 5.0

해설 **저압 가공전선의 굵기 및 종류(KEC 222.5)**
- 사용전압이 400[V] 이하는 인장강도 3.43[kN] 이상의 것 또는 지름 3.2[mm](절연전선은 인장강도 2.3[kN] 이상의 것 또는 지름 2.6[mm] 이상의 경동선) 이상
- 사용전압이 400[V] 초과인 저압 가공전선
  - 시가지 : 인장강도 8.01[kN] 이상의 것 또는 지름 5[mm] 이상의 경동선
  - 시가지 외 : 인장강도 5.26[kN] 이상의 것 또는 지름 4[mm] 이상의 경동선

29 고압 가공전선으로 ACSR(강심 알루미늄 연선)을 사용할 때의 안전율은 얼마 이상이 되는 이도(弛度)로 시설하여야 하는가? [20년 산업]

① 1.38 ② 2.1
③ 2.5 ④ 4.01

해설 **고압 가공전선의 안전율(KEC 332.4)**
- 경동선 또는 내열 동합 금선 → 2.2 이상
- 기타 전선(ACSR, 알루미늄 전선 등) → 2.5 이상

30 저압 가공전선의 높이에 대한 기준으로 틀린 것은? [19년 산업]

① 철도를 횡단하는 경우는 레일면상 6.5[m] 이상이다.
② 횡단보도교 위에 시설하는 경우 저압 가공전선은 노면상에서 3[m] 이상이다.
③ 횡단보도교 위에 시설하는 경우 고압 가공전선은 그 노면상에서 3.5[m] 이상이다.
④ 다리의 하부, 기타 이와 유사한 장소에 시설하는 저압의 전기철도용 급전선은 지표상 3.5[m]까지로 감할 수 있다.

해설 **저압 가공전선의 높이(KEC 222.7)**
횡단보도교의 위에 시설하는 경우 저압 가공전선은 그 노면상 3.5[m](전선이 절연전선·다심형 전선·케이블인 경우 3[m]) 이상, 고압 가공전선은 그 노면상 3.5[m] 이상

31 154[kV] 가공전선을 사람이 쉽게 들어갈 수 없는 산지(山地)에 시설하는 경우 전선의 지표상 높이는 몇 [m] 이상으로 하여야 하는가? [18년 산업]

① 5.0 ② 5.5
③ 6.0 ④ 6.5

해설 **특고압 가공전선의 높이(KEC 333.7)**
35[kV] 초과 160[kV] 이하에서 전선 지표상 높이는 6[m](산지 등에서 사람이 쉽게 들어갈 수 없는 장소에 시설하는 경우에는 5[m]) 이상

32 345[kV] 송전선을 사람이 쉽게 들어가지 않는 산지에 시설할 때 전선의 지표상 높이는 몇 [m] 이상으로 하여야 하는가? [20년 기사]

① 7.28 ② 7.56
③ 8.28 ④ 8.56

해설 **특고압 가공전선의 높이(KEC 333.7)**
(345 − 165) ÷ 10 = 18.5이므로 10[kV] 단수는 19이다.

정답 27. ① 28. ④ 29. ③ 30. ② 31. ① 32. ①

산지(山地) 등에서 사람이 쉽게 들어갈 수 없는 장소에 시설하는 경우이므로 전선의 지표상 높이는 $5+0.12\times19=7.28$[m]이다.

33 옥외용 비닐절연전선을 사용한 저압 가공전선이 횡단보도교 위에 시설되는 경우에 그 전선의 노면상 높이는 몇 [m] 이상으로 하여야 하는가? [17년 기사]

① 2.5 ② 3.0
③ 3.5 ④ 4.0

해설 **저압 가공전선의 높이(KEC 222.7)**
횡단보도교의 위에 시설하는 경우에는 저압 가공전선은 그 노면상 3.5[m](절연전선 또는 케이블인 경우에는 3[m]) 이상, 고압 가공전선은 노면상 3.5[m] 이상

34 교통이 번잡한 도로를 횡단하여 저압 가공전선을 시설하는 경우 지표상 높이는 몇 [m] 이상으로 하여야 하는가? [18년 기사]

① 4.0 ② 5.0
③ 6.0 ④ 6.5

해설 **저압 가공전선의 높이(KEC 222.7)**
- 도로를 횡단하는 경우에는 지표상 6[m] 이상
- 철도 또는 궤도를 횡단하는 경우에는 레일면상 6.5[m] 이상

35 저압 및 고압 가공전선의 높이는 도로를 횡단하는 경우와 철도를 횡단하는 경우에 각각 몇 [m] 이상이어야 하는가? [18년 기사]

① 도로 : 지표상 5, 철도 : 레일면상 6
② 도로 : 지표상 5, 철도 : 레일면상 6.5
③ 도로 : 지표상 6, 철도 : 레일면상 6
④ 도로 : 지표상 6, 철도 : 레일면상 6.5

해설 **고압 가공전선의 높이(KEC 332.5)**
- 도로를 횡단하는 경우에는 지표상 6[m] 이상
- 철도 또는 궤도를 횡단하는 경우에는 레일면상 6.5[m] 이상

36 사용전압이 154[kV]인 가공 송전선의 시설에서 전선과 식물과의 이격거리는 일반적인 경우에 몇 [m] 이상으로 하여야 하는가? [19년 기사]

① 2.8 ② 3.2
③ 3.6 ④ 4.2

해설 **특고압 가공전선과 식물의 이격거리 (KEC 333.30)**
60[kV] 넘는 10[kV] 단수는
$(154-60)\div10=9.4$이므로 10단수이다.
그러므로 $2+0.12\times10=3.2$[m]이다.

37 특고압 가공전선로에 사용하는 가공지선에는 지름 몇 [mm] 이상의 나경동선을 사용하여야 하는가? [19년 산업]

① 2.6 ② 3.5
③ 4 ④ 5

해설 **특고압 가공전선로의 가공지선(KEC 333.8)**
가공지선에는 인장강도 8.01[kN] 이상의 나선 또는 지름 5[mm] 이상의 나경동선을 사용

38 동일 지지물에 저압 가공전선(다중 접지된 중성선은 제외)과 고압 가공전선을 시설하는 경우 저압 가공전선은? [19년 산업]

① 고압 가공전선의 위로 하고 동일 완금류에 시설
② 고압 가공전선과 나란하게 하고 동일 완금류에 시설
③ 고압 가공전선의 아래로 하고 별개의 완금류에 시설
④ 고압 가공전선과 나란하게 하고 별개의 완금류에 시설

해설 **저·고압 가공전선 등의 병행 설치(KEC 222.9)**
- 저압 가공전선을 고압 가공전선의 아래로 하고 별개의 완금류에 시설할 것
- 저압 가공전선과 고압 가공전선 사이의 이격거리는 50[cm] 이상일 것

정답 33. ② 34. ③ 35. ④ 36. ② 37. ④ 38. ③

39 다음 (   )에 들어갈 내용으로 옳은 것은? [21년 기사]

> 동일 지지물에 저압 가공전선(다중 접지된 중성선은 제외한다)과 고압 가공전선을 시설하는 경우 고압 가공전선을 저압 가공전선의 (㉠)로 하고, 별개의 완금류에 시설해야 하며, 고압 가공전선과 저압 가공전선 사이의 이격거리는 (㉡)[m] 이상으로 한다.

① ㉠ 아래, ㉡ 0.5　② ㉠ 아래, ㉡ 1
③ ㉠ 위, ㉡ 0.5　④ ㉠ 위, ㉡ 1

해설 **고압 가공전선 등의 병행 설치(KEC 332.8)**
저압 가공전선(다중 접지된 중성선은 제외한다)과 고압 가공전선을 동일 지지물에 시설하는 경우에는 다음에 따라야 한다.
- 저압 가공전선을 고압 가공전선의 아래로 하고 별개의 완금류에 시설할 것
- 저압 가공전선과 고압 가공전선 사이의 이격거리는 0.5[m] 이상일 것

40 저압 가공전선과 고압 가공전선을 동일 지지물에 시설하는 경우 이격거리는 몇 [cm] 이상이어야 하는가? (단, 각도주(角度柱)·분기주(分岐柱) 등에서 혼촉(混觸)의 우려가 없도록 시설하는 경우는 제외한다.) [20년 산업]

① 50　② 60
③ 70　④ 80

해설 **고압 가공전선 등의 병행 설치(KEC 332.8)**
- 저압 가공전선을 고압 가공전선의 아래로 하고 별개의 완금류에 시설할 것
- 저압 가공전선과 고압 가공전선 사이의 이격거리는 50[cm] 이상일 것

41 고압 가공전선로의 지지물로 철탑을 사용한 경우 최대 경간은 몇 [m] 이하이어야 하는가? [19년 기사]

① 300　② 400
③ 500　④ 600

해설 **고압 가공전선로 경간의 제한(KEC 332.9)**

지지물의 종류	경 간
목주·A종	150[m]
B종	250[m]
철탑	600[m]

42 고압 가공전선을 시가지 외에 시설할 때 사용되는 경동선의 굵기는 지름 몇 [mm] 이상인가? [20년 기사]

① 2.6　② 3.2
③ 4.0　④ 5.0

해설 **저압 가공전선의 굵기 및 종류(KEC 222.5)**
사용전압이 400[V] 초과인 저압 가공전선
- 시가지 : 인장강도 8.01[kN] 이상의 것 또는 지름 5[mm] 이상의 경동선
- 시가지 외 : 인장강도 5.26[kN] 이상의 것 또는 지름 4[mm] 이상의 경동선

43 특고압 가공전선로에서 철탑(단주 제외)의 경간은 몇 [m] 이하로 하여야 하는가? [19년 산업]

① 400　② 500
③ 600　④ 700

해설 **특고압 가공전선로의 경간 제한(KEC 333.21)**

지지물의 종류	경 간
목주·A종	150[m]
B종	250[m]
철탑	600[m]

44 단면적 55[mm^2]인 경동연선을 사용하는 특고압 가공전선로의 지지물로 장력에 견디는 형태의 B종 철근콘크리트주를 사용하는 경우, 허용 최대 경간은 몇 [m]인가? [21년 기사]

① 150
② 250
③ 300
④ 500

정답 39. ③ 40. ① 41. ④ 42. ③ 43. ③ 44. ④

해설 **특고압 가공전선로의 경간 제한(KEC 333.21)**
특고압 가공전선로의 전선에 인장강도 21.67[kN] 이상의 것 또는 단면적이 55[mm^2] 이상인 경동연선을 사용하는 경우로서 그 지지물을 다음에 따라 시설할 때에는 목주·A종은 300[m] 이하, B종은 500[m] 이하이어야 한다.

45 고압 보안공사에서 지지물이 A종 철주인 경우 경간은 몇 [m] 이하인가? [18년 기사]

① 100 ② 150
③ 250 ④ 400

해설 **고압 보안공사(KEC 332.10)**

지지물의 종류	경 간
목주·A종	100[m]
B종	150[m]
철탑	400[m]

46 사용전압이 35[kV] 이하인 특고압 가공전선과 가공 약전류 전선 등을 동일 지지물에 시설하는 경우, 특고압 가공전선로는 어떤 종류의 보안공사로 하여야 하는가? [17년 기사]

① 고압 보안공사
② 제1종 특고압 보안공사
③ 제2종 특고압 보안공사
④ 제3종 특고압 보안공사

해설 **특고압 가공전선과 가공 약전류 전선 등의 공용설치(KEC 333.19)**
35[kV] 이하인 특고압 가공전선과 가공 약전류 전선 등을 동일 지지물에 시설하는 경우
- 특고압 가공전선로는 제2종 특고압 보안공사에 의할 것
- 특고압 가공전선은 가공 약전류 전선 등의 위로하고 별개의 완금류에 시설할 것
- 특고압 가공전선은 케이블인 경우 이외에는 인장강도 21.67[kN] 이상의 연선 또는 단면적이 50[mm^2] 이상인 경동연선일 것
- 특고압 가공전선과 가공 약전류 전선 등 사이의 이격거리는 2[m] 이상으로 할 것

47 제1종 특고압 보안공사로 시설하는 전선로의 지지물로 사용할 수 없는 것은? [20년 산업]

① 목주
② 철탑
③ B종 철주
④ B종 철근콘크리트주

해설 **특고압 보안공사(KEC 333.22)**
제1종 특고압 보안공사 전선로의 지지물에는 B종 철주, B종 철근콘크리트주 또는 철탑을 사용하고, A종 및 목주는 시설할 수 없다.

48 154[kV] 가공 송전선로를 제1종 특고압 보안공사로 할 때 사용되는 경동연선의 굵기는 몇 [mm^2] 이상이어야 하는가? [17년 기사]

① 100 ② 150
③ 200 ④ 250

해설 **특고압 보안공사(KEC 333.22)**
제1종 특고압 보안공사의 전선의 굵기

사용전압	전 선
100[kV] 미만	인장강도 21.67[kN] 이상, 55[mm^2] 이상 경동연선
100[kV] 이상 300[kV] 미만	인장강도 58.84[kN] 이상, 150[mm^2] 이상 경동연선
300[kV] 이상	인장강도 77.47[kN] 이상, 200[mm^2] 이상 경동연선

49 제2종 특고압 보안공사 시 B종 철주를 지지물로 사용하는 경우 경간은 몇 [m] 이하인가? [17년 산업]

① 100
② 200
③ 400
④ 500

해설 **특고압 보안공사(KEC 333.22)**

지지물의 종류	경 간
목주·A종	100[m]
B종	150[m]
철탑	400[m]

정답 45. ④ 46. ③ 47. ① 48. ② 49. ③

50 전선의 단면적이 38[mm^2]인 경동연선을 사용하고 지지물로는 B종 철주 또는 B종 철근콘크리트주를 사용하는 특고압 가공전선로를 제3종 특고압 보안공사에 의하여 시설하는 경우 경간은 몇 [m] 이하이어야 하는가? [21년 기사]

① 100 ② 150
③ 200 ④ 250

해설 특고압 보안공사(KEC 333.22)
제3종 특고압 보안공사 시 경간 제한

지지물 종류	경 간
목주·A종	100[m] (인장강도 14.51[kN] 이상의 연선 또는 단면적이 38[mm^2] 이상인 경동연선을 사용하는 경우에는 150[m])
B종	200[m] (인장강도 21.67[kN] 이상의 연선 또는 단면적이 55[mm^2] 이상인 경동연선을 사용하는 경우에는 250[m])
철탑	400[m] (인장강도 21.67[kN] 이상의 연선 또는 단면적이 55[mm^2] 이상인 경동연선을 사용하는 경우에는 600[m])

51 특고압 가공전선이 도로 등과 교차하는 경우에 특고압 가공전선이 도로 등의 위에 시설되는 때에 설치하는 보호망에 대한 설명으로 옳은 것은? [18년 기사]

① 보호망은 접지공사를 하지 않아도 된다.
② 보호망을 구성하는 금속선의 인장강도는 6[kN] 이상으로 한다.
③ 보호망을 구성하는 금속선은 지름 1.0[mm] 이상의 경동선을 사용한다.
④ 보호망을 구성하는 금속선 상호의 간격은 가로, 세로 각 1.5[m] 이하로 한다.

해설 특고압 가공전선과 도로 등의 접근 또는 교차(KEC 333.24)
- 특고압 가공전선로는 제2종 특고압 보안공사에 의할 것
- 보호망은 접지공사를 한 금속제의 망상장치로 하고 견고하게 지지할 것
- 보호망은 특고압 가공전선의 직하에 시설하는 금속선에는 인장강도 8.01[kN] 이상의 것 또는 지름 5[mm] 이상의 경동선을 사용하고 그 밖의 부분에 시설하는 금속선에는 인장강도 5.26[kN] 이상의 것 또는 지름 4[mm] 이상의 경동선을 사용할 것
- 보호망을 구성하는 금속선 상호의 간격은 가로, 세로 각 1.5[m] 이하일 것

52 가섭선에 의하여 시설하는 안테나가 있다. 이 안테나 주위에 경동연선을 사용한 고압 가공전선이 지나가고 있다면 수평 이격거리는 몇 [cm] 이상이어야 하는가? [17년 기사]

① 40 ② 60
③ 80 ④ 100

해설 고압 가공전선과 안테나의 접근 또는 교차(KEC 332.14)
- 고압 가공전선로는 고압 보안공사에 의할 것
- 가공전선과 안테나 사이의 이격거리는 저압은 60[cm](고압 절연전선, 특고압 절연전선 또는 케이블인 경우 30[cm]) 이상, 고압은 80[cm](케이블인 경우 40[cm]) 이상

53 고압 가공전선 상호간의 접근 또는 교차하여 시설되는 경우, 고압 가공전선 상호간의 이격거리는 몇 [cm] 이상이어야 하는가? (단, 고압 가공전선은 모두 케이블이 아니라고 한다.) [19년 산업]

① 50 ② 60
③ 70 ④ 80

해설 고압 가공전선 상호간의 접근 또는 교차(KEC 332.17)
- 위쪽 또는 옆쪽에 시설되는 고압 가공전선로는 고압 보안공사에 의할 것
- 고압 가공전선 상호간의 이격거리는 80[cm](어느 한쪽의 전선이 케이블인 경우에는 40[cm]) 이상일 것

정답 50. ③ 51. ④ 52. ③ 53. ④

54 고압 가공전선이 가공 약전류 전선 등과 접근하는 경우에 고압 가공전선과 가공 약전류 전선 사이의 이격거리는 몇 [cm] 이상이어야 하는가? (단, 전선이 케이블인 경우) [19년 산업]

① 20 ② 30
③ 40 ④ 50

해설 저·고압 가공전선과 가공 약전류 전선 등의 접근 또는 교차(KEC 332.13)
- 고압 가공전선은 고압 보안공사에 의할 것
- 가공 약전류 전선과 이격거리

가공전선의 종류	이격거리
저압 가공전선	60[cm] (고압 절연전선 또는 케이블인 경우에는 30[cm])
고압 가공전선	80[cm] (전선이 케이블인 경우에는 40[cm])

55 사람이 접촉할 우려가 있는 경우 고압 가공전선과 상부 조영재의 옆쪽에서의 이격거리는 몇 [m] 이상이어야 하는가? (단, 전선은 경동연선이라고 한다.) [17년 기사]

① 0.6 ② 0.8
③ 1.0 ④ 1.2

해설 고압 가공전선과 건조물의 접근(KEC 332.11)

조영재의 구분	접근 형태	이격거리
상부 조영재	위쪽	2[m](케이블 1[m])
	옆쪽 또는 아래쪽	1.2[m] (사람이 쉽게 접촉할 우려가 없는 경우 80[cm], 케이블 40[cm])

56 어떤 공장에서 케이블을 사용하는 사용전압이 22[kV]인 가공전선을 건물 옆쪽에서 1차 접근 상태로 시설하는 경우, 케이블과 건물의 조영재 이격거리는 몇 [cm] 이상이어야 하는가? [19년 기사]

① 50 ② 80
③ 100 ④ 120

해설 특고압 가공전선과 건조물과 접근 교차(KEC 333.23)
사용전압이 35[kV] 이하인 특고압 가공전선과 건조물의 조영재 이격거리

건조물과 조영재의 구분	전선 종류	접근 형태	이격거리
상부 조영재	특고압 절연전선	위쪽	2.5[m]
		옆쪽 또는 아래쪽	1.5[m]
	케이블	위쪽	1.2[m]
		옆쪽 또는 아래쪽	0.5[m]

57 345[kV] 가공전선이 154[kV] 가공전선과 교차하는 경우 이들 양 전선 상호간의 이격거리는 몇 [m] 이상이어야 하는가? [17년 기사]

① 4.48 ② 4.96
③ 5.48 ④ 5.82

해설 특고압 가공전선 상호간의 접근 또는 교차(KEC 333.27)
$(345-60)\div10=28.5$이므로 10[kV] 단수는 29이다.
그러므로 이격거리는 $2+0.12\times29=5.48$[m]이다.

58 특고압 가공전선이 가공 약전류 전선 등 저압 또는 고압의 가공전선이나 저압 또는 고압의 전차선과 제1차 접근상태로 시설되는 경우 60[kV] 이하 가공전선과 저·고압 가공전선 등 또는 이들의 지지물이나 지주 사이의 이격거리는 몇 [m] 이상인가? [20년 산업]

① 1.2 ② 2
③ 2.6 ④ 3.2

해설 특고압 가공전선과 저·고압 가공전선 등의 접근 또는 교차(KEC 333.26)

사용전압의 구분	이격거리
60[kV] 이하	2[m]
60[kV] 초과	2[m]에 사용전압이 60[kV]를 초과하는 10[kV] 또는 그 단수마다 0.12[m]를 더한 값

정답 54. ③ 55. ④ 56. ① 57. ③ 58. ②

59 154[kV] 가공전선과 식물과의 최소 이격거리는 몇 [m]인가? [20년 산업]

① 2.8
② 3.2
③ 3.8
④ 4.2

해설 **특고압 가공전선과 식물의 이격거리 (KEC 333.30)**
60[kV] 넘는 10[kV] 단수는 (154−60)÷10=9.4이므로 10단수이다.
∴ 2 + 0.12×10=3.2[m]

60 60[kV] 이하의 특고압 가공전선과 식물과의 이격거리는 몇 [m] 이상이어야 하는가? [17년 산업]

① 2 ② 2.12
③ 2.24 ④ 2.36

해설 **특고압 가공전선과 식물의 이격거리 (KEC 333.30)**
- 60[kV] 이하 : 2[m] 이상
- 60[kV] 초과 : 2[m]에 10[kV] 단수마다 12[cm]씩 가산

61 고압 가공전선이 교류 전차선과 교차하는 경우 고압 가공전선으로 케이블을 사용하는 경우 이외에는 단면적 몇 [mm^2] 이상의 경동연선(교류 전차선 등과 교차하는 부분을 포함하는 경간에 접속점이 없는 것에 한한다.)을 사용하여야 하는가? [20년 산업]

① 14 ② 22
③ 30 ④ 38

해설 **고압 가공전선과 교류 전차선 등의 접근 또는 교차(KEC 332.15)**
저·고압 가공전선에는 케이블을 사용하고 또한 이를 단면적 38[mm^2] 이상인 아연도연선으로서 인장강도 19.61[kN] 이상인 것으로 조가하여 시설할 것

62 농사용 저압 가공전선로의 지지점 간 거리는 몇 [m] 이하이어야 하는가? [21년 기사]

① 30
② 50
③ 60
④ 100

해설 **농사용 저압 가공전선로의 시설(KEC 222.22)**
- 사용전압이 저압일 것
- 전선은 인장강도 1.38[kN] 이상, 지름 2[mm] 이상 경동선
- 지표상 3.5[m] 이상(사람이 쉽게 출입하지 않으면 3[m])
- 경간(지지점 간 거리)은 30[m] 이하

63 농사용 저압 가공전선로의 시설기준으로 틀린 것은? [19년 기사]

① 사용전압이 저압일 것
② 전선로의 경간은 40[m] 이하일 것
③ 저압 가공전선의 인장강도는 1.38[kN] 이상일 것
④ 저압 가공전선의 지표상 높이는 3.5[m] 이상일 것

해설 문제 62번 해설 참조

64 시가지 등에서 특고압 가공전선로를 시설하는 경우 특고압 가공전선로용 지지물로 사용할 수 없는 것은? (단, 사용전압이 170[kV] 이하인 경우이다.) [19년 산업]

① 철탑
② 목주
③ 철주
④ 철근콘크리트주

해설 **시가지 등에서 특고압 가공전선로의 시설 (KEC 333.1)**
지지물에는 철주, 철근콘크리트주 또는 철탑을 사용할 것

정답 59. ② 60. ① 61. ④ 62. ① 63. ② 64. ②

65 사용전압이 22.9[kV]인 가공전선로를 시가지에 시설하는 경우 전선의 지표상 높이는 몇 [m] 이상인가? (단, 전선은 특고압 절연전선을 사용한다.) [21년 기사]

① 6 ② 7
③ 8 ④ 10

해설 시가지 등에서 특고압 가공전선로의 시설(KEC 333.1)

사용전압의 구분	이격거리
35[kV] 이하	10[m] (전선이 특고압 절연전선인 경우에는 8[m])
35[kV] 초과	10[m]에 35[kV]를 초과하는 10[kV] 또는 그 단수마다 0.12[m]를 더한 값

66 시가지에 시설하는 사용전압 170[kV] 이하인 특고압 가공전선로의 지지물이 철탑이고 전선이 수평으로 2 이상 있는 경우에 전선 상호간의 간격이 4[m] 미만인 때에는 특고압 가공전선로의 경간은 몇 [m] 이하이어야 하는가? [21년 기사]

① 100
② 150
③ 200
④ 250

해설 시가지 등에서 특고압 가공전선로의 시설(KEC 333.1)
철탑의 경간 400[m] 이하(다만, 전선이 수평으로 2 이상 있는 경우에 전선 상호간의 간격이 4[m] 미만인 때에는 250[m] 이하)

67 사용전압 66[kV]의 가공전선로를 시가지에 시설할 경우 전선의 지표상 최소 높이는 몇 [m]인가? [19년 기사]

① 6.48
② 8.36
③ 10.48
④ 12.36

해설 시가지 등에서 특고압 가공전선로의 시설(KEC 333.1)

사용전압의 구분	이격거리
35[kV] 이하	10[m] (전선이 특고압 절연전선인 경우에는 8[m])
35[kV] 초과	10[m]에 35[kV]를 초과하는 10[kV] 또는 그 단수마다 0.12[m]를 더한 값

35[kV] 넘는 10[kV] 단수는 $(66-35)\div10=3.1$이므로 4단수이다.
그러므로 $10+0.12\times4=10.48$[m]이다.

68 사용전압 154[kVA]의 가공전선을 시가지에 시설하는 경우 전선의 지표상의 높이는 최소 몇 [m] 이상이어야 하는가? (단, 발전소·변전소 또는 이에 준하는 곳의 구내와 구외를 연결하는 1경간 가공전선은 제외한다.) [19년 산업]

① 7.44 ② 9.44
③ 11.44 ④ 13.44

해설 시가지 등에서 특고압 가공전선로의 시설(KEC 333.1)
35[kV]를 초과하는 10[kV] 단수는
$(154-35)\div10=11.9$이므로 12이다.
그러므로 지표상 높이는
$10+0.12\times12=11.44$[m]이다.

69 시가지에 시설하는 154[kV] 가공전선로를 도로와 제1차 접근상태로 시설하는 경우, 전선과 도로와의 이격거리는 몇 [m] 이상이어야 하는가? [21년 기사]

① 4.4
② 4.8
③ 5.2
④ 5.6

해설 특고압 가공전선과 도로 등의 접근 또는 교차(KEC 333.24)
35[kV]를 초과하는 경우 3[cm]에 10[kV] 단수마다 15[cm]를 가산하므로
10[kV] 단수는 $(154-35)^2 10=11.9=12$
$\therefore 3+(0.15\times12)=4.8$[m]

정답 65.③ 66.④ 67.③ 68.③ 69.②

70 시가지 또는 그 밖에 인가가 밀집한 지역에 154[kV] 가공전선로의 전선을 케이블로 시설하고자 한다. 이때, 가공전선을 지지하는 애자장치의 50[%] 충격섬락전압값이 그 전선의 근접한 다른 부분을 지지하는 애자장치값의 몇 [%] 이상이어야 하는가? [20년 산업]

① 75　② 100
③ 105　④ 110

해설 **시가지 등에서 특고압 가공전선로의 시설(KEC 333.1)**

특고압 가공전선을 지지하는 애자장치는 다음 중 어느 하나에 의할 것

- 50[%] 충격섬락전압값이 그 전선의 근접한 다른 부분을 지지하는 애자장치값의 110[%](사용전압이 130[kV]를 초과하는 경우는 105[%]) 이상인 것
- 아크혼을 붙인 현수애자·장간애자(長幹碍子) 또는 라인포스트애자를 사용하는 것
- 2련 이상의 현수애자 또는 장간애자를 사용하는 것
- 2개 이상의 핀애자 또는 라인포스트애자를 사용하는 것

71 사용전압이 22.9[kV]인 특고압 가공전선과 그 지지물·완금류·지주 또는 지선 사이의 이격거리는 몇 [cm] 이상이어야 하는가? [17년 기사]

① 15　② 20
③ 25　④ 30

해설 **특고압 가공전선과 지지물 등의 이격거리(KEC 333.5)**

사용전압	이격거리[cm]
15[kV] 미만	15
15[kV] 이상 25[kV] 미만	20
25[kV] 이상 35[kV] 미만	25
35[kV] 이상 50[kV] 미만	30
50[kV] 이상 60[kV] 미만	35
60[kV] 이상 70[kV] 미만	40
70[kV] 이상 80[kV] 미만	45
이하 생략	

72 철탑의 강도 계산에 사용하는 이상 시 상정하중을 계산하는 데 사용되는 것은? [19년 기사]

① 미진에 의한 요동과 철구조물의 인장하중
② 뇌가 철탑에 가하여졌을 경우의 충격하중
③ 이상전압이 전선로에 내습하였을 때 생기는 충격하중
④ 풍압이 전선로에 직각 방향으로 가하여지는 경우의 하중

해설 **이상 시 상정하중(KEC 333.14)**

풍압이 전선로에 직각 방향으로 가하여지는 경우의 하중은 각 부재에 대하여 그 부재가 부담하는 수직하중, 수평 횡하중, 수평 종하중으로 한다.

73 특고압 가공전선로의 지지물로 사용하는 B종 철주에서 각도형은 전선로 중 몇 도를 넘는 수평 각도를 이루는 곳에 사용되는가? [19년 기사]

① 1　② 2
③ 3　④ 5

해설 **특고압 가공전선로의 철주·철근콘크리트주 또는 철탑의 종류(KEC 333.11)**

- 직선형 : 3도 이하인 수평 각도
- 각도형 : 3도를 초과하는 수평 각도를 이루는 곳
- 인류형 : 전가섭선을 인류하는 곳에 사용하는 것
- 내장형 : 전선로의 지지물 양쪽의 경간의 차가 큰 곳

74 전가섭선에 대하여 각 가섭선의 상정 최대장력의 33%와 같은 불평균장력의 수평종분력에 의한 하중을 더 고려하여야 하는 철탑은? [21년 산업]

① 직선형　② 각도형
③ 내장형　④ 보강형

해설 **상시 상정하중(KEC 333.13)**

불평균 장력에 의한 수평 종하중 가산

- 내장형 : 상정 최대 장력의 33[%]
- 직선형 : 상정 최대 장력의 3[%]
- 각도형 : 상정 최대 장력의 10[%]

정답 70. ③ 71. ② 72. ④ 73. ③ 74. ②

75 특고압 가공전선로 중 지지물로서 직선형의 철탑을 연속하여 10기 이상 사용하는 부분에는 몇 기 이하마다 내장 애자장치가 되어 있는 철탑 또는 이와 동등 이상의 강도를 가지는 철탑 1기를 시설하여야 하는가? [20년 기사]

① 3 ② 5
③ 7 ④ 10

해설 특고압 가공전선로의 내장형 등의 지지물 시설(KEC 333.16)
특고압 가공전선로 중 지지물로서 직선형의 철탑을 연속하여 10기 이상 사용하는 부분에는 10기 이하마다 내장 애자장치가 되어 있는 철탑 또는 이와 동등 이상의 강도를 가지는 철탑 1기를 시설한다

76 철탑의 강도 계산에 사용하는 이상 시 상정하중의 종류가 아닌 것은? [19년 산업]

① 좌굴 하중 ② 수직 하중
③ 수평 횡하중 ④ 수평 종하중

해설 이상 시 상정하중(KEC 333.14)
철탑의 강도 계산에 사용하는 이상 시 상정하중
• 수직 하중
• 수평 횡하중
• 수평 종하중

77 사용전압 15[kV] 이하인 특고압 가공전선로의 중성선 다중 접지시설은 각 접지도체를 중성선으로부터 분리하였을 경우 1[km]마다의 중성선과 대지 사이의 합성 전기저항값은 몇 [Ω] 이하이어야 하는가? [19년 산업]

① 30 ② 50
③ 400 ④ 500

해설 25[kV] 이하인 특고압 가공전선로의 시설(KEC 333.32)

구 분	각 접지점의 대지 전기저항치	1[km]마다의 합성 전기저항치
15[kV] 이하	300[Ω]	30[Ω]
25[kV] 이하	300[Ω]	15[Ω]

78 22.9[kV] 특고압 가공전선로의 중성선은 다중 접지를 하여야 한다. 각 접지도체를 중성선으로부터 분리하였을 경우 1[km]마다 중성선과 대지 사이의 합성 전기저항값은 몇 [Ω] 이하인가? (단, 전로에 지락이 생겼을 때에 2초 이내에 자동적으로 이를 전로로부터 차단하는 장치가 되어 있다.) [19년 산업]

① 5 ② 10
③ 15 ④ 20

해설 문제 77번 해설 참조

79 중성선 다중 접지식의 것으로 전로에 지락이 생겼을 때에 2초 이내에 자동적으로 이를 전로로부터 차단하는 장치가 되어 있는 22.9[kV] 가공전선로를 상부 조영재의 위쪽에서 접근상태로 시설하는 경우, 가공전선과 건조물과의 이격거리는 몇 [m] 이상이어야 하는가? (단, 전선으로는 나전선을 사용한다고 한다.) [19년 산업]

① 1.2 ② 1.5
③ 2.5 ④ 3.0

해설 25[kV] 이하인 특고압 가공전선로의 시설(KEC 333.32)

건조물의 조영재	접근 형태	전선의 종류	이격거리
상부 조영재	위쪽	나전선	3.0[m]
		특고압 절연전선	2.5[m]
		케이블	1.2[m]
	옆쪽 또는 아래쪽	나전선	1.5[m]
		특고압 절연전선	1.0[m]
		케이블	0.5[m]

80 사용전압이 15[kV] 초과 25[kV] 이하인 특고압 가공전선로가 상호 간 접근 또는 교차하는 경우 사용전선이 양쪽 모두 나전선이라면 이격거리는 몇 [m] 이상이어야 하는가? (단, 중성선 다중 접지방식의 것으로서 전로에 지락이 생겼을 때에 2초 이내에 자동적으로 이를 전로로부터 차단하는 장치가 되어 있다.) [21년 기사]

① 1.0 ② 1.2
③ 1.5 ④ 1.75

정답 75. ④ 76. ① 77. ① 78. ③ 79. ④ 80. ③

해설 25[kV] 이하인 특고압 가공전선로의 시설(KEC 333.32)
특고압 가공전선로가 상호간 접근 또는 교차하는 경우

사용전선의 종류	이격거리
어느 한쪽 또는 양쪽이 나전선인 경우	1.5[m]
양쪽이 특고압 절연전선인 경우	1.0[m]
한쪽이 케이블이고 다른 한쪽이 케이블이거나 특고압 절연전선인 경우	0.5[m]

81 **사용전압이 22.9[kV]인 특고압 가공전선로(중성선 다중 접지식의 것으로서 전로에 지락이 생겼을 때에 2초 이내에 자동적으로 이를 전로로부터 차단하는 장치가 되어 있는 것에 한한다.)가 상호간 접근 또는 교차하는 경우 사용전선이 양쪽 모두 케이블인 경우 이격거리는 몇 [m] 이상인가?** [18년 기사]

① 0.25
② 0.5
③ 0.75
④ 1.0

해설 문제 80번 해설 참조

82 **사용전압이 22.9[kV]인 가공전선이 삭도와 제1차 접근상태로 시설되는 경우, 가공전선과 삭도 또는 삭도용 지주 사이의 이격거리는 몇 [m] 이상으로 하여야 하는가? (단, 전선으로는 특고압 절연전선을 사용한다.)** [21년 기사]

① 0.5
② 1
③ 2
④ 2.12

해설 25[kV] 이하인 특고압 가공전선로의 시설(KEC 333.32)
특고압 가공전선이 삭도와 접근상태로 시설되는 경우에 삭도 또는 그 지주 사이의 이격거리

전선의 종류	이격거리
나전선	2.0[m]
특고압 절연전선	1.0[m]
케이블	0.5[m]

83 **지중전선로의 매설 방법이 아닌 것은?** [19년 기사]

① 관로식
② 인입식
③ 암거식
④ 직접 매설식

해설 지중전선로의 시설(KEC 334.1)
• 지중전선로는 전선에 케이블을 사용
• 관로식·암거식·직접 매설식에 의하여 시설

84 **지중전선로를 직접 매설식에 의하여 시설할 때 중량물의 압력을 받을 우려가 있는 장소에 저압 또는 고압의 지중전선을 견고한 트라프, 기타 방호물에 넣지 않고도 부설할 수 있는 케이블은?** [20년 기사]

① PVC 외장 케이블
② 콤바인덕트 케이블
③ 염화비닐 절연 케이블
④ 폴리에틸렌 외장 케이블

해설 지중전선로(KEC 334.1)
지중전선을 견고한 트라프, 기타 방호물에 넣어 시설하여야 한다. 단, 다음의 어느 하나에 해당하는 경우에는 지중전선을 견고한 트라프, 기타 방호물에 넣지 아니하여도 된다.
• 저압 또는 고압의 지중전선을 차량, 기타 중량물의 압력을 받을 우려가 없는 경우에 그 위를 견고한 판 또는 몰드로 덮어 시설하는 경우
• 저압 또는 고압의 지중전선에 콤바인덕트 케이블 또는 개장(鎧裝)한 케이블을 사용해 시설하는 경우
• 파이프형 압력 케이블, 연피 케이블, 알루미늄피 케이블

정답 81. ② 82. ② 83. ② 84. ②

85 다음 (   )에 들어갈 내용으로 옳은 것은? [21년 기사]

> 지중전선로는 기설 지중 약전류 전선로에 대하여 (㉠) 또는 (㉡)에 의하여 통신상의 장해를 주지 않도록 기설 약전류 전선로로부터 충분히 이격시키거나 기타 적당한 방법으로 시설하여야 한다.

① ㉠ 누설전류, ㉡ 유도작용
② ㉠ 단락전류, ㉡ 유도작용
③ ㉠ 단락전류, ㉡ 정전작용
④ ㉠ 누설전류, ㉡ 정전작용

해설 **지중 약전류 전선의 유도장해 방지(KEC 334.5)**
지중전선로는 기설 지중 약전류 전선로에 대하여 누설전류 또는 유도작용에 의하여 통신상의 장해를 주지 않도록 기설 약전류 전선로로부터 충분히 이격시키거나 기타 적당한 방법으로 시설하여야 한다.

86 지중전선로에 사용하는 지중함의 시설기준으로 틀린 것은? [19년 기사]

① 조명 및 세척이 가능한 적당한 장치를 시설할 것
② 견고하고 차량, 기타 중량물의 압력에 견디는 구조일 것
③ 그 안의 고인 물을 제거할 수 있는 구조로 되어 있을 것
④ 뚜껑은 시설자 이외의 자가 쉽게 열 수 없도록 시설할 것

해설 **지중함의 시설(KEC 334.2)**
- 지중함은 견고하고 차량, 기타 중량물의 압력에 견디는 구조일 것
- 지중함은 그 안의 고인 물을 제거할 수 있는 구조로 되어 있을 것
- 폭발성 또는 연소성의 가스가 침입할 우려가 있는 것에 시설하는 지중함으로서 그 크기가 1[m^3] 이상인 것에는 통풍 장치 기타 가스를 방산시키기 위한 장치를 시설할 것
- 지중함의 뚜껑은 시설자 이외의 자가 쉽게 열 수 없도록 시설할 것

87 지중전선로에 있어서 폭발성 가스가 침입할 우려가 있는 장소에 시설하는 지중함은 크기가 몇 [m^3] 이상일 때 가스를 방산시키기 위한 장치를 시설하여야 하는가? [18년 기사]

① 0.25 ② 0.5
③ 0.75 ④ 1.0

해설 **지중함의 시설(KEC 334.2)**
폭발성 또는 연소성의 가스가 침입할 우려가 있는 것에 시설하는 지중함으로서 그 크기가 1[m^3] 이상인 것에는 통풍장치, 기타 가스를 방산시키기 위한 적당한 장치를 시설할 것

88 특고압 지중전선이 지중 약전류 전선 등과 접근하거나 교차하는 경우에 상호 간의 이격거리가 몇 [cm] 이하인 때에는 두 전선이 직접 접촉하지 아니하도록 하여야 하는가? [20년 기사]

① 15
② 20
③ 30
④ 60

해설 **지중전선과 지중 약전류 전선 등 또는 관과의 접근 또는 교차(KEC 223.6)**
저압 또는 고압의 지중전선은 30[cm] 이하, 특고압 지중전선은 60[cm] 이하이어야 한다.

89 터널 안 전선로의 시설방법으로 옳은 것은? [18년 기사]

① 저압 전선은 지름 2.6[mm]의 경동선의 절연전선을 사용하였다.
② 고압 전선은 절연전선을 사용하여 합성수지관 공사로 하였다.
③ 저압 전선을 애자공사에 의하여 시설하고 이를 레일면상 또는 노면상 2.2[m]의 높이로 시설하였다.
④ 고압 전선을 금속관 공사에 의하여 시설하고 이를 레일면상 또는 노면상 2.4[m]의 높이로 시설하였다.

정답 85. ① 86. ① 87. ④ 88. ④ 89. ①

해설 터널 안 전선로의 시설(KEC 335.1)

구 분	전선의 굵기	노면상 높이	이격 거리
저압	2.30[kN], 2.6[mm] 이상 경동선의 절연전선	2.5[m]	10[cm]
고압	5.26[kN], 4[mm] 이상 경동선의 절연전선	3[m]	15[cm]

90 **터널 안의 전선로의 저압 전선이 그 터널 안의 다른 저압 전선(관등회로의 배선은 제외한다.) 약전류 전선 등 또는 수관·가스관이나 이와 유사한 것과 접근하거나 교차하는 경우, 저압 전선을 애자공사에 의하여 시설하는 때에는 이격거리가 몇 [cm] 이상이어야 하는가? (단, 전선이 나전선이 아닌 경우이다.)** [21년 기사]

① 10
② 15
③ 20
④ 25

해설 • **터널 안 전선로의 전선과 약전류 전선 등 또는 관 사이의 이격거리(KEC 335.2)**
터널 안의 전선로의 저압 전선이 그 터널 안의 다른 저압 전선·약전류 전선 등 또는 수관·가스관이나 이와 유사한 것과 접근하거나 교차하는 경우에는 232.3.7의 규정에 준하여 시설하여야 한다.
• **배선 설비와 다른 공급 설비와의 접근(KEC 232.3.7)**
저압 옥내배선이 다른 저압 옥내배선 또는 관등회로의 배선과 접근하거나 교차하는 경우에 애자공사에 의하여 시설하는 저압 옥내배선과 다른 저압 옥내배선 또는 관등회로의 배선 사이의 이격거리는 0.1 [m](나전선인 경우에는 0.3[m]) 이상이어야 한다.

91 **수상 전선로의 시설기준으로 옳은 것은?** [21년 산업]

① 사용전압이 고압인 경우에는 클로로프렌 캡타이어 케이블을 사용한다.
② 수상 전선로에 사용하는 부대(浮臺)는 쇠사슬 등으로 견고하게 연결한다.
③ 고압인 경우에는 전로에 지락이 생겼을 때에 수동으로 전로를 차단하기 위한 장치를 시설하여야 한다.
④ 수상 전선로의 전선은 부대의 아래에 지지하여 시설하고 또한 그 절연피복을 손상하지 아니하도록 시설하여야 한다.

해설 **수상 전선로의 시설(KEC 335.3)**
사용하는 전선
• 저압 : 클로로프렌 캡타이어 케이블
• 고압 : 고압용 캡타이어 케이블
• 부대(浮臺)는 쇠사슬 등으로 견고하게 연결
• 지락이 생겼을 때에 자동적으로 전로를 차단
• 전선은 부대의 위에 지지하여 시설하고 또한 그 절연피복을 손상하지 아니하도록 시설

92 **교량의 윗면에 시설하는 고압 전선로는 전선의 높이를 교량의 노면상 몇 [m] 이상으로 하여야 하는가?** [20년 기사]

① 3
② 4
③ 5
④ 6

해설 **교량에 시설하는 전선로(KEC 335.6)**
교량에 시설하는 고압 전선로
• 교량의 윗면에 전선의 높이를 교량의 노면상 5[m] 이상으로 할 것
• 케이블일 것. 단, 철도 또는 궤도 전용의 교량에는 인장강도 5.26[kN] 이상의 것 또는 지름 4[mm] 이상의 경동선을 사용
• 전선과 조영재 사이의 이격거리는 30[cm] 이상일 것

정답 90. ① 91. ② 92. ③

93 특수장소에 시설하는 전선로의 기준으로 틀린 것은? [17년 기사]

① 교량의 윗면에 시설하는 저압 전선로는 교량 노면상 5[m] 이상으로 할 것
② 교량에 시설하는 고압 전선로에서 전선과 조영재 사이의 이격거리는 20[cm] 이상일 것
③ 저압 전선로와 고압 전선로를 같은 벼랑에 시설하는 경우 고압 전선과 저압 전선 사이의 이격거리는 50[cm] 이상일 것
④ 벼랑과 같은 수직 부분에 시설하는 전선로는 부득이한 경우에 시설하며, 이때 전선의 지지점 간의 거리는 15[m] 이하로 할 것

해설 문제 92번 해설 참조

94 특고압 옥외 배전용 변압기가 1대일 경우 특고압측에 일반적으로 시설하여야 하는 것은? [18년 기사]

① 방전기
② 계기용 변류기
③ 계기용 변압기
④ 개폐기 및 과전류 차단기

해설 **특고압 배전용 변압기의 시설(KEC 341.2)**
- 변압기의 1차 전압은 35[kV] 이하, 2차 전압은 저압 또는 고압일 것
- 변압기의 특고압측에 개폐기 및 과전류 차단기를 시설할 것

95 특고압을 직접 저압으로 변성하는 변압기를 시설하여서는 아니 되는 변압기는? [18년 기사]

① 광산에서 물을 양수하기 위한 양수기용 변압기
② 전기로 등 전류가 큰 전기를 소비하기 위한 변압기
③ 교류식 전기철도용 신호회로에 전기를 공급하기 위한 변압기
④ 발전소·변전소·개폐소 또는 이에 준하는 곳의 소내용 변압기

해설 **특고압을 직접 저압으로 변성하는 변압기의 시설(KEC 341.3)**
- 전기로용 변압기
- 소내용 변압기
- 중성선 다중 접지한 특고압 변압기
- 100[kV] 이하인 변압기로서 혼촉 방지판의 접지 저항치가 10[Ω] 이하인 것
- 전기철도용 신호회로용 변압기

96 과전류 차단기로 시설하는 퓨즈 중 고압 전로에 사용하는 비포장 퓨즈는 정격전류 2배 전류 시 몇 분 안에 용단되어야 하는가? [20년 기사]

① 1분
② 2분
③ 5분
④ 10분

해설 **고압 및 특고압 전로 중의 과전류 차단기의 시설(KEC 341.11)**
- 포장 퓨즈는 정격전류의 1.3배의 전류에 견디고, 2배의 전류로 120분 안에 용단
- 비포장 퓨즈는 정격전류의 1.25배의 전류에 견디고, 2배의 전류로 2분 안에 용단

97 과전류 차단기로 시설하는 퓨즈 중 고압 전로에 사용하는 포장 퓨즈는 정격전류의 몇 배의 전류에 견디어야 하는가? [18년 기사]

① 1.1
② 1.25
③ 1.3
④ 1.6

해설 **고압 및 특고압 전로 중의 과전류 차단기의 시설(KEC 341.11)**
- 포장 퓨즈는 정격전류의 1.3배의 전류에 견디고 또한 2배의 전류로 120분 안에 용단되는 것
- 비포장 퓨즈는 정격전류의 1.25배의 전류에 견디고 또한 2배의 전류로 2분 안에 용단되는 것

정답 93. ② 94. ④ 95. ① 96. ② 97. ③

98 **과전류 차단기를 설치하지 않아야 할 곳은?** [19년 산업]

① 수용가의 인입선 부분
② 고압 배전 선로의 인출 장소
③ 직접 접지계통에 설치한 변압기의 접지도체
④ 역률 조정용 고압 병렬 콘덴서 뱅크의 분기선

해설 **과전류 차단기의 시설 제한(KEC 341.12)**
- 각종 접지공사의 접지도체
- 다선식 전로의 중성선
- 접지공사를 한 저압 가공전선로의 접지측 전선

99 **피뢰기를 반드시 시설하지 않아도 되는 곳은?** [19년 산업]

① 발전소·변전소의 가공전선의 인출구
② 가공전선로와 지중전선로가 접속되는 곳
③ 고압 가공전선로로부터 수전하는 차단기 2차측
④ 특고압 가공전선로로부터 공급을 받는 수용장소의 인입구

해설 **피뢰기의 시설(KEC 341.13)**
- 발·변전소 혹은 이것에 준하는 장소의 가공전선의 인입구 및 인출구
- 가공전선로에 접속하는 배전용 변압기의 고압측 및 특고압측
- 고압 및 특고압 가공전선로에서 공급을 받는 수용장소의 인입구
- 가공전선로와 지중전선로가 접속되는 곳

100 **발전소의 개폐기 또는 차단기에 사용하는 압축공기장치의 주공기 탱크에 시설하는 압력계의 최고 눈금의 범위로 옳은 것은?** [18년 기사]

① 사용압력의 1배 이상 2배 이하
② 사용압력의 1.15배 이상 2배 이하
③ 사용압력의 1.5배 이상 3배 이하
④ 사용압력의 2배 이상 3배 이하

해설 **압축공기 계통(KEC 341.16)**
주공기 탱크 또는 이에 근접한 곳에는 사용압력의 1.5배 이상 3배 이하의 최고 눈금이 있는 압력계를 시설

101 **고압 옥내배선의 공사방법으로 틀린 것은?** [20년 기사]

① 케이블 공사
② 합성수지관 공사
③ 케이블 트레이 공사
④ 애자공사(건조한 장소로서 전개된 장소에 한함)

해설 **고압 옥내배선 등의 시설(KEC 342.1)**
- 애자공사(건조한 장소로서 전개된 장소에 한함)
- 케이블 공사(MI 케이블 제외)
- 케이블 트레이 공사

102 **건조한 장소로서 전개된 장소에 한하여 고압 옥내배선을 할 수 있는 것은?** [19년 산업]

① 금속관 공사　② 애자공사
③ 합성수지관 공사　④ 가요전선관 공사

해설 **고압 옥내배선 등의 시설(KEC 342.1)**
- 애자공사(건조한 장소로서 전개된 장소에 한한다)
- 케이블 공사(MI 케이블 제외)
- 케이블 트레이 공사

103 **고압 옥내배선의 시설공사로 할 수 없는 것은?** [17년 기사]

① 케이블 공사
② 가요전선관 공사
③ 케이블 트레이 공사
④ 애자공사(건조한 장소로서 전개된 장소)

해설 **고압 옥내배선 등의 시설(KEC 342.1)**
- 애자공사(건조한 장소로서 전개된 장소에 한한다)
- 케이블 공사
- 케이블 트레이 공사

104 **건조한 장소로서 전개된 장소에 고압 옥내배선을 시설할 수 있는 공사방법은?** [17년 기사]

① 덕트 공사　② 금속관 공사
③ 애자공사　④ 합성수지관 공사

정답 98. ③ 99. ③ 100. ③ 101. ② 102. ② 103. ② 104. ③

해설 **고압 옥내배선 등의 시설(KEC 342.1)**
애자공사(건조한 장소로서 전개된 장소에 한한다)
- 케이블 공사(MI 케이블 제외)
- 케이블 트레이 공사

105 **고압 옥내배선을 애자공사로 하는 경우, 전선의 지지점 간의 거리는 전선을 조영재의 면을 따라 붙이는 경우 몇 [m] 이하이어야 하는가?** [19년 산업]

① 1 ② 2
③ 3 ④ 5

해설 **고압 옥내배선 등의 시설(KEC 342.12)**
전선의 지지점 간의 거리는 6[m] 이하일 것. 다만, 전선을 조영재의 면을 따라 붙이는 경우에는 2[m] 이하이어야 한다.

106 **고압 옥내배선이 수관과 접근하여 시설되는 경우에는 몇 [cm] 이상 이격시켜야 하는가?** [19년 기사]

① 15 ② 30
③ 45 ④ 60

해설 **고압 옥내배선 등의 시설(KEC 342.1)**
고압 옥내배선이 다른 고압 옥내배선·저압 옥내전선·관등회로의 배선·약전류 전선 등 또는 수관·가스관이나 이와 유사한 것과 접근하거나 교차하는 경우에 이격거리는 15[cm] 이상이어야 한다.

107 **옥내 고압용 이동전선의 시설기준에 적합하지 않은 것은?** [20년 산업]

① 전선은 고압용의 캡타이어 케이블을 사용하였다.
② 전로에 지락이 생겼을 때 자동적으로 전로를 차단하는 장치를 시설하였다.
③ 이동전선과 전기사용기계기구와는 볼트 조임, 기타의 방법에 의하여 견고하게 접속하였다.
④ 이동전선에 전기를 공급하는 전로의 중성극에 전용 개폐기 및 과전류 차단기를 시설하였다.

해설 **옥내 고압용 이동전선의 시설(KEC 342.2)**
이동전선에 전기를 공급하는 전로에는 전용 개폐기 및 과전류 차단기를 각 극(과전류 차단기는 다선식 전로의 중성극을 제외)에 시설하고, 또한 전로에 지락이 생겼을 때 자동적으로 전로를 차단하는 장치를 시설할 것

108 **특고압을 옥내에 시설하는 경우 그 사용전압의 최대 한도는 몇 [kV] 이하인가? (단, 케이블 트레이 공사는 제외)** [18년 기사]

① 25 ② 80
③ 100 ④ 160

해설 **특고압 옥내 전기설비의 시설(KEC 342.4)**
사용전압은 100[kV] 이하일 것(케이블 트레이 공사 35[kV] 이하)

109 **발전소·변전소 또는 이에 준하는 곳의 특고압 전로에는 그의 보기 쉬운 곳에 어떤 표시를 반드시 하여야 하는가?** [19년 산업]

① 모선(母線) 표시
② 상별(相別) 표시
③ 차단(遮斷) 위험표시
④ 수전(受電) 위험표시

해설 **특고압 전로의 상 및 접속상태의 표시(KEC 351.2)**
발전소·변전소 또는 이에 준하는 곳의 특고압 전로에는 그의 보기 쉬운 곳에 상별(相別) 표시를 하여야 한다. 다만, 이러한 전로에 접속하는 특고압 전선로의 회선수가 2 이하이고 또한 특고압의 모선이 단일모선인 경우에는 그러하지 아니하다.

110 **고압용 기계기구를 시가지에 시설할 때 지표상 몇 [m] 이상의 높이에 시설하고, 또한 사람이 쉽게 접촉할 우려가 없도록 하여야 하는가?** [20년 기사]

① 4.0 ② 4.5
③ 5.0 ④ 5.5

해설 **고압용 기계기구의 시설(KEC 341.9)**
기계기구를 지표상 4.5[m](시가지 외에는 4[m]) 이상의 높이에 시설하고 또한 사람이 쉽게 접촉할 우려가 없도록 시설하는 경우

정답 105. ② 106. ① 107. ④ 108. ③ 109. ② 110. ②

111 고압용 기계기구를 시설하여서는 안 되는 경우는? [19년 기사]

① 시가지 외로서 지표상 3[m]인 경우
② 발전소, 변전소, 개폐소 또는 이에 준하는 곳에 시설하는 경우
③ 옥내에 설치한 기계기구를 취급자 이외의 사람이 출입할 수 없도록 설치한 곳에 시설하는 경우
④ 공장 등의 구내에서 기계기구의 주위에 사람이 쉽게 접촉할 우려가 없도록 적당한 울타리를 설치하는 경우

해설 **고압용 기계기구의 시설(KEC 341.9)**
기계기구를 지표상 4.5[m](시가지 외에는 4[m]) 이상의 높이에 시설하고 또한 사람이 쉽게 접촉할 우려가 없도록 시설하는 경우

112 특고압의 기계기구·모선 등을 옥외에 시설하는 변전소의 구내에 취급자 이외의 자가 들어가지 못하도록 시설하는 울타리·담 등의 높이는 몇 [m] 이상으로 하여야 하는가? [18년 기사]

① 2 ② 2.2
③ 2.5 ④ 3

해설 **발전소 등의 울타리·담 등의 시설(KEC 351.1)**
울타리·담 등의 높이는 2[m] 이상으로 하고 지표면과 울타리·담 등의 하단 사이의 간격은 15[cm] 이하로 할 것

113 사용전압 35,000[V]인 기계기구를 옥외에 시설하는 개폐소의 구내에 취급자 이외의 자가 들어가지 않도록 울타리를 설치할 때 울타리와 특고압의 충전부분이 접근하는 경우에는 울타리의 높이와 울타리로부터 충전 부분까지의 거리의 합은 최소 몇 [m] 이상이어야 하는가? [19년 기사]

① 4 ② 5
③ 6 ④ 7

해설 **특고압용 기계기구시설(KEC 341.4)**

사용전압의 구분	울타리 높이와 울타리로부터 충전 부분까지의 거리의 합계 또는 지표상의 높이
35[kV] 이하	5[m]
35[kV]를 넘고, 160[kV] 이하	6[m]

114 변전소에 울타리·담 등을 시설할 때, 사용전압이 345[kV]이면 울타리·담 등의 높이와 울타리·담 등으로부터 충전부분까지의 거리의 합계는 몇 [m] 이상으로 하여야 하는가? [21년 기사]

① 8.16
② 8.28
③ 8.40
④ 9.72

해설 **발전소 등의 울타리·담 등의 시설(KEC 351.1)**
160[kV]를 넘는 10[kV] 단수는
(345－160)÷10＝18.5이므로 19이다.
그러므로 울타리까지의 거리와 높이의 합계는 다음과 같다.
6 ＋ 0.12×19＝8.28[m]

115 고압 또는 특고압 가공전선과 금속제의 울타리가 교차하는 경우 교차점과 좌우로 몇 [m] 이내의 개소에 접지공사를 하여야 하는가? (단, 전선에 케이블을 사용하는 경우는 제외한다.) [20년 산업]

① 25
② 35
③ 45
④ 55

해설 **발전소 등의 울타리·담 등의 시설(KEC 351.1)**
고압 또는 특고압 가공전선(전선에 케이블을 사용하는 경우는 제외함)과 금속제의 울타리·담 등이 교차하는 경우에 금속제의 울타리·담 등에는 교차점과 좌·우로 45[m] 이내의 개소에 접지공사를 해야 한다.

정답 111. ① 112. ① 113. ② 114. ② 115. ③

116 345[kV] 변전소의 충전 부분에서 5.98[m] 거리에 울타리를 설치할 경우 울타리 최소 높이는 몇 [m]인가? [17년 산업]

① 2.1
② 2.3
③ 2.5
④ 2.7

해설 **특고압용 기계기구시설(KEC 341.4)**
160[kV]를 넘는 10[kV] 단수는
(345 − 160) ÷ 10 = 18.5 ≒ 19
울타리까지의 거리와 높이의 합계는
6 + 0.12 × 19 = 8.28[m]
∴ 울타리 최소 높이는 8.28 − 5.98 = 2.3[m]

117 발전기를 전로로부터 자동적으로 차단하는 장치를 시설하여야 하는 경우에 해당되지 않는 것은? [19년 기사]

① 발전기에 과전류가 생긴 경우
② 용량이 5,000[kVA] 이상인 발전기의 내부에 고장이 생긴 경우
③ 용량이 500[kVA] 이상의 발전기를 구동하는 수차의 압유장치의 유압이 현저히 저하한 경우
④ 용량이 100[kVA] 이상의 발전기를 구동하는 풍차의 압유장치의 유압, 압축공기장치의 공기압이 현저히 저하한 경우

해설 **발전기 등의 보호장치(KEC 351.3)**
발전기 보호 : 자동차단장치를 한다.
- 과전류, 과전압이 생긴 경우
- 500[kVA] 이상 : 수차 압유장치 유압 저하
- 100[kVA] 이상 : 풍차 압유장치 유압 저하
- 2,000[kVA] 이상 : 수차 발전기 베어링 온도 상승
- 10,000[kVA] 이상 : 발전기 내부 고장
- 10,000[kW] 초과 : 증기 터빈의 베어링 마모, 온도 상승

118 발전기를 자동적으로 전로로부터 차단하는 장치를 반드시 시설하지 않아도 되는 경우는? [18년 기사]

① 발전기에 과전류나 과전압이 생긴 경우
② 용량 5,000[kVA] 이상인 발전기의 내부에 고장이 생긴 경우
③ 용량 500[kVA] 이상의 발전기를 구동하는 수차의 압유장치의 유압이 현저히 저하한 경우
④ 용량 2,000[kVA] 이상인 수차 발전기의 스러스트 베어링의 온도가 현저히 상승하는 경우

해설 문제 117번 해설 참조

119 발전기를 구동하는 풍차의 압유장치의 유압, 압축공기장치의 공기압 또는 전동식 브레이드 제어장치의 전원전압이 현저히 저하한 경우 발전기를 자동적으로 전로로부터 차단하는 장치를 시설하여야 하는 발전기 용량은 몇 [kVA] 이상인가? [20년 산업]

① 100
② 300
③ 500
④ 1,000

해설 문제 117번 해설 참조

120 특고압용 타냉식 변압기의 냉각장치에 고장이 생긴 경우를 대비하여 어떤 보호장치를 하여야 하는가? [18년 기사]

① 경보장치
② 속도조정장치
③ 온도시험장치
④ 냉매흐름장치

해설 **특고압용 변압기의 보호장치(KEC 351.4)**
타냉식 변압기의 냉각장치에 고장이 생겨 온도가 현저히 상승할 경우 경보장치를 하여야 한다.

정답 116. ② 117. ② 118. ② 119. ① 120. ①

121 **특고압용 변압기로서 그 내부에 고장이 생긴 경우에 반드시 자동 차단되어야 하는 변압기의 뱅크 용량은 몇 [kVA] 이상인가?** [19년 기사]

① 5,000 ② 10,000
③ 50,000 ④ 100,000

해설 특고압용 변압기의 보호장치(KEC 351.4)

뱅크 용량의 구분	동작 조건	장치의 종류
5,000[kVA] 이상 10,000[kVA] 미만	변압기 내부 고장	자동차단장치 또는 경보장치
10,000[kVA] 이상	변압기 내부 고장	자동차단장치
타냉식 변압기	냉각장치에 고장이 생긴 경우 또는 변압기의 온도가 현저히 상승한 경우	경보장치

122 **내부에 고장이 생긴 경우에 자동적으로 전로로부터 차단하는 장치가 반드시 필요한 것은?** [19년 산업]

① 뱅크 용량 1,000[kVA]인 변압기
② 뱅크 용량 10,000[kVA]인 조상기
③ 뱅크 용량 300[kVA]인 분로 리액터
④ 뱅크 용량 1,000[kVA]인 전력용 커패시터

해설 조상설비의 보호장치(KEC 351.5)

설비 종별	뱅크 용량의 구분	자동 차단하는 장치
전력용 커패시터 및 분로 리액터	500[kVA] 초과 15,000[kVA] 미만	내부에 고장, 과전류
전력용 커패시터 및 분로 리액터	15,000[kVA] 이상	내부에 고장, 과전류, 과전압
조상기	15,000[kVA] 이상	내부에 고장

전력용 커패시터는 뱅크 용량 500[kVA]를 초과하여야 내부 고장 시 차단장치를 한다.

123 **조상설비의 조상기(調相機) 내부에 고장이 생긴 경우에 자동적으로 전로로부터 차단하는 장치를 시설해야 하는 뱅크 용량[kVA]으로 옳은 것은?** [19년 기사]

① 1,000 ② 1,500
③ 10,000 ④ 15,000

해설 조상설비의 보호장치(KEC 351.5)

설비 종별	뱅크 용량	자동 차단 장치
조상기	15,000[kVA] 이상	내부에 고장이 생긴 경우

124 **뱅크 용량 15,000[kVA] 이상인 분로 리액터에서 자동적으로 전로로부터 차단하는 장치가 동작하는 경우가 아닌 것은?** [20년 산업]

① 내부 고장 시
② 과전류 발생 시
③ 과전압 발생 시
④ 온도가 현저히 상승한 경우

해설 조상설비의 보호장치(KEC 351.5)

설비 종별	뱅크 용량의 구분	자동 차단하는 장치
전력용 커패시터 및 분로 리액터	500[kVA] 초과 15,000[kVA] 미만	내부에 고장, 과전류
전력용 커패시터 및 분로 리액터	15,000[kVA] 이상	내부에 고장, 과전류, 과전압
조상기	15,000[kVA] 이상	내부에 고장

125 **변전소의 주요 변압기에 계측 장치를 시설하여 측정하여야 하는 것이 아닌 것은?** [21년 기사]

① 역률
② 전압
③ 전력
④ 전류

해설 계측장치(KEC 351.6)
변전소에 계측장치를 시설하여 측정하는 사항
• 주요 변압기의 전압 및 전류 또는 전력
• 특고압용 변압기의 온도

126 **발전소에서 계측하는 장치를 시설하여야 하는 사항에 해당하지 않는 것은?** [20년 기사]

① 특고압용 변압기의 온도
② 발전기의 회전수 및 주파수
③ 발전기의 전압 및 전류 또는 전력
④ 발전기의 베어링(수중 메탈을 제외한다) 및 고정자의 온도

정답 121. ② 122. ④ 123. ④ 124. ④ 125. ① 126. ②

해설 **발전소 계측장치(KEC 351.6)**

- 발전기, 연료전지 또는 태양전지 모듈의 전압, 전류, 전력
- 발전기 베어링 및 고정자의 온도
- 정격출력 10,000[kW]를 초과하는 증기터빈에 접속하는 발전기의 진동 진폭
- 주요 변압기의 전압, 전류, 전력
- 특고압용 변압기의 유온
- 동기발전기 : 동기검정장치

127 **154/22.9[kV]용 변전소의 변압기에 반드시 시설하지 않아도 되는 계측장치는?**

[19년 산업]

① 전압계
② 전류계
③ 역률계
④ 온도계

해설 **계측장치(KEC 351.6)**

변전소 계측장치

- 주요 변압기의 전압 및 전류 또는 전력
- 특고압용 변압기의 온도

128 **일반 변전소 또는 이에 준하는 곳의 주요 변압기에 반드시 시설하여야 하는 계측장치가 아닌 것은?** [17년 기사]

① 주파수
② 전압
③ 전류
④ 전력

해설 **계측장치(KEC 351.6)**

변전소에는 다음의 사항을 계측하는 장치를 시설하여야 한다.

- 주요 변압기의 전압 및 전류 또는 전력
- 특고압용 변압기의 온도

129 **사용전압이 170[kV] 이하의 변압기를 시설하는 변전소로서 기술원이 상주하여 감시하지는 않으나 수시로 순회하는 경우, 기술원이 상주하는 장소에 경보장치를 시설하지 않아도 되는 경우는?** [21년 기사]

① 옥내 변전소에 화재가 발생한 경우
② 제어회로의 전압이 현저히 저하한 경우
③ 운전 조작에 필요한 차단기가 자동적으로 차단한 후 재폐로한 경우
④ 수소 냉각식 조상기는 그 조상기 안의 수소의 순도가 90[%] 이하로 저하한 경우

해설 **상주 감시를 하지 아니하는 변전소의 시설 (KEC 351.9)**

- 사용전압이 170[kV] 이하의 변압기를 시설하는 변전소
- 경보장치 시설
  - 운전 조작에 필요한 차단기가 자동적으로 차단한 경우
  - 주요 변압기의 전원측 전로가 무전압으로 된 경우
  - 제어회로의 전압이 현저히 저하한 경우
  - 옥내 변전소에 화재가 발생한 경우
  - 출력 3,000[kVA]를 초과하는 특고압용 변압기는 그 온도가 현저히 상승한 경우
  - 특고압용 타냉식 변압기는 그 냉각장치가 고장난 경우
  - 조상기는 내부에 고장이 생긴 경우
  - 수소 냉각식 조상기는 그 조상기 안의 수소의 순도가 90[%] 이하로 저하한 경우, 수소의 압력이 현저히 변동한 경우 또는 수소의 온도가 현저히 상승한 경우
  - 가스절연기기의 절연가스의 압력이 현저히 저하한 경우

130 **변전소를 관리하는 기술원이 상주하는 장소에 경보장치를 시설하지 아니하여도 되는 것은?** [17년 산업]

① 조상기 내부에 고장이 생긴 경우
② 주요 변압기의 전원측 전로가 무전압으로 된 경우
③ 특고압용 타냉식 변압기의 냉각장치가 고장난 경우
④ 출력 2,000[kVA] 특고압용 변압기의 온도가 현저히 상승한 경우

해설 문제 129번 해설 참조

정답 127. ③ 128. ① 129. ③ 130. ④

131 **수소 냉각식 발전기 및 이에 부속하는 수소 냉각장치에 대한 시설기준으로 틀린 것은?**

[21년 기사]

① 발전기 내부의 수소의 온도를 계측하는 장치를 시설할 것

② 발전기 내부의 수소의 순도가 70[%] 이하로 저하한 경우에 경보를 하는 장치를 시설할 것

③ 발전기는 기밀구조의 것이고 또한 수소가 대기압에서 폭발하는 경우에 생기는 압력에 견디는 강도를 가지는 것일 것

④ 발전기 내부의 수소의 압력을 계측하는 장치 및 그 압력이 현저히 변동한 경우에 이를 경보하는 장치를 시설할 것

해설 **수소 냉각식 발전기 등의 시설(KEC 351.10)**

- 수소의 순도가 85[%] 이하로 저하한 경우에 이를 경보하는 장치를 시설할 것
- 수소의 압력을 계측하는 장치 및 그 압력이 현저히 변동한 경우에 이를 경보하는 장치를 시설할 것
- 수소의 온도를 계측하는 장치를 시설할 것

132 **수소 냉각식의 발전기·조상기에 부속하는 수소 냉각장치에서 필요 없는 장치는?**

[19년 산업]

① 수소의 압력을 계측하는 장치

② 수소의 온도를 계측하는 장치

③ 수소의 유량을 계측하는 장치

④ 수소의 순도 저하를 경보하는 장치

해설 문제 131번 해설 참조

정답 131. ② 132. ③

CHAPTER

05 전력보안 통신설비

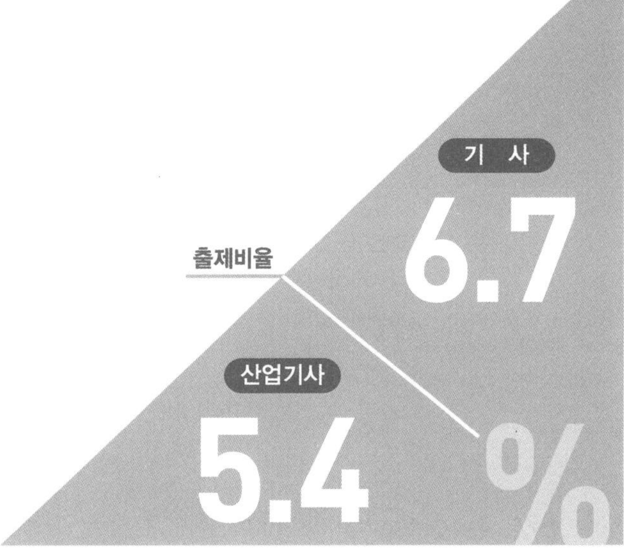

1 전력보안 통신설비의 시설(362)

(1) 전력보안 통신설비의 시설 요구사항(362.1)

① 전력보안 통신설비의 시설장소

㉠ 송전선로

- 66[kV], 154[kV], 345[kV], 765[kV] 계통 송전선로 구간(가공, 지중, 해저) 및 안전상 특히 필요한 경우에 전선로의 적당한 곳
- 고압 및 특고압 지중전선로가 시설되어 있는 전력구 내에서 안전상 특히 필요한 경우의 적당한 곳
- 직류 계통 송전선로 구간 및 안전상 특히 필요한 경우의 적당한 곳
- 송변전 자동화 등 지능형 전력망 구간

㉡ 배전선로

- 22.9[kV] 계통 배전선로 구간(가공, 지중, 해저)
- 22.9[kV] 계통에 연결되는 분산전원형 발전소
- 폐회로 배전 등 신배전방식 도입 개소
- 배전 자동화 원격검침, 부하감시 등의 지능형 전력망 구현을 위해 필요한 구간

㉢ 발전소, 변전소 및 변환소

- 원격감시제어가 되지 아니하는 발전소·원격감시제어가 되지 아니하는 변전소·개폐소, 전선로 및 이를 운용하는 급전소 및 급전분소 간
- 2개 이상의 급전소 상호 간과 이들을 통합 운용하는 급전소 간
- 수력설비 중 필요한 곳, 수력설비의 안전상 필요한 양수소(量水所) 및 강수량 관측소와 수력발전소 간
- 동일 수계에 속하고 안전상 긴급연락의 필요가 있는 수력발전소 상호 간
- 동일 전력계통에 속하고 또한 안전상 긴급연락의 필요가 있는 발전소·변전소 및 개폐소 상호 간
- 발전소·변전소 및 개폐소와 기술원 주재소 간
- 발전소·변전소·개폐소·급전소 및 기술원 주재소와 전기설비의 안전상 긴급 연락의 필요가 있는 기상대·측후소·소방서 및 방사선 감시계측 시설물 등의 사이

㉣ 배전 지능화 주장치가 시설되어 있는 배전센터, 전력수급 조절을 총괄하는 중앙 급전 사령실

㉤ 전력보안통신 데이터를 중계하거나, 교환시키는 정보통신실

② 중요 전력보안 통신설비는 예비전원설비가 구비되어야 한다.

③ 전력보안 통신케이블의 시설기준

㉠ 통신케이블의 종류는 광케이블, 동축케이블 및 차폐용 실드케이블(STP) 또는 이와 동등 이상일 것

㉡ 통신케이블 시공

- 가공 통신케이블은 반드시 조가선에 시설할 것

- 통신케이블은 강전류 전선 또는 가로수나 간판 등 타 공작물과는 법정 최소이격거리를 유지하여 시설할 것
- 전력구 내에 시설하는 지중 통신케이블은 케이블 행거를 사용

(2) 전력보안 통신선의 시설높이와 이격거리(362.2)

① 가공통신선의 높이

㉠ 도로 위에 시설 : **지표상 5[m] 이상**

교통에 지장을 줄 우려가 없는 경우에는 지표상 4.5[m]

㉡ 철도 또는 궤도를 횡단 : **레일면상 6.5[m] 이상**

㉢ 횡단보도교 위에 시설 : 노면상 3[m] 이상

㉣ 기타 : 지표상 3.5[m] 이상

② 가공전선로의 지지물에 시설하는 통신선 또는 이에 직접 접속하는 가공통신선의 높이

㉠ 도로 횡단 : **지표상 6[m] 이상**

저압이나 고압의 가공전선로의 지지물에 시설하는 통신선 또는 이에 직접 접속하는 가공통신선을 시설하는 경우에 교통에 지장을 줄 우려가 없을 때에는 지표상 5[m]까지로 감할 수 있다.

㉡ 철도 또는 궤도를 횡단 : 레일면상 6.5[m] 이상

㉢ 횡단보도교의 위에 시설 : 노면상 5[m] 이상

다만, 다음 중 어느 하나에 해당하는 경우에는 그러하지 아니 하다.

- 저압, 고압의 가공전선로의 지지물에 시설하는 통신선 : 노면상 3.5[m](통신선이 절연전선 3[m]) 이상으로 하는 경우
- 특고압 전선로의 지지물에 시설하는 통신선으로 광섬유 케이블을 사용 : 노면상 4[m] 이상으로 하는 경우

㉣ 기타 : 지표상 5[m] 이상

③ 가공통신선을 수면상에 시설하는 경우에는 그 수면상의 높이를 선박의 항해 등에 지장을 줄 우려가 없도록 유지하여야 한다.

④ 가공전선과 첨가통신선과의 이격거리

㉠ 통신선은 가공전선의 아래에 시설할 것

㉡ 통신선과 저압 가공전선 또는 특고압 가공전선로의 다중 접지를 한 중성선 사이의 이격거리는 0.6[m] 이상일 것

㉢ 통신선과 고압 가공전선 사이의 이격거리는 0.6[m] 이상일 것

㉣ 통신선과 특고압 가공전선(다중 접지 중성선 제외) 사이의 이격거리는 1.2[m](25[kV] 이하 특고압 가공전선은 0.75[m]) 이상일 것

⑤ 특고압 가공전선로의 지지물에 시설하는 통신선 또는 이에 직접 접속하는 통신선이 도로·횡단보도교·철도의 레일·삭도·가공전선·다른 가공 약전류 전선 등 또는 교류 전차선 등과 교차하는 경우

㉠ 통신선이 도로·횡단보도교·철도의 레일 또는 삭도와 교차하는 경우에는 통신선은 단면적 16[mm^2](지름 4[mm])의 절연전선과 동등 이상의 절연효력이 있는 것, 인장강도 8.01[kN] 이상 또는 단면적 25[mm^2](지름 5[mm])의 경동선

㉡ 통신선과 삭도 또는 다른 가공 약전류 전선 등 사이의 이격거리는 0.8[m](통신선이 케이블 또는 광섬유 케이블일 때는 0.4[m]) 이상으로 할 것

㉢ 통신선이 다른 전선과 교차하는 경우

- 저압 가공전선 또는 다른 가공 약전류 전선 등
  단면적 16[mm^2](지름 4[mm])의 절연전선, 인장강도 8.01[kN] 이상의 것 또는 단면적 25[mm^2](지름 5[mm])의 경동선
- 특고압 가공전선과 교차하는 경우에는 그 아래에 시설
  인장강도 8.01[kN] 이상의 것 또는 단면적 25[mm^2](지름 5[mm])의 경동선
  특고압 가공전선과 통신선 사이의 수직거리가 6[m] 이상

(3) 조가선 시설기준(362.3)

① 조가선은 단면적 38[mm^2] 이상의 아연도강연선을 사용할 것

② 조가선의 시설높이, 시설방향 및 시설기준

㉠ 조가선의 시설높이는 362.2(전력보안통신선의 시설높이와 이격거리)에 따른다.

㉡ 조가선 시설방향

- 특고압주 : 특고압 중성도체와 같은 방향
- 저압주 : 저압선과 같은 방향

㉢ 조가선 시설

- 조가선은 설비 안전을 위하여 전주와 전주경간 중에 접속하지 말 것
- 조가선은 부식되지 않는 별도의 금구를 사용하고 조가선 끝단은 날카롭지 않게 할 것
- 말단 배전주와 말단 1경간 전에 있는 배전주에 시설하는 조가선은 장력에 견디는 형태로 시설할 것
- 조가선은 2조까지만 시설할 것
- 과도한 장력에 의한 전주 손상을 방지하기 위하여 전주경간 50[m] 기준 0.4[m] 정도의 이도를 반드시 유지
- +자형 공중교차는 불가피한 경우에 한하여 제한적으로 시공할 수 있다. 다만, T자형 공중교차 시공은 할 수 없다.

③ 조가선 간의 이격거리는 조가선 2개가 시설될 경우에 이격거리는 0.3[m]

④ 조가선 접지

㉠ 조가선은 매 500[m]마다 또는 증폭기, 옥외형 광송수신기 및 전력공급기 등이 시설된 위치에서 단면적 16[mm^2](지름 4[mm]) 이상의 연동선과 접지선 서비스 커넥터 등을 이용하여 접지할 것

㉡ 접지는 전력용 접지와 별도의 독립 접지 시공을 원칙으로 할 것

㉢ 접지선 몰딩은 육안식별이 가능하도록 몰딩 표면에 쉽게 지워지지 않는 방법으로 "통신용 접지선"임을 표시하고, 전력선용 접지선 몰드와는 반대 방향으로 전주의 외관을 따라 수직 방향으로 미려하게 시설하며 2[m] 간격으로 밴딩 처리할 것

(4) 전력유도의 방지(362.4)

전력보안 통신설비는 가공전선로부터의 정전유도작용 또는 전자유도작용에 의하여 사람에게 위험을 줄 우려가 없도록 시설하여야 한다.

① 이상 시 유도위험전압 : 650[V](다만, 고장 시 전류 제거시간이 0.1초 이상인 경우에는 430[V]로 함)

② 상시 유도위험종전압 : 60[V]

③ 기기 오동작 유도종전압 : 15[V]

④ 잡음전압 : 0.5[mV]

기·출·개·념 문제

전력보안 통신설비는 가공전선로부터의 어떤 작용에 의하여 사람에게 위험을 줄 우려가 없도록 시설하여야 하는가?

① 정전유도작용 또는 전자유도작용　　② 표피작용 또는 부식작용
③ 부식작용 또는 정전유도작용　　④ 전압강하작용 또는 전자유도작용

해설 전력보안 통신설비는 가공전선로부터의 정전유도작용 또는 전자유도작용에 의하여 사람에게 위험을 줄 우려가 없도록 시설하여야 한다.

답 ①

(5) 특고압 가공전선로 첨가설치 통신선의 시가지 인입 제한(362.5)

① 특고압 가공전선로의 지지물에 첨가설치하는 통신선 또는 이에 직접 접속하는 통신선은 시가지에 시설하는 통신선에 접속하여서는 아니 된다. 다만, 다음에 해당하는 경우에는 그러하지 아니하다.

㉠ 특고압용 제1종 보안장치, 특고압용 제2종 보안장치 또는 이에 준하는 보안장치를 시설하고 또한 그 중계선륜 또는 배류 중계선륜의 2차측에 시가지의 통신선을 접속하는 경우

㉡ 시가지의 통신선이 절연전선과 동등 이상의 절연효력이 있는 것

② 시가지에 시설하는 통신선은 특고압 가공전선로의 지지물에 시설하여서는 아니 된다. 다만, 통신선이 절연전선과 동등 이상의 절연효력이 있고 인장강도 5.26[kN] 이상의 것 또는 단면적 16[mm^2](지름 4[mm]) 이상의 절연전선 또는 광섬유 케이블인 경우에는 그러하지 아니하다.

③ 보안장치의 표준

㉠ 급전 전용 통신선용 보안장치

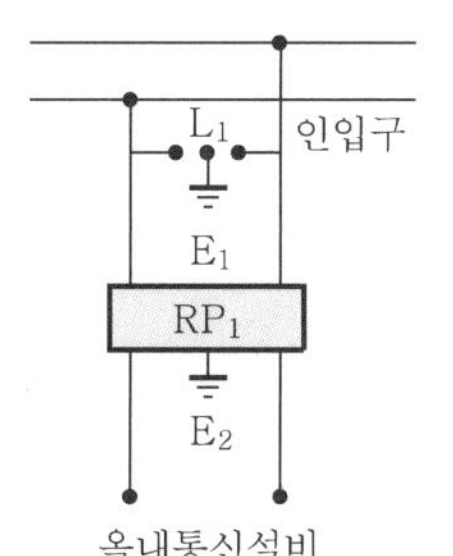

▎급전 전용 통신선용 보안장치▕

- RP_1 : 교류 300[V] 이하에서 동작하고, 최소감도전류가 3[A] 이하로서 최소감도전류 때의 응동시간이 1사이클 이하이고 또한 전류용량이 50[A], 20초 이상인 자복성(自復性)이 있는 릴레이 보안기
- L_1 : 교류 1[kV] 이하에서 동작하는 피뢰기
- E_1 및 E_2 : 접지

㉡ 저압용

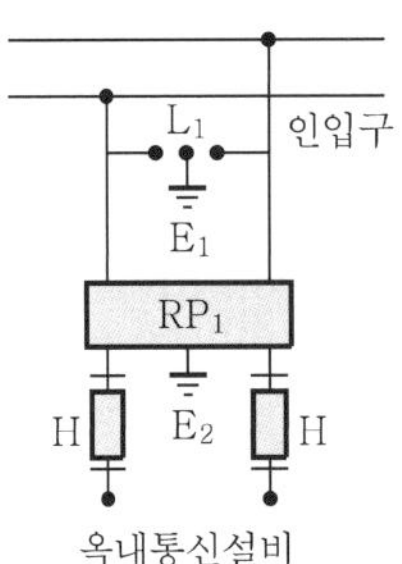

▎저압용 보안장치 ▎

- RP_1 : 교류 300[V] 이하에서 동작하고, 최소감도전류가 3[A] 이하로서 최소감도전류 때의 응동시간이 1사이클 이하이고 또한 전류용량이 50[A], 20초 이상인 자복성(自復性)이 있는 릴레이 보안기
- L_1 : 교류 1[kV] 이하에서 동작하는 피뢰기
- E_1 및 E_2 : 접지
- H : 250[mA] 이하에서 동작하는 열 코일

㉢ 고압용

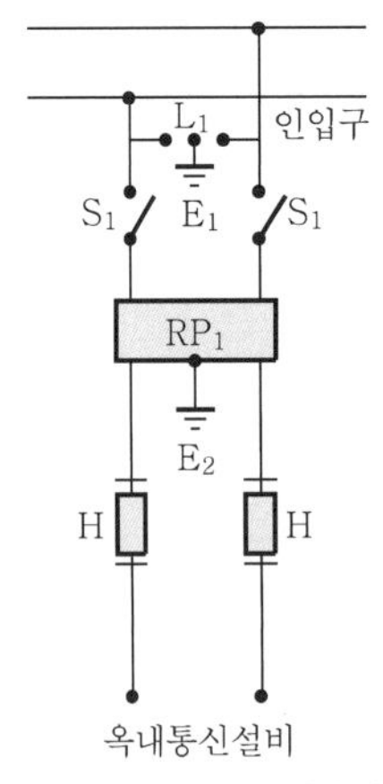

▎고압용 제1종 보안장치 ▎

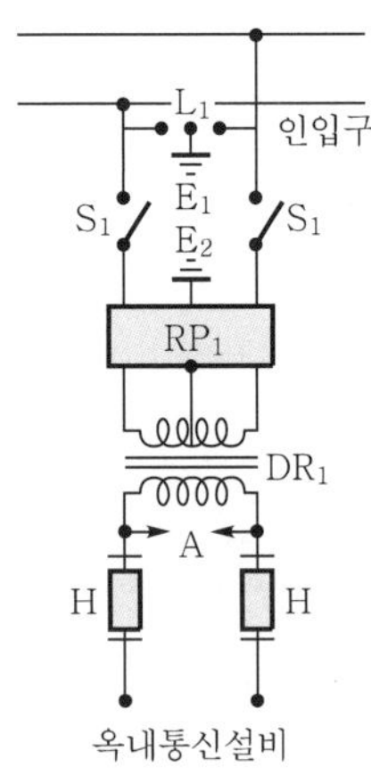

▎고압용 제2종 보안장치 ▎

- S_1 : 인입용 개폐기
- A : 교류 300[V] 이하에서 동작하는 방전갭
- DR_1 : 고압용 배류 중계 코일(선로측 코일과 옥내측 코일 사이 및 선로측 코일과 대지 사이의 절연내력은 교류 3[kV]의 시험전압으로 시험하였을 때 연속하여 1분간 이에 견디는 것일 것)
- RP_1 : 교류 300[V] 이하에서 동작하고, 최소감도전류가 3[A] 이하로서 최소감도전류 때의 응동시간이 1사이클 이하이고 또한 전류용량이 50[A], 20초 이상인 자복성(自復性)이 있는 릴레이 보안기

㉣ 특고압용

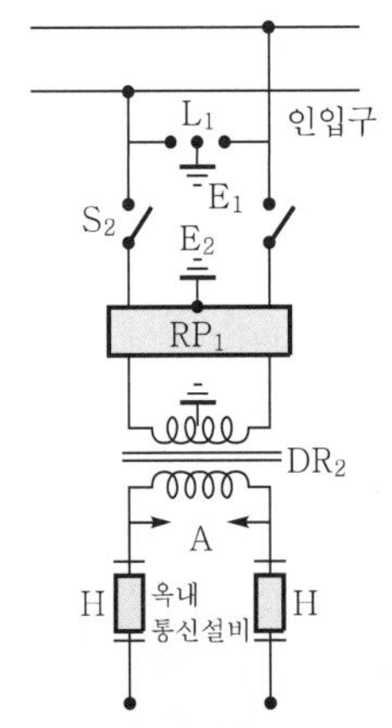

▎특고압용 제1종 보안장치 ▎

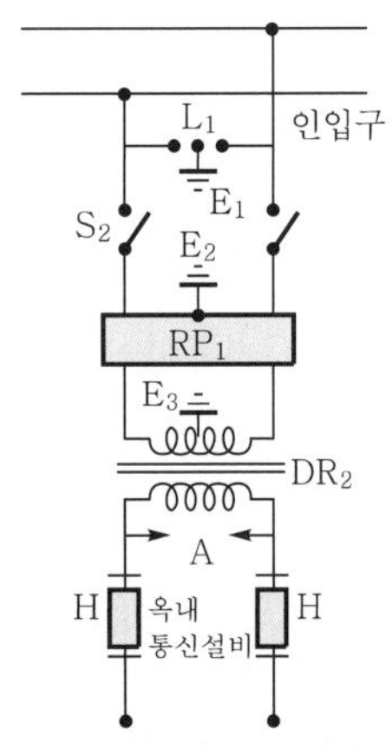

▎특고압용 제2종 보안장치 ▎

- S_2 : 인입용 고압 개폐기
- A : 교류 300[V] 이하에서 동작하는 방전갭
- DR_2 : 특고압용 배류 중계 코일(선로측 코일과 옥내측 코일 사이 및 선로측 코일과 대지 사이의 절연내력은 교류 6[kV]의 시험전압으로 시험하였을 때 연속하여 1분간 이에 견디는 것일 것)
- RP_1 : 교류 300[V] 이하에서 동작하고, 최소감도전류가 3[A] 이하로서 최소감도전류 때의 응동시간이 1사이클 이하이고 또한 전류용량이 50[A], 20초 이상인 자복성(自復性)이 있는 릴레이 보안기

기·출·개·념 문제

다음 그림에서 L_1은 어떤 크기로 동작하는 기기의 명칭인가?

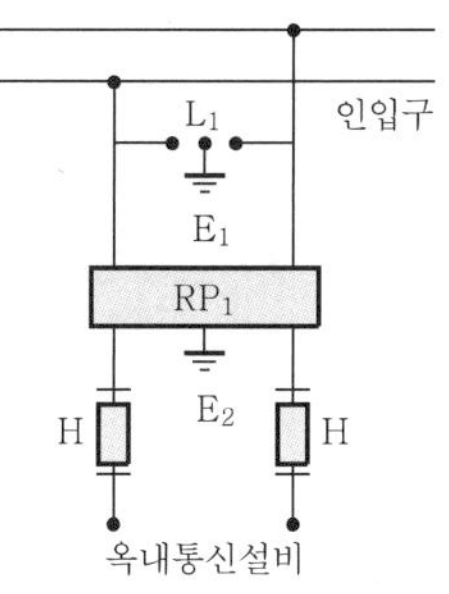

① 교류 1,000[V] 이하에서 동작하는 단로기
② 교류 1,000[V] 이하에서 동작하는 피뢰기
③ 교류 1,500[V] 이하에서 동작하는 단로기
④ 교류 1,500[V] 이하에서 동작하는 피뢰기

해설 L_1 : 교류 1[kV] 이하에서 동작하는 피뢰기

답 ②

(6) 특고압 가공전선로 첨가설치 통신선에 직접 접속하는 옥내 통신선의 시설(362.7)

특고압 가공전선로의 지지물에 시설하는 통신선 또는 이에 직접 접속하는 통신선 중 옥내에 시설하는 부분은 400[V] 이상의 저압 옥내배선시설에 준하여 시설

(7) 통신기기류 시설(362.8)

배전주에 시설되는 광전송장치, 동축장치 등의 기기는 전주로부터 0.5[m] 이상(1.5[m] 이내) 이격하여 승주작업에 장애가 되지 않도록 조가선에 견고하게 고정한다.

(8) 전원공급기의 시설(362.9)

① 전원공급기
  ㉠ 지상에서 4[m] 이상 유지할 것
  ㉡ 누전차단기를 내장할 것
  ㉢ 시설 방향은 인도측으로 시설하며 외함은 접지를 시행할 것
② 기기주, 변대주 및 분기주 등 설비 복잡개소에는 전원공급기를 시설할 수 없다.
③ 전원공급기 시설 시 통신사업자는 기기 전면에 명판을 부착하여야 한다.

(9) 전력보안 통신설비의 보안장치(362.10)

특고압용 제1종 보안장치, 특고압용 제2종 보안장치

(10) 전력선 반송 통신용 결합장치의 보안장치(362.11)

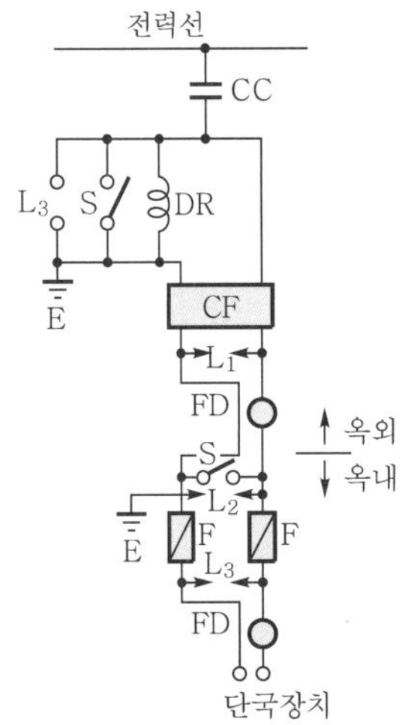

- FD : 동축케이블
- F : 정격전류 10[A] 이하의 포장 퓨즈
- DR : 전류용량 2[A] 이상의 배류 선륜
- L_1 : 교류 300[V] 이하에서 동작하는 피뢰기
- L_2 : 동작전압이 교류 1.3[kV]를 초과하고 1.6[kV] 이하로 조정된 방전갭
- L_3 : 동작전압이 교류 2[kV]를 초과하고 3[kV] 이하로 조정된 구상 방전갭
- S : 접지용 개폐기
- CF : 결합 필터
- CC : 결합 커패시터(결합 안테나를 포함함)
- E : 접지

▌전력선 반송 통신용 결합장치의 보안장치▐

(11) 가공통신 인입선 시설(362.12)

① 가공통신 인입선 부분의 높이
   ㉠ 노면상의 높이는 4.5[m] 이상
   ㉡ 조영물의 붙임점에서의 지표상의 높이는 2.5[m] 이상

② 특고압 가공전선로의 지지물에 시설하는 통신선
   ㉠ 노면상의 높이는 5[m] 이상
   ㉡ 조영물의 붙임점에서의 지표상의 높이는 3.5[m] 이상
   ㉢ 다른 가공 약전류 전선 등 사이의 이격거리는 0.6[m] 이상

2 지중 통신선로 설비(363)

(1) 지중 통신선로 설비 시설(363.1)

① 통신선
   지중 공가설비로 사용하는 광케이블 및 동축케이블은 지름 22[mm] 이하일 것

② 통신선용 내관의 수량
   ㉠ 관로 내의 통신케이블용 내관의 수량은 관로의 여유공간 범위 내에서 시설할 것
   ㉡ 전력구의 행거에 시설하는 내관의 최대 수량은 일단(一段)으로 시설 가능한 수량까지로 제한할 것

③ 전력구 내 통신선의 시설
   ㉠ 전력구 내에서 통신용 행거는 최상단에 시설할 것
   ㉡ 전력구의 통신용 케이블은 반드시 내관 속에 시설하고 그 내관을 행거 위에 시설할 것
   ㉢ 비난연재질인 통신케이블 및 내관을 사용하는 경우에는 난연처리를 하여야 한다.
   ㉣ 전력구에서는 통신케이블을 고정시키기 위해 매 행거마다 내관과 행거를 견고하게 고정할 것

ⓜ 통신용으로 시설하는 행거의 표준은 그 전력구 전력용 행거의 표준을 초과하지 않을 것
ⓑ 통신용 행거 끝에는 행거 안전캡(야광)을 씌울 것
ⓢ 전력케이블이 시설된 행거에는 통신케이블을 시설하지 말 것
ⓞ 전력구에 시설하는 통신용 관로구와 내관은 누수가 되지 않도록 철저히 방수처리 할 것

④ 맨홀 또는 관로에서 통신케이블의 시설
㉠ 맨홀 내 통신케이블은 보호장치를 활용하여 맨홀 측벽으로 정리할 것
㉡ 맨홀 내에서는 통신케이블이 시설된 매 행거마다 통신케이블을 고정할 것
㉢ 맨홀 내에서는 통신케이블을 전력선 위에 얹어 놓는 경우가 없도록 처리할 것
㉣ 배전케이블이 시설되어 있는 관로에 통신케이블을 시설하지 말 것
㉤ 맨홀 내 통신케이블을 시설하는 관로구와 내관은 누수가 되지 않도록 철저히 방수처리 할 것

(2) 맨홀 및 전력구 내 통신기기의 시설(363.2)

① 지중 전력설비 운영 및 유지보수, 화재 등
비상시를 대비하여 전력구 내에는 유무선 비상통신설비를 시설하여야 하며, 무선통신은 급전소, 변전소 등과 지령통신 및 그룹통신이 가능한 방식을 적용하여야 한다.

② 통신기기 중 전원공급기는 맨홀, 전력구 내에 시설하여서는 아니 된다. 다만, 그 외의 기기는 다음의 기준에 의해 시설할 수 있다.
㉠ 맨홀과 전력구 내 통신용 기기는 전력케이블 유지보수에 지장이 없도록 최상단 행거의 위쪽 벽면에 시설하여야 한다.
㉡ 통신용 기기는 맨홀 상부 벽면 또는 전력구 최상부 벽면에 ㄱ자형 또는 T자형 고정 금구류를 시설하고 이탈되지 않도록 견고하게 시설하여야 한다.
㉢ 통신용 기기에서 발생하는 열 등으로 전력케이블에 손상이 가지 않도록 하여야 한다.

3 무선용 안테나(364)

(1) 무선용 안테나 등을 지지하는 철탑 등의 시설(364.1)

전력보안 통신설비인 무선통신용 안테나 또는 반사판을 지지하는 목주·철주·철근콘크리트주 또는 철탑은 다음에 따라 시설하여야 한다. 다만, 무선용 안테나 등이 전선로의 주위 상태를 감시할 목적으로 시설되는 것일 경우에는 그러하지 아니하다.

① 목주의 풍압하중에 대한 안전율은 1.5 이상
② 철주·철근콘크리트주 또는 철탑의 기초 안전율은 1.5 이상

(2) 무선용 안테나 등의 시설 제한(364.2)

무선용 안테나 등은 전선로의 주위 상태를 감시하거나 배전 자동화, 원격검침 등 지능형 전력망을 목적으로 시설하는 것 이외에는 가공전선로의 지지물에 시설하여서는 아니 된다.

4 통신설비의 식별(365)

(1) 모든 통신기기에는 식별이 용이하도록 인식용 표찰을 부착하여야 한다.

(2) 통신사업자의 설비표시 명판은 플라스틱 및 금속판 등 견고하고 가벼운 재질로 하고, 글씨는 각인하거나 지워지지 않도록 제작된 것을 사용하여야 한다.

(3) 설비표시 명판 시설기준

① 배전주에 시설하는 통신설비의 설비표시 명판
㉠ 직선주는 전주 5경간마다 시설할 것
㉡ 분기주, 인류주는 매 전주에 시설할 것

② 지중설비에 시설하는 통신설비의 설비표시 명판
㉠ 관로는 맨홀마다 시설할 것
㉡ 전력구 내 행거는 50[m] 간격으로 시설할 것

이런 문제가 시험에 나온다!

CHAPTER 05

전력보안 통신설비

단원 최근 빈출문제

01 전력보안 통신설비를 시설하여야 하는 곳은? [19년 산업]

① 2 이상의 발전소 상호간
② 원격감시제어가 되는 변전소
③ 원격감시제어가 되는 급전소
④ 원격감시제어가 되지 않는 발전소

해설 **전력보안 통신설비의 시설(KEC 362)**
전력보안 통신용 전화설비를 시설하는 곳
- 원격감시가 되지 아니하는 발전소·변전소·발전 제어소·변전 제어소·개폐소 및 전선로의 기술원 주재소와 급전소 간
- 2 이상의 급전소 상호간

02 횡단보도교 위에 시설하는 경우 그 노면상 전력보안 가공통신선의 높이는 몇 [m] 이상인가? [18년 산업]

① 3 ② 4
③ 5 ④ 6

해설 **전력보안 통신선의 시설높이와 이격거리(KEC 362.2)**
- 도로 위에 시설하는 경우에는 지표상 5[m] 이상
- 철도의 궤도를 횡단하는 경우에는 레일면상 6.5[m] 이상
- 횡단보도교 위에 시설하는 경우에는 그 노면상 3[m] 이상

03 사용전압이 22.9[kV]인 가공전선로의 다중 접지한 중성선과 첨가통신선의 이격거리는 몇 [cm] 이상이어야 하는가? (단, 특고압 가공전선로는 중성선 다중 접지식의 것으로 전로에 지락이 생긴 경우 2초 이내에 자동적으로 이를 전로로부터 차단하는 장치가 되어 있는 것으로 한다.) [21년 기사]

① 60 ② 75
③ 100 ④ 120

해설 **전력보안 통신선의 시설높이와 이격거리(KEC 362.2)**
통신선과 저압 가공전선 또는 25[kV] 이하 특고압 가공전선로의 다중 접지를 한 중성선 사이의 이격거리는 0.6[m] 이상일 것

04 3상 4선식 22.9[kV], 중성선 다중 접지방식의 특고압 가공전선 아래에 통신선을 첨가하고자 한다. 특고압 가공전선과 통신선과의 이격거리는 몇 [cm] 이상인가? [18년 기사]

① 60 ② 75
③ 100 ④ 120

해설 **전력보안 통신선의 시설높이와 이격거리(KEC 362.2)**
- 통신선은 가공전선의 아래에 시설할 것
- 통신선과 저·고압 가공전선 또는 특고압 중성선 사이의 이격거리는 60[cm] 이상일 것. 다만, 절연전선 또는 케이블인 경우 30[cm] 이상일 것
- 통신선과 특고압 가공전선 사이의 이격거리는 1.2[m] 이상일 것. 다만, 절연전선 또는 케이블인 경우 30[cm] 이상일 것

05 특고압 가공전선로의 지지물에 시설하는 통신선 또는 이에 직접 접속하는 통신선이 도로·횡단보도교·철도의 레일·삭도·가공전선·다른 가공 약전류 전선 등 또는 교류 전차선 등과 교차하는 경우에는 통신선은 지름 몇 [mm]의 경동선이나 이와 동등 이상의 세기의 것이어야 하는가? [21년 산업]

① 4 ② 4.5
③ 5 ④ 5.5

정답 01. ④ 02. ① 03. ① 04. ④ 05. ③

해설 전력보안 통신선의 시설높이와 이격거리(KEC 362.2-5)

특고압 가공전선로의 지지물에 시설하는 통신선 또는 이에 직접 접속하는 통신선이 통신선이 도로·횡단보도교·철도의 레일 또는 삭도와 교차하는 경우 통신선

- 절연전선 : 연선 단면적 16[mm^2](단선의 경우 지름 4[mm])
- 경동선 : 인장강도 8.01[kN] 이상의 것 또는 연선의 경우 단면적 25[mm^2](단선의 경우 지름 5[mm])

06 고압 가공전선로의 지지물에 시설하는 통신선의 높이는 도로를 횡단하는 경우 교통에 지장을 줄 우려가 없다면 지표상 몇 [m]까지로 감할 수 있는가? [17년 기사]

① 4　② 4.5
③ 5　④ 6

해설 전력보안 통신선의 시설높이와 이격거리(KEC 362.2)

- 도로를 횡단하는 경우 6[m] 이상. 교통에 지장을 줄 우려가 없는 경우 5[m]
- 철도 또는 궤도를 횡단하는 경우에는 레일면상 6.5[m] 이상

07 전력보안 가공통신선의 시설높이에 대한 기준으로 옳은 것은? [20년 기사]

① 철도의 궤도를 횡단하는 경우에는 레일면상 5[m] 이상
② 횡단보도교 위에 시설하는 경우에는 그 노면상 3[m] 이상
③ 도로(차도와 도로의 구별이 있는 도로는 차도) 위에 시설하는 경우에는 지표상 2[m] 이상
④ 교통에 지장을 줄 우려가 없도록 도로(차도와 도로의 구별이 있는 도로는 차도) 위에 시설하는 경우에는 지표상 2[m]까지로 감할 수 있다.

해설 전력보안 통신선의 시설높이와 이격거리(KEC 362.2)

- 도로 위에 시설하는 경우에는 지표상 5[m] 이상
- 철도의 궤도를 횡단하는 경우에는 레일면상 6.5[m] 이상
- 횡단보도교 위에 시설하는 경우에는 그 노면상 3[m] 이상

08 특고압 가공전선로의 지지물에 시설하는 통신선 또는 이것에 직접 접속하는 통신선일 경우에 설치하여야 할 보안장치로서 모두 옳은 것은? [19년 산업]

① 특고압용 제2종 보안장치, 고압용 제2종 보안장치
② 특고압용 제1종 보안장치, 특고압용 제3종 보안장치
③ 특고압용 제2종 보안장치, 특고압용 제3종 보안장치
④ 특고압용 제1종 보안장치, 특고압용 제2종 보안장치

해설 전력보안 통신설비의 보안장치(KEC 362.9)

특고압 가공전선로의 지지물에 시설하는 통신선 또는 이에 직접 접속하는 통신선에 접속하는 휴대 전화기를 접속하는 곳 및 옥외 전화기를 시설하는 곳에는 특고압용 제1종 보안장치, 특고압용 제2종 보안장치를 시설하여야 한다.

09 전력보안 가공통신선을 횡단보도교 위에 시설하는 경우 그 노면상 높이는 몇 [m] 이상인가? (단, 가공전선로의 지지물에 시설하는 통신선 또는 이에 직접 접속하는 가공 통신선은 제외한다.) [21년 기사]

① 3
② 4
③ 5
④ 6

정답 06. ③ 07. ② 08. ④ 09. ①

해설 **전력보안 통신선의 시설높이와 이격거리(KEC 362.2)**

전력보안 가공통신선의 높이

- 도로 위에 시설 : 지표상 5[m](교통에 지장이 없는 경우 4.5[m])
- 철도 횡단 : 레일면상 6.5[m]
- 횡단보도교 : 노면상 3[m]

10 특고압 가공전선로의 지지물에 시설하는 통신선 또는 이에 직접 접속하는 통신선 중 옥내에 시설하는 부분은 몇 [V] 초과의 저압 옥내배선의 규정에 준하여 시설하도록 하고 있는가? [17년 산업]

① 150
② 300
③ 380
④ 400

해설 **특고압 가공전선로 첨가설치 통신선에 직접 접속하는 옥내 통신선의 시설(KEC 362.6)**

400[V] 초과의 저압 옥내배선의 규정에 준하여 시설

11 특고압 가공전선로의 지지물에 첨가하는 통신선 보안장치에 사용되는 피뢰기의 동작 전압은 교류 몇 [V] 이하인가? [20년 기사]

① 300
② 600
③ 1,000
④ 1,500

해설 **특고압 가공전선로 첨가설치 통신선의 시가지 인입 제한(KEC 362.5)**

통신선 보안장치에는 교류 1[kV] 이하에서 동작하는 피뢰기를 설치한다.

12 그림은 전력선 반송 통신용 결합장치의 보안장치를 나타낸 것이다. S의 명칭으로 옳은 것은? [18년 기사]

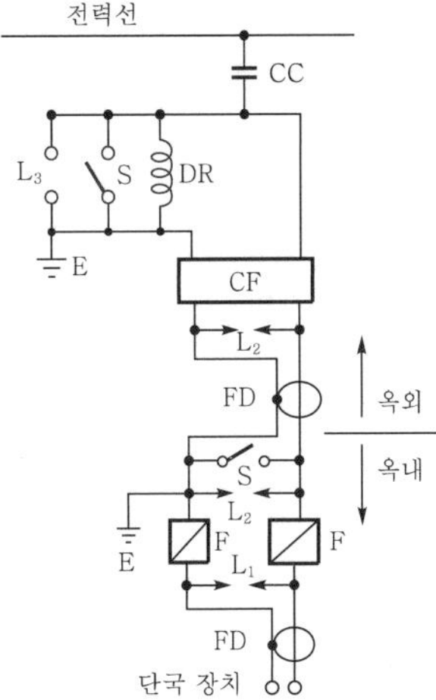

① 동축 케이블 ② 결합 콘덴서
③ 접지용 개폐기 ④ 구상용 방전갭

해설 **전력선 반송 통신용 결합장치의 보안장치(KEC 362.10)**

- CC : 결합 커패시터(결합 콘덴서)
- CF : 결합 필터
- DR : 전류용량 2[A] 이상의 배류 선륜
- F : 정격전류 10[A] 이하의 포장 퓨즈
- FD : 동축케이블
- L_1 : 교류 300[V] 이하에서 동작하는 피뢰기
- L_2, L_3 : 방전갭
- S : 접지용 개폐기

13 전력보안 통신설비인 무선통신용 안테나를 지지하는 목주의 풍압하중에 대한 안전율은 얼마 이상으로 해야 하는가? [20년 산업]

① 0.5 ② 0.9
③ 1.2 ④ 1.5

해설 **무선용 안테나 등을 지지하는 철탑 등의 시설(KEC 364.1)**

- 목주의 풍압하중에 대한 안전율은 1.5 이상
- 철주·철근콘크리트주 또는 철탑의 기초 안전율은 1.5 이상

정답 10. ④ 11. ③ 12. ③ 13. ④

"꿈꾸지 않는 자에게는
절망도 없다."

– 버나드 쇼 –

CHAPTER

06

전기철도설비

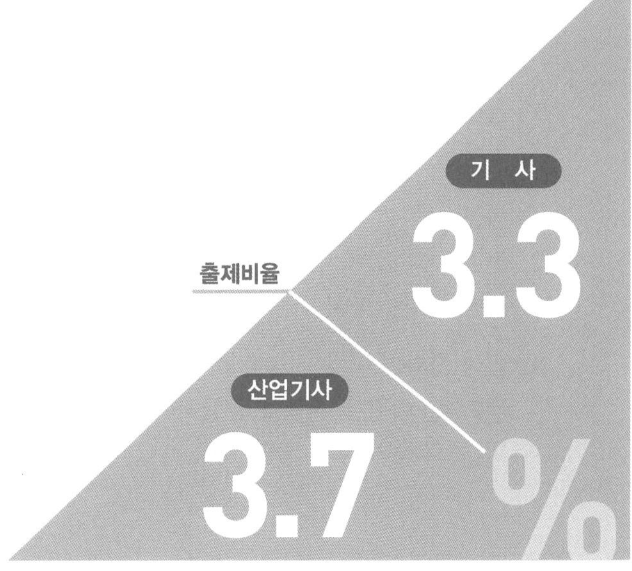

1 통칙(400) – 전기철도의 용어 정의(402)

(1) 전기철도
전기를 공급받아 열차를 운행하여 여객(승객)이나 화물을 운송하는 철도

(2) 전기철도설비
전기철도설비는 전철 변전설비, 급전설비, 부하설비(전기철도차량 설비 등)로 구성된다.

(3) 전기철도차량
전기적 에너지를 기계적 에너지로 바꾸어 열차를 견인하는 차량으로 전기방식에 따라 직류, 교류, 직·교류 겸용, 성능에 따라 전동차, 전기기관차로 분류한다.

(4) 궤도
레일·침목 및 도상과 이들의 부속품으로 구성된 시설

(5) 차량
전동기가 있거나 또는 없는 모든 철도의 차량(객차, 화차 등)

(6) 열차
동력차에 객차, 화차 등을 연결하고 본선을 운전할 목적으로 조성된 차량

(7) 레일
철도에 있어서 차륜을 직접 지지하고 안내해서 차량을 안전하게 주행시키는 설비

(8) 전차선
전기철도차량의 집전장치와 접촉하여 전력을 공급하기 위한 전선

(9) 전차선로
전기철도차량에 전력를 공급하기 위하여 선로를 따라 설치한 시설물로서 전차선, 급전선, 귀선과 그 지지물 및 설비를 총괄한 것

(10) 급전선
전기철도차량에 사용할 전기를 변전소로부터 합성 전차선에 공급하는 전선

(11) 급전선로
급전선 및 이를 지지하거나 수용하는 설비를 총괄한 것

(12) 급전방식
전기철도차량에 전력을 공급하기 위하여 변전소로부터 급전선, 전차선, 레일, 귀선으로 구성되는 전력공급방식

(13) 합성 전차선
전기철도차량에 전력을 공급하기 위하여 설치하는 전차선, 조가선(강체 포함), 행어이어, 드로퍼 등으로 구성된 가공전선

(14) 조가선

전차선이 레일면상 일정한 높이를 유지하도록 행어이어, 드로퍼 등을 이용하여 전차선 상부에서 조가하여 주는 전선을 말한다.

(15) 가선방식

전기철도차량에 전력을 공급하는 전차선의 가선방식으로 가공식, 강체식, 제3궤조식으로 분류한다.

(16) 전차선 기울기

연접하는 2개의 지지점에서, 레일면에서 측정한 전차선 높이의 차와 경간길이와의 비율

(17) 전차선 높이

지지점에서 레일면과 전차선 간의 수직거리

(18) 전차선 편위

팬터그래프 집전판의 편마모를 방지하기 위하여 전차선을 레일면 중심 수직선으로부터 한쪽으로 치우친 정도의 치수

(19) 귀선회로

전기철도차량에 공급된 전력을 변전소로 되돌리기 위한 귀로

(20) 누설전류

전기철도에 있어서 레일 등에서 대지로 흐르는 전류

(21) 수전선로

전기사업자에서 전철변전소 또는 수전설비 간의 전선로와 이에 부속되는 설비

(22) 전철변전소

외부로부터 공급된 전력을 구내에 시설한 변압기, 정류기 등 기타의 기계기구를 통해 변성하여 전기철도차량 및 전기철도설비에 공급하는 장소

(23) 지속성 최저전압

무한정 지속될 것으로 예상되는 전압의 최저값

(24) 지속성 최고전압

무한정 지속될 것으로 예상되는 전압의 최고값

(25) 장기 과전압

지속시간이 20[ms] 이상인 과전압

2 전기철도의 전기방식(410) – 전기방식의 일반사항(411)

(1) 전력수급 조건(411.1)

① 공칭전압(수전전압[kV]) : 교류 3상 22.9, 154, 345

② 비상시를 대비하여 예비선로를 확보하여야 한다.

(2) 전차선로의 전압(411.2)

① 직류방식

▌직류방식의 급전전압▐

구 분	지속성 최저 전압[V]	공칭전압[V]	지속성 최고 전압[V]	비지속성 최고 전압[V]	장기 과전압[V]
DC (평균값)	500	750	900	950	1,269
	900	1,500	1,800	1,950	2,538

② 교류방식

▌교류방식의 급전전압▐

주파수 (실효값)	비지속성 최저 전압[V]	지속성 최저 전압[V]	공칭전압[V]	지속성 최고 전압[V]	비지속성 최고 전압[V]	장기 과전압[V]
60[Hz]	17,500	19,000	25,000	27,500	29,000	38,746
	35,000	38,000	50,000	55,000	58,000	77,492

3 전기철도의 전차선로(430)

[1] 전차선로의 일반사항(431)

(1) 전차선 가선방식(431.1)

전차선의 가선방식은 열차의 속도 및 노반의 형태, 부하전류 특성에 따라 적합한 방식을 채택하여야 하며, 가공 방식, 강체 가선방식, 제3궤조 방식을 표준으로 한다.

(2) 전차선로의 충전부와 건조물 간의 절연이격(431.2)

▌전차선과 건조물 간의 최소 절연이격거리▐

시스템 종류	공칭전압 [V]	동적[mm]		정적[mm]	
		비오염	오염	비오염	오염
직류	750	25	25	25	25
	1,500	100	110	150	160
단상교류	25,000	170	220	270	320

(3) 전차선로의 충전부와 차량 간의 절연이격(431.3)

▌전차선과 차량 간의 최소 절연이격거리▐

시스템 종류	공칭전압[V]	동적[mm]	정적[mm]
직류	750	25	25
	1,500	100	150
단상교류	25,000	190	290

(4) 급전선로(431.4)

① 급전선은 나전선을 적용하여 가공식으로 가설을 원칙으로 한다. 다만, 전기적 이격거리가 충분하지 않거나 지락, 섬락 등의 우려가 있을 경우에는 케이블로 시공한다.

② 가공식은 전차선의 높이 이상으로 전차선로 지지물에 병가하며, 나전선의 접속은 직선접속을 원칙으로 한다.

③ 신설 터널 내 급전선을 가공으로 설계할 경우 지지물의 취부는 C찬넬 또는 매입전을 이용하여 고정하여야 한다.

④ 선상 승강장, 인도교, 과선교 또는 교량 하부 등에 설치할 때에는 최소 절연이격거리 이상을 확보하여야 한다.

(5) 귀선로(431.5)

① 귀선로는 비절연 보호도체, 매설 접지도체, 레일 등으로 구성하여 단권 변압기 중성점과 공통접지에 접속한다.

② 비절연 보호도체의 위치는 통신 유도장해 및 레일전위의 상승의 경감을 고려하여 결정하여야 한다.

③ 귀선로는 사고 및 지락 시에도 충분한 허용전류용량을 갖도록 하여야 한다.

(6) 전차선 및 급전선의 높이(431.6)

시스템 종류	공칭전압[V]	동적[mm]	정적[mm]
직류	750	4,800	4,400
	1,500	4,800	4,400
단상교류	25,000	4,800	4,570

(7) 전차선의 기울기(431.7)

설계속도 V[km/시간]	속도등급	기울기(천분율)
$300 < V \le 350$	350킬로급	0
$250 < V \le 300$	300킬로급	0
$200 < V \le 250$	250킬로급	1
$150 < V \le 200$	200킬로급	2
$120 < V \le 150$	150킬로급	3
$70 < V \le 120$	120킬로급	4
$V \le 70$	70킬로급	10

(8) 전차선의 편위(431.8)

① 레일면에 수직인 궤도 중심선으로부터 좌우로 각각 200[mm]를 표준으로 하며, 팬터그래프 집전판의 고른 마모를 위하여 지그재그 편위를 준다.

② 선로의 곡선반경, 궤도조건, 열차속도, 차량의 편위량 등을 고려하여 최악의 운행환경에서도 전차선이 팬터그래프 집전판의 집전범위를 벗어나지 않아야 한다.

③ 제3궤조 방식에서 전차선의 편위는 차량의 집전장치의 집전범위를 벗어나지 않아야 한다.

(9) 전차선로 지지물 설계 시 고려하여야 하는 하중(431.9)

① 전차선로 지지물 설계 시 선로에 직각 및 평행 방향에 대하여 전선 중량, 브래킷, 빔 기타 중량, 작업원의 중량을 고려하여야 한다.

② 풍압하중, 전선의 횡장력, 지지물이 특수한 사용 조건에 따라 일어날 수 있는 모든 하중을 고려하여야 한다.

③ 지지물 및 기초, 지선기초에는 지진하중을 고려하여야 한다.

(10) 전차선로 설비의 안전율(431.10)

하중을 지탱하는 전차선로 설비의 강도는 작용이 예상되는 하중의 최악 조건 조합에 대하여 다음의 최소 안전율이 곱해진 값을 견디어야 한다.

① 합금전차선의 경우 2.0 이상

② 경동선의 경우 2.2 이상

③ 조가선 및 조가선 장력을 지탱하는 부품에 대하여 2.5 이상

④ 복합체 자재(고분자 애자 포함)에 대하여 2.5 이상

⑤ 지지물 기초에 대하여 2.0 이상

⑥ 장력조정장치 2.0 이상

⑦ 빔 및 브래킷은 소재 허용응력에 대하여 1.0 이상

⑧ 철주는 소재 허용응력에 대하여 1.0 이상

⑨ 가동 브래킷의 애자는 최대 만곡하중에 대하여 2.5 이상

⑩ 지선은 선형일 경우 2.5 이상, 강봉형은 소재 허용응력에 대하여 1.0 이상

(11) 전차선 등과 식물 사이 이격거리

교류 전차선 등 충전부와 식물 사이는 5[m] 이상

[2] 전기철도의 원격감시제어설비(435)

(1) 원격감시제어시스템(SCADA) (435.1)

① 열차의 안전운행과 현장 전철전력설비의 유지보수를 위하여 제어, 감시대상, 수준, 범위 및 확인, 운용방법 등을 고려하여 구성하여야 한다.

② 중앙감시제어반의 구성, 방식, 운용방식 등을 계획하여야 한다.

③ 변전소, 배전소의 운용을 위한 소규모 제어설비에 대한 위치, 방식 등을 고려하여 구성하여야 한다.

(2) 중앙감시제어장치(435.2)

① 변전소 등의 제어 및 감시는 전기사령실에서 이루어지도록 한다.

② 원격감시제어시스템(SCADA)는 열차집중제어장치(CTC), 통신집중제어장치와 호환되도록 하여야 한다.

③ 전기사령실과 전철변전소, 구분소 또는 그 밖의 관제 업무에 필요한 장소에는 상호 연락할 수 있는 통신설비를 시설하여야 한다.

4 전기철도의 전기철도차량 설비(440) – 전기철도차량 설비의 일반사항(441)

(1) 절연구간(441.1)

① 교류 구간에서는 변전소 및 급전구분소 앞에서 서로 다른 위상 또는 공급점이 다른 전원이 인접하게 될 경우 전원이 혼촉되는 것을 방지하기 위한 절연구간을 설치하여야 한다.

② 전기철도차량의 교류 – 교류 절연구간을 통과하는 방식은 역행 운전방식, 타행 운전방식, 변압기 무부하 전류방식, 전력소비 없이 통과하는 방식이 있으며, 각 통과방식을 고려하여 가장 적합한 방식을 선택하여 시설한다.

③ 교류 – 직류(직류 – 교류) 절연구간은 교류 구간과 직류 구간의 경계지점에 시설한다. 이 구간에서 전기철도차량은 노치 오프(notch off) 상태로 주행한다.

④ 절연구간의 소요길이는 구간 진입 시의 아크시간, 잔류전압의 감쇄시간, 팬터그래프 배치간격, 열차속도 등에 따라 결정한다.

(2) 팬터그래프 형상(441.2)

전차선과 접촉되는 팬터그래프는 헤드, 기하학적 형상, 집전범위, 집전판의 길이, 최대넓이, 헤드의 왜곡 등을 고려하여 제작하여야 한다.

(3) 전차선과 팬터그래프 간 상호작용(441.3)

① 전차선의 전류는 차량속도, 무게, 차량 간 거리, 선로경사, 전차선로 시공 등에 따라 다르고, 팬터그래프와 전차선의 특성은 과열이 일어나지 않도록 하여야 한다.

② 정지 시 팬터그래프당 최대전류값은 전차선 재질 및 수량, 집전판 수량 및 재질, 접촉력, 열차속도, 환경조건에 따라 다르게 고려되어야 한다.

③ 팬터그래프의 압상력은 전류의 안전한 집전에 부합하여야 한다.

(4) 전기철도차량의 역률(441.4)

① 규정된 비지속성 최저전압에서 비지속성 최고전압까지의 전압범위에서 유도성 역률 및 전력소비에 대해서만 적용되며, 회생제동 중에는 전압을 제한범위 내로 유지시키기 위하여 유도성 역률을 낮출 수 있다. 다만, 전기철도차량이 전차선로와 접촉한 상태에서 견인력을 끄고 보조전력을 가동한 상태로 정지해 있는 경우, 가공 전차선로의 유효전력이 200[kW] 이상일 경우 총 역률은 0.8보다는 작아서는 안 된다.

② 역행 모드에서 전압을 제한범위 내로 유지하기 위하여 용량성 역률이 허용되며, 비지속성 최저전압에서 비지속성 최고전압까지의 전압범위에서 용량성 역률은 제한받지 않는다.

(5) 회생제동(441.5)

① 전기철도차량은 다음과 같은 경우에 회생제동의 사용을 중단해야 한다.
   - ㉠ 전차선로 지락이 발생한 경우
   - ㉡ 전차선로에서 전력을 받을 수 없는 경우
   - ㉢ 선로전압이 장기 과전압보다 높은 경우

② 회생전력을 다른 전기장치에서 흡수할 수 없는 경우에는 전기철도차량은 다른 제동시스템으로 전환되어야 한다.

③ 전기철도 전력공급시스템은 회생제동이 상용제동으로 사용이 가능하고 다른 전기철도차량과 전력을 지속적으로 주고받을 수 있도록 설계되어야 한다.

(6) 전기철도차량 전기설비의 전기위험 방지를 위한 보호대책(441.6)

① 감전을 일으킬 수 있는 충전부는 직접 접촉에 대한 보호가 있어야 한다.

② 간접 접촉에 대한 보호대책은 노출된 도전부는 고장조건하에서 부근 충전부와의 유도 및 접촉에 의한 감전이 일어나지 않아야 한다. 그 목적은 위험도가 노출된 도전부가 같은 전위가 되도록 보장하는 데 있다. 이는 보호용 본딩으로만 달성될 수 있으며 또는 자동급전차단 등 적절한 방법을 통하여 달성할 수 있다.

③ 주행레일과 분리되어 있거나 또는 공동으로 되어 있는 보호용 도체를 채택한 시스템에서 운행되는 모든 전기철도차량은 차체와 고정설비의 보호용 도체 사이에는 최소 2개 이상의 보호용 본딩 연결로가 있어야 하며, 한쪽 경로에 고장이 발생하더라도 감전 위험이 없어야 한다.

④ 차체와 주행 레일과 같은 고정설비의 보호용 도체 간의 임피던스는 이들 사이에 위험 전압이 발생하지 않을 만큼 낮은 수준인 표에 따른다. 이 값은 적용 전압이 50[V]를 초과하지 않는 곳에서 50[A]의 일정 전류로 측정하여야 한다.

▌전기철도차량별 최대임피던스▐

차량 종류	최대임피던스[Ω]
기관차	0.05
객차	0.15

5 전기철도의 설비를 위한 보호(450) – 설비보호의 일반사항(451)

(1) 보호협조(451.1)

① 사고 또는 고장의 파급을 방지하기 위하여 계통 내에서 발생한 사고전류를 검출하고 차단장치에 의해서 신속하고 순차적으로 차단할 수 있는 보호시스템을 구성하며 설비계통 전반의 보호협조가 되도록 하여야 한다.

② 보호계전방식은 신뢰성, 선택성, 협조성, 적절한 동작, 양호한 감도, 취급 및 보수점검이 용이하도록 구성하여야 한다.

③ 급전선로는 안정도 향상, 자동복구, 정전시간 감소를 위하여 보호계전방식에 자동재폐로 기능을 구비하여야 한다.

④ 전차선로용 애자를 섬락사고로부터 보호하고 접지전위 상승을 억제하기 위하여 적정한 보호설비를 구비하여야 한다.

⑤ 가공선로측에서 발생한 지락 및 사고전류의 파급을 방지하기 위하여 피뢰기를 설치하여야 한다.

(2) 절연협조(451.2)

변전소 등의 입·출력측에서 유입되는 뇌해, 이상전압과 변전소 등의 계통 내에서 발생하는 개폐서지의 크기 및 지속성, 이상전압 등을 고려하고 각각의 변전설비에 대한 절연협조를 적용한다.

(3) 피뢰기 설치장소(451.3)

① 변전소 인입측 및 급전선 인출측

② 가공전선과 직접 접속하는 지중케이블에서 낙뢰에 의해 절연파괴의 우려가 있는 케이블 단말

③ 피뢰기는 가능한 한 보호하는 기기와 가깝게 시설하되 누설전류 측정이 용이하도록 지지대와 절연하여 설치한다.

(4) 피뢰기의 선정(451.4)

① 피뢰기는 밀봉형을 사용하고 유효 보호거리를 증가시키기 위하여 방전개시전압 및 제한전압이 낮은 것을 사용한다.

② 유도뢰서지에 대하여 2선 또는 3선의 피뢰기 동시동작이 우려되는 변전소 근처의 단락전류가 큰 장소에는 속류차단능력이 크고 또한 차단성능이 회로조건의 영향을 받을 우려가 적은 것을 사용한다.

6 전기철도의 안전을 위한 보호(460) – 전기안전의 일반사항(461)

(1) 감전에 대한 보호조치(461.1)

사람이 접근할 수 있는 보행 표면의 경우 공간거리 이상을 확보한다.

(2) 레일 전위의 위험에 대한 보호(461.2)

① 레일 전위는 고장조건에서의 접촉전압 또는 정상 운전조건에서의 접촉전압으로 구분하여야 한다.

② 교류 전기철도 급전시스템에서의 레일 전위의 최대 허용접촉전압
단, 작업장 및 이와 유사한 장소에서는 최대 허용접촉전압을 25[V](실효값)를 초과하지 않아야 한다.

▌교류 전기철도 급전시스템의 최대 허용접촉전압▐

시간조건	최대 허용접촉전압(실효값)
순시조건($t \le 0.5$초)	670[V]
일시적 조건(0.5초 $< t \le$ 300초)	65[V]
영구적 조건($t >$ 300)	60[V]

③ 직류 전기철도 급전시스템에서의 레일 전위의 최대 허용접촉전압
단, 작업장 및 이와 유사한 장소에서 최대 허용접촉전압은 60[V]를 초과하지 않아야 한다.

▌직류 전기철도 급전시스템의 최대 허용접촉전압▐

시간조건	최대 허용접촉전압(실효값)
순시조건($t \le 0.5$초)	535[V]
일시적 조건(0.5초 $< t \le$ 300초)	150[V]
영구적 조건($t >$ 300)	120[V]

(3) 레일 전위의 접촉전압 감소방법(461.3)

① 교류 전기철도 급전시스템

㉠ 접지극 추가 사용

㉡ 등전위 본딩

㉢ 전자기적 커플링을 고려한 귀선로의 강화

㉣ 전압제한소자 적용

㉤ 보행 표면의 절연

㉥ 단락전류를 중단시키는 데 필요한 트래핑 시간의 감소

② 직류 전기철도 급전시스템

㉠ 고장조건에서 레일 전위를 감소시키기 위해 전도성 구조물 접지의 보강

㉡ 전압제한소자 적용

㉢ 귀선도체의 보강

㉣ 보행 표면의 절연

㉤ 단락전류를 중단시키는 데 필요한 트래핑 시간의 감소

(4) 전식 방지대책(461.4)

① 전기철도측의 전식방식 또는 전식 예방을 위해서는 다음 방법을 고려한다.

㉠ 변전소 간 간격 축소

㉡ 레일본드의 양호한 시공

㉢ 장대레일 채택

㉣ 절연도상 및 레일과 침목 사이에 절연층의 설치

㉤ 기타

② 매설 금속체측의 누설전류에 의한 전식의 피해가 예상되는 곳은 다음 방법을 고려한다.

㉠ 배류장치 설치

㉡ 절연코팅

㉢ 매설 금속체 접속부 절연

㉣ 저준위 금속체를 접속

㉤ 궤도와의 이격거리 증대

㉥ 금속판 등의 도체로 차폐

(5) 누설전류 간섭에 대한 방지(461.5)

▌단위길이당 컨덕턴스▐

견인시스템	옥외[s/km]	터널[s/km]
철도선로(레일)	0.5	0.5
개방 구성에서의 대량수송시스템	0.5	0.1
폐쇄 구성에서의 대량수송시스템	2.5	–

이런 문제가 시험에 나온다!

CHAPTER 06

전기철도설비

단원 최근 빈출문제

01 **전기철도차량에 전력을 공급하는 전차선의 가선방식에 포함되지 않는 것은?** [21년 기사]

① 가공 방식
② 강체 방식
③ 제3레일 방식
④ 지중 조가선 방식

해설 **전차선 가선방식(KEC 431.1)**
전차선의 가선방식은 열차의 속도 및 노반의 형태, 부하전류 특성에 따라 적합한 방식을 채택하여야 하며, 가공 방식, 강체 방식, 제3레일 방식을 표준으로 한다.

02 **다음 급전선로에 대한 설명으로 옳지 않은 것은?** [21년 산업]

① 급전선은 나전선을 적용하여 가공식으로 가설을 원칙으로 한다.
② 가공식은 전차선의 높이 이상으로 전차선로 지지물에 병가하며, 나전선의 접속은 직선 접속을 사용할 수 없다.
③ 신설 터널 내 급전선을 가공으로 설계할 경우 지지물의 취부는 C찬넬 또는 매입전을 이용하여 고정하여야 한다.
④ 교량 하부 등에 설치할 때에는 최소 절연이격거리 이상을 확보하여야 한다.

해설 **급전선로(KEC 431.4)**
- 급전선은 나전선을 적용하여 가공식으로 가설을 원칙으로 한다. 다만, 전기적 이격거리가 충분하지 않거나 지락, 섬락 등의 우려가 있을 경우에는 급전선을 케이블로 하여 안전하게 시공하여야 한다.
- 가공식은 전차선의 높이 이상으로 전차선로 지지물에 병가하며, 나전선의 접속은 직선접속을 원칙으로 한다.
- 신설 터널 내 급전선을 가공으로 설계할 경우 지지물의 취부는 C찬넬 또는 매입전을 이용하여 고정하여야 한다.
- 선상승강장, 인도교, 과선교 또는 교량 하부 등에 설치할 때에는 최소 절연이격거리 이상을 확보하여야 한다.

03 **특고압 가공전선로의 지지물에 시설하는 통신선 또는 이에 직접 접속하는 통신선이 도로·횡단보도교·철도의 레일 등 또는 교류 전차선 등과 교차하는 경우의 시설기준으로 옳은 것은?** [20년 산업]

① 인장강도 4.0[kN] 이상의 것 또는 지름 3.5[mm] 경동선일 것
② 통신선이 케이블 또는 광섬유 케이블일 때는 이격거리의 제한이 없다.
③ 통신선과 삭도 또는 다른 가공 약전류 전선 등 사이의 이격거리는 20[cm] 이상으로 할 것
④ 통신선이 도로·횡단보도교·철도의 레일과 교차하는 경우에는 통신선은 지름 4[mm]의 절연전선과 동등 이상의 절연효력이 있을 것

해설 **전력보안 통신선의 시설높이와 이격거리(KEC 362.2)**
- 절연전선 : 연선은 단면적 16[mm^2], 단선은 지름 4[mm]
- 경동선 : 연선은 단면적 25[mm^2], 단선은 지름 5[mm]

04 **직류 750[V]의 전차선과 차량 간의 최소 절연이격거리는 동적일 경우 몇 [mm] 인가?** [21년 기사]

① 25 ② 100
③ 150 ④ 170

정답 01. ④ 02. ② 03. ④ 04. ①

해설 전차선로의 충전부와 차량 간의 절연이격(KEC 431.3)

시스템 종류	공칭전압[V]	동적[mm]	정적[mm]
직류	750	25	25
	1,500	100	150
단상교류	25,000	170	270

05 **전기철도의 설비를 보호하기 위해 시설하는 피뢰기의 시설기준으로 틀린 것은?**

[21년 기사]

① 피뢰기는 변전소 인입측 및 급전선 인출측에 설치하여야 한다.
② 피뢰기는 가능한 한 보호하는 기기와 가깝게 시설하되 누설전류 측정이 용이하도록 지지대와 절연하여 설치한다.
③ 피뢰기는 개방형을 사용하고 유효 보호거리를 증가시키기 위하여 방전개시전압 및 제한전압이 낮은 것을 사용한다.
④ 피뢰기는 가공전선과 직접 접속하는 지중케이블에서 낙뢰에 의해 절연파괴의 우려가 있는 케이블 단말에 설치하여야 한다.

해설 • **피뢰기 설치 장소(KEC 451.3)**
- 변전소 인입측 및 급전선 인출측
- 가공전선과 직접 접속하는 지중케이블에서 낙뢰에 의해 절연파괴의 우려가 있는 케이블 단말
- 피뢰기는 가능한 한 보호하는 기기와 가깝게 시설하되 누설전류 측정이 용이하도록 지지대와 절연하여 설치

• **피뢰기의 선정(KEC 451.4)**
피뢰기는 밀봉형을 사용하고 유효 보호거리를 증가시키기 위하여 방전개시전압 및 제한전압이 낮은 것을 사용한다.

06 **전식 방지대책에서 매설 금속체측의 누설전류에 의한 전식의 피해가 예상되는 곳에 고려하여야 하는 방법으로 틀린 것은?**

[21년 기사]

① 절연코팅
② 배류장치 설치
③ 변전소 간 간격 축소
④ 저준위 금속체를 접속

해설 **전식 방지대책(KEC 461.4)**
• 전기철도측의 전식방식 또는 전식 예방을 위해서는 다음 방법을 고려한다.
- 변전소 간 간격 축소
- 레일본드의 양호한 시공
- 장대레일 채택
- 절연도상 및 레일과 침목 사이에 절연층의 설치

• 매설 금속체측의 누설전류에 의한 전식의 피해가 예상되는 곳은 다음 방법을 고려한다.
- 배류장치 설치
- 절연코팅
- 매설 금속체 접속부 절연
- 저준위 금속체를 접속
- 궤도와의 이격거리 증대
- 금속판 등의 도체로 차폐

07 **전기철도차량이 전차선로와 접촉한 상태에서 견인력을 끄고 보조전력을 가동한 상태로 정지해 있는 경우, 가공 전차선로의 유효전력이 200[kW] 이상일 경우 총 역률은 몇 보다는 작아서는 안되는가?**

[21년 산업]

① 0.9 ② 0.8
③ 0.7 ④ 0.6

해설 **전기철도차량의 역률(KEC 441.4)**
규정된 비지속성 최저전압에서 비지속성 최고전압까지의 전압범위에서 유도성 역률 및 전력소비에 대해서만 적용되며, 회생제동 중에는 전압을 제한범위 내로 유지시키기 위하여 유도성 역률을 낮출 수 있다. 다만, 전기철도차량이 전차선로와 접촉한 상태에서 견인력을 끄고 보조전력을 가동한 상태로 정지해 있는 경우, 가공 전차선로의 유효전력이 200[kW] 이상일 경우 총 역률은 0.8보다는 작아서는 안 된다.

정답 05. ③ 06. ③ 07. ②

08 급전용 변압기는 교류 전기철도의 경우 3상 어떤 변압기의 적용을 원칙으로 하고, 급전계통에 적합하게 선정하여야 하는가? [21년 산업]

① 3상 정류기용 변압기
② 단상 정류기용 변압기
③ 3상 스코트결선 변압기
④ 단상 스코트결선 변압기

해설 **변전소의 설비(KEC 421.4)**

급전용 변압기는 직류 전기철도의 경우 3상 정류기용 변압기, 교류 전기철도의 경우 3상 스코트결선 변압기의 적용을 원칙으로 하고, 급전계통에 적합하게 선정하여야 한다.

09 순시조건($t \leq 0.5$초)에서 교류 전기철도 급전시스템에서의 레일 전위의 최대 허용 접촉전압(실효값)으로 옳은 것은? [21년 기사]

① 60[V] ② 65[V]
③ 440[V] ④ 670[V]

해설 **레일 전위의 위험에 대한 보호(KEC 461.2)**

교류 전기철도 급전시스템의 최대 허용접촉전압

시간 조건	최대 허용접촉전압 (실효값)
순시조건($t \leq 0.5$초)	670[V]
일시적 조건(0.5초 $< t \leq$ 300초)	65[V]
영구적 조건($t >$ 300초)	60[V]

정답 08. ③ 09. ④

잠깐! 쉬어가세요.

"행복은 경험하는 것이 아니라
그 순간 기억하는 것이다."

– 오스카 테반트 –

CHAPTER

07

분산형 전원설비

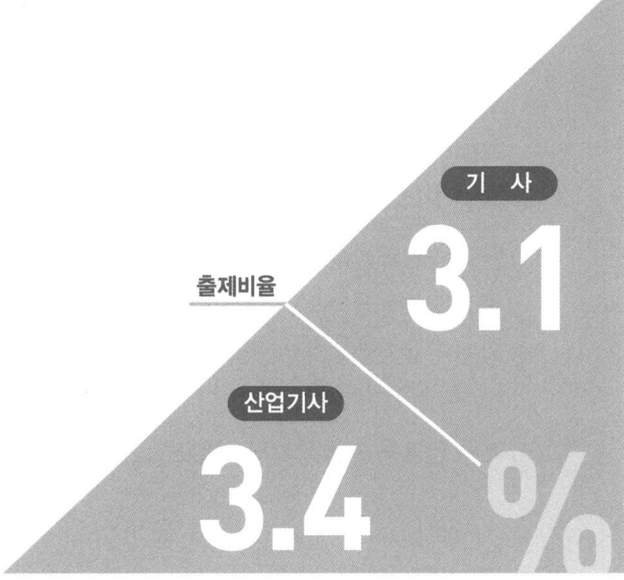

1 일반사항(501)

[1] 용어의 정의(502)

(1) 풍력터빈

바람의 운동에너지를 기계적 에너지로 변환하는 장치(가동부 베어링, 나셀, 블레이드 등의 부속물을 포함)를 말한다.

(2) 풍력터빈을 지지하는 구조물

타워와 기초로 구성된 풍력터빈의 일부분을 말한다.

(3) 풍력발전소

단일 또는 복수의 풍력터빈(풍력터빈을 지지하는 구조물을 포함)을 원동기로 하는 발전기와 그 밖의 기계기구를 시설하여 전기를 발생시키는 곳을 말한다.

(4) 자동정지

풍력터빈의 설비보호를 위한 보호장치의 작동으로 인하여 자동적으로 풍력터빈을 정지시키는 것을 말한다.

(5) MPPT

태양광발전이나 풍력발전 등이 현재 조건에서 가능한 최대의 전력을 생산할 수 있도록 인버터 제어를 이용하여 해당 발전원의 전압이나 회전속도를 조정하는 최대출력추종(MPPT : Maximum Power Point Tracking) 기능을 말한다.

[2] 분산형 전원계통 연계설비의 시설(503)

(1) 전기공급방식 등(503.2.1)

① 전력계통과 연계되는 전기공급방식과 동일할 것

② 한 사업장의 설비용량 합계가 250[kVA] 이상일 경우에는 송·배전계통과 연계지점의 연결 상태를 감시 또는 유효전력, 무효전력 및 전압을 측정할 수 있는 장치를 시설할 것

(2) 저압계통 연계 시 직류 유출방지 변압기의 시설(503.2.2)

분산형 전원설비를 인버터를 이용하여 전력판매사업자의 저압 전력계통에 연계하는 경우 인버터로부터 직류가 계통으로 유출되는 것을 방지하기 위하여 접속점과 인버터 사이에 상용 주파수 변압기(단권 변압기 제외)를 시설하여야 한다.

(3) 단락전류 제한장치의 시설(503.2.3)

분산형 전원을 계통 연계하는 경우 전력계통의 단락용량이 다른 자의 차단기의 차단용량 또는 전선의 순시허용전류 등을 상회할 우려가 있을 때에는 그 분산형 전원 설치자가 전류제한 리액터 등 단락전류를 제한하는 장치를 시설하여야 한다.

(4) 계통 연계용 보호장치의 시설(503.2.4)

① 계통 연계하는 분산형 전원설비를 설치하는 경우 다음에 해당하는 이상 또는 고장 발생 시 자동적으로 분산형 전원설비를 전력계통으로부터 분리하기 위한 장치 시설 및 해당 계통과의 보호협조를 실시하여야 한다.
㉠ 분산형 전원설비의 이상 또는 고장
㉡ 연계한 전력계통의 이상 또는 고장
㉢ 단독운전 상태

② 연계한 전력계통의 이상 또는 고장 발생 시 분산형 전원의 분리시점은 해당 계통의 재폐로 시점 이전이어야 하며, 이상 발생 후 해당 계통의 전압 및 주파수가 정상범위 내에 들어올 때까지 계통과의 분리상태를 유지하는 등 연계한 계통의 재폐로 방식과 협조를 이루어야 한다.

③ 단순 병렬운전 분산형 전원설비의 경우에는 역전력 계전기를 설치한다.

(5) 특고압 송전계통 연계 시 분산형 전원 운전제어장치의 시설(503.2.5)

계통 안정화 또는 조류 억제 등의 이유로 운전제어가 필요할 때에는 그 분산형 전원설비에 필요한 운전제어장치를 시설하여야 한다.

(6) 연계용 변압기 중성점의 접지(503.2.6)

연계용 변압기 중성점의 접지는 전력계통에 연결되어 있는 다른 전기설비의 정격을 초과하는 과전압을 유발하거나 전력계통의 지락고장 보호협조를 방해하지 않도록 시설하여야 한다.

2 전기저장장치(510)

[1] 일반사항(511)

(1) 설치장소의 요구사항(511.1)

① 축전지, 제어반, 배전반의 시설은 기기 등을 조작 또는 보수·점검할 수 있는 충분한 공간을 확보하고 조명설비를 시설하여야 한다.

② 폭발성 가스의 축적을 방지하기 위한 환기시설을 갖추고 적정한 온도와 습도를 유지하도록 시설하여야 한다.

③ 침수의 우려가 없도록 시설하여야 한다.

(2) 설비의 안전 요구사항(511.2)

① 충전부분은 노출되지 않도록 시설하여야 한다.

② 비상상황 발생 또는 출력에 문제가 있을 경우 전기저장장치의 비상정지스위치 등 안전하게 작동하기 위한 안전시스템이 있어야 한다.

③ 모든 부품은 충분한 내열성을 확보하여야 한다.

(3) 옥내전로의 대지전압 제한(511.3)

주택의 옥내전로의 대지전압은 직류 600[V] 이하이어야 한다.

① 전로에 지락이 생겼을 때 자동적으로 전로를 차단하는 장치를 시설할 것

② 사람이 접촉할 우려가 없는 은폐된 장소에 합성수지관 공사, 금속관 공사 및 케이블 공사에 의하여 시설하거나, 사람이 접촉할 우려가 없도록 케이블 공사에 의하여 시설하고 전선에 적당한 방호장치를 시설할 것

[2] 전기저장장치의 시설(512)

(1) 전기배선(512.1.1)

① 전선은 공칭단면적 2.5[mm^2] 이상의 연동선

② 배선설비공사는 옥내배선 규정에 준하여 시설할 것

③ 옥측 또는 옥외에 시설할 경우에는 규정에 준하여 시설할 것

(2) 단자와 접속(512.1.2)

① 단자의 접속은 기계적, 전기적 안전성을 확보

② 단자를 체결 또는 잠글 때 너트나 나사는 풀림방지기능 사용

③ 외부 터미널과 접속하기 위해 필요한 접점의 압력이 사용기간 동안 유지

④ 단자는 도체에 손상을 주지 않고 금속 표면과 안전하게 체결

(3) 지지물의 시설(512.1.3)

이차전지의 지지물은 부식성 가스 또는 용액에 의하여 부식되지 아니하도록 하고 적재하중 또는 지진 기타 진동과 충격에 대하여 안전한 구조

[3] 제어 및 보호장치 등(512.2)

(1) 충전 및 방전기능(512.2.1)

① 전기저장장치는 배터리의 SOC 특성(충전상태 : State of Charge)에 따라 제조자가 제시한 정격으로 충전

② 전기저장장치는 배터리의 SOC 특성에 따라 제조자가 제시한 정격으로 방전

③ 충전 및 방전할 때에는 전기저장장치의 충전 및 방전상태 또는 배터리 상태를 시각화하여 정보를 제공

(2) 제어 및 보호장치(512.2.2)

① 전기저장장치가 비상용 예비전원 용도를 겸하는 경우

㉠ 상용전원이 정전되었을 때 비상용 부하에 전기를 안정적으로 공급할 수 있는 시설을 갖출 것

㉡ 관련 법령에서 정하는 전원유지시간 동안 비상용 부하에 전기를 공급할 수 있는 충전용량을 상시 보존하도록 시설할 것

② 개방상태를 육안으로 확인할 수 있는 전용의 개폐기를 시설하여야 한다.

③ 전기저장장치의 이차전지는 다음에 따라 자동으로 전로로부터 차단하는 장치

㉠ 과전압 또는 과전류가 발생한 경우

㉡ 제어장치에 이상이 발생한 경우

㉢ 이차전지 모듈의 내부 온도가 급격히 상승할 경우

④ 직류 전로에 과전류 차단기를 설치하는 경우 직류 단락전류를 차단하는 능력을 가지는 것이어야 하고 "직류용" 표시
⑤ 직류 전로에는 지락이 생겼을 때에 자동적으로 전로를 차단하는 장치
⑥ 발전소 또는 변전소 혹은 이에 준하는 장소에 전기저장장치를 시설하는 경우 전로가 차단되었을 때에 경보하는 장치를 시설

(3) 계측장치

① 축전지 출력단자의 전압, 전류, 전력 및 충전상태
② 주요 변압기의 전압, 전류 및 전력

3 태양광발전설비(520)

[1] 일반사항(521)

(1) 설치장소의 요구사항(521.1)

① 인버터, 제어반, 배전반 등의 시설은 기기 등을 조작 또는 보수점검 할 수 있는 충분한 공간을 확보하고 필요한 조명설비를 시설한다.
② 인버터 등을 수납하는 공간에는 실내온도의 과열 상승을 방지하기 위한 환기시설을 갖추어야 하며 적정한 온도와 습도를 유지하도록 시설하여야 한다.
③ 배전반, 인버터, 접속장치 등을 옥외에 시설하는 경우 침수의 우려가 없도록 시설하여야 한다.

(2) 설비의 안전 요구사항(521.2)

① 태양전지 모듈, 전선, 개폐기 및 기타 기구는 충전부분이 노출되지 않도록 시설하여야 한다.
② 모든 접속함에는 내부의 충전부가 인버터로부터 분리된 후에도 여전히 충전상태일 수 있음을 나타내는 경고가 붙어 있어야 한다.
③ 태양광설비의 고장이나 외부 환경요인으로 인하여 계통 연계에 문제가 있을 경우 회로분리를 위한 안전시스템이 있어야 한다.

[2] 태양광설비의 시설(522)

(1) 전기배선(522.1.1)

① 모듈 및 기타 기구에 전선을 접속하는 경우는 나사로 조이고, 기타 이와 동등 이상의 효력이 있는 방법으로 기계적·전기적으로 안전하게 접속하고, 접속점에 장력이 가해지지 않도록 할 것
② 배선시스템은 바람, 결빙, 온도, 태양방사와 같이 예상되는 외부 영향을 견디도록 시설할 것
③ 모듈의 출력배선은 극성별로 확인할 수 있도록 표시할 것
④ 기타 사항은 512.1.1에 따를 것

(2) 태양전지 모듈의 시설(522.2.1)

① 모듈은 자중, 적설, 풍압, 지진 및 기타의 진동과 충격에 대하여 탈락하지 아니하도록 지지물에 의하여 견고하게 설치할 것

② 모듈의 각 직렬군은 동일한 단락전류를 가진 모듈로 구성하여야 하며 1대의 인버터에 연결된 모듈 직렬군이 2병렬 이상일 경우에는 각 직렬군의 출력전압 및 출력전류가 동일하게 형성되도록 배열할 것

(3) 전력변환장치의 시설(522.2.2)

인버터, 절연변압기 및 계통 연계 보호장치 등 전력변환장치의 시설은 다음에 따라 시설하여야 한다.

① 인버터는 실내·실외용을 구분할 것
② 각 직렬군의 태양전지 개방전압은 인버터 입력전압 범위 이내일 것
③ 옥외에 시설하는 경우 방수등급은 IPX4 이상일 것

(4) 태양광설비의 계측장치(522.2.3)

전압, 전류 및 전력을 계측하는 장치를 시설

(5) 모듈을 지지하는 구조물(522.2.4)

① 자중, 적재하중, 적설 또는 풍압, 지진 및 기타의 진동과 충격에 대하여 안전한 구조일 것
② 부식환경에 의하여 부식되지 아니하도록 다음의 재질로 제작할 것
㉠ 용융아연 또는 용융아연 – 알루미늄 – 마그네슘합금 도금된 형강
㉡ 스테인리스 스틸(STS)
㉢ 알루미늄합금
㉣ 상기와 동등 이상의 성능을 가지는 재질로서 KS 제품 또는 동등 이상의 성능의 제품일 것
③ 모듈 지지대와 그 연결부재의 경우 용융아연도금처리 또는 녹방지 처리를 하여야 하며, 절단가공 및 용접부위는 방식처리를 할 것

[3] 제어 및 보호장치 등(522.3) – 어레이 출력개폐기 등의 시설(522.3.1)

(1) 어레이 출력개폐기 시설

① 태양전지 모듈에 접속하는 부하측의 태양전지 어레이에서 전력변환장치에 이르는 전로에는 그 접속점에 근접하여 개폐기 기타 이와 유사한 기구를 시설할 것
② 모듈을 병렬로 접속하는 전로에는 그 주된 전로에 단락전류가 발생할 경우에 전로를 보호하는 과전류 차단기 또는 기타 기구를 시설할 것
③ 어레이 출력개폐기는 점검이나 조작이 가능한 곳에 시설할 것

(2) 역전류 방지기능 시설

① 1대의 인버터에 연결된 태양전지 직렬군이 2병렬 이상일 경우에는 각 직렬군에 역전류 방지기능이 있도록 설치할 것
② 용량은 모듈 단락전류의 2배 이상이어야 하며 현장에서 확인할 수 있도록 표시할 것

4 풍력발전설비(530)

[1] 일반사항(531)

(1) 나셀 등의 접근 시설(531.1)

나셀 등 풍력발전기 상부시설에 접근하기 위한 안전한 시설물을 강구하여야 한다.

(2) 항공장애 표시등 시설(531.2)

발전용 풍력설비의 항공장애등 및 주간장애표지는 「항공법」 제83조(항공장애 표시등의 설치 등)의 규정에 따라 시설하여야 한다.

(3) 화재방호설비 시설(531.3)

500[kW] 이상의 풍력터빈은 나셀 내부의 화재 발생 시, 이를 자동으로 소화할 수 있는 화재방호설비를 시설하여야 한다.

[2] 풍력설비의 시설(532) – 간선의 시설기준(532.1)

① 풍력발전기에서 출력배선에 쓰이는 전선은 CV선 또는 TFR-CV선을 사용하거나 동등 이상의 성능을 가진 제품을 사용하여야 하며, 전선이 지면을 통과하는 경우에는 피복이 손상되지 않도록 별도의 조치를 취할 것

② 기타 사항은 512.1.1에 따를 것

[3] 제어 및 보호장치 등(532.3)

(1) 제어 및 보호장치 시설의 일반 요구사항(532.3.1)

① 제어장치는 다음과 같은 기능 등을 보유한다.

㉠ 풍속에 따른 출력 조절

㉡ 출력제한

㉢ 회전속도제어

㉣ 계통과의 연계

㉤ 기동 및 정지

㉥ 계통 정전 또는 부하의 손실에 의한 정지

㉦ 요잉에 의한 케이블 꼬임 제한

② 보호장치는 다음의 조건에서 풍력발전기를 보호한다.

㉠ 과풍속

㉡ 발전기의 과출력 또는 고장

㉢ 이상진동

㉣ 계통 정전 또는 사고

㉤ 케이블의 꼬임 한계

(2) 주전원 개폐장치(532.3.2)

풍력터빈은 작업자의 안전을 위하여 유지, 보수 및 점검 시 전원 차단을 위해 풍력터빈 타워의 기저부에 개폐장치를 시설하여야 한다.

(3) 접지설비(532.3.4)

① 접지설비는 풍력발전설비 타워 기초를 이용한 통합접지공사를 하여야 하며, 설비 사이의 전위차가 없도록 등전위 본딩을 하여야 한다.

② 기타 접지시설은 140의 규정에 따른다.

(4) 피뢰설비(532.3.5)

① 피뢰레벨(LPL ; Lightning Protection Level)은 I등급을 적용

② 풍력터빈의 피뢰설비 시설

㉠ 수뢰부를 풍력터빈 선단부분 및 가장자리 부분에 배치하되 뇌격전류에 의한 발열에 용손(溶損)되지 않도록 재질, 크기, 두께 및 형상 등을 고려할 것

㉡ 풍력터빈에 설치하는 인하도선은 쉽게 부식되지 않는 금속선으로서 뇌격전류를 안전하게 흘릴 수 있는 충분한 굵기여야 하며, 가능한 직선으로 시설

㉢ 풍력터빈 내부의 계측 센서용 케이블은 금속관 또는 차폐케이블 등을 사용하여 뇌유도과전압으로부터 보호할 것

㉣ 풍력터빈에 설치한 피뢰설비의 기능 저하로 인해 다른 기능에 영향을 미치지 않을 것

③ 풍향·풍속계가 보호범위에 들도록 나셀 상부에 피뢰침을 시설하고 피뢰도선은 나셀 프레임에 접속한다.

④ 전력기기·제어기기 등의 피뢰설비는 다음에 따라 시설한다.

㉠ 전력기기는 금속시스케이블, 내뢰변압기 및 서지보호장치(SPD)를 적용

㉡ 제어기기는 광케이블 및 포토커플러를 적용할 것

(5) 풍력터빈 정지장치의 시설(532.3.6)

<table>
<tr><th>이상상태</th><th>자동정지장치</th><th>비 고</th></tr>
<tr><td>회전속도 비정상적 상승</td><td>○</td><td>-</td></tr>
<tr><td>컷아웃 풍속</td><td>○</td><td>-</td></tr>
<tr><td>베어링 온도가 과도하게 상승</td><td>○</td><td>정격출력이 500[kW] 이상인 원동기
(시가지 등 인가가 밀집해 있는 지역 100[kW] 이상)</td></tr>
<tr><td>운전 중 나셀진동이 과도하게 증가</td><td>○</td><td>시가지 등 인가가 밀집해 있는 지역에
시설된 것으로 정격출력 10[kW] 이상</td></tr>
<tr><td>제어용 압유장치의 유압이 과도하게 저하</td><td>○</td><td rowspan="3">용량 100[kVA] 이상의 풍력발전소를 대상으로 함</td></tr>
<tr><td>압축공기장치의 공기압이 과도하게 저하</td><td>○</td></tr>
<tr><td>전동식 제어장치의 전원전압이
과도하게 저하</td><td>○</td></tr>
</table>

(6) 계측장치의 시설(532.3.7)

① 회전속도계

② 나셀(nacelle) 내의 진동을 감시하기 위한 진동계

③ 풍속계

④ 압력계

⑤ 온도계

7
CHAPTER

5 연료전지설비(540)

[1] 일반사항(541)

(1) 설치장소의 안전 요구사항(541.1)

① 연료전지를 설치할 주위의 벽 등은 화재에 안전하게 시설하여야 한다.
② 가연성 물질과 안전거리를 충분히 확보하여야 한다.
③ 침수 등의 우려가 없는 곳에 시설하여야 한다.

(2) 연료전지 발전실의 가스누설대책(541.2)

① 연료가스를 통하는 부분은 최고사용압력에 대하여 기밀성을 가지는 것이어야 한다.
② 연료전지설비를 설치하는 장소는 연료가스가 누설되었을 때 체류하지 않는 구조의 것이어야 한다.
③ 연료전지설비로부터 누설되는 가스가 체류할 우려가 있는 장소에 해당 가스의 누설을 감지하고 경보하기 위한 설비를 설치하여야 한다.

[2] 연료전지설비의 시설(542)

(1) 전기배선(542.1.1)

① 전기배선은 열적 영향이 적은 방법으로 시설하여야 한다.
② 기타 사항은 전기배선에 따른다.
③ 단자와 접속은 단자와 접속에 따른다.

(2) 연료전지설비의 구조(542.1.3)

① 내압시험은 연료전지설비의 내압부분 중 최고사용압력이 0.1[MPa] 이상의 부분은 최고사용압력의 1.5배의 수압(1.25배의 기압)까지 가압하여 압력이 안정된 후 최소 10분간 유지하는 시험
② 기밀시험은 연료전지설비의 내압부분 중 최고사용압력이 0.1[MPa] 이상의 부분의 기밀시험은 최고사용압력의 1.1배의 기압으로 시험

(3) 안전밸브(542.1.4)

안전밸브의 분출압력을 살펴보면 다음과 같다.
① 배관의 최고사용압력 이하의 압력으로 한다.
② 자동적으로 가스의 유입을 정지하는 장치가 있는 경우에는 최고사용압력의 1.03배 이하

(4) 연료전지설비의 보호장치(542.2.1)

자동적으로 이를 전로에서 차단
① 연료전지에 과전류가 생긴 경우
② 발전요소의 발전전압에 이상이 생겼을 경우 또는 연료가스 출구에서의 산소농도 또는 공기 출구에서의 연료가스 농도가 현저히 상승한 경우
③ 연료전지의 온도가 현저하게 상승한 경우

(5) 연료전지설비의 계측장치(542.2.2)

전압, 전류 및 전력을 계측

(6) 연료전지설비의 비상정지장치(542.2.3)

① 연료계통설비 내의 연료가스의 압력 또는 온도가 현저하게 상승하는 경우
② 증기계통설비 내의 증기의 압력 또는 온도가 현저하게 상승하는 경우
③ 실내에 설치되는 것에서는 연료가스가 누설하는 경우

(7) 접지설비(542.2.5) – 접지도체

① 공칭단면적 16[mm^2] 이상의 연동선
② 저압 전로의 중성점에 시설하는 것은 공칭단면적 6[mm^2] 이상의 연동선

이런 문제가 시험에 나온다!

CHAPTER 07
분산형 전원설비

단원 최근 빈출문제

01 **계통 연계하는 분산형 전원설비를 설치하는 경우 이상 또는 고장 발생 시 자동적으로 분산형 전원설비를 전력계통으로부터 분리하기 위한 장치 시설 및 해당 계통과의 보호협조를 실시하여야 하는 경우로 알맞지 않은 것은?** [21년 산업]

① 단독운전 상태
② 연계한 전력계통의 이상 또는 고장
③ 조상설비의 이상 발생 시
④ 분산형 전원설비의 이상 또는 고장

해설 **계통 연계용 보호장치의 시설(KEC 503.2.4)**
계통 연계하는 분산형 전원설비를 설치하는 경우 다음에 해당하는 이상 또는 고장 발생 시 자동적으로 분산형 전원설비를 전력계통으로부터 분리하기 위한 장치 시설 및 해당 계통과의 보호협조를 실시하여야 한다.
- 분산형 전원설비의 이상 또는 고장
- 연계한 전력계통의 이상 또는 고장
- 단독운전 상태

02 **전기저장장치의 시설 중 제어 및 보호장치에 관한 사항으로 옳지 않은 것은?** [21년 산업]

① 상용전원이 정전되었을 때 비상용 부하에 전기를 안정적으로 공급할 수 있는 시설을 갖추어야 한다.
② 전기저장장치의 접속점에는 쉽게 개폐할 수 없는 곳에 개방상태를 육안으로 확인할 수 있는 전용의 개폐기를 시설하여야 한다.
③ 직류 전로에 과전류 차단기를 설치하는 경우 직류 단락전류를 차단하는 능력을 가지는 것이어야 하고 "직류용" 표시를 하여야 한다.
④ 전기저장장치의 직류 전로에는 지락이 생겼을 때에 자동적으로 전로를 차단하는 장치를 시설하여야 한다.

해설 **제어 및 보호장치(KEC 512.2.2)**
전기저장장치의 접속점에는 쉽게 개폐할 수 있는 곳에 개방상태를 육안으로 확인할 수 있는 전용의 개폐기를 시설하여야 한다.

03 **전기저장장치의 이차전지에 자동으로 전로로부터 차단하는 장치를 시설하여야 하는 경우로 틀린 것은?** [21년 기사]

① 과저항이 발생한 경우
② 과전압이 발생한 경우
③ 제어장치에 이상이 발생한 경우
④ 이차전지 모듈의 내부 온도가 급격히 상승할 경우

해설 **제어 및 보호장치(KEC 512.2.2)**
전기저장장치의 이차전지 자동차단장치
- 과전압 또는 과전류가 발생한 경우
- 제어장치에 이상이 발생한 경우
- 이차전지 모듈의 내부 온도가 급격히 상승할 경우

04 **주택의 전기저장장치의 축전지에 접속하는 부하측 옥내배선 전로에 지락이 생겼을 때, 자동적으로 전로를 차단하는 장치를 시설하는 경우에 주택의 옥내전로의 대지전압은 직류 몇 [V]까지 적용할 수 있는가?** [21년 산업]

① 150
② 300
③ 400
④ 600

해설 **옥내전로의 대지전압 제한(KEC 511.3)**
주택의 전기저장장치의 축전지에 접속하는 부하측 옥내배선을 다음에 따라 시설하는 경우에 주택의 옥내전로의 대지전압은 직류 600[V]까지 적용할 수 있다.

정답 01. ③ 02. ② 03. ① 04. ④

- 전로에 지락이 생겼을 때 자동적으로 전로를 차단하는 장치를 시설할 것
- 사람이 접촉할 우려가 없는 은폐된 장소에 합성수지관배선, 금속관배선 및 케이블배선에 의하여 시설하거나, 사람이 접촉할 우려가 없도록 케이블배선에 의하여 시설하고 전선에 적당한 방호장치를 시설할 것

05 **태양전지 발전소에 태양전지 모듈 등을 시설할 경우 사용전선(연동선)의 공칭단면적은 몇 [mm^2] 이상인가?** [18년 산업]

① 1.6
② 2.5
③ 5
④ 10

해설 **전기저장장치의 시설(KEC 512.1.1)**
전선은 공칭단면적 2.5[mm^2] 이상의 연동선으로 하고, 배선은 합성수지관 공사, 금속관 공사, 가요전선관 공사 또는 케이블 공사로 시설할 것

06 **태양전지 발전소에 시설하는 태양전지 모듈, 전선 및 개폐기, 기타 기구의 시설기준에 대한 내용으로 틀린 것은?** [20년 기사]

① 충전부분은 노출되지 아니하도록 시설할 것
② 옥내에 시설하는 경우에는 전선을 케이블 공사로 시설할 수 있다.
③ 태양전지 모듈의 프레임은 지지물과 전기적으로 완전하게 접속하여야 한다.
④ 태양전지 모듈을 병렬로 접속하는 전로에는 과전류 차단기를 시설하지 않아도 된다.

해설 **어레이 출력 개폐기 등의 시설(KEC 522.3.1)**
태양전지 모듈을 병렬로 접속하는 전로에는 그 전로에 단락이 생긴 경우에 전로를 보호하는 과전류 차단기를 시설할 것

07 **태양전지 모듈의 시설에 대한 설명으로 옳은 것은?** [18년 기사]

① 충전부분은 노출하여 시설할 것
② 출력배선은 극성별로 확인 가능하도록 표시할 것
③ 전선은 공칭단면적 1.5[mm^2] 이상의 연동선을 사용할 것
④ 전선을 옥내에 시설할 경우에는 애자공사에 준하여 시설할 것

해설 **전기저장장치(KEC 512.1.1)**
전선은 공칭단면적 2.5[mm^2] 이상의 연동선으로 하고, 배선은 합성수지관 공사, 금속관 공사, 가요전선관 공사 또는 케이블 공사로 시설할 것

08 **태양광설비에 시설하여야 하는 계측기의 계측대상에 해당하는 것은?** [21년 기사]

① 전압과 전류
② 전력과 역률
③ 전류와 역률
④ 역률과 주파수

해설 **태양광설비의 계측장치(KEC 522.3.6)**
태양광설비에는 전압과 전류 또는 전력을 계측하는 장치를 시설하여야 한다.

09 **태양광설비의 계측장치로 알맞은 것은?** [21년 산업]

① 역률을 계측하는 장치
② 습도를 계측하는 장치
③ 주파수를 계측하는 장치
④ 전압과 전력을 계측하는 장치

해설 **태양광설비의 계측장치(KEC 522.3.6)**
태양광설비에는 전압과 전류 또는 전력을 계측하는 장치를 시설하여야 한다.

정답 05. ② 06. ④ 07. ③ 08. ① 09. ④

10 **태양전지 모듈의 직렬군 최대개방전압이 직류 750[V] 초과 1,500[V] 이하인 시설장소는 다음에 따라 울타리 등의 안전조치로 알맞지 않은 것은?** [21년 산업]

① 태양전지 모듈을 지상에 설치하는 경우 울타리·담 등을 시설하여야 한다.
② 태양전지 모듈을 일반인이 쉽게 출입할 수 있는 옥상 등에 시설하는 경우는 식별이 가능하도록 위험표시를 하여야 한다.
③ 태양전지 모듈을 일반인이 쉽게 출입할 수 없는 옥상·지붕에 설치하는 경우는 모듈 프레임 등 쉽게 식별할 수 있는 위치에 위험표시를 하여야 한다.
④ 태양전지 모듈을 주차장 상부에 시설하는 경우는 위험표시를 하지 않아도 된다.

해설 **태양광발전설비 설치장소의 요구사항(KEC 521.1)**

태양전지 모듈의 직렬군 최대개방전압이 직류 750[V] 초과 1,500[V] 이하인 시설장소는 다음에 따라 울타리 등의 안전조치를 하여야 한다.

가. 태양전지 모듈을 지상에 설치하는 경우는 351.1의 1에 의하여 울타리·담 등을 시설하여야 한다.
나. 태양전지 모듈을 일반인이 쉽게 출입할 수 있는 옥상 등에 시설하는 경우는 "가" 또는 341.8의 1의 "바"에 의하여 시설하여야 하고 식별이 가능하도록 위험표시를 하여야 한다.
다. 태양전지 모듈을 일반인이 쉽게 출입할 수 없는 옥상·지붕에 설치하는 경우는 모듈 프레임 등 쉽게 식별할 수 있는 위치에 위험표시를 하여야 한다.
라. 태양전지 모듈을 주차장 상부에 시설하는 경우는 "나"와 같이 시설하고 차량의 출입 등에 의한 구조물, 모듈 등의 손상이 없도록 하여야 한다.
마. 태양전지 모듈을 수상에 설치하는 경우는 "다"와 같이 시설하여야 한다.

11 **풍력터빈에 설비의 손상을 방지하기 위하여 시설하는 운전 상태를 계측하는 계측장치로 틀린 것은?** [21년 기사]

① 조도계　② 압력계
③ 온도계　④ 풍속계

해설 **계측장치의 시설(KEC 532.3.7)**

풍력터빈에는 설비의 손상을 방지하기 위하여 운전 상태를 계측하는 다음의 계측장치를 시설하여야 한다.

- 회전속도계
- 나셀(nacelle) 내의 진동을 감시하기 위한 진동계
- 풍속계
- 압력계
- 온도계

12 **풍력설비 시설의 시설기준에 대한 설명으로 옳지 않는 것은?** [21년 산업]

① 간선의 시설 시 단자와 접속은 기계적, 전기적 안전성을 확보하도록 하여야 한다.
② 나셀 등 풍력발전기 상부시설에 접근하기 위한 안전한 시설물을 강구하여야 한다.
③ 100[kW] 이상의 풍력터빈은 나셀 내부의 화재 발생 시, 이를 자동으로 소화할 수 있는 화재방호설비를 시설하여야 한다.
④ 풍력발전기에서 출력배선에 쓰이는 전선은 CV선 또는 TFR-CV선을 사용하거나 동등 이상의 성능을 가진 제품을 사용하여야 한다.

해설 **화재방호설비 시설(KEC 531.3)**

500[kW] 이상의 풍력터빈은 나셀 내부의 화재 발생 시, 이를 자동으로 소화할 수 있는 화재방호설비를 시설하여야 한다.

정답 10. ④ 11. ① 12. ③

"어려움 한가운데, 그곳에 기회가 있다."

– 알버트 아인슈타인 –

부록

과년도 출제문제

전기기사

2020년 제1 · 2회 통합 기출문제

01 **지중전선로를 직접 매설식에 의하여 시설할 때 중량물의 압력을 받을 우려가 있는 장소에 저압 또는 고압의 지중전선을 견고한 트라프, 기타 방호물에 넣지 않고도 부설할 수 있는 케이블은?**

① PVC 외장 케이블
② 콤바인덕트 케이블
③ 염화비닐 절연 케이블
④ 폴리에틸렌 외장 케이블

해설 **지중전선로(KEC 334.1)**
지중전선을 견고한 트라프, 기타 방호물에 넣어 시설하여야 한다. 단, 다음의 어느 하나에 해당하는 경우에는 지중전선을 견고한 트라프, 기타 방호물에 넣지 아니하여도 된다.

- 저압 또는 고압의 지중전선을 차량, 기타 중량물의 압력을 받을 우려가 없는 경우에 그 위를 견고한 판 또는 몰드로 덮어 시설하는 경우
- 저압 또는 고압의 지중전선에 콤바인덕트 케이블 또는 개장(鎧裝)한 케이블을 사용해 시설하는 경우
- 파이프형 압력 케이블, 연피 케이블, 알루미늄피 케이블

02 **수소냉각식 발전기 등의 시설기준으로 틀린 것은?**

① 발전기 안 또는 조상기 안의 수소의 온도를 계측하는 장치를 시설할 것
② 발전기 축의 밀봉부로부터 수소가 누설될 때 누설된 수소를 외부로 방출하지 않을 것
③ 발전기 안 또는 조상기 안의 수소의 순도가 85[%] 이하로 저하한 경우에 이를 경보하는 장치를 시설할 것
④ 발전기 또는 조상기는 수소가 대기압에서 폭발하는 경우에 생기는 압력에 견디는 강도를 가지는 것일 것

해설 **수소냉각식 발전기 등의 시설(KEC 351.10)**
발전기 축의 밀봉부에는 질소가스를 봉입할 수 있는 장치 또는 발전기 축의 밀봉부로부터 누설된 수소가스를 안전하게 외부에 방출할 수 있는 장치를 설치한다.

03 **저압 전로에서 그 전로에 지락이 생긴 경우 0.5초 이내에 자동적으로 전로를 차단하는 장치를 시설하는 경우에는 특별 제3종 접지공사의 접지저항값은 자동 차단기의 정격감도전류가 30[mA] 이하일 때 몇 [Ω] 이하로 하여야 하는가?**

① 75
② 150
③ 300
④ 500

* 이 문제는 출제 당시 규정에는 적합했으나 새로 제정된 한국전기설비규정에는 일부 부적합하므로 문제유형만 참고하시기 바랍니다.

04 **어느 유원지의 어린이 놀이기구인 유희용 전차에 전기를 공급하는 전로의 사용전압은 교류인 경우 몇 [V] 이하이어야 하는가?**

① 20
② 40
③ 60
④ 100

해설 **유희용 전차(KEC 241.8)**

- 전원장치 2차측 단자전압은 직류 60[V] 이하, 교류 40[V] 이하
- 접촉전선은 제3레일 방식에 의하여 시설할 것
- 전원장치의 변압기는 절연변압기일 것

정답 01. ② 02. ② 03. ④ 04. ②

05 **연료전지 및 태양전지 모듈의 절연내력시험을 하는 경우 충전부분과 대지 사이에 인가하는 시험전압은 얼마인가? (단, 연속하여 10분간 가하여 견디는 것이어야 한다.)**

① 최대사용전압의 1.25배의 직류 전압 또는 1배의 교류 전압(500[V] 미만으로 되는 경우에는 500[V])
② 최대사용전압의 1.25배의 직류 전압 또는 1.25배의 교류 전압(500[V] 미만으로 되는 경우에는 500[V])
③ 최대사용전압의 1.5배의 직류 전압 또는 1배의 교류 전압(500[V] 미만으로 되는 경우에는 500[V])
④ 최대사용전압의 1.5배의 직류 전압 또는 1.25배의 교류 전압(500[V] 미만으로 되는 경우에는 500[V])

해설 **연료전지 및 태양전지 모듈의 절연내력(KEC 134)**
연료전지 및 태양전지 모듈은 최대사용전압의 1.5배 직류 전압 또는 1배 교류 전압(최저 0.5[kV])을 충전부분과 대지 사이에 연속하여 10분간 인가한다.

06 **전개된 장소에서 저압 옥상전선로의 시설기준으로 적합하지 않은 것은?**

① 전선은 절연전선을 사용하였다.
② 전선 지지점 간의 거리를 20[m]로 하였다.
③ 전선은 지름 2.6[mm]의 경동선을 사용하였다.
④ 저압 절연전선과 그 저압 옥상전선로를 시설하는 조영재와의 이격거리를 2[m]로 하였다.

해설 **저압 옥상전선로의 시설(KEC 221.3)**
- 인장강도 2.30[kN] 이상 또는 2.6[mm]의 경동선
- 전선은 절연전선일 것
- 절연성·난연성 및 내수성이 있는 애자 사용
- 지지점 간의 거리 : 15[m] 이하
- 전선과 저압 옥상전선로를 시설하는 조영재와의 이격거리 2[m]
- 저압 옥상전선로의 전선은 바람 등에 의하여 식물에 접촉하지 않도록 할 것

07 **교류 전차선 등과 삭도 또는 그 지주 사이의 이격거리를 몇 [m] 이상 이격하여야 하는가?**

① 1 ② 2
③ 3 ④ 4

* 이 문제는 출제 당시 규정에는 적합했으나 새로 제정된 한국전기설비규정에는 일부 부적합하므로 문제유형만 참고하시기 바랍니다.

08 **고압 가공전선을 시가지 외에 시설할 때 사용되는 경동선의 굵기는 지름 몇 [mm] 이상인가?**

① 2.6 ② 3.2
③ 4.0 ④ 5.0

해설 **저압 가공전선의 굵기 및 종류(KEC 222.5)**
사용전압이 400[V] 초과인 저압 가공전선
- 시가지 : 인장강도 8.01[kN] 이상의 것 또는 지름 5[mm] 이상의 경동선
- 시가지 외 : 인장강도 5.26[kN] 이상의 것 또는 지름 4[mm] 이상의 경동선

09 **저압 수상 전선로에 사용되는 전선은?**

① 옥외 비닐 케이블
② 600[V] 비닐절연전선
③ 600[V] 고무절연전선
④ 클로로프렌 캡타이어 케이블

해설 **수상 전선로의 시설(KEC 224.3)**
- 사용전압 : 저압 또는 고압
- 사용하는 전선
  - 저압 : 클로로프렌 캡타이어 케이블
  - 고압 : 캡타이어 케이블
- 전선 접속점 높이
  - 육상 : 5[m] 이상(도로상 이외 저압 4[m])
  - 수면상 : 고압 5[m], 저압 4[m] 이상
- 전용 개폐기 및 과전류 차단기를 각 극에 시설

정답 05. ③ 06. ② 07. ② 08. ③ 09. ④

10 440[V] 옥내배선에 연결된 전동기 회로의 절연저항 최솟값은 몇 [MΩ]인가?

① 0.1 ② 0.2
③ 0.4 ④ 1

해설 **저압 전로의 절연성능(기술기준 제52조)**

전로의 사용전압[V]	DC시험전압[V]	절연저항[MΩ]
SELV 및 PELV	250	0.5
FELV, 500[V] 이하	500	1.0
500[V] 초과	1,000	1.0

11 케이블 트레이 공사에 사용하는 케이블 트레이에 적합하지 않은 것은?

① 비금속제 케이블 트레이는 난연성 재료가 아니어도 된다.
② 금속재의 것은 적절한 방식 처리를 한 것이거나 내식성 재료의 것이어야 한다.
③ 금속제 케이블 트레이 계통은 기계적 및 전기적으로 완전하게 접속해야 한다.
④ 케이블 트레이가 방화구획의 벽 등을 관통하는 경우여야 한다.

해설 **케이블 트레이 공사(KEC 232.15)**

- 케이블 트레이의 안전율 : 1.5 이상
- 케이블 트레이 종류 : 사다리형, 펀칭형, 통풍 채널형(메시형), 바닥 밀폐형
- 전선의 피복 등을 손상시킬 돌기 등이 없이 매끈하여야 한다.
- 금속재의 것은 적절한 방식 처리를 한 것이거나 내식성 재료의 것이어야 한다.
- 비금속제 케이블 트레이는 난연성 재료의 것이어야 한다.
- 케이블 트레이가 방화구획의 벽, 마루, 천장 등을 관통하는 경우 관통부는 불연성의 물질로 충전(充塡)하여야 한다.

12 전개된 건조한 장소에서 400[V] 이상의 저압 옥내배선을 할 때 특별히 정해진 경우를 제외하고는 시공할 수 없는 공사는?

① 애자공사
② 금속 덕트 공사
③ 버스 덕트 공사
④ 합성수지 몰드 공사

해설 **저압 옥내배선의 시설장소별 공사의 종류(KEC 232.3.7)**

금속 몰드, 합성수지 몰드, 플로어 덕트, 셀룰라 덕트, 라이팅 덕트는 사용전압 400[V] 이상에서는 시설할 수 없다.

13 가공전선로의 지지물의 강도 계산에 적용하는 풍압하중은 빙설이 많은 지방 이외의 지방에서 저온 계절에는 어떤 풍압하중을 적용하는가? (단, 인가가 연접되어 있지 않다고 한다.)

① 갑종 풍압하중
② 을종 풍압하중
③ 병종 풍압하중
④ 을종과 병종 풍압하중을 혼용

해설 **풍압하중의 종별과 적용(KEC 331.6)**

- 빙설이 많은 지방
  - 고온 계절 : 갑종 풍압하중
  - 저온 계절 : 을종 풍압하중
- 빙설이 적은 지방
  - 고온 계절 : 갑종 풍압하중
  - 저온 계절 : 병종 풍압하중

14 백열전등 또는 방전등에 전기를 공급하는 옥내전로의 대지전압은 몇 [V] 이하이어야 하는가? (단, 백열전등 또는 방전등 및 이에 부속하는 전선은 사람이 접촉할 우려가 없도록 시설한 경우이다.)

① 60 ② 110
③ 220 ④ 300

해설 **옥내전로의 대지전압의 제한(KEC 231.6)**

백열전등 또는 방전등에 전기를 공급하는 옥내의 전로의 대지전압은 300[V] 이하이어야 한다.

정답 10. ③ 11. ① 12. ④ 13. ③ 14. ④

15 **특고압 가공전선로의 지지물에 첨가하는 통신선 보안장치에 사용되는 피뢰기의 동작 전압은 교류 몇 [V] 이하인가?**

① 300 ② 600
③ 1,000 ④ 1,500

해설 **특고압 가공전선로 첨가 설치 통신선의 시가지 인입 제한(KEC 362.5)**
통신선 보안장치에는 교류 1[kV] 이하에서 동작하는 피뢰기를 설치한다.

16 **태양전지발전소에 시설하는 태양전지 모듈, 전선 및 개폐기, 기타 기구의 시설기준에 대한 내용으로 틀린 것은?**

① 충전부분은 노출되지 아니하도록 시설할 것
② 옥내에 시설하는 경우에는 전선을 케이블 공사로 시설할 수 있다.
③ 태양전지 모듈의 프레임은 지지물과 전기적으로 완전하게 접속하여야 한다.
④ 태양전지 모듈을 병렬로 접속하는 전로에는 과전류 차단기를 시설하지 않아도 된다.

해설 **어레이 출력 개폐기 등의 시설(KEC 522.3.1)**
태양전지 모듈을 병렬로 접속하는 전로에는 그 전로에 단락이 생긴 경우에 전로를 보호하는 과전류 차단기를 시설할 것

17 **저압 가공전선로 또는 고압 가공전선로와 기설 가공 약전류 전선로가 병행하는 경우에는 유도작용에 의한 통신상의 장해가 생기지 아니하도록 전선과 기설 약전류 전선 간의 이격거리는 몇 [m] 이상이어야 하는가? (단, 전기철도용 급전선로는 제외한다.)**

① 2 ② 4
③ 6 ④ 8

해설 **고·저압 가공전선의 유도장해 방지 (KEC 332.1)**
고·저압 가공전선로와 병행하는 경우 약전류 전선과 2[m] 이상 이격시킨다.

18 **가공전선로의 지지물에 시설하는 지선으로 연선을 사용할 경우 소선은 최소 몇 가닥 이상이어야 하는가?**

① 3 ② 5
③ 7 ④ 9

해설 **지선의 시설(KEC 331.11)**
- 지선의 안전율은 2.5 이상. 이 경우에 허용인장하중의 최저는 4.31[kN]
- 지선에 연선을 사용할 경우
  - 소선(素線) 3가닥 이상의 연선일 것
  - 소선의 지름이 2.6[mm] 이상의 금속선을 사용한 것일 것

19 **소세력 회로에 전기를 공급하기 위한 변압기는 1차측 전로의 대지전압이 300[V] 이하, 2차측 전로의 사용전압은 몇 [V] 이하인 절연변압기이어야 하는가?**

① 60 ② 80
③ 100 ④ 150

해설 **소세력 회로(KEC 241.14)**
소세력 회로에 전기를 공급하기 위한 변압기는 1차측 전로의 대지전압이 300[V] 이하, 2차측 전로의 사용전압이 60[V] 이하인 절연변압기일 것

20 **중성점 직접 접지식 전로에 접속되는 최대사용전압 161[kV]인 3상 변압기 권선(성형결선)의 절연내력시험을 할 때 접지시켜서는 안 되는 것은?**

① 철심 및 외함
② 시험되는 변압기의 부싱
③ 시험되는 권선의 중성점 단자
④ 시험되지 않는 각 권선(다른 권선이 2개 이상 있는 경우에는 각 권선)의 임의의 1단자

해설 **변압기 전로의 절연내력(KEC 135)**
접지하는 곳은 다음과 같다.
- 시험되는 권선의 중성점 단자
- 다른 권선의 임의의 1단자
- 철심 및 외함

정답 15. ③ 16. ④ 17. ① 18. ① 19. ① 20. ②

전기산업기사

2020년 제1 · 2회 통합 기출문제

01 직류식 전기철도에서 배류선의 상승부분 중 지표상 몇 [m] 미만의 부분은 절연전선(옥외용 비닐절연전선을 제외), 캡타이어 케이블 또는 케이블을 사용하고 사람이 접촉할 우려가 없고 또한 손상을 받을 우려가 없도록 시설하여야 하는가?

① 1.5
② 2.0
③ 2.5
④ 3.0

* 이 문제는 출제 당시 규정에는 적합했으나 새로 제정된 한국전기설비규정에는 일부 부적합하므로 문제유형만 참고하시기 바랍니다.

02 특고압 가공전선과 가공 약전류 전선 사이에 보호망을 시설하는 경우 보호망을 구성하는 금속선 상호 간의 간격은 가로 및 세로를 각각 몇 [m] 이하로 시설하여야 하는가?

① 0.75
② 1.0
③ 1.25
④ 1.5

해설 **특고압 가공전선과 도로 등의 접근 또는 교차(KEC 333.23)**

보호망 시설 규정은 다음과 같다.

- 금속제 망상 장치
- 특고압 가공전선의 바로 아래 : 인장강도 8.01[kN], 지름 5[mm] 경동선
- 기타 부분에 시설 : 인장강도 5.26[kN], 지름 4[mm] 경동선
- 보호망 상호 간격 : 가로, 세로 각 1.5[m] 이하

03 1차측 3,300[V], 2차측 220[V]인 변압기 전로의 절연내력시험전압은 각각 몇 [V]에서 10분간 견디어야 하는가?

① 1차측 4,950[V], 2차측 500[V]
② 1차측 4,500[V], 2차측 400[V]
③ 1차측 4,125[V], 2차측 500[V]
④ 1차측 3,300[V], 2차측 400[V]

해설 **변압기 전로의 절연내력(KEC 134)**

- 1차측 : 3,300×1.5=4,950[V]
- 2차측 : 220×1.5=330[V]
500 이하이므로 최소 시험전압 500[V]로 한다.

04 가공전선로의 지지물에 지선을 시설하려는 경우 이 지선의 최저 기준으로 옳은 것은?

① 허용인장하중 : 2.11[kN], 소선지름 : 2.0[mm], 안전율 : 3.0
② 허용인장하중 : 3.21[kN], 소선지름 : 2.6[mm], 안전율 : 1.5
③ 허용인장하중 : 4.31[kN], 소선지름 : 1.6[mm], 안전율 : 2.0
④ 허용인장하중 : 4.31[kN], 소선지름 : 2.6[mm], 안전율 : 2.5

해설 **지선의 시설(KEC 331.11)**

- 지선의 안전율은 2.5 이상. 이 경우에 허용인장하중의 최저는 4.31[kN]
- 지선에 연선을 사용할 경우
  - 소선(素線) 3가닥 이상의 연선일 것
  - 소선의 지름이 2.6[mm] 이상의 금속선을 사용한 것일 것

정답 01. ③ 02. ④ 03. ① 04. ④

05 **버스 덕트 공사에 의한 저압의 옥측 배선 또는 옥외 배선의 사용전압이 400[V] 이상인 경우의 시설기준에 대한 설명으로 틀린 것은?**

① 목조 외의 조영물(점검할 수 없는 은폐 장소)에 시설할 것
② 버스 덕트는 사람이 쉽게 접촉할 우려가 없도록 시설할 것
③ 버스 덕트는 KS C IEC 60529(2006)에 의한 보호등급 IPX4에 적합할 것
④ 버스 덕트는 옥외용 버스 덕트를 사용하여 덕트 안에 물이 스며들어 고이지 아니하도록 한 것일 것

해설 **옥측 전선로(KEC 221.2)**
버스 덕트 공사에 의한 저압의 옥측 배선 또는 옥외 배선의 사용전압이 400[V] 이상인 경우는 다음에 의하여 시설할 것
- 목조 외의 조영물(점검할 수 없는 은폐 장소를 제외)에 시설할 것
- 버스 덕트는 사람이 쉽게 접촉할 우려가 없도록 시설할 것
- 버스 덕트는 옥외용 버스 덕트를 사용하여 덕트 안에 물이 스며들어 고이지 않도록 한 것일 것
- 버스 덕트는 KS C IEC 60529(2006)에 의한 보호등급 IPX4에 적합할 것

06 **전력보안 통신설비인 무선통신용 안테나를 지지하는 목주의 풍압하중에 대한 안전율은 얼마 이상으로 해야 하는가?**

① 0.5　② 0.9
③ 1.2　④ 1.5

해설 **무선용 안테나 등을 지지하는 철탑 등의 시설(KEC 364.1)**
- 목주의 풍압하중에 대한 안전율은 1.5 이상
- 철주·철근콘크리트주 또는 철탑의 기초 안전율은 1.5 이상

07 **변압기에 의하여 특고압 전로에 결합되는 고압 전로에는 사용전압의 몇 배 이하인 전압이 가하여진 경우에 방전하는 장치를 그 변압기의 단자에 가까운 1극에 설치하여야 하는가?**

① 3
② 4
③ 5
④ 6

해설 **특고압과 고압의 혼촉 등에 의한 위험방지시설(KEC 322.3)**
변압기에 의하여 특고압 전로에 결합되는 고압 전로에는 사용전압의 3배 이하인 전압이 가하여진 경우에 방전하는 장치를 그 변압기의 단자에 가까운 1극에 설치하여야 한다.

08 **의료장소 중 그룹 1 및 그룹 2의 의료 IT 계통에 시설되는 전기설비의 시설기준으로 틀린 것은?**

① 의료용 절연변압기의 정격 출력은 10[kVA] 이하로 한다.
② 의료용 절연변압기의 2차측 정격전압은 교류 250[V] 이하로 한다.
③ 전원측에 강화절연을 한 의료용 절연변압기를 설치하고 그 2차측 전로는 접지한다.
④ 절연감시장치를 설치하여 절연저항이 50[kΩ]까지 감소하면 표시설비 및 음향설비로 경보를 발하도록 한다.

해설 **의료장소의 안전을 위한 보호설비(KEC 242.10.3)**
전원측에 전력 변압기, 전원공급장치에 따라 이중 또는 강화절연을 한 비단락보증 절연변압기를 설치하고 그 2차측 전로는 접지하지 말 것

정답 05. ① 06. ④ 07. ① 08. ③

09 저압 가공전선과 고압 가공전선을 동일 지지물에 시설하는 경우 이격거리는 몇 [cm] 이상이어야 하는가? (단, 각도주(角度柱)·분기주(分岐柱) 등에서 혼촉(混觸)의 우려가 없도록 시설하는 경우는 제외한다.)

① 50　② 60
③ 70　④ 80

해설 **저·고압 가공전선 등의 병행 설치(KEC 332.8)**
- 저압 가공전선을 고압 가공전선의 아래로 하고 별개의 완금류에 시설할 것
- 저압 가공전선과 고압 가공전선 사이의 이격거리는 50[cm] 이상일 것

10 사람이 상시 통행하는 터널 안 배선의 시설 기준으로 틀린 것은?

① 사용전압은 저압에 한한다.
② 전로에는 터널의 입구에 가까운 곳에 전용 개폐기를 시설한다.
③ 애자공사에 의하여 시설하고 이를 노면상 2[m] 이상의 높이에 시설한다.
④ 공칭단면적 2.5[mm^2] 연동선과 동등 이상의 세기 및 굵기의 절연전선을 사용한다.

해설 **사람이 상시 통행하는 터널 안의 배선시설(KEC 242.7.1)**
- 전선은 공칭단면적 2.5[mm^2]의 연동선과 동등 이상의 세기 및 굵기의 절연전선(옥외용 제외)을 사용하여 애자공사에 의하여 시설하고 또한 이를 노면상 2.5[m] 이상의 높이로 할 것
- 전로에는 터널의 입구에 가까운 곳에 전용 개폐기를 시설할 것

11 특고압 가공전선이 가공 약전류 전선 등 저압 또는 고압의 가공전선이나 저압 또는 고압의 전차선과 제1차 접근상태로 시설되는 경우 60[kV] 이하 가공전선과 저·고압 가공전선 등 또는 이들의 지지물이나 지주 사이의 이격거리는 몇 [m] 이상인가?

① 1.2　② 2
③ 2.6　④ 3.2

해설 **특고압 가공전선과 저·고압 가공전선 등의 접근 또는 교차(KEC 333.26)**

사용전압의 구분	이격거리
60[kV] 이하	2[m]
60[kV] 초과	2[m]에 사용전압이 60[kV]를 초과하는 10[kV] 또는 그 단수마다 0.12[m]를 더한 값

12 교통신호등의 시설기준에 관한 내용으로 틀린 것은?

① 제어장치의 금속제 외함에는 제3종 접지공사를 한다.
② 교통신호등 회로의 사용전압은 300[V] 이하로 한다.
③ 교통신호등 회로의 인하선은 지표상 2[m] 이상으로 시설한다.
④ LED를 광원으로 사용하는 교통신호등의 설치 KS C 7528 'LED 교통신호등'에 적합한 것을 사용한다.

해설 **교통신호등(KEC 234.15)**
- 사용전압은 300[V] 이하
- 배선은 케이블인 경우 공칭단면적 2.5[mm^2] 이상 연동선
- 전선의 지표상의 높이는 2.5[m] 이상
- 조가용선은 인장강도 3.7[kN]의 금속선 또는 지름 4[mm] 이상의 아연도철선을 2가닥 이상 꼰 금속선을 사용할 것
- LED를 광원으로 사용하는 교통신호등의 설치는 KS C 7528(LED 교통신호등)에 적합할 것

13 중성선 다중 접지식의 것으로서, 전로에 지락이 생겼을 때 2초 이내에 자동적으로 이를 전로로부터 차단하는 장치가 되어 있는 22.9[kV] 특고압 가공전선이 다른 특고압 가공전선과 접근하는 경우 이격거리는 몇 [m] 이상으로 하여야 하는가? (단, 양쪽이 나전선인 경우이다.)

① 0.5　② 1.0
③ 1.5　④ 2.0

정답 09. ① 10. ③ 11. ② 12. ③ 13. ③

해설 **25[kV] 이하인 특고압 가공전선로의 시설(KEC 333.32)**

사용전선의 종류	이격거리
어느 한쪽 또는 양쪽이 나전선인 경우	1.5[m]
양쪽이 특고압 절연전선인 경우	1.0[m]
한쪽이 케이블이고 다른 한쪽이 케이블이거나 특고압 절연전선인 경우	0.5[m]

14 터널 안의 윗면, 교량의 아랫면, 기타 이와 유사한 곳 또는 이에 인접하는 곳에 시설하는 경우 가공 직류 전차선의 레일면상의 높이는 몇 [m] 이상인가?

① 3　② 3.5
③ 4　④ 4.5

* 이 문제는 출제 당시 규정에는 적합했으나 새로 제정된 한국전기설비규정에는 일부 부적합하므로 문제유형만 참고하시기 바랍니다.

15 고압 가공전선이 교류 전차선과 교차하는 경우 고압 가공전선으로 케이블을 사용하는 경우 이외에는 단면적 몇 [mm^2] 이상의 경동연선(교류 전차선 등과 교차하는 부분을 포함하는 경간에 접속점이 없는 것에 한한다.)을 사용하여야 하는가?

① 14　② 22
③ 30　④ 38

해설 **고압 가공전선과 교류 전차선 등의 접근 또는 교차(KEC 332.15)**
저·고압 가공전선에는 케이블을 사용하고 또한 이를 단면적 38[mm^2] 이상인 아연도 연선으로서 인장강도 19.61[kN] 이상인 것으로 조가하여 시설할 것

16 고압 또는 특고압 가공전선과 금속제의 울타리가 교차하는 경우 교차점과 좌우로 몇 [m] 이내의 개소에 제1종 접지공사를 하여야 하는가? (단, 전선에 케이블을 사용하는 경우는 제외한다.)

① 25　② 35
③ 45　④ 55

해설 **발전소 등의 울타리·담 등의 시설(KEC 351.1)**
고압 또는 특고압 가공전선(전선에 케이블을 사용하는 경우는 제외함)과 금속제의 울타리·담 등이 교차하는 경우에 금속제의 울타리·담 등에는 교차점과 좌·우로 45[m] 이내의 개소에 접지공사를 해야 한다.

17 옥내 고압용 이동전선의 시설기준에 적합하지 않은 것은?

① 전선은 고압용의 캡타이어 케이블을 사용하였다.
② 전로에 지락이 생겼을 때 자동적으로 전로를 차단하는 장치를 시설하였다.
③ 이동전선과 전기사용 기계·기구와는 볼트 조임, 기타의 방법에 의하여 견고하게 접속하였다.
④ 이동전선에 전기를 공급하는 전로의 중성극에 전용 개폐기 및 과전류 차단기를 시설하였다.

해설 **옥내 고압용 이동전선의 시설(KEC 342.2)**
이동전선에 전기를 공급하는 전로에는 전용 개폐기 및 과전류 차단기를 각 극(과전류 차단기는 다선식 전로의 중성극을 제외)에 시설하고, 또한 전로에 지락이 생겼을 때 자동적으로 전로를 차단하는 장치를 시설할 것

18 고압 전로 또는 특고압 전로와 저압 전로를 결합하는 변압기의 저압측의 중성점에는 제 몇 종 접지공사를 하여야 하는가?

① 제1종 접지공사
② 제2종 접지공사
③ 제3종 접지공사
④ 특별 제3종 접지공사

정답 14.② 15.④ 16.③ 17.④ 18.②

* 이 문제는 출제 당시 규정에는 적합했으나 새로 제정된 한국전기설비규정에는 일부 부적합하므로 문제유형만 참고하시기 바랍니다.

19 **가공전선로의 지지물에는 취급자가 오르고 내리는 데 사용하는 발판 볼트 등은 특별한 경우를 제외하고 지표상 몇 [m] 미만에는 시설하지 않아야 하는가?**

① 1.5
② 1.8
③ 2.0
④ 2.2

해설 **지지물의 철탑 오름 및 전주 오름 방지(KEC 331.4)**
가공전선로의 지지물에 취급자가 오르고 내리는 데 사용하는 발판못 등을 지표상 1.8[m] 미만에 시설해서는 안 된다.

20 **수상 전선로의 시설기준으로 옳은 것은?**

① 사용전압으로 고압인 경우에는 클로로프렌 캡타이어 케이블을 사용한다.
② 수상 전선로에 사용하는 부대(浮臺)는 쇠사슬 등으로 견고하게 연결한다.
③ 고압 수상 전선로에 지락이 생길 때를 대비하여 전로를 수동으로 차단하는 장치를 시설한다.
④ 수상 전선로의 전선은 부대의 아래에 지지하여 시설하고 또한 그 절연 피복을 손상하지 않도록 시설한다.

해설 **수상 전선로(KEC 335.3)**
수상 전선로에는 이와 접속하는 가공전선로에 전용 개폐기 및 과전류 차단기를 각 극에 시설하고 또한 수상 전선로의 사용전압이 고압인 경우에는 전로에 지락이 생겼을 때 자동적으로 전로를 차단하기 위한 장치를 시설하여야 한다.

정답 19. ② 20. ②

2020년 제3회 기출문제

01 345[kV] 송전선을 사람이 쉽게 들어가지 않는 산지에 시설할 때 전선의 지표상 높이는 몇 [m] 이상으로 하여야 하는가?

① 7.28　② 7.56
③ 8.28　④ 8.56

해설 **특고압 가공전선의 높이(KEC 333.7)**
(345−165)÷10=18.5이므로 10[kV] 단수는 19이다. 산지(山地) 등에서 사람이 쉽게 들어갈 수 없는 장소에 시설하는 경우이므로 전선의 지표상 높이는 다음과 같다.
5+0.12×19=7.28[m]

02 변전소에서 오접속을 방지하기 위하여 특고압 전로의 보기 쉬운 곳에 반드시 표시해야 하는 것은?

① 상별 표시　② 위험표시
③ 최대 전류　④ 정격전압

해설 **특고압 전로의 상 및 접속상태의 표시(KEC 351.2)**
발전소·변전소 또는 이에 준하는 곳의 특고압 전로에 대하여는 그 접속상태를 모의 모선의 사용, 기타의 방법에 의하여 표시하여야 한다.

03 전력보안 가공통신선의 시설높이에 대한 기준으로 옳은 것은?

① 철도의 궤도를 횡단하는 경우에는 레일면상 5[m] 이상
② 횡단보도교 위에 시설하는 경우에는 그 노면상 3[m] 이상
③ 도로(차도와 도로의 구별이 있는 도로는 차도) 위에 시설하는 경우에는 지표상 2[m] 이상
④ 교통에 지장을 줄 우려가 없도록 도로(차도와 도로의 구별이 있는 도로는 차도) 위에 시설하는 경우에는 지표상 2[m]까지로 감할 수 있다.

해설 **전력보안 통신 케이블의 지상고(KEC 362.2)**
- 도로 위에 시설하는 경우에는 지표상 5[m] 이상
- 철도의 궤도를 횡단하는 경우에는 레일면상 6.5[m] 이상
- 횡단보도교 위에 시설하는 경우에는 그 노면상 3[m] 이상

04 사용전압이 154[kV]인 가공전선로를 제1종 특고압 보안공사로 시설할 때 사용되는 경동연선의 단면적은 몇 [mm^2] 이상이어야 하는가?

① 55　② 100
③ 150　④ 200

해설 **특고압 보안공사(KEC 333.22)**
제1종 특고압 보안공사의 전선의 굵기는 다음과 같다.

사용전압	전 선
100[kV] 미만	인장강도 21.67[kN] 이상, 55[mm^2] 이상 경동연선
100[kV] 이상 300[kV] 미만	인장강도 58.84[kN] 이상, 150[mm^2] 이상 경동연선
300[kV] 이상	인장강도 77.47[kN] 이상, 200[mm^2] 이상 경동연선

05 가반형의 용접 전극을 사용하는 아크 용접장치의 용접 변압기의 1차측 전로의 대지전압은 몇 [V] 이하이어야 하는가?

① 60　② 150
③ 300　④ 400

정답 01. ① 02. ① 03. ② 04. ③ 05. ③

해설 **아크 용접기(KEC 241.10)**

- 용접 변압기는 절연 변압기일 것
- 용접 변압기의 1차측 전로의 대지전압은 300[V] 이하일 것

06 전기온상용 발열선은 그 온도가 몇 [℃]를 넘지 않도록 시설하여야 하는가?

① 50 ② 60
③ 80 ④ 100

해설 **전기온상 등(KEC 241.5)**

- 전기온상 등에 전기를 공급하는 전로의 대지전압은 300[V] 이하일 것
- 발열선의 지지점 간의 거리는 1[m] 이하일 것
- 발열선과 조영재 사이의 이격거리는 2.5[cm] 이상일 것
- 발열선은 그 온도가 80[℃]를 넘지 아니하도록 시설할 것

07 고압용 기계·기구를 시가지에 시설할 때 지표상 몇 [m] 이상의 높이에 시설하고, 또한 사람이 쉽게 접촉할 우려가 없도록 하여야 하는가?

① 4.0 ② 4.5
③ 5.0 ④ 5.5

해설 **고압용 기계·기구의 시설(KEC 341.9)**

기계·기구를 지표상 4.5[m](시가지 외에는 4[m]) 이상의 높이에 시설하고 또한 사람이 쉽게 접촉할 우려가 없도록 시설하는 경우

08 발전기, 전동기, 조상기, 기타 회전기(회전변류기 제외)의 절연내력시험전압은 어느 곳에 가하는가?

① 권선과 대지 사이
② 외함과 권선 사이
③ 외함과 대지 사이
④ 회전자와 고정자 사이

해설 **회전기 및 정류기의 절연내력(KEC 133)**

종 류		시험전압	시험방법
발전기, 전동기, 조상기	7[kV] 이하	1.5배 (최저 500[V])	권선과 대지 사이 10분간
	7[kV] 초과	1.25배 (최저 10,500[V])	

09 특고압 지중전선이 지중 약전류 전선 등과 접근하거나 교차하는 경우에 상호 간의 이격거리가 몇 [cm] 이하인 때에는 두 전선이 직접 접촉하지 아니하도록 하여야 하는가?

① 15 ② 20
③ 30 ④ 60

해설 **지중전선과 지중 약전류 전선 등 또는 관과의 접근 또는 교차(KEC 223.6)**

저압 또는 고압의 지중전선은 30[cm] 이하, 특고압 지중전선은 60[cm] 이하이어야 한다.

10 고압 옥내배선의 공사방법으로 틀린 것은?

① 케이블 공사
② 합성수지관 공사
③ 케이블 트레이 공사
④ 애자공사(건조한 장소로서 전개된 장소에 한함)

해설 **고압 옥내배선 등의 시설(KEC 342.1)**

- 애자공사(건조한 장소로서 전개된 장소에 한함)
- 케이블 공사(MI 케이블 제외)
- 케이블 트레이 공사

11 무효전력 보상장치에 내부 고장, 과전류 또는 과전압이 생긴 경우 자동적으로 차단되는 장치를 해야 하는 전력용 커패시터의 최소 뱅크 용량은 몇 [kVA]인가?

① 10,000 ② 12,000
③ 13,000 ④ 15,000

정답 06. ③ 07. ② 08. ① 09. ④ 10. ② 11. ④

해설 **조상설비의 보호장치(KEC 351.5)**

설비 종별	뱅크 용량의 구분	자동적으로 전로로부터 차단하는 장치
전력용 커패시터 및 분로 리액터	500[kVA] 초과 15,000[kVA] 미만	• 내부에 고장이 생긴 경우에 동작하는 장치 • 과전류가 생긴 경우에 동작하는 장치
	15,000[kVA] 이상	• 내부에 고장이 생긴 경우에 동작하는 장치 • 과전류가 생긴 경우에 동작하는 장치 • 과전압이 생긴 경우에 동작하는 장치

12 가공 직류 절연 귀선은 특별한 경우를 제외하고 어느 전선에 준하여 시설하여야 하는가?

① 저압 가공전선

② 고압 가공전선

③ 특고압 가공전선

④ 가공 약전류 전선

* 이 문제는 출제 당시 규정에는 적합했으나 새로 제정된 한국전기설비규정에는 일부 부적합하므로 문제유형만 참고하시기 바랍니다.

13 사용전압이 440[V]인 이동 기중기용 접촉 전선을 애자공사에 의하여 옥내의 전개된 장소에 시설하는 경우 사용하는 전선으로 옳은 것은?

① 인장강도가 3.44[kN] 이상인 것 또는 지름 2.6[mm]의 경동선으로 단면적이 8[mm^2] 이상인 것

② 인장강도가 3.44[kN] 이상인 것 또는 지름 3.2[mm]의 경동선으로 단면적이 18[mm^2] 이상인 것

③ 인장강도가 11.2[kN] 이상인 것 또는 지름 6[mm]의 경동선으로 단면적이 28[mm^2] 이상인 것

④ 인장강도가 11.2[kN] 이상인 것 또는 지름 8[mm]의 경동선으로 단면적이 18[mm^2] 이상인 것

해설 **옥내에 시설하는 저압 접촉 전선 공사(KEC 232.31)**

전선은 인장강도 11.2[kN] 이상의 것 또는 지름 6[mm]의 경동선으로 단면적이 28[mm^2] 이상인 것이어야 한다. 단, 사용전압이 400[V] 이하인 경우에는 인장강도 3.44[kN] 이상의 것 또는 지름 3.2[mm] 이상의 경동선으로 단면적이 8[mm^2] 이상인 것을 사용할 수 있다.

14 옥내에 시설하는 사용전압이 400[V] 초과 1,000[V] 이하인 전개된 장소로서, 건조한 장소가 아닌 기타의 장소의 관등회로 배선공사로서 적합한 것은?

① 애자공사

② 금속 몰드 공사

③ 금속 덕트 공사

④ 합성수지 몰드 공사

해설 **옥내 방전등 배선(KEC 234.11.4)**

관등회로의 배선방식을 살펴보면 다음과 같다.

시설장소의 구분		공사방법
전개된 장소	건조한 장소	애자공사·합성수지 몰드 공사 또는 금속 몰드 공사
	기타의 장소	애자공사
점검할 수 있는 은폐된 장소	건조한 장소	애자공사·합성수지 몰드 공사 또는 금속 몰드 공사
	기타의 장소	애자공사

15 저압 가공전선으로 사용할 수 없는 것은?

① 케이블

② 절연전선

③ 다심형 전선

④ 나동복 강선

정답 12. ① 13. ③ 14. ① 15. ④

해설 **저압 가공전선의 굵기 및 종류(KEC 222.5)**
저압 가공전선은 나전선(중성선에 한함), 절연전선, 다심형 전선 또는 케이블을 사용해야 한다.

16 가공전선로의 지지물에 시설하는 지선의 시설기준으로 틀린 것은?

① 지선의 안전율을 2.5 이상으로 할 것
② 소선은 최소 5가닥 이상의 강심 알루미늄 연선을 사용할 것
③ 도로를 횡단하여 시설하는 지선의 높이는 지표상 5[m] 이상으로 할 것
④ 지중부분 및 지표상 30[cm]까지의 부분에는 내식성이 있는 것을 사용할 것

해설 **지선의 시설(KEC 331.11)**
- 지선의 안전율은 2.5 이상일 것. 이 경우에 허용 인장하중의 최저는 4.31[kN]
- 지선에 연선을 사용할 경우
  - 소선 3가닥 이상의 연선일 것
  - 소선의 지름이 2.6[mm] 이상의 금속선을 사용한 것일 것
- 지중부분 및 지표상 30[cm]까지의 부분에는 내식성이 있는 것 또는 아연도금을 한 철봉을 사용하고 쉽게 부식되지 아니하는 근가에 견고하게 붙일 것
- 철탑은 지선을 사용하여 그 강도를 분담시켜서는 안 됨
- 도로를 횡단하여 시설하는 지선의 높이는 지표상 5[m] 이상

17 특고압 가공전선로 중 지지물로서 직선형의 철탑을 연속하여 10기 이상 사용하는 부분에는 몇 기 이하마다 내장 애자장치가 되어 있는 철탑 또는 이와 동등 이상의 강도를 가지는 철탑 1기를 시설하여야 하는가?

① 3 ② 5
③ 7 ④ 10

해설 **특고압 가공전선로의 내장형 등의 지지물 시설(KEC 333.16)**
특고압 가공전선로 중 지지물로서 직선형의 철탑을 연속하여 10기 이상 사용하는 부분에는 10기 이하마다 내장 애자장치가 되어 있는 철탑 또는 이와 동등 이상의 강도를 가지는 철탑 1기를 시설한다.

18 접지공사에 사용하는 접지도체를 사람이 접촉할 우려가 있는 곳에 시설하는 경우 「전기용품 및 생활용품 안전관리법」을 적용받는 합성수지관(두께 2[mm] 미만의 합성수지제 전선관 및 난연성이 없는 콤바인덕트관을 제외한다)으로 덮어야 하는 범위로 옳은 것은?

① 접지도체의 지하 30[cm]로부터 지표상 1[m]까지의 부분
② 접지도체의 지하 50[cm]로부터 지표상 1.2[m]까지의 부분
③ 접지도체의 지하 60[cm]로부터 지표상 1.8[m]까지의 부분
④ 접지도체의 지하 75[cm]로부터 지표상 2[m]까지의 부분

해설 **접지도체(KEC 142.3.1)**
접지도체의 지하 75[cm]로부터 지표상 2[m]까지의 부분은 합성수지관(두께 2[mm] 미만 제외) 또는 이것과 동등 이상의 절연 효력 및 강도를 가지는 몰드로 덮을 것

19 사용전압이 400[V] 이하인 저압 가공전선은 케이블인 경우를 제외하고는 지름이 몇 [mm] 이상이어야 하는가? (단, 절연전선은 제외한다.)

① 3.2
② 3.6
③ 4.0
④ 5.0

정답 16. ② 17. ④ 18. ④ 19. ①

해설 **저압 가공전선의 굵기 및 종류(KEC 222.5)**
사용전압이 400[V] 이하는 인장강도 3.43[kN] 이상의 것 또는 지름 3.2[mm](절연전선은 인장강도 2.3[kN] 이상의 것 또는 지름 2.6[mm] 이상의 경동선) 이상

20 **수용장소의 인입구 부근에 대지 사이의 전기저항값이 3[Ω] 이하인 값을 유지하는 건물의 철골을 접지극으로 사용하여 접지공사를 한 저압 전로의 접지측 전선에 추가 접지 시 사용하는 접지도체를 사람이 접촉할 우려가 있는 곳에 시설할 때는 어떤 공사 방법으로 시설하는가?**

① 금속관 공사 ② 케이블 공사
③ 금속 몰드 공사 ④ 합성수지관 공사

해설 **저압 수용장소의 인입구의 접지(KEC 142.4.1)**
접지도체를 사람이 접촉할 우려가 있는 곳에 시설할 때에는 접지도체는 케이블 공사에 준하여 시설하여야 한다.

정답 20. ②

전기산업기사

2020년 제3회 기출문제

01 22,900[V]용 변압기의 금속제 외함에는 몇 종 접지공사를 하여야 하는가?

① 제1종 접지공사
② 제2종 접지공사
③ 제3종 접지공사
④ 특별 제3종 접지공사

*이 문제는 출제 당시 규정에는 적합했으나 새로 제정된 한국전기설비규정에는 일부 부적합하므로 문제유형만 참고하시기 바랍니다.

02 154[kV] 가공전선과 식물과의 최소 이격거리는 몇 [m]인가?

① 2.8　② 3.2
③ 3.8　④ 4.2

해설 **특고압 가공전선과 식물의 이격거리 (KEC 333.30)**
60[kV] 넘는 10[kV] 단수는 (154−60)÷10=9.4이므로 10단수이다.
$\therefore$ 2 + 0.12×10=3.2[m]

03 다음 ( ) 안의 ㉠, ㉡에 들어갈 내용으로 옳은 것은?

> 전기철도용 급전선이란 전기철도용 (㉠) 로부터 다른 전기철도용 (㉠) 또는 (㉡) 에 이르는 전선을 말한다.

① ㉠ 급전소, ㉡ 개폐소
② ㉠ 궤전선, ㉡ 변전소
③ ㉠ 변전소, ㉡ 전차선
④ ㉠ 전차선, ㉡ 급전소

해설 **용어의 정의(KEC 112)**
전기철도용 급전선이란 전기철도용 변전소로부터 다른 전기철도용 변전소 또는 전차선에 이르는 전선을 말한다.

04 제1종 특고압 보안공사로 시설하는 전선로의 지지물로 사용할 수 없는 것은?

① 목주
② 철탑
③ B종 철주
④ B종 철근콘크리트주

해설 **특고압 보안공사(KEC 333.22)**
제1종 특고압 보안공사 전선로의 지지물에는 B종 철주, B종 철근콘크리트주 또는 철탑을 사용하고, A종 및 목주는 시설할 수 없다.

05 저압 가공 인입선 시설 시 도로를 횡단하여 시설하는 경우 노면상 높이는 몇 [m] 이상으로 하여야 하는가?

① 4　② 4.5
③ 5　④ 5.5

해설 **저압 인입선의 시설(KEC 221.1.1)**
저압 가공 인입선의 높이는 다음과 같다.
- 도로를 횡단하는 경우에는 노면상 5[m]
- 철도 또는 궤도를 횡단하는 경우에는 레일면상 6.5[m] 이상
- 횡단보도교의 위에 시설하는 경우에는 노면상 3[m] 이상

06 기구 등의 전로의 절연내력시험에서 최대 사용전압이 60[kV]를 초과하는 기구 등의 전로로서 중성점 비접지식 전로에 접속하는 것은 최대사용전압의 몇 배의 전압에 10분간 견디어야 하는가?

① 0.72　② 0.92
③ 1.25　④ 1.5

정답 01. ① 02. ② 03. ③ 04. ① 05. ③ 06. ③

해설 **기구 등의 전로의 절연내력(KEC 136)**

최대사용전압이 60[kV]를 초과	시험전압
중성점 비접지식 전로	최대사용전압의 1.25배의 전압
중성점 접지식 전로	최대사용전압의 1.1배의 전압 (최저 시험전압 75[kV])
중성점 직접 접지식 전로	최대사용전압의 0.72배의 전압

07 **저압 가공전선(다중 접지된 중성선은 제외한다)과 고압 가공전선을 동일 지지물에 시설하는 경우 저압 가공전선과 고압 가공전선 사이의 이격거리는 몇 [cm] 이상이어야 하는가? (단, 각도주(角度柱)·분기주(分技柱) 등에서 혼촉(混觸)의 우려가 없도록 시설하는 경우가 아니다.)**

① 50
② 60
③ 80
④ 100

해설 **저·고압 가공전선 등의 병가(KEC 222.9)**
- 저압 가공전선을 고압 가공전선의 아래로 하고 별개의 완금류에 시설할 것
- 저압 가공전선과 고압 가공전선 사이의 이격거리는 50[cm] 이상일 것

08 **폭연성 분진이 많은 장소의 저압 옥내배선에 적합한 배선공사 방법은?**

① 금속관 공사
② 애자공사
③ 합성수지관 공사
④ 가요전선관 공사

해설 **먼지가 많은 장소에서 저압의 시설 (KEC 242.2.1)**
폭연성 분진 또는 화약류의 분말이 전기설비가 발화원이 되어 폭발할 우려가 있는 곳에 시설하는 저압 옥내 전기설비는 금속관 공사 또는 케이블 공사(캡타이어 케이블 제외)에 의한다.

09 **절연내력시험은 전로와 대지 사이에 연속하여 10분간 가하여 절연내력을 시험하였을 때 이에 견디어야 한다. 최대사용전압이 22.9[kV]인 중성선 다중 접지식 가공전선로의 전로와 대지 사이의 절연내력시험전압은 몇 [V]인가?**

① 16,488
② 21,068
③ 22,900
④ 28,625

해설 **전로의 절연저항 및 절연내력(KEC 132)**
중성점 다중 접지방식은 0.92배로 절연내력시험을 하므로 전압은 다음과 같이 구한다.
22,900×0.92=21,068[V]

10 **시가지 또는 그 밖에 인가가 밀집한 지역에 154[kV] 가공전선로의 전선을 케이블로 시설하고자 한다. 이때, 가공전선을 지지하는 애자장치의 50[%] 충격 섬락 전압값이 그 전선의 근접한 다른 부분을 지지하는 애자장치값의 몇 [%] 이상이어야 하는가?**

① 75　　② 100
③ 105　　④ 110

해설 **시가지 등에서 특고압 가공전선로의 시설(KEC 333.1)**
특고압 가공전선을 지지하는 애자장치는 다음 중 어느 하나에 의할 것
- 50[%] 충격 섬락 전압값이 그 전선의 근접한 다른 부분을 지지하는 애자장치값의 110[%](사용전압이 130[kV]를 초과하는 경우는 105[%]) 이상인 것
- 아크혼을 붙인 현수애자·장간애자(長幹碍子) 또는 라인포스트애자를 사용하는 것
- 2련 이상의 현수애자 또는 장간애자를 사용하는 것
- 2개 이상의 핀애자 또는 라인포스트애자를 사용하는 것

정답 07. ① 08. ① 09. ② 10. ③

11 특고압 가공전선로의 지지물에 시설하는 통신선 또는 이에 직접 접속하는 통신선이 도로·횡단보도교·철도의 레일 등 또는 교류 전차선 등과 교차하는 경우의 시설기준으로 옳은 것은?

① 인장강도 4.0[kN] 이상의 것 또는 지름 3.5[mm] 경동선일 것
② 통신선이 케이블 또는 광섬유 케이블일 때는 이격거리의 제한이 없다.
③ 통신선과 삭도 또는 다른 가공 약전류 전선 등 사이의 이격거리는 20[cm] 이상으로 할 것
④ 통신선이 도로·횡단보도교·철도의 레일과 교차하는 경우에는 통신선은 지름 4[mm]의 절연전선과 동등 이상의 절연 효력이 있을 것

해설 **전력보안 통신선의 시설높이와 이격거리(KEC 362.2)**
- 절연전선 : 연선은 단면적 16[mm^2], 단선은 지름 4[mm]
- 경동선 : 연선은 단면적 25[mm^2], 단선은 지름 5[mm]

12 변압기에 의하여 154[kV]에 결합되는 3,300[V] 전로에는 몇 배 이하의 사용전압이 가하여진 경우에 방전하는 장치를 그 변압기의 단자에 가까운 1극에 시설하여야 하는가?

① 2　② 3
③ 4　④ 5

해설 **특고압과 고압의 혼촉 등에 의한 위험방지시설(KEC 322.3)**
변압기에 의하여 특고압 전로에 결합되는 고압 전로에는 사용전압의 3배 이하인 전압이 가하여진 경우에 방전하는 장치를 그 변압기의 단자에 가까운 1극에 설치하여야 한다.

13 고압 가공전선으로 ACSR(강심 알루미늄 연선)을 사용할 때의 안전율은 얼마 이상이 되는 이도(弛度)로 시설하여야 하는가?

① 1.38　② 2.1
③ 2.5　④ 4.01

해설 **고압 가공전선의 안전율(KEC 332.4)**
- 경동선 또는 내열 동합금선 → 2.2 이상
- 기타 전선(ACSR, 알루미늄 전선 등) → 2.5 이상

14 발전기를 구동하는 풍차의 압유장치의 유압, 압축공기장치의 공기압 또는 전동식 브레이드 제어장치의 전원전압이 현저히 저하한 경우 발전기를 자동적으로 전로로부터 차단하는 장치를 시설하여야 하는 발전기 용량은 몇 [kVA] 이상인가?

① 100　② 300
③ 500　④ 1,000

해설 **발전기 등의 보호장치(KEC 351.3)**
발전기는 다음의 경우에 자동차단장치를 시설한다.
- 과전류, 과전압이 생긴 경우
- 100[kVA] 이상 : 풍차 압유장치 유압 저하
- 500[kVA] 이상 : 수차 압유장치 유압 저하
- 2,000[kVA] 이상 : 수차 발전기 베어링 온도 상승
- 10,000[kVA] 이상 : 발전기 내부 고장
- 10,000[kW] 초과 : 증기터빈의 베어링 마모, 온도 상승

15 건조한 곳에 시설하고 또한 내부를 건조한 상태로 사용하는 진열장 안의 사용전압이 400[V] 미만인 저압 옥내배선은 외부에서 보기 쉬운 곳에 한하여 코드 또는 캡타이어 케이블을 조영재에 접촉하여 시설할 수 있다. 이때, 전선의 붙임점 간의 거리는 몇 [m] 이하로 시설하여야 하는가?

① 0.5　② 1.0
③ 1.5　④ 2.0

해설 **진열장 안의 배선(KEC 234.8)**
- 전선은 단면적이 0.75[mm^2] 이상인 코드 또는 캡타이어 케이블일 것
- 전선의 붙임점 간의 거리는 1[m] 이하로 하고 또한 배선에는 전구 또는 기구의 중량을 지지시키지 아니할 것

정답 11. ④ 12. ② 13. ③ 14. ① 15. ②

16 욕조나 샤워시설이 있는 욕실 또는 화장실 등 인체가 물에 젖어 있는 상태에서 전기를 사용하는 장소에 콘센트를 시설하는 경우에 적합한 누전차단기는?

① 정격감도전류 15[mA] 이하, 동작시간 0.03초 이하의 전류 동작형 누전차단기
② 정격감도전류 15[mA] 이하, 동작시간 0.03초 이하의 전압 동작형 누전차단기
③ 정격감도전류 20[mA] 이하, 동작시간 0.3초 이하의 전류 동작형 누전차단기
④ 정격감도전류 20[mA] 이하, 동작시간 0.3초 이하의 전압 동작형 누전차단기

해설 **옥내에 시설하는 저압용 배선기구의 시설(KEC 234.5)**

욕조나 샤워시설이 있는 욕실 또는 화장실 등 인체가 물에 젖어 있는 상태에서 전기를 사용하는 장소에 콘센트를 시설한다.

- 인체감전보호용 누전차단기(정격감도전류 15[mA] 이하, 동작시간 0.03초 이하의 전류 동작형) 또는 절연변압기(정격용량 3[kVA] 이하)로 보호된 전로에 접속하거나 인체감전보호용 누전차단기가 부착된 콘센트를 시설하여야 한다.
- 콘센트는 접지극이 있는 방적형 콘센트를 사용하여 접지하여야 한다.

17 풀장용 수중 조명등에 전기를 공급하기 위하여 사용되는 절연변압기에 대한 설명으로 틀린 것은?

① 절연변압기 2차측 전로의 사용전압은 150[V] 이하이어야 한다.
② 절연변압기의 2차측 전로에는 반드시 제2종 접지공사를 하며, 그 저항값은 5[Ω] 이하가 되도록 하여야 한다.
③ 절연변압기 2차측 전로의 사용전압이 30[V] 이하인 경우에는 1차 권선과 2차 권선 사이에 금속제의 혼촉방지판이 있어야 한다.
④ 절연변압기 2차측 전로의 사용전압이 30[V]를 초과하는 경우에는 그 전로에 지락이 생겼을 때 자동적으로 전로를 차단하는 장치가 있어야 한다.

해설 **풀용 수중 조명등의 시설(KEC 234.14)**

- 대지전압 1차 전압 400[V] 미만, 2차 전압 150[V] 이하인 절연변압기를 사용할 것
- 절연변압기의 2차측 전로는 접지하지 아니할 것
- 절연변압기 2차 전압이 30[V] 이하는 접지공사를 한 혼촉방지판을 사용하고, 30[V]를 초과하는 것은 지기가 발생하면 자동 차단하는 장치를 할 것
- 수중 조명등에 전기를 공급하기 위하여 사용하는 이동전선은 접속점이 없는 단면적 2.5[mm^2] 이상의 0.6/1 [kV] EP 고무절연 클로로프렌 캡타이어 케이블일 것

18 뱅크 용량 15,000[kVA] 이상인 분로 리액터에서 자동적으로 전로로부터 차단하는 장치가 동작하는 경우가 아닌 것은?

① 내부 고장 시
② 과전류 발생 시
③ 과전압 발생 시
④ 온도가 현저히 상승한 경우

해설 **조상설비의 보호장치(KEC 351.5)**

설비 종별	뱅크 용량의 구분	자동 차단하는 장치
전력용 커패시터 및 분로 리액터	500[kVA] 초과 15,000[kVA] 미만	내부 고장, 과전류
	15,000[kVA] 이상	내부 고장, 과전류, 과전압
조상기	15,000[kVA] 이상	내부 고장

정답 16. ① 17. ② 18. ④

19 **가공전선로의 지지물에 사용하는 지선의 시설기준과 관련된 내용으로 틀린 것은?**

① 지선에 연선을 사용하는 경우 소선(素線) 3가닥 이상의 연선일 것

② 지선의 안전율은 2.5 이상, 허용인장하중의 최저는 3.31[kN]으로 할 것

③ 지선에 연선을 사용하는 경우 소선의 지름이 2.6[mm] 이상의 금속선을 사용한 것일 것

④ 가공전선로의 지지물로 사용하는 철탑은 지선을 사용하여 그 강도를 분담시키지 않을 것

해설

지선의 시설(KEC 331.11)

- 지선의 안전율은 2.5 이상일 것. 이 경우에 허용인장하중의 최저는 4.31[kN]
- 지선에 연선을 사용할 경우
  - 소선(素線) 3가닥 이상의 연선일 것
  - 소선의 지름이 2.6[mm] 이상의 금속선을 사용한 것일 것
- 지중부분 및 지표상 30[cm]까지의 부분에는 내식성이 있는 것 또는 아연도금을 한 철봉을 사용하고 쉽게 부식되지 않는 근가에 견고하게 붙일 것
- 철탑은 지선을 사용하여 그 강도를 분담시켜서는 안 됨

20 **발열선을 도로, 주차장 또는 조영물의 조영재에 고정시켜 시설하는 경우 발열선에 전기를 공급하는 전로의 대지전압은 몇 [V] 이하이어야 하는가?**

① 220

② 300

③ 380

④ 600

해설 **도로 등의 전열장치의 시설(KEC 241.12)**

- 발열선에 전기를 공급하는 전로의 대지전압은 300[V] 이하
- 발열선은 미네럴인슈레이션 케이블 또는 제2종 발열선을 사용
- 발열선 온도 80[℃] 이하

정답 19. ② 20. ②

전기기사

2020년 제4회 기출문제

01 과전류 차단기로 시설하는 퓨즈 중 고압 전로에 사용하는 비포장 퓨즈는 정격전류 2배 전류 시 몇 분 안에 용단되어야 하는가?

① 1분 ② 2분
③ 5분 ④ 10분

해설 **고압 및 특고압 전로 중의 과전류 차단기의 시설(KEC 341.11)**

- 포장 퓨즈는 정격전류의 1.3배의 전류에 견디고, 2배의 전류로 120분 안에 용단
- 비포장 퓨즈는 정격전류의 1.25배의 전류에 견디고, 2배의 전류로 2분 안에 용단

02 옥내에 시설하는 저압 전선에 나전선을 사용할 수 있는 경우는?

① 버스 덕트 공사에 의해 시설하는 경우
② 금속 덕트 공사에 의해 시설하는 경우
③ 합성수지관 공사에 의해 시설하는 경우
④ 후강 전선관 공사에 의해 시설하는 경우

해설 **나전선의 사용 제한(KEC 231.4)**

옥내에 시설하는 저압 전선에 나전선을 사용하는 경우

- 애자공사에 의하여 전개된 곳에 시설하는 경우
  - 전기로용 전선
  - 전선의 피복 절연물이 부식하는 장소에 시설하는 전선
  - 취급자 이외의 자가 출입할 수 없도록 설비한 장소에 시설하는 전선
- 버스 덕트 공사에 의하여 시설하는 경우
- 라이팅 덕트 공사에 의하여 시설하는 경우
- 저압 접촉 전선을 시설하는 경우

03 고압 가공전선로에 사용하는 가공지선은 지름 몇 [mm] 이상의 나경동선을 사용하여야 하는가?

① 2.6 ② 3.0
③ 4.0 ④ 5.0

해설 **고압 가공전선로의 가공지선(KEC 332.6)**

고압 가공전선로에 사용하는 가공지선은 인장강도 5.26[kN] 이상의 것 또는 지름 4[mm] 이상의 나경동선을 사용한다.

04 사용전압이 35,000[V] 이하인 특고압 가공전선과 가공 약전류 전선을 동일 지지물에 시설하는 경우 특고압 가공전선로의 보안공사로 적합한 것은?

① 고압 보안공사
② 제1종 특고압 보안공사
③ 제2종 특고압 보안공사
④ 제3종 특고압 보안공사

해설 **특고압 가공전선과 가공 약전류 전선 등의 공가(KEC 333.19)**

- 특고압 가공전선로는 제2종 특고압 보안공사에 의할 것
- 특고압 가공전선은 가공 약전류 전선 등의 위로하고 별개의 완금류에 시설할 것
- 특고압 가공전선은 케이블인 경우 이외에는 인장강도 21.67[kN] 이상의 연선 또는 단면적이 50[mm^2] 이상인 경동연선일 것
- 특고압 가공전선과 가공 약전류 전선 등 사이의 이격거리는 2[m] 이상으로 할 것

05 제2종 특고압 보안공사 시 지지물로 사용하는 철탑의 경간을 400[m] 초과로 하려면 몇 [mm^2] 이상의 경동연선을 사용해야 하는가?

① 38 ② 55
③ 82 ④ 100

정답 01. ② 02. ① 03. ③ 04. ③ 05. ④

해설 **특고압 보안공사(KEC 333.22)**

제2종 특고압 보안공사 경간은 표에서 정한 값 이하일 것. 단, 전선에 안장강도 38.05[kN] 이상의 연선 또는 단면적이 100[mm²] 이상인 경동연선을 사용하고 지지물에 B종 철주·B종 철근콘크리트주 또는 철탑을 사용하는 경우에는 그러하지 아니하다.

지지물의 종류	경 간
목주·A종	100[m]
B종	200[m]
철탑	400[m]

06 그림은 전력선 반송 통신용 결합장치의 보안장치이다. 여기에서 CC는 어떤 커패시터인가?

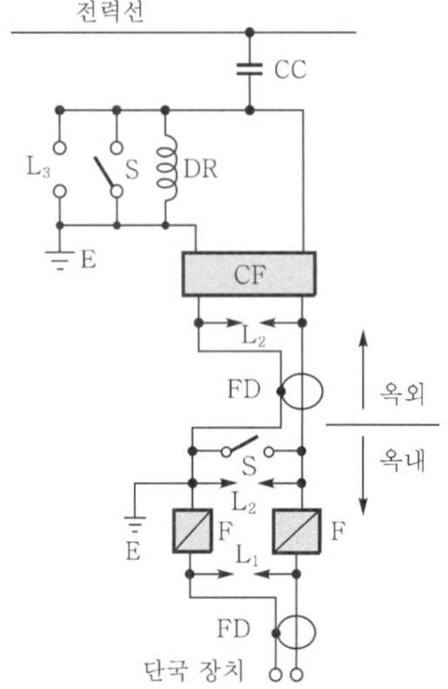

① 결합 커패시터
② 전력용 커패시터
③ 정류용 커패시터
④ 축전용 커패시터

해설 **전력선 반송 통신용 결합장치의 보안장치(KEC 362.10)**

- FD : 동축케이블
- F : 정격전류 10[A] 이하의 포장 퓨즈
- DR : 전류용량 2[A] 이상의 배류 선륜
- L_1 : 교류 300[V] 이하에서 동작하는 피뢰기
- L_2, L_3 : 방전갭
- S : 접지용 개폐기
- CF : 결합 필터
- CC : 결합 커패시터(결합 콘덴서)

07 수소냉각식 발전기 및 이에 부속하는 수소 냉각장치 시설에 대한 설명으로 틀린 것은?

① 발전기 안의 수소의 밀도를 계측하는 장치를 시설할 것
② 발전기 안의 수소의 순도가 85[%] 이하로 저하한 경우에 이를 경보하는 장치를 시설할 것
③ 발전기 안의 수소의 압력을 계측하는 장치 및 그 압력이 현저히 변동한 경우에 이를 경보하는 장치를 시설할 것
④ 발전기는 기밀구조의 것이고 또한 수소가 대기압에서 폭발하는 경우에 생기는 압력에 견디는 강도를 가지는 것일 것

해설 **수소냉각식 발전기 등의 시설(KEC 351.10)**

- 기밀구조(氣密構造)의 것
- 수소의 순도가 85[%] 이하로 저하한 경우에 이를 경보하는 장치를 시설할 것
- 발전기 안 또는 조상기 안의 수소의 압력을 계측하는 장치 및 그 압력이 현저히 변동한 경우에 이를 경보하는 장치를 시설할 것
- 발전기 안 또는 조상기 안의 수소의 온도를 계측하는 장치를 시설할 것

08 목장에서 가축의 탈출을 방지하기 위하여 전기울타리를 시설하는 경우 전선은 인장강도가 몇 [kN] 이상의 것이어야 하는가?

① 1.38 ② 2.78
③ 4.43 ④ 5.93

해설 **전기울타리의 시설(KEC 241.1)**

사용전압은 250[V] 이하이며, 전선은 인장강도 1.38[kN] 이상의 것 또는 지름 2[mm] 이상 경동선을 사용하고, 지지하는 기둥과의 이격거리는 2.5[cm] 이상, 수목과의 거리는 30[cm] 이상으로 한다.

정답 06. ① 07. ① 08. ①

09 다음 ( )에 들어갈 내용으로 옳은 것은?

> 전차선로는 무선설비의 기능에 계속적이고 또한 중대한 장해를 주는 ( )가 생길 우려가 있는 경우에는 이를 방지하도록 시설하여야 한다.

① 전파 ② 혼촉
③ 단락 ④ 정전기

해설 **전파 장해의 방지(KEC 331.1)**
전차선로는 무선설비의 기능에 계속적이고 또한 중대한 장해를 주는 전파가 생길 우려가 있는 경우는 이를 방지하도록 시설하여야 한다.

10 최대사용전압이 7[kV]를 초과하는 회전기의 절연내력시험은 최대사용전압의 몇 배의 전압(10,500[V] 미만으로 되는 경우에는 10,500[V])에서 10분간 견디어야 하는가?

① 0.92 ② 1
③ 1.1 ④ 1.25

해설 **회전기 및 정류기의 절연내력(KEC 133)**

종 류		시험전압	시험방법
발전기 전동기 조상기	7[kV] 이하	1.5배 (최저 500[V])	권선과 대지 사이 10분간
	7[kV] 초과	1.25배 (최저 10,500[V])	

11 버스 덕트 공사에 의한 저압 옥내배선 시설공사에 대한 설명으로 틀린 것은?

① 덕트(환기형의 것을 제외)의 끝부분은 막지 말 것
② 사용전압이 400[V] 미만인 경우에는 덕트에 제3종 접지공사를 할 것
③ 덕트(환기형의 것을 제외)의 내부에 먼지가 침입하지 아니하도록 할 것
④ 사람이 접촉할 우려가 있고, 사용전압이 400[V] 이상인 경우에는 덕트에 특별 제3종 접지공사를 할 것

* 이 문제는 출제 당시 규정에는 적합했으나 새로 제정된 한국전기설비규정에는 일부 부적합하므로 문제유형만 참고하시기 바랍니다.

12 교량의 윗면에 시설하는 고압 전선로는 전선의 높이를 교량의 노면상 몇 [m] 이상으로 하여야 하는가?

① 3
② 4
③ 5
④ 6

해설 **교량에 시설하는 전선로(KEC 335.6)**
교량에 시설하는 고압 전선로
- 교량의 윗면에 전선의 높이를 교량의 노면상 5[m] 이상으로 할 것
- 케이블일 것. 단, 철도 또는 궤도 전용의 교량에는 인장강도 5.26[kN] 이상의 것 또는 지름 4[mm] 이상의 경동선을 사용
- 전선과 조영재 사이의 이격거리는 30[cm] 이상일 것

13 저압의 전선로 중 절연부분의 전선과 대지 간의 절연저항은 사용전압에 대한 누설전류가 최대공급전류의 얼마를 넘지 않도록 유지하여야 하는가?

① $\frac{1}{1,000}$
② $\frac{1}{2,000}$
③ $\frac{1}{3,000}$
④ $\frac{1}{4,000}$

해설 **전선로의 전선 및 절연성능(기술기준 제27조)**
저압 전선로 중 절연부분의 전선과 대지 간 및 전선의 심선 상호 간의 절연저항은 사용전압에 대한 누설전류가 최대공급전류의 $\frac{1}{2,000}$ 을 넘지 않도록 하여야 한다.

정답 09. ① 10. ④ 11. ① 12. ③ 13. ②

14 사용전압이 특고압인 전기 집진장치에 전원을 공급하기 위해 케이블을 사람이 접촉할 우려가 없도록 시설하는 경우 방식 케이블 이외의 케이블의 피복에 사용하는 금속체에는 몇 종 접지공사로 할 수 있는가?

① 제1종 접지공사
② 제2종 접지공사
③ 제3종 접지공사
④ 특별 제3종 접지공사

* 이 문제는 출제 당시 규정에는 적합했으나 새로 제정된 한국전기설비규정에는 일부 부적합하므로 문제유형만 참고하시기 바랍니다.

15 지중전선로에 사용하는 지중함의 시설기준으로 틀린 것은?

① 지중함은 견고하고 차량, 기타 중량물의 압력에 견디는 구조일 것
② 지중함은 그 안의 고인 물을 제거할 수 있는 구조로 되어 있을 것
③ 지중함의 뚜껑은 시설자 이외의 자가 쉽게 열 수 없도록 시설할 것
④ 폭발성의 가스가 침입할 우려가 있는 것에 시설하는 지중함으로서, 그 크기가 0.5[m^3] 이상인 것에는 통풍장치, 기타 가스를 방산시키기 위한 적당한 장치를 시설할 것

해설 **지중함의 시설(KEC 334.2)**
- 지중함은 견고하고 차량, 기타 중량물의 압력에 견디는 구조일 것
- 지중함은 그 안의 고인 물을 제거할 수 있는 구조로 되어 있을 것
- 폭발성 또는 연소성의 가스가 침입할 우려가 있는 것에 시설하는 지중함으로서, 그 크기가 1[m^3] 이상인 것에는 통풍장치, 기타 가스를 방산시키기 위한 장치를 시설할 것
- 지중함의 뚜껑은 시설자 이외의 자가 쉽게 열 수 없도록 시설할 것

16 사람이 상시 통행하는 터널 안의 배선(전기기계·기구 안의 배선, 관등회로의 배선, 소세력 회로의 전선 및 출퇴 표시등 회로의 전선은 제외)의 시설기준에 적합하지 않은 것은? (단, 사용전압이 저압의 것에 한한다.)

① 합성수지관 공사로 시설하였다.
② 공칭단면적 2.5[mm^2]의 연동선을 사용하였다.
③ 애자공사 시 전선의 높이는 노면상 2[m]로 시설하였다.
④ 전로에는 터널의 입구 가까운 곳에 전용 개폐기를 시설하였다.

해설 **사람이 상시 통행하는 터널 안의 배선시설(KEC 242.7.1)**
- 전선은 공칭단면적 2.5[mm^2]의 연동선과 동등 이상의 세기 및 굵기의 절연전선(옥외용 제외)을 사용하여 애자공사에 의하여 시설하고 또한 이를 노면상 2.5[m] 이상의 높이로 할 것
- 전로에는 터널의 입구에 가까운 곳에 전용 개폐기를 시설할 것

17 가공전선로의 지지물에 하중이 가하여지는 경우에 그 하중을 받는 지지물의 기초 안전율은 얼마 이상이어야 하는가? (단, 이상 시 상정하중은 무관)

① 1.5 ② 2.0
③ 2.5 ④ 3.0

해설 **가공전선로 지지물의 기초 안전율(KEC 331.7)**
지지물의 하중에 대한 기초 안전율은 2 이상(이상 시 상정하중에 대한 철탑의 기초에 대해서는 1.33 이상)

18 발전소에서 계측하는 장치를 시설하여야 하는 사항에 해당하지 않는 것은?

① 특고압용 변압기의 온도
② 발전기의 회전수 및 주파수
③ 발전기의 전압 및 전류 또는 전력
④ 발전기의 베어링(수중 메탈을 제외한다) 및 고정자의 온도

정답 14. ③ 15. ④ 16. ③ 17. ② 18. ②

해설 **발전소 계측장치(KEC 351.6)**

- 발전기, 연료전지 또는 태양전지 모듈의 전압, 전류, 전력
- 발전기 베어링 및 고정자의 온도
- 정격출력 10,000[kW]를 초과하는 증기터빈에 접속하는 발전기의 진동 진폭
- 주요 변압기의 전압, 전류, 전력
- 특고압용 변압기의 유온
- 동기발전기 : 동기검정장치

19 **금속제 외함을 가진 저압의 기계·기구로서, 사람이 쉽게 접촉될 우려가 있는 곳에 시설하는 경우 전기를 공급받는 전로에 지락이 생겼을 때 자동적으로 전로를 차단하는 장치를 설치하여야 하는 기계·기구의 사용전압이 몇 [V]를 초과하는 경우인가?**

① 30

② 50

③ 100

④ 150

해설 **누전차단기의 시설(KEC 211.2.4)**

금속제 외함을 가지는 사용전압이 50[V]를 초과하는 저압의 기계·기구로서, 사람이 쉽게 접촉할 우려가 있는 곳에 시설하는 것에 전기를 공급하는 전로에는 전로에 지락이 생겼을 때에 자동적으로 전로를 차단하는 장치를 하여야 한다.

20 **케이블 트레이 공사에 사용하는 케이블 트레이에 대한 기준으로 틀린 것은?**

① 안전율은 1.5 이상으로 하여야 한다.

② 비금속제 케이블 트레이는 수밀성 재료의 것이어야 한다.

③ 금속제 케이블 트레이 계통은 기계적 및 전기적으로 완전하게 접속하여야 한다.

④ 저압 옥내배선의 사용전압이 400[V] 초과인 경우에는 금속제 트레이에 접지공사를 하여야 한다.

해설 **케이블 트레이 공사(KEC 232.15)**

- 케이블 트레이의 안전율은 1.5 이상
- 케이블 트레이 종류 : 사다리형, 펀칭형, 통풍 채널형(메시형), 바닥 밀폐형
- 전선의 피복 등을 손상시킬 돌기 등이 없이 매끈하여야 한다.
- 금속재의 것은 적절한 방식 처리를 한 것이거나 내식성 재료의 것이어야 한다.
- 비금속제 케이블 트레이는 난연성 재료의 것이어야 한다.
- 케이블 트레이가 방화구획의 벽, 마루, 천장 등을 관통하는 경우에 관통부는 불연성의 물질로 충전(充塡)하여야 한다.

정답 19. ② 20. ②

전기기사

2021년 제1회 기출문제

01 **전기철도차량에 전력을 공급하는 전차선의 가선방식에 포함되지 않는 것은?**

① 가공 방식
② 강체 방식
③ 제3레일 방식
④ 지중 조가선 방식

해설 **전차선 가선방식(KEC 431.1)**
전차선의 가선방식은 열차의 속도 및 노반의 형태, 부하 전류 특성에 따라 적합한 방식을 채택하여야 하며, 가공 방식, 강체 방식, 제3레일 방식을 표준으로 한다.

02 **수소냉각식 발전기 및 이에 부속하는 수소냉각장치에 대한 시설기준으로 틀린 것은?**

① 발전기 내부의 수소의 온도를 계측하는 장치를 시설할 것
② 발전기 내부의 수소의 순도가 70[%] 이하로 저하한 경우에 경보를 하는 장치를 시설할 것
③ 발전기는 기밀구조의 것이고 또한 수소가 대기압에서 폭발하는 경우에 생기는 압력에 견디는 강도를 가지는 것일 것
④ 발전기 내부의 수소의 압력을 계측하는 장치 및 그 압력이 현저히 변동한 경우에 이를 경보하는 장치를 시설할 것

해설 **수소냉각식 발전기 등의 시설(KEC 351.10)**
- 기밀 구조(氣密構造)의 것이고 또한 수소가 대기압에서 폭발하는 경우에 생기는 압력에 견디는 강도를 가지는 것일 것
- 발전기축의 밀봉부에는 질소가스를 봉입할 수 있는 장치 또는 발전기축의 밀봉부로부터 누설된 수소가스를 안전하게 외부에 방출할 수 있는 장치를 시설할 것
- 수소의 순도가 85[%] 이하로 저하한 경우에 이를 경보하는 장치를 시설할 것
- 수소의 압력을 계측하는 장치 및 그 압력이 현저히 변동한 경우에 이를 경보하는 장치를 시설할 것
- 수소의 온도를 계측하는 장치를 시설할 것

03 **저압 전로의 보호도체 및 중성선의 접속방식에 따른 접지계통의 분류가 아닌 것은?**

① IT 계통
② TN 계통
③ TT 계통
④ TC 계통

해설 **계통접지 구성(KEC 203.1)**
저압 전로의 보호도체 및 중성선의 접속방식에 따라 접지계통은 다음과 같이 분류한다.
- TN 계통
- TT 계통
- IT 계통

04 **교통신호등 회로의 사용전압이 몇 [V]를 넘는 경우는 전로에 지락이 생겼을 경우 자동적으로 전로를 차단하는 누전차단기를 시설하는가?**

① 60
② 150
③ 300
④ 450

해설 **누전차단기(KEC 234.15.6)**
교통신호등 회로의 사용전압이 150[V]를 넘는 경우는 전로에 지락이 생겼을 경우 자동적으로 전로를 차단하는 누전차단기를 시설할 것

정답 01. ④ 02. ② 03. ④ 04. ②

05 터널 안의 전선로의 저압 전선이 그 터널 안의 다른 저압 전선(관등회로의 배선은 제외한다.) 약전류 전선 등 또는 수관·가스관이나 이와 유사한 것과 접근하거나 교차하는 경우, 저압 전선을 애자공사에 의하여 시설하는 때에는 이격거리가 몇 [cm] 이상이어야 하는가? (단, 전선이 나전선이 아닌 경우이다.)

① 10 ② 15
③ 20 ④ 25

해설
- **터널 안 전선로의 전선과 약전류 전선 등 또는 관·사이의 이격거리(KEC 335.2)**
  터널 안의 전선로의 저압 전선이 그 터널 안의 다른 저압 전선·약전류 전선 등 또는 수관·가스관이나 이와 유사한 것과 접근하거나 교차하는 경우에는 232.3.7의 규정에 준하여 시설하여야 한다.
- **배선 설비와 다른 공급 설비와의 접근(KEC 232.3.7)**
  저압 옥내배선이 다른 저압 옥내배선 또는 관등회로의 배선과 접근하거나 교차하는 경우에 애자공사에 의하여 시설하는 저압 옥내배선과 다른 저압 옥내배선 또는 관등회로의 배선 사이의 이격거리는 0.1[m](나전선인 경우에는 0.3[m]) 이상이어야 한다.

06 저압 절연전선으로 「전기용품 및 생활용품 안전관리법」의 적용을 받는 것 이외에 KS에 적합한 것으로서 사용할 수 없는 것은?

① 450/750[V] 고무절연전선
② 450/750[V] 비닐절연전선
③ 450/750[V] 알루미늄절연전선
④ 450/750[V] 저독성 난연 폴리올레핀절연전선

해설 **절연전선(KEC 122.1)**
저압 절연전선은 「전기용품 및 생활용품 안전관리법」의 적용을 받는 것 이외에는 KS에 적합한 것으로서 450/750[V] 비닐절연전선·450/750[V] 저독성 난연 폴리올레핀절연전선·450/750[V] 저독성 난연 가교폴리올레핀절연전선·450/750[V] 고무절연전선을 사용하여야 한다.

07 사용전압이 154[kV]인 모선에 접속되는 전력용 커패시터에 울타리를 시설하는 경우 울타리의 높이와 울타리로부터 충전부분까지 거리의 합계는 몇 [m] 이상되어야 하는가?

① 2
② 3
③ 5
④ 6

해설 **특고압용 기계기구의 시설(KEC 341.4)**
고압용 기계기구 충전부분의 지표상 높이

사용전압의 구분	울타리의 높이와 울타리로부터 충전 부분까지의 거리의 합계 또는 지표상의 높이
35[kV] 이하	5[m]
35[kV] 초과 160[kV] 이하	6[m]
160[kV] 초과	6[m]에 160[kV]를 초과하는 10[kV] 또는 그 단수마다 0.12[m]를 더한 값

08 태양광설비에 시설하여야 하는 계측기의 계측대상에 해당하는 것은?

① 전압과 전류
② 전력과 역률
③ 전류와 역률
④ 역률과 주파수

해설 **태양광설비의 계측장치(KEC 522.3.6)**
태양광설비에는 전압과 전류 또는 전력을 계측하는 장치를 시설하여야 한다.

09 전선의 단면적이 38[mm^2]인 경동연선을 사용하고 지지물로는 B종 철주 또는 B종 철근콘크리트주를 사용하는 특고압 가공전선로를 제3종 특고압 보안공사에 의하여 시설하는 경우 경간은 몇 [m] 이하이어야 하는가?

① 100 ② 150
③ 200 ④ 250

정답 05. ① 06. ③ 07. ④ 08. ① 09. ③

해설 **특고압 보안공사(KEC 333.22)**

제3종 특고압 보안공사 시 경간 제한

지지물 종류	경 간
목주·A종	100[m] (인장강도 14.51[kN] 이상의 연선 또는 단면적이 38[mm^2] 이상인 경동연선을 사용하는 경우에는 150[m])
B종	200[m] (인장강도 21.67[kN] 이상의 연선 또는 단면적이 55[mm^2] 이상인 경동연선을 사용하는 경우에는 250[m])
철탑	400[m] (인장강도 21.67[kN] 이상의 연선 또는 단면적이 55[mm^2] 이상인 경동연선을 사용하는 경우에는 600[m])

10 저압 전로에서 정전이 어려운 경우 등 절연저항 측정이 곤란한 경우 저항 성분의 누설전류가 몇 [mA] 이하이면 그 전로의 절연성능은 적합한 것으로 보는가?

① 1 ② 2
③ 3 ④ 4

해설 **전로의 절연저항 및 절연내력(KEC 132)**

사용전압이 저압인 전로의 절연성능은 「전기설비기술기준」 제52조를 충족하여야 한다. 다만, 저압 전로에서 정전이 어려운 경우 등 절연저항 측정이 곤란한 경우 저항 성분의 누설전류가 1[mA] 이하이면 그 전로의 절연성능은 적합한 것으로 본다.

11 금속제 가요전선관 공사에 의한 저압 옥내배선의 시설기준으로 틀린 것은?

① 가요전선관 안에는 전선에 접속점이 없도록 한다.
② 옥외용 비닐절연전선을 제외한 절연전선을 사용한다.
③ 점검할 수 없는 은폐된 장소에는 1종 가요전선관을 사용할 수 있다.
④ 2종 금속제 가요전선관을 사용하는 경우에 습기 많은 장소에 시설하는 때에는 비닐피복 2종 가요전선관으로 한다.

해설 **금속제 가요전선관 공사(KEC 232.13)**

- 전선은 절연전선(옥외용 비닐절연전선을 제외한다)일 것
- 전선은 연선일 것. 다만, 단면적 $10mm^2$(알루미늄선은 단면적 $16mm^2$) 이하인 것은 그러하지 아니하다.
- 가요전선관 안에는 전선에 접속점이 없도록 할 것
- 가요전선관은 2종 금속제 가요전선관일 것. 다만, 전개된 장소 또는 점검할 수 있는 은폐된 장소에는 1종 가요전선관(습기가 많은 장소 또는 물기가 있는 장소에는 비닐 피복 1종 가요전선관에 한한다)을 사용할 수 있다.

12 "리플 프리(ripple-free) 직류"란 교류를 직류로 변환할 때 리플 성분의 실효값이 몇 [%] 이하로 포함된 직류를 말하는가?

① 3 ② 5
③ 10 ④ 15

해설 **용어 정의(KEC 112)**

"리플 프리(ripple-free) 직류"란 교류를 직류로 변환할 때 리플 성분의 실효값이 10[%] 이하로 포함된 직류를 말한다.

13 사용전압이 22.9[kV]인 가공전선로를 시가지에 시설하는 경우 전선의 지표상 높이는 몇 [m] 이상인가? (단, 전선은 특고압 절연전선을 사용한다.)

① 6 ② 7
③ 8 ④ 10

해설 **시가지 등에서 특고압 가공전선로의 시설(KEC 333.1)**

사용전압의 구분	이격거리
35[kV] 이하	10[m] (전선이 특고압 절연전선인 경우에는 8[m])
35[kV] 초과	10[m]에 35[kV]를 초과하는 10[kV] 또는 그 단수마다 0.12[m]를 더한 값

정답 10. ① 11. ③ 12. ③ 13. ③

14 가공전선로의 지지물에 시설하는 지선으로 연선을 사용할 경우, 소선(素線)은 몇 가닥 이상이어야 하는가?

① 2
② 3
③ 5
④ 9

해설 **지선의 시설(KEC 331.11)**
- 지선의 안전율은 2.5 이상일 것. 이 경우에 허용 인장하중의 최저는 4.31[kN]으로 한다.
- 소선 3가닥 이상의 연선일 것
- 소선의 지름이 2.6[mm] 이상의 금속선을 사용한 것일 것

15 다음 ( )에 들어갈 내용으로 옳은 것은?

> 지중전선로는 기설 지중 약전류 전선로에 대하여 (㉠) 또는 (㉡)에 의하여 통신상의 장해를 주지 않도록 기설 약전류 전선로로부터 충분히 이격시키거나 기타 적당한 방법으로 시설하여야 한다.

① ㉠ 누설전류, ㉡ 유도작용
② ㉠ 단락전류, ㉡ 유도작용
③ ㉠ 단락전류, ㉡ 정전작용
④ ㉠ 누설전류, ㉡ 정전작용

해설 **지중 약전류 전선의 유도장해 방지(KEC 334.5)**
지중전선로는 기설 지중 약전류 전선로에 대하여 누설전류 또는 유도 작용에 의하여 통신상의 장해를 주지 않도록 기설 약전류 전선로로부터 충분히 이격시키거나 기타 적당한 방법으로 시설하여야 한다.

16 사용전압이 22.9[kV]인 가공전선로의 다중 접지한 중성선과 첨가 통신선의 이격거리는 몇 [cm] 이상이어야 하는가? (단, 특고압 가공전선로는 중성선 다중 접지식의 것으로 전로에 지락이 생긴 경우 2초 이내에 자동적으로 이를 전로로부터 차단하는 장치가 되어 있는 것으로 한다.)

① 60
② 75
③ 100
④ 120

해설 **전력보안 통신선의 시설높이와 이격거리(KEC 362.2)**
통신선과 저압 가공전선 또는 25[kV] 이하 특고압 가공전선로의 다중 접지를 한 중성선 사이의 이격거리는 0.6[m] 이상일 것. 다만, 저압 가공전선이 절연전선 또는 케이블인 경우에 통신선이 절연전선과 동등 이상의 절연성능이 있는 것인 경우에는 0.3[m](저압 가공전선이 인입선이고 또한 통신선이 첨가통신용 제2종 케이블 또는 광섬유 케이블일 경우에는 0.15[m]) 이상으로 할 수 있다.

17 사용전압이 22.9[kV]인 가공전선이 삭도와 제1차 접근상태로 시설되는 경우, 가공전선과 삭도 또는 삭도용 지주 사이의 이격거리는 몇 [m] 이상으로 하여야 하는가? (단, 전선으로는 특고압 절연전선을 사용한다.)

① 0.5
② 1
③ 2
④ 2.12

해설 **25[kV] 이하인 특고압 가공전선로의 시설(KEC 333.32)**
특고압 가공전선이 삭도와 접근상태로 시설되는 경우에 삭도 또는 그 지주 사이의 이격거리

전선의 종류	이격거리
나전선	2.0[m]
특고압 절연전선	1.0[m]
케이블	0.5[m]

18 저압 옥내배선에 사용하는 연동선의 최소 굵기는 몇 [mm^2]인가?

① 1.5 ② 2.5
③ 4.0 ④ 6.0

정답 14. ② 15. ① 16. ① 17. ② 18. ②

해설 **저압 옥내배선의 사용전선(KEC 231.3.1)**

- 저압 옥내배선의 전선은 단면적 2.5[mm^2] 이상의 연동선
- 옥내배선의 사용전압이 400[V] 이하인 경우
  - 전광표시장치 또는 제어회로 등에 사용하는 배선에 단면적 1.5[mm^2] 이상의 연동선을 사용하고 이를 합성수지관 공사·금속관 공사·금속 몰드 공사·금속 덕트 공사·플로어 덕트 공사 또는 셀룰러 덕트 공사에 의하여 시설
  - 전광표시장치 또는 제어회로 등의 배선에 단면적 0.75[mm^2] 이상인 다심 케이블 또는 다심 캡타이어 케이블을 사용하고 또한 과전류가 생겼을 때에 자동적으로 전로에서 차단하는 장치를 시설

19 전격 살충기의 전격 격자는 지표 또는 바닥에서 몇 [m] 이상의 높은 곳에 시설하여야 하는가?

① 1.5　　② 2
③ 2.8　　④ 3.5

해설 **전격 살충기의 시설(KEC 241.7.1)**

- 전격 격자는 지표 또는 바닥에서 3.5[m] 이상의 높은 곳에 시설할 것. 다만, 2차측 개방전압이 7[kV] 이하의 절연변압기를 사용하고 또한 보호 격자의 내부에 사람의 손이 들어갔을 경우 또는 보호 격자에 사람이 접촉될 경우 절연변압기의 1차측 전로를 자동적으로 차단하는 보호장치를 시설한 것은 지표 또는 바닥에서 1.8[m]까지 감할 수 있다.
- 전격 격자와 다른 시설물(가공전선 제외) 또는 식물과의 이격거리는 0.3[m] 이상

20 전기철도의 설비를 보호하기 위해 시설하는 피뢰기의 시설기준으로 틀린 것은?

① 피뢰기는 변전소 인입측 및 급전선 인출측에 설치하여야 한다.
② 피뢰기는 가능한 한 보호하는 기기와 가깝게 시설하되 누설전류 측정이 용이하도록 지지대와 절연하여 설치한다.
③ 피뢰기는 개방형을 사용하고 유효 보호거리를 증가시키기 위하여 방전개시전압 및 제한전압이 낮은 것을 사용한다.
④ 피뢰기는 가공전선과 직접 접속하는 지중 케이블에서 낙뢰에 의해 절연파괴의 우려가 있는 케이블 단말에 설치하여야 한다.

해설
- **피뢰기 설치장소(KEC 451.3)**
  - 변전소 인입측 및 급전선 인출측
  - 가공전선과 직접 접속하는 지중 케이블에서 낙뢰에 의해 절연파괴의 우려가 있는 케이블 단말
  - 피뢰기는 가능한 한 보호하는 기기와 가깝게 시설하되 누설전류 측정이 용이하도록 지지대와 절연하여 설치
- **피뢰기의 선정(KEC 451.4)**
  피뢰기는 밀봉형을 사용하고 유효보호거리를 증가시키기 위하여 방전개시전압 및 제한전압이 낮은 것을 사용한다.

정답 19. ④ 20. ③

전기산업기사

2021년 제1회 CBT 기출복원문제

01 특고압 가공전선로의 지지물에 시설하는 통신선 또는 이에 직접 접속하는 통신선이 도로, 횡단보도교·철도의 레일·삭도·가공전선·다른 가공 약전류 전선 등 또는 교류 전차선 등과 교차하는 경우에는 통신선은 지름 몇 [mm]의 경동선이나 이와 동등 이상의 세기의 것이어야 하는가?

① 4 ② 4.5
③ 5 ④ 5.5

해설 **전력보안 통신선의 시설높이와 이격거리(KEC 362.2)**

특고압 가공전선로의 지지물에 시설하는 통신선 또는 이에 직접 접속하는 통신선이 통신선이 도로·횡단보도교·철도의 레일 또는 삭도와 교차하는 경우 통신선

- 절연전선 : 연선 단면적 16[mm^2](단선의 경우 지름 4[mm])
- 경동선 : 인장강도 8.01[kN] 이상의 것 또는 연선의 경우 단면적 25[mm^2](단선의 경우 지름 5[mm])

02 다음은 무엇에 관한 설명인가?

> 가공전선이 다른 시설물과 접근하는 경우에 그 가공전선이 다른 시설물의 위쪽 또는 옆쪽에서 수평 거리로 3[m] 미만인 곳에 시설되는 상태를 말한다.

① 제1차 접근상태 ② 제2차 접근상태
③ 제3차 접근상태 ④ 제4차 접근상태

해설 **용어 정의(KEC 112)**

"제2차 접근상태"란 가공전선이 다른 시설물과 접근하는 경우에 그 가공전선이 다른 시설물의 위쪽 또는 옆쪽에서 수평 거리로 3[m] 미만인 곳에 시설되는 상태를 말한다.

03 지선을 사용하여 그 강도를 분담시켜서는 아니되는 가공전선로의 지지물은?

① 목주
② 철주
③ 철근콘크리트주
④ 철탑

해설 **지선의 시설(KEC 331.11)**

- 지선의 사용
  철탑은 지선을 이용하여 강도를 분담시켜서는 안 된다.
- 지선의 시설
  - 지선의 안전율 : 2.5 이상
  - 허용인장하중 : 4.31[kN]
  - 소선 3가닥 이상 연선
  - 소선지름 2.6[mm] 이상 금속선
  - 지중부분 및 지표상 30[cm]까지 부분에는 내식성 철봉
  - 도로횡단 지선높이 지표상 5[m] 이상

04 다음 중 옥내의 네온방전등 공사의 방법으로 옳은 것은?

① 방전등용 변압기는 누설변압기일 것
② 관등회로의 배선은 점검할 수 없는 은폐장소에 시설할 것
③ 관등회로의 배선은 애자사용공사에 의할 것
④ 전선의 지지점 간의 거리는 2[m] 이하로 할 것

해설 **네온방전등(KEC 234.12)**

- 대지전압 300[V] 이하
- 네온변압기는 2차측을 직렬 또는 병렬로 접속하여 사용하지 말 것.
- 네온변압기를 우선 외에 시설할 경우는 옥외형 사용
- 관등회로의 배선은 애자공사로 시설
  - 네온전선 사용

정답 01. ③ 02. ② 03. ④ 04. ③

- 배선은 외상을 받을 우려가 없고 사람이 접촉될 우려가 없는 노출장소 또는 점검할 수 있는 은폐 장소에 시설
- 전선 지지점 간의 거리는 1[m] 이하
- 전선 상호 간의 이격거리는 6[cm] 이상

05 가공전선로의 지지물에 사용하는 지선의 시설과 관련하여 옳은 것은?

① 지선의 안전율은 2.0 이상, 허용인장하중의 최저는 1.38[kN]으로 할 것.
② 지선에 연선을 사용하는 경우 소선 2가닥 이상의 연선일 것.
③ 지중부분 및 지표상 0.2[m] 까지의 부분에는 내식성이 있는 것을 사용한다.
④ 도로를 횡단하여 시설하는 지선의 높이는 지표상 5[m] 이상으로 하여야 한다.

해설 **지선의 시설(KEC 331.11)**
- 지선의 사용
  철탑은 지선을 이용하여 강도를 분담시켜서는 안 된다.
- 지선의 시설
  - 지선의 안전율 : 2.5 이상
  - 허용인장하중 : 4.31[kN]
  - 소선 3가닥 이상 연선
  - 소선지름 2.6[mm] 이상 금속선
  - 지중부분 및 지표상 30[cm]까지 부분에는 내식성 철봉
  - 도로횡단 지선높이 지표상 5[m] 이상

06 지중전선로는 기설 지중 약전류 전선로에 대하여 다음의 어느 것에 의하여 통신상의 장해를 주지 않도록 기설 약전류 전선로로부터 충분히 이격시키거나 기타 적당한 방법으로 시설하여야 하는가?

① 충전전류 또는 표피작용
② 충전전류 또는 유도작용
③ 누설전류 또는 표피작용
④ 누설전류 또는 유도작용

해설 **지중 약전류 전선의 유도장해 방지(KEC 334.5)**
지중전선로는 기설 지중 약전류 전선로에 대하여 누설전류 또는 유도작용에 의하여 통신상의 장해를 주지 않도록 기설 약전류 전선로로부터 충분히 이격시키거나 기타 적당한 방법으로 시설하여야 한다.

07 금속제 가요전선관 공사에 있어서 저압 옥내배선 시설에 맞지 않는 것은?

① 전선은 절연전선(옥외용 비닐절연전선을 제외)일 것
② 가요전선관 안에는 전선에 접속점이 없도록 할 것
③ 전선은 연선일 것. 다만, 단면적 10[mm^2] 이하인 것은 그러하지 아니하다.
④ 일반적으로 가요전선관은 3종 금속제 가요전선관일 것

해설 **금속제 가요전선관 공사(KEC 232.13)**
- 절연전선은 연선(옥외용 제외) 사용
  연동선 10[mm^2], 알루미늄선 16[mm^2] 이하 단선 사용
- 전선관 내 접속점이 없도록 하고, 2종 금속제 가요전선관일 것
- 1종 금속제 가요전선관은 두께 0.8[mm] 이상

08 지중 또는 수중에 시설되는 금속체의 부식을 방지하기 위하여 지중 또는 수중에 시설하는 전기부식방지 회로의 사용전압은 어떤 전압 이하로 제한하고 있는가?

① DC 60[V]　② DC 120[V]
③ AC 100[V]　④ AC 200[V]

해설 **전기부식방지 시설(KEC 241.16)**
- 사용전압은 직류 60[V] 이하
- 지중에 매설하는 양극의 매설깊이 75[cm] 이상
- 수중에는 양극과 주위 1[m] 이내 임의점과의 사이의 전위차는 10[V] 이하
- 1[m] 간격의 임의의 2점간의 전위차가 5[V] 이하
- 2차측 배선
  - 가공 : 2.0[mm] 절연 경동선,
  - 지중 : 4.0[mm^2]의 연동선(양극 2.5[mm^2])

정답 05. ④ 06. ④ 07. ④ 08. ①

09 소세력 회로의 사용전압이 15[V] 이하일 경우 절연변압기의 2차 단락전류 제한값은 8[A]이다. 이때 과전류 차단기의 정격전류는 몇 [A] 이하이어야 하는가?

① 1.5 ② 3
③ 5 ④ 10

해설 **소세력 회로(KEC 241.14)**

절연변압기의 2차 단락전류 및 과전류 차단기의 정격전류

최대사용전압의 구분	2차 단락전류	과전류 차단기의 정격전류
15[V] 이하	8[A]	5[A]
15[V] 초과 30[V] 이하	5[A]	3[A]
30[V]초과 60[V] 이하	3[A]	1.5[A]

10 고압 가공전선로의 지지물로서 B종 철주, 철근콘크리트주를 시설하는 경우의 최대 경간은 몇 [m]인가?

① 150
② 250
③ 400
④ 600

해설 **고압 가공전선로 경간의 제한(KEC 332.9)**

지지물 종류	경간
목주·A종	150[m] 이하
B종	250[m] 이하
철탑	600[m] 이하

11 3상 4선식 22.9[kV]로서 중성선 다중 접지하는 가공전선로의 절연내력시험전압은 최대사용전압의 몇 배인가?

① 0.72
② 0.92
③ 1.1
④ 1.25

해설 **절연내력시험(KEC 132)**

- 정한 시험전압 10분간
- 정한 시험전압의 2배의 직류전압을 전로와 대지 사이에 10분간

전로의 종류(최대사용전압)		시험전압
7[kV] 이하		1.5배 (최저 500[V])
중성선 다중 접지하는 것		0.92배
7[kV] 초과 60[kV] 이하		1.25배 (최저 10.5[kV])
60[kV]초과	중성점 비접지식	1.25배
	중성점 접지식	1.1배 (최저 75[kV])
	중성점 직접 접지식	0.72배
170[kV] 초과 중성점 직접 접지		0.64배

12 지중에 매설되어 있는 대지와의 전기저항치가 최대 몇 [Ω] 이하의 값을 유지하고 있는 금속제 수도관로는 접지극으로 사용할 수 있는가?

① 1
② 2
③ 3
④ 5

해설 **접지극의 시설 및 접지저항(KEC 142.2)**

수도관 등을 접지극으로 사용하는 경우

- 지중에 매설되어 있고 대지와의 전기저항값 : 3[Ω] 이하
- 내경 75[mm] 이상에서 내경 75[mm] 미만인 수도관 분기
  - 5[m] 이하 : 3[Ω]
  - 5[m] 초과 : 2[Ω]
- 비접지식 고압전로 외함 접지공사 전기저항값 : 2[Ω] 이하

정답 09. ③ 10. ② 11. ② 12. ③

13 그림은 전력선 반송 통신용 결합장치의 보안장치이다. 그림에서 DR은 무엇인가?

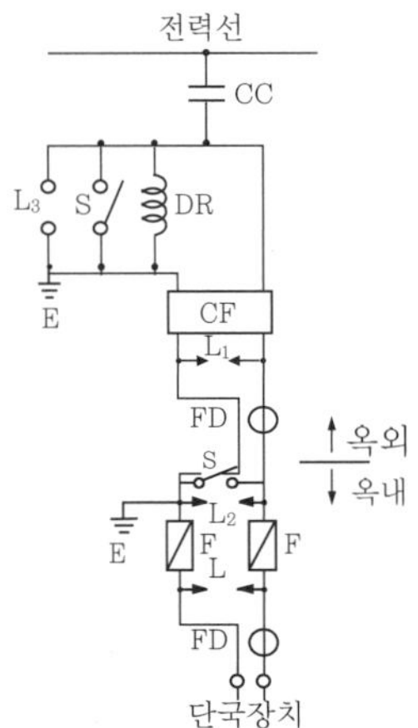

① 접지형 개폐기　② 결합 필터
③ 방전갭　④ 배류 선륜

해설 **전력선 반송 통신용 결합장치의 보안장치(KEC 362.11)**

- FD : 동축케이블
- F : 정격전류 10[A] 이하의 포장 퓨즈
- DR : 전류용량 2[A] 이상의 배류 선륜
- L_1 : 교류 300[V] 이하에서 동작하는 피뢰기
- L_2 : 동작전압이 교류 1.3[kV]를 초과하고 1.6[kV] 이하로 조정된 방전갭
- L_3 : 동작전압이 교류 2[kV]를 초과하고 3[kV] 이하로 조정된 구상 방전갭
- S : 접지용 개폐기
- CF : 결합 필터
- CC : 결합 커패시터(결합 안테나를 포함한다.)
- E : 접지

14 발·변전소의 특고압 전로에서 접속상태를 모의모선 등으로 표시하지 않아도 되는 것은?

① 2회선의 복모선
② 2회선의 단일모선
③ 3회선의 단일모선
④ 4회선의 복모선

해설 **특고압전로의 상 및 접속상태의 표시(KEC 351.2)**

발전소·변전소 또는 이에 준하는 곳의 특고압 전로에 대하여는 상별 표시와 접속상태를 모의모선의 사용 기타의 방법에 의하여 표시하여야 한다. 다만, 이러한 전로에 접속하는 특고압 전선로의 회선수가 2 이하이고 또한 특고압의 모선이 단일모선인 경우에는 그러하지 아니하다.

15 태양광설비의 계측장치로 알맞은 것은?

① 역률을 계측하는 장치
② 습도를 계측하는 장치
③ 주파수를 계측하는 장치
④ 전압과 전력을 계측하는 장치

해설 **태양광설비의 계측장치(KEC 522.3.6)**

태양광설비에는 전압과 전류 또는 전력을 계측하는 장치를 시설하여야 한다.

16 사용전압이 35[kV] 이하인 특고압 가공전선이 상부 조영재의 위쪽에서 제1차 접근상태로 시설되는 경우, 특고압 가공전선과 건조물의 조영재 이격거리는 몇 [m] 이상이어야 하는가? (단, 전선의 종류는 특고압 절연전선이라고 한다.)

① 0.5[m]
② 1.2[m]
③ 2.5[m]
④ 3.0[m]

해설 **특고압 가공전선과 건조물 등과 접근 교차(KEC 333.29)**

<table>
<tr><th colspan="2" rowspan="2">구분 / 접근</th><th colspan="2">가공전선</th><th colspan="2">35[kV] 이하</th></tr>
<tr><th>35[kV] 이하</th><th>35[kV] 초과</th><th>특고압 절연전선</th><th>케이블</th></tr>
<tr><td rowspan="3">건조물 상부 조영재</td><td>위</td><td rowspan="3">3[m]</td><td rowspan="3">3+0.15N</td><td>2.5[m]</td><td>1.2[m]</td></tr>
<tr><td>옆, 아래</td><td>1.5[m]</td><td>0.5[m]</td></tr>
<tr><td>도로</td><td colspan="2">수평 1.2[m]</td></tr>
</table>

여기서, N : 35[kV] 초과하는 것으로 10[kV] 단수

정답 13. ④ 14. ② 15. ④ 16. ③

17 **다음 급전선로에 대한 설명으로 옳지 않은 것은?**

① 급전선은 나전선을 적용하여 가공식으로 가설을 원칙으로 한다.
② 가공식은 전차선의 높이 이상으로 전차선로 지지물에 병가하며, 나전선의 접속은 직선 접속을 사용할 수 없다.
③ 신설 터널 내 급전선을 가공으로 설계할 경우 지지물의 취부는 C찬넬 또는 매입전을 이용하여 고정하여야 한다.
④ 교량 하부 등에 설치할 때에는 최소 절연이격거리 이상을 확보하여야 한다.

해설 **급전선로(KEC 431.4)**
- 급전선은 나전선을 적용하여 가공식으로 가설을 원칙으로 한다. 다만, 전기적 이격거리가 충분하지 않거나 지락, 섬락 등의 우려가 있을 경우에는 급전선을 케이블로 하여 안전하게 시공하여야 한다.
- 가공식은 전차선의 높이 이상으로 전차선로 지지물에 병가하며, 나전선의 접속은 직선접속을 원칙으로 한다.
- 신설 터널 내 급전선을 가공으로 설계할 경우 지지물의 취부는 C찬넬 또는 매입전을 이용하여 고정하여야 한다.
- 선상승강장, 인도교, 과선교 또는 교량 하부 등에 설치할 때에는 최소 절연이격거리 이상을 확보하여야 한다.

18 **지중전선로의 시설방식이 아닌 것은?**

① 직접 매설식 ② 관로식
③ 압축식 ④ 암거식

해설 **지중전선로의 시설(KEC 334.1)**
- 케이블 사용
- 관로식, 암거식, 직접 매설식
- 매설깊이
  - 관로식, 직매식 : 1[m] 이상
  - 중량물의 압력을 받을 우려가 없는 곳 : 0.6[m] 이상

19 **다음 중 지중전선로의 전선으로 가장 알맞은 것은?**

① 절연전선 ② 동복강선
③ 케이블 ④ 나경동선

해설 **지중전선로의 시설(KEC 334.1)**
- 케이블 사용
- 관로식, 암거식, 직접 매설식
- 매설깊이
  - 관로식, 직매식 : 1[m] 이상
  - 중량물의 압력을 받을 우려가 없는 곳 : 0.6[m] 이상

20 **전기저장장치의 시설 중 제어 및 보호장치에 관한 사항으로 옳지 않은 것은?**

① 상용전원이 정전되었을 때 비상용 부하에 전기를 안정적으로 공급할 수 있는 시설을 갖출 것
② 전기저장장치의 접속점에는 쉽게 개폐할 수 없는 곳에 개방상태를 육안으로 확인할 수 있는 전용의 개폐기를 시설하여야 한다.
③ 직류 전로에 과전류 차단기를 설치하는 경우 직류 단락전류를 차단하는 능력을 가지는 것이어야 하고 “직류용” 표시를 하여야 한다.
④ 전기저장장치의 직류 전로에는 지락이 생겼을 때에 자동적으로 전로를 차단하는 장치

해설 **제어 및 보호장치(KEC 512.2.2)**
전기저장장치의 접속점에는 쉽게 개폐할 수 있는 곳에 개방상태를 육안으로 확인할 수 있는 전용의 개폐기를 시설하여야 한다.

정답 17. ② 18. ③ 19. ③ 20. ②

전기기사

2021년 제2회 기출문제

01 **지중전선로를 직접 매설식에 의하여 차량 기타 중량물의 압력을 받을 우려가 있는 장소에 시설하는 경우 매설깊이는 몇 [m] 이상으로 하여야 하는가?**

① 0.6
② 1
③ 1.5
④ 2

해설 **지중전선로의 시설(KEC 334.1)**
- 케이블 사용
- 관로식, 암거식, 직접 매설식
- 매설깊이
  - 관로식, 직접매설식 : 1[m] 이상
  - 중량물의 압력을 받을 우려가 없는 곳 : 0.6[m] 이상

02 **돌침, 수평도체, 메시도체의 요소 중에 한 가지 또는 이를 조합한 형식으로 시설하는 것은?**

① 접지극시스템
② 수뢰부시스템
③ 내부 피뢰시스템
④ 인하도선시스템

해설 **수뢰부시스템(KEC 152.1)**
수뢰부시스템의 선정은 돌침, 수평도체, 메시도체의 요소 중에 한 가지 또는 이를 조합한 형식으로 시설하여야 한다.

03 **지중전선로에 사용하는 지중함의 시설기준으로 틀린 것은?**

① 조명 및 세척이 가능한 장치를 하도록 할 것
② 견고하고 차량 기타 중량물의 압력에 견디는 구조일 것
③ 그 안의 고인 물을 제거할 수 있는 구조로 되어 있을 것
④ 뚜껑은 시설자 이외의 자가 쉽게 열 수 없도록 시설할 것

해설 **지중함 시설(KEC 334.2)**
- 견고하고, 차량 기타 중량물의 압력에 견디는 구조
- 지중함은 고인 물을 제거할 수 있는 구조
- 지중함 크기 1[m^3] 이상
- 지중함의 뚜껑은 시설자 이외의 자가 쉽게 열 수 없도록 시설

04 **전식 방지대책에서 매설 금속체측의 누설전류에 의한 전식의 피해가 예상되는 곳에 고려하여야 하는 방법으로 틀린 것은?**

① 절연코팅
② 배류장치 설치
③ 변전소 간 간격 축소
④ 저준위 금속체를 접속

해설 **전식 방지대책(KEC 461.4)**
- 전기철도측의 전식방식 또는 전식 예방을 위해서는 다음 방법을 고려한다.
  - 변전소 간 간격 축소
  - 레일본드의 양호한 시공
  - 장대레일 채택
  - 절연도상 및 레일과 침목 사이에 절연층의 설치
- 매설 금속체측의 누설전류에 의한 전식의 피해가 예상되는 곳은 다음 방법을 고려한다.
  - 배류장치 설치
  - 절연코팅
  - 매설 금속체 접속부 절연
  - 저준위 금속체를 접속
  - 궤도와의 이격거리 증대
  - 금속판 등의 도체로 차폐

정답 01. ② 02. ② 03. ① 04. ③

05 **일반 주택의 저압 옥내배선을 점검하였더니 다음과 같이 시설되어 있었을 경우 시설기준에 적합하지 않은 것은?**

① 합성수지관의 지지점 간의 거리를 2[m]로 하였다.

② 합성수지관 안에서 전선의 접속점이 없도록 하였다.

③ 금속관 공사에 옥외용 비닐절연전선을 제외한 절연전선을 사용하였다.

④ 인입구에 가까운 곳으로서 쉽게 개폐할 수 있는 곳에 개폐기를 각 극에 시설하였다.

해설 **합성수지관 공사(KEC 232.11)**

- 전선은 연선(옥외용 제외) 사용. 연동선 $10[mm^2]$, 알루미늄선 $16[mm^2]$ 이하 단선 사용
- 전선관 내 전선 접속점이 없도록 함
- 관을 삽입하는 길이 : 관 외경 1.2배(접착제 사용 0.8배)
- 관 지지점 간 거리 : 1.5[m] 이하

06 **하나 또는 복합하여 시설하여야 하는 접지극의 방법으로 틀린 것은?**

① 지중 금속구조물

② 토양에 매설된 기초 접지극

③ 케이블의 금속외장 및 그 밖에 금속피복

④ 대지에 매설된 강화 콘크리트의 용접된 금속 보강재

해설 **접지극의 시설 및 접지저항(KEC 142.2)**

- 접지극은 다음의 방법 중 하나 또는 복합하여 시설
  - 콘크리트에 매입된 기초 접지극
  - 토양에 매설된 기초 접지극
  - 토양에 수직 또는 수평으로 직접 매설된 금속 전극
  - 케이블의 금속외장 및 그 밖에 금속피복
  - 지중 금속구조물(배관 등)
  - 대지에 매설된 철근콘크리트의 용접된 금속 보강재
- 접지극의 매설
  - 토양을 오염시키지 않아야 하며, 가능한 다습한 부분에 설치
  - 지하 0.75[m] 이상 매설
  - 철주의 밑면으로부터 0.3[m] 이상 또는 금속체로부터 1[m] 이상

07 **사용전압이 154[kV]인 전선로를 제1종 특고압 보안공사로 시설할 때 경동연선의 굵기는 몇 $[mm^2]$ 이상이어야 하는가?**

① 55 ② 100

③ 150 ④ 200

해설 **제1종 특고압 보안공사 시 전선의 단면적(KEC 333.22)**

- 100[kV] 미만 : $55[mm^2]$(인장강도 21.67[kN]) 이상 경동연선
- 100[kV] 이상 300[kV] 미만 : $150[mm^2]$(인장강도 58.84[kN]) 이상 경동연선
- 300[kV] 이상 : $200[mm^2]$(인장강도 77.47[kN]) 이상 경동연선

08 **다음 (   )에 들어갈 내용으로 옳은 것은?**

> 동일 지지물에 저압 가공전선(다중접지된 중성선은 제외한다)과 고압 가공전선을 시설하는 경우 고압 가공전선을 저압 가공전선의 (㉠)로 하고, 별개의 완금류에 시설해야 하며, 고압 가공전선과 저압 가공전선 사이의 이격거리는 (㉡)[m] 이상으로 한다.

① ㉠ 아래, ㉡ 0.5 ② ㉠ 아래, ㉡ 1

③ ㉠ 위, ㉡ 0.5 ④ ㉠ 위, ㉡ 1

해설 **고압 가공전선 등의 병행 설치(KEC 332.8)**

저압 가공전선(다중 접지된 중성선은 제외한다)과 고압 가공전선을 동일 지지물에 시설하는 경우에는 다음에 따라야 한다.

- 저압 가공전선을 고압 가공전선의 아래로 하고 별개의 완금류에 시설할 것
- 저압 가공전선과 고압 가공전선 사이의 이격거리는 0.5[m] 이상일 것

정답 05. ① 06. ④ 07. ③ 08. ③

09 전기설비기술기준에서 정하는 안전 원칙에 대한 내용으로 틀린 것은?

① 전기설비는 감전, 화재 그 밖에 사람에게 위해를 주거나 물건에 손상을 줄 우려가 없도록 시설하여야 한다.
② 전기설비는 다른 전기설비, 그 밖의 물건의 기능에 전기적 또는 자기적인 장해를 주지 않도록 시설하여야 한다.
③ 전기설비는 경쟁과 새로운 기술 및 사업의 도입을 촉진함으로써 전기사업의 건전한 발전을 도모하도록 시설하여야 한다.
④ 전기설비는 사용 목적에 적절하고 안전하게 작동하여야 하며, 그 손상으로 인하여 전기 공급에 지장을 주지 않도록 시설하여야 한다.

해설 **안전 원칙(기술기준 제2조)**
- 전기설비는 감전, 화재 그 밖에 사람에게 위해(危害)를 주거나 물건에 손상을 줄 우려가 없도록 시설하여야 한다.
- 전기설비는 사용 목적에 적절하고 안전하게 작동하여야 하며, 그 손상으로 인하여 전기공급에 지장을 주지 않도록 시설하여야 한다.
- 전기설비는 다른 전기설비, 그 밖의 물건의 기능에 전기적 또는 자기적인 장해를 주지 않도록 시설하여야 한다.

10 플로어 덕트 공사에 의한 저압 옥내배선에서 연선을 사용하지 않아도 되는 전선(동선)의 단면적은 최대 몇 [mm²]인가?

① 2　　② 4
③ 6　　④ 10

해설 **플로어 덕트 공사(KEC 232.32)**
- 전선은 절연전선(옥외용 비닐절연전선 제외)일 것
- 전선은 연선일 것. 다만, 단면적 10[mm²](알루미늄선 16[mm²]) 이하인 것은 그러하지 아니하다.
- 플로어 덕트 안에는 전선에 접속점이 없도록 할 것

11 풍력터빈에 설비의 손상을 방지하기 위하여 시설하는 운전 상태를 계측하는 계측장치로 틀린 것은?

① 조도계　　② 압력계
③ 온도계　　④ 풍속계

해설 **계측장치의 시설(KEC 532.3.7)**
풍력터빈에는 설비의 손상을 방지하기 위하여 운전 상태를 계측하는 다음의 계측장치를 시설하여야 한다.
- 회전속도계
- 나셀(nacelle) 내의 진동을 감시하기 위한 진동계
- 풍속계
- 압력계
- 온도계

12 전압의 종별에서 교류 600[V]는 무엇으로 분류하는가?

① 저압　　② 고압
③ 특고압　　④ 초고압

해설 **적용범위(KEC 111.1)**
전압의 구분
- 저압 : 교류는 1[kV] 이하, 직류는 1.5[kV] 이하인 것
- 고압 : 교류는 1[kV]를, 직류는 1.5[kV]를 초과하고, 7[kV] 이하인 것
- 특고압 : 7[kV]를 초과하는 것

13 옥내배선 공사 중 반드시 절연전선을 사용하지 않아도 되는 공사방법은? (단, 옥외용 비닐절연전선은 제외한다.)

① 금속관 공사
② 버스 덕트 공사
③ 합성수지관 공사
④ 플로어 덕트 공사

해설 **나전선의 사용 제한(KEC 231.4)**
㉠ 옥내에 시설하는 저압 전선에는 나전선을 사용하여서는 아니 된다.

정답 09. ③ 10. ④ 11. ① 12. ① 13. ②

㉡ 나전선의 사용이 가능한 경우
- 애자공사
  - 전기로용 전선
  - 전선의 피복 절연물이 부식하는 장소
  - 취급자 이외의 자가 출입할 수 없도록 설비한 장소
- 버스 덕트 공사 및 라이팅 덕트 공사
- 접촉전선

14 **시가지에 시설하는 사용전압 170[kV] 이하인 특고압 가공전선로의 지지물이 철탑이고 전선이 수평으로 2 이상 있는 경우에 전선 상호간의 간격이 4[m] 미만인 때에는 특고압 가공전선로의 경간은 몇 [m] 이하이어야 하는가?**

① 100　② 150
③ 200　④ 250

해설 **시가지 등에서 특고압 가공전선로의 시설(KEC 333.1)**

철탑의 경간 400[m] 이하(다만, 전선이 수평으로 2 이상 있는 경우에 전선 상호간의 간격이 4[m] 미만인 때에는 250[m] 이하)

15 **사용전압이 170[kV] 이하의 변압기를 시설하는 변전소로서 기술원이 상주하여 감시하지는 않으나 수시로 순회하는 경우, 기술원이 상주하는 장소에 경보장치를 시설하지 않아도 되는 경우는?**

① 옥내 변전소에 화재가 발생한 경우
② 제어회로의 전압이 현저히 저하한 경우
③ 운전 조작에 필요한 차단기가 자동적으로 차단한 후 재폐로한 경우
④ 수소냉각식 조상기는 그 조상기 안의 수소의 순도가 90[%] 이하로 저하한 경우

해설 **상주 감시를 하지 아니하는 변전소의 시설(KEC 351.9)**

사용전압이 170[kV] 이하의 변압기를 시설하는 변전소
- 경보장치 시설
  - 운전 조작에 필요한 차단기가 자동적으로 차단한 경우
  - 주요 변압기의 전원측 전로가 무전압으로 된 경우
  - 제어회로의 전압이 현저히 저하한 경우
  - 옥내 변전소에 화재가 발생한 경우
  - 출력 3,000[kVA]를 초과하는 특고압용 변압기는 그 온도가 현저히 상승한 경우
  - 특고압용 타냉식 변압기는 그 냉각장치가 고장난 경우
  - 조상기는 내부에 고장이 생긴 경우
  - 수소냉각식 조상기는 그 조상기 안의 수소의 순도가 90[%] 이하로 저하한 경우, 수소의 압력이 현저히 변동한 경우 또는 수소의 온도가 현저히 상승한 경우
  - 가스절연기기의 절연가스의 압력이 현저히 저하한 경우
- 수소의 순도가 85[%] 이하로 저하한 경우에 그 조상기를 전로로부터 자동적으로 차단하는 장치 시설
- 전기철도용 변전소는 주요 변성기기에 고장이 생긴 경우 또는 전원측 전로의 전압이 현저히 저하한 경우에 그 변성기기를 자동적으로 전로로부터 차단하는 장치를 할 것

16 **특고압용 타냉식 변압기의 냉각장치에 고장이 생긴 경우를 대비하여 어떤 보호장치를 하여야 하는가?**

① 경보장치
② 속도조정장치
③ 온도시험장치
④ 냉매흐름장치

해설 **특고압용 변압기의 보호장치(KEC 351.4)**

뱅크 용량의 구분	동작 조건	장치의 종류
5,000[kVA] 이상 10,000[kVA] 미만	내부 고장	자동차단장치, 경보장치
10,000[kVA] 이상	내부 고장	자동차단장치
타냉식 변압기	온도 상승	경보장치

정답 14. ④ 15. ③ 16. ①

17 **특고압 가공전선로의 지지물로 사용하는 B종 철주, B종 철근콘크리트주 또는 철탑의 종류에서 전선로의 지지물 양쪽의 경간의 차가 큰 곳에 사용하는 것은?**

① 각도형 ② 인류형
③ 내장형 ④ 보강형

해설 **특고압 가공전선로의 철주·철근콘크리트주 또는 철탑의 종류(KEC 333.11)**
- 직선형 : 3도 이하
- 각도형 : 3도 초과
- 인류형 : 인류하는 곳
- 내장형 : 경간 차 큰 곳

18 **아파트 세대 욕실에 "비데용 콘센트"를 시설하고자 한다. 다음의 시설방법 중 적합하지 않은 것은?**

① 콘센트는 접지극이 없는 것을 사용한다.
② 습기가 많은 장소에 시설하는 콘센트는 방습장치를 하여야 한다.
③ 콘센트를 시설하는 경우에는 절연변압기(정격 용량 3[kVA] 이하인 것에 한한다)로 보호된 전로에 접속하여야 한다.
④ 콘센트를 시설하는 경우에는 인체감전보호용 누전차단기(정격감도전류 15[mA] 이하, 동작시간 0.03초 이하의 전류 동작형의 것에 한한다)로 보호된 전로에 접속하여야 한다.

해설 **콘센트의 시설(KEC 234.5)**
욕조나 샤워 시설이 있는 욕실 또는 화장실 등 인체가 물에 젖어 있는 상태에서 전기를 사용하는 장소에 콘센트를 시설
- 「전기용품 및 생활용품 안전관리법」의 적용을 받는 인체감전보호용 누전차단기(정격감도전류 15[mA] 이하, 동작시간 0.03초 이하의 전류 동작형) 또는 절연변압기(정격용량 3[kVA] 이하)로 보호된 전로에 접속하거나, 인체감전보호용 누전차단기가 부착된 콘센트를 시설한다.
- 콘센트는 접지극이 있는 방적형 콘센트를 사용하고 규정에 준하여 접지한다.
- 습기가 많은 장소 또는 수분이 있는 장소에 시설하는 콘센트 및 기계기구용 콘센트는 접지용 단자가 있는 것을 사용하여 접지하고, 방습장치를 한다.

19 **고압 가공전선로의 가공지선에 나경동선을 사용하려면 지름 몇 [mm] 이상의 것을 사용하여야 하는가?**

① 2.0
② 3.0
③ 4.0
④ 5.0

해설 **고압 가공전선로의 가공지선(KEC 332.6)**
인장강도 5.26[kN] 이상의 것 또는 지름 4[mm] 이상의 나경동선을 사용

20 **변전소의 주요 변압기에 계측장치를 시설하여 측정하여야 하는 것이 아닌 것은?**

① 역률
② 전압
③ 전력
④ 전류

해설 **계측장치(KEC 351.6)**
변전소에 계측장치를 시설하여 측정하는 사항
- 주요 변압기의 전압 및 전류 또는 전력
- 특고압용 변압기의 온도

정답 17. ③ 18. ① 19. ③ 20. ①

2021년 제2회 CBT 기출복원문제

01 조상기의 보호장치에서 용량이 몇 [kVA] 이상의 조상기에는 그 내부에 고장이 생긴 경우에 자동적으로 이를 전로로부터 차단하는 장치를 하여야 하는가?

① 1,000 ② 1,500
③ 10,000 ④ 15,000

해설 **조상설비의 보호장치(KEC 351.5)**

설비 종별	뱅크 용량	자동차단
전력용 커패시터 분로 리액터	500[kVA] 초과 15,000[kVA] 미만	내부고장 과전류
	15,000[kVA] 이상	내부고장 과전류 과전압
조상기	15,000[kVA] 이상	내부고장

02 사용전압이 35[kV] 이하인 특고압 가공전선과 저압 가공전선을 동일 지지물에 병행 설치하는 경우 전선 상호 간 이격거리는 몇 [m] 이상이어야 하는가? (단, 특고압 가공전선으로는 케이블을 사용하지 않는 것으로 한다.)

① 1.0 ② 1.2
③ 1.5 ④ 2.0

해설 **특고압 가공전선과 저고압 가공전선 등의 병행설치(KEC 333.17)**

- 사용전압이 35[kV]이하 : 이격거리 1.2[m] 이상 단, 특고압전선이 케이블이면 50[cm]까지 감할 수 있다.
- 사용전압이 35[kV]를 넘고 100[kV] 미만인 경우
  - 제2종 특고압 보안공사
  - 이격거리는 2[m](케이블 1[m]) 이상
  - 특고압 가공전선의 굵기 : 인장강도 21.67[kN] 이상 연선 또는 55[mm^2] 이상 경동선

03 철도, 궤도 또는 자동차도로의 전용 터널 내의 터널 내 전선로의 시설방법으로 맞는 것은?

① 고압 전선을 금속관 공사에 의하여 시설하고 이를 레일면상 또는 노면상 2.4[m]의 높이로 시설하였다.
② 고압 전선은 지름 3.2[mm] 이상의 경동선의 절연전선을 사용하였다.
③ 저압 전선을 애자공사에 의하여 시설하고 이를 레일면상 또는 노면상 2.2[m]의 높이로 시설 하였다.
④ 저압 전선은 지름 2.6[mm]의 경동선의 절연전선을 사용하였다.

해설 **터널 안 전선로의 시설(KEC 335.1)**

구분	전선의 굵기	노면상 높이
저압	2.30[kN], 2.6[mm] 이상 경동선의 절연전선, 애자공사, 케이블	2.5[m]
고압	5.26[kN], 4[mm] 이상 경동선의 절연전선, 애자공사, 케이블	3[m]

04 고압 가공 인입선의 높이는 그 아래에 위험 표시를 하였을 경우에 지표상 높이를 몇 [m]까지를 감할 수 있는가?

① 2.5 ② 3.0
③ 3.5 ④ 4.0

해설 **고압 가공인입선의 시설(KEC 331.12.1)**

- 인장강도 8.01[kN] 이상 고압 절연전선, 특고압 절연전선 또는 지름 5[mm]의 경동선 또는 케이블
- 지표상 5[m] 이상
- 케이블, 위험표시를 하면 지표상 3.5[m]까지로 감할 수 있다.
- 연접 인입선은 시설하여서는 아니 된다.

정답 01. ④ 02. ② 03. ④ 04. ③

05 전기욕기에 전기를 공급하기 위한 전기욕기용 전원장치에 내장되는 전원 변압기의 2차측 전로의 사용전압이 몇 [V] 이하의 것을 사용하는가?

① 5 ② 10
③ 25 ④ 60

해설 전기욕기의 전원장치(KEC 241.2.1)
전기욕기에 전기를 공급하기 위한 전기욕기용 전원장치(내장되는 전원 변압기의 2차측 전로의 사용전압이 10[V] 이하의 것에 한한다)는 「전기용품 및 생활용품 안전관리법」에 의한 안전기준에 적합하여야 한다.

06 전차선의 가선방식으로 해당하지 않는 것은?

① 가공 방식 ② 강체 방식
③ 지중 방식 ④ 제3레일 방식

해설 전차선 가선방식(KEC 431.1)
전차선의 가선방식은 열차의 속도 및 노반의 형태, 부하전류 특성에 따라 적합한 방식을 채택하여야 하며, 가공 방식, 강체 방식, 제3레일 방식을 표준으로 한다.

07 전선의 접속방법으로 틀린 것은?

① 도체에 알루미늄을 사용하는 전선과 동을 사용하는 전선을 접속하는 등 전기 화학적 성질이 다른 도체를 접속하는 경우에는 접속부분에 전기적 부식이 생기지 않도록 할 것
② 접속부분을 절연전선의 절연물과 동등 이상의 절연성능이 있는 것으로 충분히 피복할 것
③ 두 개 이상의 전선을 병렬로 사용하는 경우에는 각 전선의 굵기를 35[mm^2] 이상의 동선을 사용한다.
④ 전선의 세기를 20% 이상 감소시키지 아니할 것

해설 전선의 접속(KEC 123)
두 개 이상의 전선을 병렬로 사용하는 각 전선의 굵기는 동선 50[mm^2] 이상 또는 알루미늄 70[mm^2] 이상으로 하고, 전선은 같은 도체, 같은 재료, 같은 길이 및 같은 굵기의 것을 사용할 것

08 일반 주택 및 아파트 각 호실의 현관등과 같은 조명용 백열전등을 설치할 때에는 타임스위치를 시설하여야 한다. 몇 분 이내에 소등되는 것이어야 하는가?

① 1 ② 3
③ 5 ④ 10

해설 점멸기의 시설(KEC 234.6)
다음의 경우에는 센서등(타임스위치 포함)을 시설하여야 한다.

- 「관광진흥법」과 「공중위생관리법」에 의한 관광숙박업 또는 숙박업(여인숙업을 제외한다)에 이용되는 객실의 입구등은 1분 이내에 소등되는 것
- 일반 주택 및 아파트 각 호실의 현관등은 3분 이내에 소등되는 것

09 저압 옥상 전선로의 시설에 대한 설명으로 틀린 것은?

① 전선은 절연전선(OW전선을 포함한다)을 사용할 것
② 전선은 인장강도 2.30[kN] 이상의 것 또는 지름 2.6[mm] 이상의 경동선을 사용할 것
③ 저압 옥상 전선로의 전선은 상시 부는 바람 등에 의하여 식물에 접촉하지 아니하도록 시설할 것
④ 전선과 그 저압 옥상전선로를 시설하는 조영재와의 이격거리는 0.5[m] 이상일 것

해설 옥상 전선로(KEC 221.3)
저압 옥상 전선로의 시설

- 인장강도 2.30[kN] 이상 또는 2.6[mm]의 경동선
- 전선은 절연전선일 것
- 절연성·난연성 및 내수성이 있는 애자 사용
- 지지점 간의 거리 : 15[m] 이하
- 전선과 저압 옥상전선로를 시설하는 조영재와의 이격거리 2[m]
- 전선은 바람 등에 의하여 식물에 접촉하지 아니하도록 한다.

정답 05. ② 06. ③ 07. ③ 08. ② 09. ④

10 전력보안 통신설비인 무선용 안테나 또는 반사판을 지지하는 목주 · 철주 · 철근콘크리트주 또는 철탑 기초 안전율은 얼마 이상이어야 하는가?

① 1.2 ② 1.5
③ 1.8 ④ 2.0

해설 **무선용 안테나 등을 지지하는 철탑 등의 시설(KEC 364.1)**
전력보안 통신설비인 무선통신용 안테나 또는 반사판을 지지하는 목주·철주·철근콘크리트주 또는 철탑은 다음에 따라 시설하여야 한다. 다만, 무선용 안테나 등이 전선로의 주위 상태를 감시할 목적으로 시설되는 것일 경우에는 그러하지 아니하다.
- 목주는 규정에 준하여 시설하는 외에 풍압하중에 대한 안전율은 1.5 이상이어야 한다.
- 철주·철근콘크리트주 또는 철탑의 기초 안전율은 1.5 이상이어야 한다.

11 최대사용전압 3.3[kV]인 전동기의 절연내력시험전압은 몇 [V] 전압에서 권선과 대지 사이에 연속하여 10분간 견디어야 하는가?

① 4,950[V] ② 4,125[V]
③ 6,600[V] ④ 7,600[V]

해설 **회전기 및 정류기의 절연내력(KEC 133)**
$3,300 \times 1.5 = 4,950$[V]

12 가공전선로에 사용하는 지지물의 강도 계산에 적용하는 갑종 풍압하중은 단도체전선의 경우에 구성재의 수직 투영면적 1[m^2]에 대하여 몇 [Pa]의 풍압으로 계산하는가?

① 588 ② 745
③ 1,039 ④ 1,255

해설 **풍압하중의 종별과 적용(KEC 331.6)**
갑종 풍압하중

구 분		풍압하중
지지물	원형 지지물	588[Pa]
	철주(강관)	1,117[Pa]
	철탑(강관)	1,255[Pa]
전선	다도체	666[Pa]
	기타(단도체)	745[Pa]
애자장치		1,039[Pa]
완금류		1,196[Pa]

13 애자공사에 의한 고압 옥내배선 공사에 사용하는 연동선의 최소 굵기는 얼마인가?

① 2.5[mm^2]
② 4[mm^2]
③ 6[mm^2]
④ 8[mm^2]

해설 **고압 옥내배선 등의 시설(KEC 342.1)**
- 애자공사, 케이블 공사, 케이블 트레이 공사
- 애자공사(건조하고 전개된 장소에 한함)
  - 전선은 6[mm^2] 이상 연동선
  - 전선 지지점 간 거리 6[m] 이하, 조영재의 면을 따라 붙이는 경우 2[m] 이하
  - 전선 상호 간격 8[cm], 전선과 조영재 5[cm]
  - 애자는 절연성·난연성 및 내수성
  - 저압 옥내배선과 쉽게 식별

14 전기철도차량이 전차선로와 접촉한 상태에서 견인력을 끄고 보조전력을 가동한 상태로 정지해 있는 경우, 가공 전차선로의 유효전력이 200[kW] 이상일 경우 총 역률은 몇 보다는 작아서는 안 되는가?

① 0.9 ② 0.8
③ 0.7 ④ 0.6

해설 **전기철도차량의 역률(KEC 441.4)**
규정된 비지속성 최저 전압에서 비지속성 최고 전압까지의 전압범위에서 유도성 역률 및 전력 소비에 대해서만 적용되며, 회생제동 중에는 전압을 제한 범위 내로 유지시키기 위하여 유도성 역률을 낮출 수 있다. 다만, 전기철도차량이 전차선로와 접촉한 상태에서 견인력을 끄고 보조전력을 가동한 상태로 정지해 있는 경우, 가공 전차선로의 유효전력이 200[kW] 이상일 경우 총 역률은 0.8보다는 작아서는 안 된다.

정답 10. ② 11. ① 12. ② 13. ③ 14. ②

15 저압 가공전선로의 지지물은 목주인 경우에는 풍압하중의 몇 배의 하중에 견디는 강도를 가지는 것이어야 하는가?

① 0.8 ② 1.0
③ 1.2 ④ 1.5

해설 **저압 가공전선로의 지지물의 강도(KEC 222.8)**
저압 가공전선로의 지지물은 목주인 경우에는 풍압하중의 1.2배의 하중, 기타의 경우에는 풍압하중에 견디는 강도를 가지는 것이어야 한다.

16 유희용 전차 안의 전로 및 여기에 전기를 공급하기 위하여 사용하는 전기시설물에 대한 설명 중 틀린 것은?

① 유희용 전차에 전기를 공급하는 전로의 사용전압은 직류에 있어서는 60[V] 이하, 교류에 있어서는 40[V] 이하일 것
② 유희용 전차에 전기를 공급하는 전로의 사용전압에 전기를 변성하기 위하여 사용하는 변압기의 1차 전압은 400[V] 이하일 것
③ 유희용 전차에 전기를 공급하기 위하여 사용하는 접촉 전선은 제3레일 방식에 의하여 시설할 것
④ 전차 안의 승압용 변압기의 2차 전압은 200[V] 이하일 것

해설 **유희용 전차(KEC 241.8)**
- 절연변압기의 1차 전압 400[V] 이하
- 전원장치의 2차측 단자의 최대사용전압은 직류 60[V] 이하, 교류 40[V] 이하
- 접촉전선은 제3레일 방식

17 주택 등 저압 수용장소에서 고정 전기설비에 계통접지가 TN-C-S 방식인 경우에 중성선 겸용 보호도체(PEN)는 고정 전기설비에만 사용할 수 있고, 그 도체의 단면적이 구리는 몇 [mm^2] 이상이어야 하는가?

① 4 ② 6
③ 10 ④ 16

해설 **주택 등 저압수용장소 접지(KEC 142.4.2)**
- TN-C-S 방식
- 감전보호용 등전위 본딩
- 중성선 겸용 보호도체(PEN)는 고정 전기설비에만 사용할 수 있고, 그 도체의 단면적이 구리는 10[mm^2] 이상, 알루미늄은 16[mm^2] 이상

18 특고압의 기계기구, 모선 등을 옥외에 시설하는 변전소의 구내에 취급자 이외의 사람이 들어가지 아니하도록 울타리를 시설하려고 한다. 이 때 울타리 및 담 등의 높이는 몇 [m] 이상으로 하여야 하는가?

① 2 ② 3
③ 4 ④ 5

해설 **발전소 등의 울타리 · 담 등의 시설(KEC 351.1)**
- 울타리 · 담 등의 높이 : 2[m] 이상
- 지표면과 울타리 · 담 등의 하단 사이의 간격 : 15[cm] 이하

19 계통연계하는 분산형 전원설비를 설치하는 경우 이상 또는 고장 발생 시 자동적으로 분산형 전원설비를 전력계통으로부터 분리하기 위한 장치시설 및 해당 계통과의 보호협조를 실시하여야 하는 경우로 알맞지 않은 것은?

① 단독운전 상태
② 연계한 전력계통의 이상 또는 고장
③ 조상설비의 이상 발생 시
④ 분산형 전원설비의 이상 또는 고장

해설 **계통연계용 보호장치의 시설(KEC 503.2.4)**
계통연계하는 분산형 전원설비를 설치하는 경우 다음에 해당하는 이상 또는 고장 발생 시 자동적으로 분산형 전원설비를 전력계통으로부터 분리하기 위한 장치시설 및 해당 계통과의 보호협조를 실시하여야 한다.
- 분산형 전원설비의 이상 또는 고장
- 연계한 전력계통의 이상 또는 고장
- 단독운전 상태

정답 15. ③ 16. ④ 17. ③ 18. ① 19. ③

20 시가지에 시설하는 154[kV] 가공전선로에는 전선로에 지락 또는 단락이 생긴 경우 몇 초 안에 자동적으로 전선로로부터 차단하는 장치를 시설하는가?

① 1　② 3
③ 5　④ 10

해설 **시가지 등에서 특고압 가공전선로의 시설(KEC 333.1)**
사용전압이 100[kV]를 초과하는 특고압 가공전선에 지락 또는 단락이 생겼을 때에는 1초 이내에 자동적으로 이를 전로로부터 차단하는 장치를 시설할 것

정답 20. ①

전기기사

2021년 제3회 기출문제

01 뱅크 용량이 몇 [kVA] 이상인 조상기에는 그 내부에 고장이 생긴 경우에 자동적으로 이를 전로로부터 차단하는 보호장치를 하여야 하는가?

① 10,000 ② 15,000
③ 20,000 ④ 25,000

해설 **조상설비의 보호장치(KEC 351.5)**

설비 종별	뱅크 용량의 구분	자동 차단하는 장치
전력용 커패시터 및 분로 리액터	500[kVA] 초과 15,000[kVA] 미만	내부에 고장, 과전류
	15,000[kVA] 이상	내부에 고장, 과전류, 과전압
조상기	15,000[kVA] 이상	내부에 고장

02 시가지에 시설하는 154[kV] 가공전선로를 도로와 제1차 접근상태로 시설하는 경우, 전선과 도로와의 이격거리는 몇 [m] 이상이어야 하는가?

① 4.4 ② 4.8
③ 5.2 ④ 5.6

해설 **특고압 가공전선과 도로 등의 접근 또는 교차(KEC 333.24)**

35[kV]를 초과하는 경우 3[cm]에 10[kV] 단수마다 15[cm]를 가산하므로 10[kV] 단수는

$(154-35)^{2}10=11.9=12$

$\therefore\ 3+(0.15\times 12)=4.8[\text{m}]$

03 가공전선로의 지지물로 볼 수 없는 것은?

① 철주
② 지선
③ 철탑
④ 철근콘크리트주

해설 **정의(기술기준 제3조)**

"지지물"이란 목주 · 철주 · 철근콘크리트주 및 철탑과 이와 유사한 시설물로서 전선 · 약전류 전선 또는 광섬유 케이블을 지지하는 것을 주된 목적으로 하는 것을 말한다.

04 전주외등의 시설 시 사용하는 공사방법으로 틀린 것은?

① 애자공사
② 케이블 공사
③ 금속관 공사
④ 합성수지관 공사

해설 **전주외등 배선(KEC 234.10.3)**

배선은 단면적 2.5[mm^2] 이상의 절연전선 시설

- 케이블 공사
- 합성수지관 공사
- 금속관 공사

05 점멸기의 시설에서 센서등(타임스위치 포함)을 시설하여야 하는 곳은?

① 공장
② 상점
③ 사무실
④ 아파트 현관

해설 **점멸기의 시설(KEC 234.6)**

센서등(타임스위치 포함) 시설

- 「관광진흥법」과 「공중위생관리법」에 의한 관광숙박업 또는 숙박업(여인숙업은 제외)에 이용되는 객실의 입구등은 1분 이내에 소등되는 것
- 일반 주택 및 아파트 각 호실의 현관등은 3분 이내에 소등되는 것

정답 01. ② 02. ② 03. ② 04. ① 05. ④

06 최대사용전압이 1차 22,000[V], 2차 6,600[V]의 권선으로 중성점 비접지식 전로에 접속하는 변압기의 특고압측 절연내력시험전압은?

① 24,000[V] ② 27,500[V]
③ 33,000[V] ④ 44,000[V]

해설 **변압기 전로의 절연내력(KEC 135)**
변압기 특고압측이므로
22,000×1.25=27,500[V]

07 순시조건($t \leq 0.5$초)에서 교류 전기철도 급전시스템에서의 레일 전위의 최대 허용접촉전압(실효값)으로 옳은 것은?

① 60[V] ② 65[V]
③ 440[V] ④ 670[V]

해설 **레일 전위의 위험에 대한 보호(KEC 461.2)**
교류 전기철도 급전시스템의 최대 허용접촉전압

시간조건	최대 허용 접촉전압(실효값)
순시조건($t \leq 0.5$초)	670[V]
일시적 조건(0.5초$< t \leq$300초)	65[V]
영구적 조건($t >$300초)	60[V]

08 전기저장장치의 이차전지에 자동으로 전로로부터 차단하는 장치를 시설하여야 하는 경우로 틀린 것은?

① 과저항이 발생한 경우
② 과전압이 발생한 경우
③ 제어장치에 이상이 발생한 경우
④ 이차전지 모듈의 내부 온도가 급격히 상승할 경우

해설 **제어 및 보호장치(KEC 512.2.2)**
전기저장장치의 이차전지 자동차단장치
- 과전압 또는 과전류가 발생한 경우
- 제어장치에 이상이 발생한 경우
- 이차전지 모듈의 내부 온도가 급격히 상승할 경우

09 이동형의 용접 전극을 사용하는 아크 용접장치의 시설기준으로 틀린 것은?

① 용접변압기는 절연변압기일 것
② 용접변압기의 1차측 전로의 대지전압은 300[V] 이하일 것
③ 용접변압기의 2차측 전로에는 용접변압기에 가까운 곳에 쉽게 개폐할 수 있는 개폐기를 시설할 것
④ 용접변압기의 2차측 전로 중 용접변압기로부터 용접 전극에 이르는 부분의 전로는 용접 시 흐르는 전류를 안전하게 통할 수 있는 것일 것

해설 **아크 용접기(KEC 241.10)**
- 용접변압기는 절연변압기일 것
- 용접변압기 1차측 전로의 대지전압 300[V] 이하
- 용접변압기 1차측 전로에는 용접변압기에 가까운 곳에 쉽게 개폐할 수 있는 개폐기를 시설
- 2차측 전로 중 용접변압기로부터 용접 전극에 이르는 부분
  - 용접용 케이블 또는 캡타이어 케이블일 것
  - 전로는 용접 시 흐르는 전류를 안전하게 통할 수 있는 것
  - 전선에는 적당한 방호장치를 할 것

10 귀선로에 대한 설명으로 틀린 것은?

① 나전선을 적용하여 가공식으로 가설을 원칙으로 한다.
② 사고 및 지락 시에도 충분한 허용전류용량을 갖도록 하여야 한다.
③ 비절연 보호도체, 매설 접지도체, 레일 등으로 구성하여 단권 변압기 중성점과 공통접지에 접속한다.
④ 비절연 보호도체의 위치는 통신유도 장해 및 레일 전위의 상승의 경감을 고려하여 결정하여야 한다.

정답 06. ② 07. ④ 08. ① 09. ③ 10. ①

해설 **귀선로(KEC 431.5)**
- 귀선로는 비절연 보호도체, 매설 접지도체, 레일 등으로 구성하여 단권 변압기 중성점과 공통접지에 접속한다.
- 비절연 보호도체의 위치는 통신유도 장해 및 레일 전위의 상승의 경감을 고려하여 결정하여야 한다.
- 귀선로는 사고 및 지락 시에도 충분한 허용전류용량을 갖도록 하여야 한다.

11 단면적 55[mm²]인 경동연선을 사용하는 특고압 가공전선로의 지지물로 장력에 견디는 형태의 B종 철근콘크리트주를 사용하는 경우, 허용 최대 경간은 몇 [m]인가?

① 150
② 250
③ 300
④ 500

해설 **특고압 가공전선로의 경간 제한(KEC 333.21)**
특고압 가공전선로의 전선에 인장강도 21.67[kN] 이상의 것 또는 단면적이 55[mm²] 이상인 경동연선을 사용하는 경우로서 그 지지물을 다음에 따라 시설할 때에는 목주·A종은 300[m] 이하, B종은 500[m] 이하이어야 한다.

12 저압 옥상전선로의 시설기준으로 틀린 것은?

① 전개된 장소에 위험의 우려가 없도록 시설할 것
② 전선은 지름 2.6[mm] 이상의 경동선을 사용할 것
③ 전선은 절연전선(옥외용 비닐절연전선은 제외)을 사용할 것
④ 전선은 상시 부는 바람 등에 의하여 식물에 접촉하지 아니하도록 시설하여야 한다.

해설 **옥상전선로(KEC 221.3)**
- 전선은 인장강도 2.30[kN] 이상의 것 또는 지름 2.6[mm] 이상의 경동선을 사용할 것
- 전선은 절연전선(옥외용 비닐절연전선 포함)을 사용할 것
- 전선은 조영재에 견고하게 붙인 지지주 또는 지지대에 절연성·난연성 및 내수성이 있는 애자를 사용하여 지지하고 또한 그 지지점 간의 거리는 15[m] 이하일 것
- 전선과 그 저압 옥상전선로를 시설하는 조영재와의 이격거리는 2[m](전선이 고압 절연전선, 특고압 절연전선 또는 케이블인 경우에는 1[m]) 이상일 것
- 저압 옥상전선로의 전선은 상시 부는 바람 등에 의하여 식물에 접촉하지 아니하도록 시설하여야 한다.

13 저압 옥측 전선로에서 목조의 조영물에 시설할 수 있는 공사방법은?

① 금속관 공사
② 버스 덕트 공사
③ 합성수지관 공사
④ 케이블 공사(무기물 절연(MI) 케이블을 사용하는 경우)

해설 **옥측 전선로(KEC 221.2)**
저압 옥측 전선로 공사방법
- 애자공사(전개된 장소에 한한다)
- 합성수지관 공사
- 금속관 공사(목조 이외의 조영물에 시설하는 경우에 한한다)
- 버스 덕트 공사[목조 이외의 조영물(점검할 수 없는 은폐된 장소는 제외한다)에 시설하는 경우에 한한다]
- 케이블 공사(연피 케이블, 알루미늄피 케이블 또는 무기물 절연(MI) 케이블을 사용하는 경우에는 목조 이외의 조영물에 시설하는 경우에 한한다)

14 특고압 가공전선로에서 발생하는 극저주파 전계는 지표상 1[m]에서 몇 [kV/m] 이하이어야 하는가?

① 2.0
② 2.5
③ 3.0
④ 3.5

정답 11. ④ 12. ③ 13. ③ 14. ④

해설 **유도장해 방지(기술기준 제17조)**

교류 특고압 가공전선로에서 발생하는 극저주파 전자계는 지표상 1[m]에서 전계가 3.5[kV/m] 이하, 자계가 83.3[μT] 이하가 되도록 시설하고, 직류 특고압 가공전선로에서 발생하는 직류 전계는 지표면에서 25[kV/m] 이하, 직류 자계는 지표상 1[m]에서 400,000[μT] 이하가 되도록 시설하는 등 상시 정전유도 및 전자유도 작용에 의하여 사람에게 위험을 줄 우려가 없도록 시설하여야 한다.

15 케이블 트레이 공사에 사용할 수 없는 케이블은?

① 연피 케이블
② 난연성 케이블
③ 캡타이어 케이블
④ 알루미늄피 케이블

해설 **케이블 트레이 공사(KEC 232.41)**

전선은 연피 케이블, 알루미늄피 케이블 등 난연성 케이블 또는 기타 케이블(적당한 간격으로 연소 방지 조치를 하여야 한다) 또는 금속관 혹은 합성수지관 등에 넣은 절연전선을 사용하여야 한다.

16 농사용 저압 가공전선로의 지지점 간 거리는 몇 [m] 이하이어야 하는가?

① 30
② 50
③ 60
④ 100

해설 **농사용 저압 가공전선로의 시설(KEC 222.22)**

- 사용전압이 저압일 것
- 전선은 인장강도 1.38[kN] 이상, 지름 2[mm] 이상 경동선
- 지표상 3.5[m] 이상(사람이 쉽게 출입하지 않으면 3[m])
- 경간(지지점 간 거리)은 30[m] 이하

17 변전소에 울타리·담 등을 시설할 때, 사용전압이 345[kV]이면 울타리·담 등의 높이와 울타리·담 등으로부터 충전부분까지의 거리의 합계는 몇 [m] 이상으로 하여야 하는가?

① 8.16　　② 8.28
③ 8.40　　④ 9.72

해설 **발전소 등의 울타리·담 등의 시설(KEC 351.1)**

160[kV]를 넘는 10[kV] 단수는 $(345-160) \div 10 = 18.5$이므로 19이다.

그러므로 울타리까지의 거리와 높이의 합계는 다음과 같다.

$6 + 0.12 \times 19 = 8.28$[m]

18 전력보안 가공통신선을 횡단보도교 위에 시설하는 경우 그 노면상 높이는 몇 [m] 이상인가? (단, 가공전선로의 지지물에 시설하는 통신선 또는 이에 직접 접속하는 가공통신선은 제외한다.)

① 3　　② 4
③ 5　　④ 6

해설 **전력보안 통신선의 시설높이와 이격거리(KEC 362.2)**

전력보안 가공통신선의 높이

- 도로 위에 시설 : 지표상 5[m](교통에 지장이 없는 경우 4.5[m])
- 철도 횡단 : 레일면상 6.5[m]
- 횡단보도교 : 노면상 3[m]

19 큰 고장전류가 구리 소재의 접지도체를 통하여 흐르지 않을 경우 접지도체의 최소 단면적은 몇 [mm^2] 이상이어야 하는가? (단, 접지도체에 피뢰시스템이 접속되지 않는 경우이다.)

① 0.75　　② 2.5
③ 6　　④ 16

정답 15. ③ 16. ① 17. ② 18. ① 19. ③

해설 **접지도체(KEC 142.3.1)**

- 접지도체의 단면적은 142.3.2(보호 도체)의 1에 의하며 큰 고장전류가 접지도체를 통하여 흐르지 않을 경우 접지도체의 최소 단면적은 구리 6[mm^2] 이상, 철제 50[mm^2] 이상
- 접지도체에 피뢰 시스템이 접속되는 경우 접지도체의 단면적은 구리 16[mm^2], 철 50[mm^2] 이상

20 **사용전압이 15[kV] 초과 25[kV] 이하인 특고압 가공전선로가 상호 간 접근 또는 교차하는 경우 사용전선이 양쪽 모두 나전선이라면 이격거리는 몇 [m] 이상이어야 하는가? (단, 중성선 다중 접지 방식의 것으로서 전로에 지락이 생겼을 때에 2초 이내에 자동적으로 이를 전로로부터 차단하는 장치가 되어 있다.)**

① 1.0 ② 1.2

③ 1.5 ④ 1.75

해설 **25[kV] 이하인 특고압 가공전선로의 시설(KEC 333.32)**

특고압 가공전선로가 상호간 접근 또는 교차하는 경우

사용전선의 종류	이격거리
어느 한쪽 또는 양쪽이 나전선인 경우	1.5[m]
양쪽이 특고압 절연전선인 경우	1.0[m]
한쪽이 케이블이고 다른 한쪽이 케이블이거나 특고압 절연전선인 경우	0.5[m]

정답 20. ③

전기산업기사

2021년 제3회 CBT 기출복원문제

01 저압 가공전선로 또는 고압 가공전선로(전기철도용 급전선로는 제외한다.)와 기설 가공 약전류 전선로가 병행하는 경우에는 유도작용에 의하여 통신상의 장해가 생기지 않도록 전선과 기설 약전류 전선 간의 이격거리는 몇 [m] 이상이어야 하는가?

① 2 ② 4
③ 6 ④ 8

해설 **가공 약전류 전선로의 유도장해 방지(KEC 332.1)**

- 고·저압 가공전선로와 병행하는 경우 : 약전류 전선과 2[m] 이상 이격시킨다.
- 가공 약전류 전선에 장해를 줄 우려가 있는 경우
  - 이격거리를 증가시킬 것
  - 교류식인 경우는 가공전선을 적당한 거리로 연가한다.
  - 인장강도 5.26[kN] 이상의 것 또는 직경 4[mm]의 경동선을 2가닥 이상 시설하고 접지공사를 한다.

02 수상 전선로의 시설기준으로 옳은 것은?

① 사용전압이 고압인 경우에는 클로로프렌 캡타이어 케이블을 사용한다.
② 수상 전선로에 사용하는 부대(浮臺)는 쇠사슬 등으로 견고하게 연결한다.
③ 고압인 경우에는 전로에 지락이 생겼을 때에 수동으로 전로를 차단하기 위한 장치를 시설하여야 한다.
④ 수상 전선로의 전선은 부대의 아래에 지지하여 시설하고 또한 그 절연피복을 손상하지 아니하도록 시설할 것

해설 **수상 전선로의 시설(KEC 335.3)**

사용하는 전선
- 저압 : 클로로프렌 캡타이어 케이블
- 고압 : 고압용 캡타이어 케이블
- 부대(浮臺)는 쇠사슬 등으로 견고하게 연결
- 지락이 생겼을 때에 자동적으로 전로를 차단
- 전선은 부대의 위에 지지하여 시설하고 또한 그 절연피복을 손상하지 아니하도록 시설

03 지중전선로를 직접 매설식에 의하여 시설하는 경우에는 매설깊이를 차량 기타의 중량물의 압력을 받을 우려가 있는 장소에는 몇 [m] 이상 시설하여야 하는가?

① 1[m] ② 1.2[m]
③ 1.5[m] ④ 1.8[m]

해설 **지중전선로의 시설(KEC 334.1)**

- 케이블 사용
- 관로식, 암거식, 직접 매설식
- 매설깊이
  - 관로식, 직매식 : 1[m] 이상
  - 중량물의 압력을 받을 우려가 없는 곳 : 0.6[m] 이상

04 배선공사 중 전선이 반드시 절연전선이 아니라도 상관없는 공사는?

① 금속관 공사 ② 애자공사
③ 합성수지관 공사 ④ 플로어덕트 공사

해설 **나전선의 사용 제한(KEC 231.4)**

나전선 사용 가능한 경우
- 애자공사
  - 전기로용 전선
  - 전선의 피복 절연물이 부식하는 장소
  - 취급자 이외의 자가 출입할 수 없도록 설비한 장소
- 버스 덕트 공사 및 라이팅 덕트 공사
- 접촉전선

정답 01. ① 02. ② 03. ① 04. ②

05 옥내의 네온방전등 공사의 방법으로 옳은 것은?

① 전선 상호간의 이격거리는 5[cm] 이상일 것
② 관등회로의 배선은 애자공사로 시설하여야 한다.
③ 전선의 지지점간의 거리는 2[m] 이하로 할 것
④ 관등회로의 배선은 점검할 수 없는 은폐된 장소에 시설할 것

해설 **네온방전등(KEC 234.12)**
- 전로의 대지전압 300[V] 이하
- 네온변압기는 2차측을 직렬 또는 병렬로 접속하여 사용하지 말 것.
- 네온변압기를 우선 외에 시설할 경우는 옥외형 사용
- 관등회로의 배선은 애자공사로 시설
  - 네온전선 사용
  - 배선은 외상을 받을 우려가 없고 사람이 접촉될 우려가 없는 노출장소에 시설
  - 전선 지지점 간의 거리는 1[m] 이하
  - 전선 상호간의 이격거리는 60[mm] 이상

06 다음 그림에서 L_1은 어떤 크기로 동작하는 기기의 명칭인가?

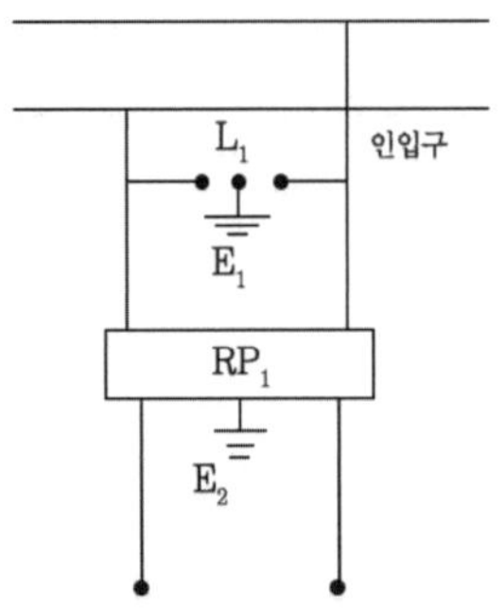

① 교류 1,000[V] 이하에서 동작하는 단로기
② 교류 1,000[V] 이하에서 동작하는 피뢰기
③ 교류 1,500[V] 이하에서 동작하는 단로기
④ 교류 1,500[V] 이하에서 동작하는 피뢰기

해설 **특고압 가공전선로 첨가설치 통신선의 시가지 인입 제한(KEC 362.5)**
보안장치의 표준
- RP_1 : 자복성 릴레이 보안기
- L_1 : 교류 1[kV] 이하에서 동작하는 피뢰기
- E_1 및 E_2 : 접지

07 사용전압이 400[V] 이하인 저압 가공전선은 절연전선인 경우 지름이 몇 [mm] 이상의 경동선이어야 하는가?

① 1.2[mm]
② 2.6[mm]
③ 3.2[mm]
④ 4.0[mm]

해설 **전선의 세기 · 굵기 및 종류(KEC 222.5, 332.3)**
- 전선의 종류
  - 저압 가공전선 : 절연전선, 다심형 전선, 케이블, 나전선(중성선에 한함)
  - 고압 가공전선 : 고압 절연전선, 특고압 절연전선 또는 케이블
- 전선의 굵기 및 종류
  - 400[V] 이하 : 인장강도 3.43[kN], 3.2[mm] (절연전선 인장강도 2.3[kN], 2.6[mm] 이상)
  - 400[V] 초과 저압 또는 고압 가공전선
    - 시가지 : 인장강도 8.01[kN] 또는 지름 5[mm] 이상
    - 시가지 외 : 인장강도 5.26[kN] 또는 지름 4[mm] 이상

08 저압 옥측 전선로의 공사에서 목조 조영물에 시설이 가능한 공사는?

① 연피 또는 알루미늄 케이블 공사
② 합성수지관 공사
③ 금속관 공사
④ 버스 덕트 공사

정답 05. ② 06. ② 07. ② 08. ②

해설 저압 옥측 전선로 공사(KEC 221.2)
- 애자공사(전개된 장소에 한함)
- 합성수지관 공사
- 금속관 공사(목조 이외의 조영물)
- 버스 덕트 공사(목조 이외의 조영물)
- 케이블 공사(연피 케이블, 알루미늄피 케이블 또는 무기물절연(MI) 케이블을 사용하는 경우에는 목조 이외의 조영물)

09 특고압 가공전선로의 경간은 지지물이 철탑인 경우 몇 [m] 이하이어야 하는가?

① 400 ② 500
③ 600 ④ 800

해설 특고압 가공전선로의 경간 제한(KEC 333.21)

지지물 종류	경간
목주·A종	150[m] 이하
B종	250[m] 이하
철탑	600[m] 이하

10 다음 중 전기울타리의 시설에 관한 사항으로 옳지 않은 것은?

① 전원장치에 전기를 공급하는 전로의 사용전압은 250[V] 이하
② 사람이 쉽게 출입하지 아니하는 곳에 시설할 것
③ 전선은 인장강도 1.38[kN] 이상의 것 또는 지름 2[mm] 이상 경동선일 것
④ 전선과 수목 사이의 이격거리는 50[cm] 이상일 것

해설 전기울타리(KEC 241.1)
- 전기울타리는 사람이 쉽게 출입하지 아니하는 곳
- 사용전압 250[V] 이하
- 전선 : 인장강도 1.38[kN] 이상, 지름 2[mm] 이상 경동선
- 기둥과 이격거리 2.5[cm] 이상, 수목과 거리 30[cm]

11 전기철도의 설비를 보호하기 위해 시설하는 피뢰기의 시설기준으로 틀린 것은?

① 피뢰기는 변전소 인입측 및 급전선 인출측에 설치하여야 한다.
② 피뢰기는 가능한 한 보호하는 기기와 가깝게 시설하되 누설전류 측정이 용이하도록 지지대와 절연하여 설치한다.
③ 피뢰기는 개방형을 사용하고 유효 보호거리를 증가시키기 위하여 방전개시전압 및 제한전압이 낮은 것을 사용한다.
④ 피뢰기는 가공전선과 직접 접속하는 지중케이블에서 낙뢰에 의해 절연파괴의 우려가 있는 케이블 단말에 설치하여야 한다.

해설
- **피뢰기 설치장소(KEC 451.3)**
  - 다음의 장소에 피뢰기를 설치하여야 한다.
    - 변전소 인입측 및 급전선 인출측
    - 가공전선과 직접 접속하는 지중케이블에서 낙뢰에 의해 절연파괴의 우려가 있는 케이블 단말
  - 피뢰기는 가능한 한 보호하는 기기와 가깝게 시설하되 누설전류 측정이 용이하도록 지지대와 절연하여 설치한다.
- **피뢰기의 선정(KEC 451.4)**
  - 피뢰기는 밀봉형을 사용하고 유효 보호거리를 증가시키기 위하여 방전개시전압 및 제한전압이 낮은 것을 사용한다.
  - 유도뢰서지에 대하여 2선 또는 3선의 피뢰기 동시동작이 우려되는 변전소 근처의 단락전류가 큰 장소에는 속류차단능력이 크고 또한 차단성능이 회로조건의 영향을 받을 우려가 적은 것을 사용한다.

12 "리플프리(Ripple-free)직류"란 교류를 직류로 변환할 때 리플 성분의 실효값이 몇 [%] 이하로 포함된 직류를 말하는가?

① 3 ② 5
③ 10 ④ 15

정답 09. ③ 10. ④ 11. ③ 12. ③

해설 **용어 정의(KEC 112)**

"리플프리(Ripple-free) 직류"란 교류를 직류로 변환할 때 리플 성분의 실효값이 10[%] 이하로 포함된 직류를 말한다.

13 전선로에 시설하는 기계기구 중에서 외함 접지공사를 생략할 수 없는 경우는?

① 사용전압이 직류 300[V] 또는 교류 대지전압이 150[V] 이하인 기계기구를 건조한 곳에 시설하는 경우

② 정격감도전류 40[mA], 동작시간이 0.5초인 전류 동작형의 인체감전보호용 누전차단기를 시설하는 경우

③ 외함이 없는 계기용변성기가 고무·합성수지 기타의 절연물로 피복한 것일 경우

④ 철대 또는 외함의 주위에 적당한 절연대를 설치하는 경우

해설 **기계기구의 철대 및 외함의 접지(KEC 142.7)**

- 외함에는 접지공사
- 접지공사를 하지 아니해도 되는 경우
  - 사용전압이 직류 300[V], 교류 대지전압 150[V] 이하
  - 목재 마루, 절연성의 물질, 절연대, 고무 합성수지 등의 절연물, 2중 절연
  - 절연변압기(2차 전압 300[V] 이하, 정격용량 3[kVA] 이하.)
  - 인체감전보호용 누전차단기 설치
    - 정격감도전류 30[mA] 이하(위험한 장소, 습기15[mA])
    - 동작시간 0.03초 이하, 전류 동작형

14 태양전지 모듈의 직렬군 최대개방전압이 직류 750[V] 초과 1,500[V] 이하인 시설장소는 다음에 따라 울타리 등의 안전조치로 알맞지 않은 것은?

① 태양전지 모듈을 지상에 설치하는 경우 울타리·담 등을 시설하여야 한다.

② 태양전지 모듈을 일반인이 쉽게 출입할 수 있는 옥상 등에 시설하는 경우는 식별이 가능하도록 위험표시를 하여야 한다.

③ 태양전지 모듈을 일반인이 쉽게 출입할 수 없는 옥상·지붕에 설치하는 경우는 모듈 프레임 등 쉽게 식별할 수 있는 위치에 위험표시를 하여야 한다.

④ 태양전지 모듈을 주차장 상부에 시설하는 경우는 위험표시를 하지 않아도 된다.

해설 **태양광발전설비설치장소의 요구사항(KEC 521.1)**

태양전지 모듈의 직렬군 최대개방전압이 직류 750[V] 초과 1,500[V] 이하인 시설장소는 다음에 따라 울타리 등의 안전조치를 하여야 한다.

- 태양전지 모듈을 지상에 설치하는 경우는 발전소 등의 울타리·담 등의 시설 규정에 의하여 울타리·담 등을 시설하여야 한다.
- 태양전지 모듈을 일반인이 쉽게 출입할 수 있는 옥상 등에 시설하는 경우는 고압용 기계기구의 시설 규정에 의하여 시설하여야 하고 식별이 가능하도록 위험표시를 하여야 한다.
- 태양전지 모듈을 일반인이 쉽게 출입할 수 없는 옥상·지붕에 설치하는 경우는 모듈 프레임 등 쉽게 식별할 수 있는 위치에 위험표시를 하여야 한다.
- 태양전지 모듈을 주차장 상부에 시설하는 경우는 보기 ②와 같이 시설하고 차량의 출입 등에 의한 구조물, 모듈 등의 손상이 없도록 하여야 한다.
- 태양전지 모듈을 수상에 설치하는 경우는 보기 ③과 같이 시설하여야 한다.

15 가공전선로의 지지물에 사용하는 지선의 시설기준으로 옳은 것은?

① 지선의 안전율은 2.2 이상일 것

② 지선에 연선을 사용하는 경우 소선(素線) 3가닥 이상의 연선일 것

③ 도로를 횡단하여 시설하는 지선의 높이는 지표상 4[m] 이상일 것

④ 지중부분 및 지표상 20[cm] 까지의 부분에는 내식성이 있는 것 또는 아연도금을 한 철봉을 사용하고 쉽게 부식되지 않는 근가에 견고하게 붙일 것

정답 13. ② 14. ④ 15. ②

해설 **지선의 시설(KEC 331.11)**

- 지선의 안전율은 2.5 이상. 이 경우에 허용인장하중의 최저는 4.31[kN]
- 지선에 연선을 사용할 경우
  - 소선(素線) 3가닥 이상의 연선일 것
  - 소선의 지름이 2.6[mm] 이상의 금속선을 사용한 것일 것
- 지중부분 및 지표상 30[cm]까지의 부분에는 내식성이 있는 것 또는 아연도금을 한 철봉을 사용하고 쉽게 부식되지 아니하는 근가에 견고하게 붙일 것
- 철탑은 지선을 사용하여 그 강도를 분담시켜서는 아니 된다.
- 도로를 횡단하여 시설하는 지선의 높이는 지표상 5[m] 이상으로 하여야 한다.

16 전가섭선에 대하여 각 가섭선의 상정 최대 장력의 33%와 같은 불평균 장력의 수평 종분력에 의한 하중을 더 고려하여야 하는 철탑은?

① 직선형 ② 각도형
③ 내장형 ④ 보강형

해설 **상시 상정하중(KEC 333.13)**

불평균 장력에 의한 수평 종하중 가산

- 인류형 : 상정 최대 장력과 같은 불평균 장력
- 내장형 : 상정 최대 장력의 33[%]와 같은 불평균 장력의 수평 종분력
- 직선형 : 상정 최대 장력의 3[%]와 같은 불평균 장력의 수평 종분력
- 각도형 : 상정 최대 장력의 10[%]와 같은 불평균 장력의 수평 종분력

17 최대사용전압이 7,200[V]인 중성점 비접지식 전로의 절연내력시험전압은 몇 [V]인가?

① 9,000 ② 10,500
③ 10,800 ④ 14,400

해설 **전로의 절연저항 및 절연내력(KEC 132)**

시험전압 $V=7{,}200\times1.25=9{,}000$[V]로 10,500[V] 미만으로 되는 경우이므로 최저 시험전압은 10,500[V]로 한다.

18 직류 750[V]의 전차선과 차량 간의 최소 절연이격거리는 동적일 경우 몇 [mm]인가?

① 25 ② 100
③ 150 ④ 170

해설 **전차선로의 충전부와 차량 간의 절연이격(KEC 431.3)**

시스템 종류	공칭전압[V]	동적[mm]	정적[mm]
직류	750	25	25
	1,500	100	150
단상교류	25,000	170	270

19 옥외용 비닐절연전선을 사용한 저압 가공전선이 횡단보도교 위에 시설되는 경우에 그 전선의 노면상 높이는 몇 [m] 이상으로 하여야 하는가?

① 2.5 ② 3.0
③ 3.5 ④ 4.0

해설 **저압 가공전선의 높이(KEC 222.7)**

- 도로를 횡단하는 경우에는 지표상 6[m] 이상
- 철도 또는 궤도를 횡단하는 경우에는 레일면상 6.5[m] 이상
- 횡단보도교의 위에 시설하는 경우에는 저압 가공전선은 그 노면상 3.5[m](전선이 저압 절연전선·다심형 전선 또는 케이블인 경우에는 3[m]) 이상

20 발·변전소의 주요 변압기에 시설하지 않아도 되는 계측장치는?

① 역률계 ② 전압계
③ 전력계 ④ 전류계

해설 **계측장치(KEC 351.6)**

- 주요 변압기의 전압 및 전류 또는 전력, 특고압용 변압기의 온도
- 발전기의 베어링 및 고정자의 온도
- 동기검정장치

정답 16. ③ 17. ② 18. ① 19. ② 20. ①

전기기사

2022년 제1회 기출문제

01 저압 가공전선이 안테나와 접근상태로 시설될 때 상호 간의 이격거리는 몇 [cm] 이상이어야 하는가? (단, 전선이 고압 절연전선, 특고압 절연전선 또는 케이블이 아닌 경우이다.)

① 60 ② 80
③ 100 ④ 120

해설 **저압 가공전선과 안테나의 접근 또는 교차(KEC 222.14)**
가공전선과 안테나 사이의 이격거리는 저압은 60[cm] (고압 절연전선, 특고압 절연전선 또는 케이블인 경우 30[cm]) 이상

02 고압 가공전선으로 사용한 경동선은 안전율이 얼마 이상인 이도로 시설하여야 하는가?

① 2.0 ② 2.2
③ 2.5 ④ 3.0

해설 **고압 가공전선의 안전율(KEC 332.4)**
- 경동선 또는 내열 동합금선 : 2.2 이상
- 기타 전선(ACSR, 알루미늄 전선 등) : 2.5 이상

03 사용전압이 22.9[kV]인 특고압 가공전선과 그 지지물 · 완금류 · 지주 또는 지선 사이의 이격거리는 몇 [cm] 이상이어야 하는가?

① 15 ② 20
③ 25 ④ 30

해설 **특고압 가공전선과 지지물 등의 이격거리(KEC 333.5)**

사용전압	이격거리[cm]
15[kV] 미만	15
15[kV] 이상 25[kV] 미만	20
25[kV] 이상 35[kV] 미만	25
35[kV] 이상 50[kV] 미만	30
50[kV] 이상 60[kV] 미만	35
60[kV] 이상 70[kV] 미만	40
70[kV] 이상 80[kV] 미만	45
이하 생략	이하 생략

04 급전선에 대한 설명으로 틀린 것은?

① 급전선은 비절연 보호도체, 매설 접지도체, 레일 등으로 구성하여 단권 변압기 중성점과 공통접지에 접속한다.
② 가공식은 전차선의 높이 이상으로 전차선로 지지물에 병가하며, 나전선의 접속은 직선접속을 원칙으로 한다.
③ 선상승강장, 인도교, 과선교 또는 교량 하부 등에 설치할 때에는 최소 절연이격거리 이상을 확보하여야 한다.
④ 신설 터널 내 급전선을 가공으로 설계할 경우 지지물의 취부는 C찬넬 또는 매입전을 이용하여 고정하여야 한다.

해설 **급전선로(KEC 431.4)**
급전선은 나전선을 적용하여 가공식으로 가설을 원칙으로 한다. 다만, 전기적 이격거리가 충분하지 않거나 지락, 섬락 등의 우려가 있을 경우에는 급전선을 케이블로 하여 안전하게 시공하여야 한다.

05 진열장 내의 배선으로 사용전압 400[V] 이하에 사용하는 코드 또는 캡타이어 케이블의 최소 단면적은 몇 [mm^2]인가?

① 1.25 ② 1.0
③ 0.75 ④ 0.5

해설 **진열장 안의 배선(KEC 234.8)**
- 건조한 장소에 시설하고 또한 내부를 건조한 상태로 사용하는 진열장 또는 이와 유사한 것의 내부에 사용전압이 400[V] 이하의 배선을 외부에서 잘 보이는 장소에 한하여 코드 또는 캡타이어 케이블로 직접 조영재에 밀착하여 배선할 수 있다.
- 배선은 단면적이 0.75[mm^2] 이상의 코드 또는 캡타이어 케이블일 것

정답 01. ① 02. ② 03. ② 04. ① 05. ③

06 최대사용전압이 23,000[V]인 중성점 비접지식 전로의 절연내력시험전압은 몇 [V]인가?

① 16,560 ② 21,160
③ 25,300 ④ 28,750

해설 **기구 등의 전로의 절연내력(KEC 136)**
최대사용전압이 7[kV]를 초과하고 60[kV] 이하인 기구 등의 전로의 절연내력시험전압은 최대사용전압의 1.25배이므로
$V = 23{,}000 \times 1.25 = 28{,}750$[V]

07 지중전선로를 직접 매설식에 의하여 시설할 때, 차량 기타 중량물의 압력을 받을 우려가 있는 장소인 경우 매설깊이는 몇 [m] 이상으로 시설하여야 하는가?

① 0.6 ② 1.0
③ 1.2 ④ 1.5

해설 **지중전선로의 시설(KEC 334.1)**
- 케이블을 사용하고 관로식, 암거식, 직접 매설식에 의해 시설
- 매설깊이
  - 관로식, 직매식 : 1[m] 이상
  - 중량물의 압력을 받을 우려가 없는 곳 : 0.6[m] 이상

08 플로어 덕트 공사에 의한 저압 옥내배선 공사 시 시설기준으로 틀린 것은?

① 덕트의 끝부분은 막을 것
② 옥외용 비닐절연전선을 사용할 것
③ 덕트 안에는 전선에 접속점이 없도록 할 것
④ 덕트 및 박스 기타의 부속품은 물이 고이는 부분이 없도록 시설하여야 한다.

해설 **플로어 덕트 공사(KEC 232.32)**
- 전선은 절연전선(옥외용 비닐절연전선 제외)일 것
- 전선은 연선일 것. 다만, 단면적 10[mm^2](알루미늄선 16[mm^2]) 이하인 것은 그러하지 아니하다.
- 플로어 덕트 안에는 전선에 접속점이 없도록 할 것

09 중앙급전 전원과 구분되는 것으로서 전력소비지역 부근에 분산하여 배치 가능한 신·재생에너지 발전설비 등의 전원으로 정의되는 용어는?

① 임시전력원
② 분전반전원
③ 분산형전원
④ 계통연계전원

해설 **용어 정의(KEC 112)**
"분산형전원"이란 중앙급전 전원과 구분되는 것으로서 전력소비지역 부근에 분산하여 배치 가능한 전원을 말한다. 상용전원의 정전 시에만 사용하는 비상용 예비전원은 제외하며, 신·재생에너지 발전설비, 전기저장장치 등을 포함한다.

10 애자공사에 의한 저압 옥측 전선로는 사람이 쉽게 접촉될 우려가 없도록 시설하고, 전선의 지지점 간의 거리는 몇 [m] 이하이어야 하는가?

① 1 ② 1.5
③ 2 ④ 3

해설 **옥측 전선로(KEC 221.2)-애자공사**
- 단면적 4[mm^2] 이상의 연동 절연전선
- 전선 지지점 간의 거리 : 2[m] 이하

11 저압 가공전선로의 지지물이 목주인 경우 풍압하중의 몇 배의 하중에 견디는 강도를 가지는 것이어야 하는가?

① 1.2
② 1.5
③ 2
④ 3

해설 **저압 가공전선로의 지지물의 강도(KEC 222.8)**
저압 가공전선로의 지지물은 목주인 경우에는 풍압하중의 1.2배의 하중, 기타의 경우에는 풍압하중에 견디는 강도를 가지는 것이어야 한다.

정답 06. ④ 07. ② 08. ② 09. ③ 10. ③ 11. ①

12 교류 전차선 등 충전부와 식물 사이의 이격거리는 몇 [m] 이상이어야 하는가? (단, 현장여건을 고려한 방호벽 등의 안전조치를 하지 않은 경우이다.)

① 1　② 3
③ 5　④ 10

해설 **전차선 등과 식물 사이의 이격거리(KEC 431.11)**
교류 전차선 등 충전부와 식물 사이의 이격거리는 5[m] 이상으로 한다.

13 조상기에 내부 고장이 생긴 경우, 조상기의 뱅크 용량이 몇 [kVA] 이상일 때 전로로부터 자동 차단하는 장치를 시설하여야 하는가?

① 5,000
② 10,000
③ 15,000
④ 20,000

해설 **조상설비의 보호장치(KEC 351.5)**

설비 종별	뱅크 용량의 구분	자동 차단하는 장치
전력용 커패시터 및 분로 리액터	500[kVA] 초과 15,000[kVA] 미만	내부고장, 과전류
	15,000[kVA] 이상	내부고장, 과전류, 과전압
조상기	15,000[kVA] 이상	내부고장

14 고장보호에 대한 설명으로 틀린 것은?

① 고장보호는 일반적으로 직접 접촉을 방지하는 것이다.
② 고장보호는 인축의 몸을 통해 고장전류가 흐르는 것을 방지하여야 한다.
③ 고장보호는 인축의 몸에 흐르는 고장전류를 위험하지 않는 값 이하로 제한하여야 한다.
④ 고장보호는 인축의 몸에 흐르는 고장전류의 지속시간을 위험하지 않은 시간까지로 제한하여야 한다.

해설 **감전에 대한 보호(KEC 113.2)**
- 기본보호
  기본보호는 일반적으로 직접 접촉을 방지하는 것
  - 인축의 몸을 통해 전류가 흐르는 것을 방지
  - 인축의 몸에 흐르는 전류를 위험하지 않는 값 이하로 제한
- 고장보호
  고장보호는 일반적으로 기본절연의 고장에 의한 간접 접촉을 방지하는 것
  - 인축의 몸을 통해 고장전류가 흐르는 것을 방지
  - 인축의 몸에 흐르는 고장전류를 위험하지 않는 값 이하로 제한
  - 인축의 몸에 흐르는 고장전류의 지속시간을 위험하지 않은 시간까지로 제한

15 네온방전등의 관등회로의 전선을 애자공사에 의해 자기 또는 유리제 등의 애자로 견고하게 지지하여 조영재의 아랫면 또는 옆면에 부착한 경우 전선 상호 간의 이격거리는 몇 [mm] 이상이어야 하는가?

① 30　② 60
③ 80　④ 100

해설 **네온방전등(KEC 234.12)**
- 전선 지지점 간의 거리는 1[m] 이하
- 전선 상호 간의 이격거리는 60[mm] 이상

16 수소냉각식 발전기에서 사용하는 수소 냉각장치에 대한 시설기준으로 틀린 것은?

① 수소를 통하는 관으로 동관을 사용할 수 있다.
② 수소를 통하는 관은 이음매가 있는 강판이어야 한다.
③ 발전기 내부의 수소의 온도를 계측하는 장치를 시설하여야 한다.
④ 발전기 내부의 수소의 순도가 85[%] 이하로 저하한 경우에 이를 경보하는 장치를 시설하여야 한다.

정답 12. ③ 13. ③ 14. ① 15. ② 16. ②

해설 **수소냉각식 발전기 등의 시설(KEC 351.10)**
수소를 통하는 관은 동관 또는 이음매 없는 강판이어야 하며 또한 수소가 대기압에서 폭발하는 경우에 생기는 압력에 견디는 강도의 것일 것

17 전력보안 통신설비인 무선통신용 안테나 등을 지지하는 철주의 기초 안전율은 얼마 이상이어야 하는가? (단, 무선용 안테나 등이 전선로의 주위 상태를 감시할 목적으로 시설되는 것이 아닌 경우이다.)

① 1.3 ② 1.5
③ 1.8 ④ 2.0

해설 **무선용 안테나 등을 지지하는 철탑 등의 시설(KEC 364.1)**
- 목주의 풍압하중에 대한 안전율은 1.5 이상
- 철주·철근 콘크리트주 또는 철탑의 기초 안전율은 1.5 이상

18 특고압 가공전선로의 지지물 양측의 경간의 차가 큰 곳에 사용하는 철탑의 종류는?

① 내장형 ② 보강형
③ 직선형 ④ 인류형

해설 **특고압 가공전선로의 철주·철근 콘크리트주 또는 철탑의 종류(KEC 333.11)**
- 직선형 : 3도 이하
- 각도형 : 3도 초과
- 인류형 : 인류하는 곳
- 내장형 : 경간 차 큰 곳

19 사무실 건물의 조명설비에 사용되는 백열전등 또는 방전등에 전기를 공급하는 옥내전로의 대지전압은 몇 [V] 이하인가?

① 250 ② 300
③ 350 ④ 400

해설 **옥내전로의 대지전압의 제한(KEC 231.6)**
백열전등 또는 방전등에 전기를 공급하는 옥내의 전로의 대지전압은 300[V] 이하이어야 한다.

20 전기저장장치를 전용건물에 시설하는 경우에 대한 설명이다. 다음 ( )에 들어갈 내용으로 옳은 것은?

> 전기저장장치 시설장소는 주변 시설(도로, 건물, 가연물질 등)로부터 (㉠)[m] 이상 이격하고 다른 건물의 출입구나 피난계단 등 이와 유사한 장소로부터는 (㉡)[m] 이상 이격하여야 한다.

① ㉠ 3, ㉡ 1 ② ㉠ 2, ㉡ 1.5
③ ㉠ 1, ㉡ 2 ④ ㉠ 1.5, ㉡ 3

해설 **전용건물에 시설하는 경우(KEC 515.2.1)**
전기저장장치 시설장소는 주변 시설(도로, 건물, 가연물질 등)로부터 1.5[m] 이상 이격하고 다른 건물의 출입구나 피난계단 등 이와 유사한 장소로부터는 3[m] 이상 이격하여야 한다.

정답 17. ② 18. ① 19. ② 20. ④

전기산업기사

2022년 제1회 CBT 기출복원문제

01 접지도체에 피뢰시스템이 접속되는 경우 접지도체로 동선을 사용할 때 공칭단면적은 몇 [mm^2] 이상 사용하여야 하는가?

① 4　② 6
③ 10　④ 16

해설 **접지도체에 피뢰시스템이 접속되는 경우(KEC 142.3.1)**
- 구리 : 16[mm^2] 이상
- 철제 : 50[mm^2] 이상

02 최대사용전압이 220[V]인 전동기의 절연내력시험을 하고자 할 때 시험전압은 몇 [V]인가?

① 300　② 330
③ 450　④ 500

해설 **회전기 및 정류기의 절연내력(KEC 133)**
$220 \times 1.5 = 330$[V]
500[V] 미만으로 되는 경우에는 최저시험전압 500[V]로 한다.

03 하나 또는 복합하여 시설하여야 하는 접지극의 방법으로 틀린 것은?

① 지중 금속구조물
② 토양에 매설된 기초 접지극
③ 케이블의 금속외장 및 그 밖에 금속피복
④ 대지에 매설된 강화 콘크리트의 용접된 금속 보강재

해설 **접지극의 시설 및 접지저항(KEC 142.2)**
접지극은 다음의 방법 중 하나 또는 복합하여 시설
- 콘크리트에 매입된 기초 접지극
- 토양에 매설된 기초 접지극
- 토양에 수직 또는 수평으로 직접 매설된 금속 전극
- 케이블의 금속외장 및 그 밖에 금속피복
- 지중 금속구조물(배관 등)
- 대지에 매설된 철근 콘크리트의 용접된 금속 보강재

04 돌침, 수평도체, 메시도체의 요소 중에 한 가지 또는 이를 조합한 형식으로 시설하는 것은?

① 접지극시스템
② 수뢰부시스템
③ 내부 피뢰시스템
④ 인하도선시스템

해설 **수뢰부시스템(KEC 152.1)**
수뢰부시스템의 선정은 돌침, 수평도체, 메시도체의 요소 중에 한 가지 또는 이를 조합한 형식으로 시설하여야 한다.

05 저압 전로의 절연성능 측정 시 영향을 주거나 손상을 받을 수 있는 SPD 또는 기타 기기 등은 측정 전에 분리시켜야 하고, 부득이하게 분리가 어려운 경우에는 시험전압을 250[V] DC로 낮추어 측정할 수 있지만 절연저항 값은 (　)[MΩ] 이상이어야 한다. 다음 (　) 안에 알맞은 것은?

① 0.5　② 1.0
③ 1.5　④ 2.0

해설 **저압 전로의 절연성능(기술기준 제52조)**
- 개폐기 또는 과전류 차단기로 구분할 수 있는 전로마다 다음 표에서 정한 값 이상
- 측정 시 영향을 주거나 손상을 받을 수 있는 SPD 또는 기타 기기 등은 측정 전에 분리시켜야 하고, 부득이하게 분리가 어려운 경우에는 시험전압을 250[V] DC로 낮추어 측정할 수 있지만 절연저항 값은 1[MΩ] 이상

정답 01. ④ 02. ④ 03. ④ 04. ② 05. ②

전로의 사용전압[V]	DC시험전압[V]	절연저항[MΩ]
SELV 및 PELV	250	0.5
FELV, 500[V] 이하	500	1.0
500[V] 초과	1,000	1.0

06 정격전류 63[A] 이하인 산업용 배선 차단기에서 과전류 트립 동작시간 60분에 동작하는 전류는 정격전류의 몇 배의 전류가 흘렀을 경우 동작하여야 하는가?

① 1.05배　② 1.3배
③ 1.5배　④ 2배

해설 **과전류 트립 동작시간 및 특성-산업용 배선차단기(KEC 212.3)**
- 부동작 전류 : 1.05배
- 동작 전류 : 1.3배

07 KS C IEC 60364에서 전원의 한 점을 직접 접지하고, 설비의 노출도전성 부분을 전원 계통의 접지극과 별도로 전기적으로 독립하여 접지하는 방식은?

① TT 계통　② TN-C 계통
③ TN-S 계통　④ TN-CS 계통

해설 **계통접지의 방식(KEC 203)**

접지방식	전원측의 한 점	설비의 노출도전부
TN	대지로 직접	전원측 접지 이용
TT	대지로 직접	대지로 직접
IT	대지로부터 절연	대지로 직접

08 옥내배선의 사용전압이 400[V] 이하일 때 전광표시장치 기타 이와 유사한 장치 또는 제어회로 등의 배선에 다심 케이블을 시설하는 경우 배선의 단면적은 몇 [mm^2] 이상인가?

① 0.75　② 1.5
③ 1　④ 2.5

해설 **저압 옥내배선의 사용전선(KEC 231.3)**
전광표시장치 기타 이와 유사한 장치 또는 제어회로 등에 이용하는 배선에 단면적 0.75[mm^2] 이상의 다심 케이블 또는 다심 캡타이어 케이블을 사용한다.

09 케이블 트레이 공사에 사용되는 케이블 트레이가 수용된 모든 전선을 지지할 수 있는 적합한 강도의 것일 경우 케이블 트레이의 안전율은 얼마 이상으로 하여야 하는가?

① 1.1　② 1.2
③ 1.3　④ 1.5

해설 **케이블 트레이 공사(KEC 232.41)**
케이블 트레이의 안전율은 1.5 이상이어야 한다.

10 전기부식방지 시설에서 전원장치를 사용하는 경우로 옳은 것은?

① 전기부식방지 회로의 사용전압은 교류 60[V] 이하일 것
② 지중에 매설하는 양극(+)의 매설깊이는 50[cm] 이상일 것
③ 지표 또는 수중에서 1[m] 간격의 임의의 2점 간의 전위차는 7[V]를 넘지 말 것
④ 수중에 시설하는 양극(+)과 그 주위 1[m] 이내의 거리에 있는 임의점과의 사이의 전위차는 10[V]를 넘지 말 것

해설 **전기부식방지 회로의 전압 등(KEC 241.16.3)**
- 전기부식방지 회로의 사용전압은 직류 60[V] 이하일 것
- 지중에 매설하는 양극의 매설깊이는 75[cm] 이상일 것
- 수중에 시설하는 양극과 그 주위 1[m] 이내의 거리에 있는 임의점과의 사이의 전위차는 10[V]를 넘지 아니할 것
- 지표 또는 수중에서 1[m] 간격의 임의의 2점 간의 전위차가 5[V]를 넘지 아니할 것

정답 06. ② 07. ① 08. ① 09. ④ 10. ④

11 5.7[kV]의 고압 배전선의 중성점을 접지하는 경우 접지도체에 연동선을 사용하면 공칭단면적은 얼마인가?

① 6[mm^2]
② 10[mm^2]
③ 16[mm^2]
④ 25[mm^2]

해설 **전로의 중성점의 접지(KEC 322.5)**
접지도체는 공칭단면적 16[mm^2] 이상의 연동선(저압 전로의 중성점 6[mm^2] 이상)으로서 고장 시 흐르는 전류가 안전하게 통할 수 있는 것을 사용하고 또한 손상을 받을 우려가 없도록 시설할 것

12 고압 인입선 등의 시설기준에 맞지 않는 것은?

① 고압 가공인입선 아래에 위험표시를 하고 지표상 3.5[m] 높이에 설치하였다.
② 전선은 5.0[mm] 경동선과 동등한 세기의 고압 절연전선을 사용하였다.
③ 애자사용공사로 시설하였다.
④ 15[m] 떨어진 다른 수용가에 고압 연접인입선을 시설하였다.

해설 **고압 가공인입선의 시설(KEC 331.12.1)**
고압 연접인입선은 시설하여서는 아니 된다.

13 특고압 가공전선과 가공 약전류 전선을 동일 지지물에 시설하는 경우 공가할 수 있는 사용전압은 최대 몇 [V]인가?

① 25[kV]
② 35[kV]
③ 70[kV]
④ 100[kV]

해설 35[kV]를 넘으면 가공 약전류 전선과 공가할 수 없다.

14 고압 가공전선이 가공 약전류 전선 등과 접근하는 경우 고압 가공전선과 가공 약전류 전선 등 사이의 이격거리는 몇 [cm] 이상이어야 하는가? (단, 전선이 케이블인 경우이다.)

① 15[cm] ② 30[cm]
③ 40[cm] ④ 80[cm]

해설 **고압 가공전선과 건조물의 접근(KEC 332.11)**

가공전선의 종류	이격거리
저압 가공전선	0.6[m](고압 절연전선 또는 케이블 0.3[m])
고압 가공전선	0.8[m](케이블 0.4[m])

15 변전소에 고압용 기계기구를 시가지 내에 사람이 쉽게 접촉할 우려가 없도록 시설하는 경우 지표상 몇 [m] 이상의 높이에 시설하여야 하는가? (단, 고압용 기계기구에 부속하는 전선으로는 케이블을 사용하였다.)

① 4 ② 4.5
③ 5 ④ 5.5

해설 **고압용 기계기구의 시설(KEC 341.8)**
지표상 높이 4.5[m](시가지 외 4[m]) 이상

16 발전기를 구동하는 수차의 압유장치 유압이 현저히 저하한 경우 자동적으로 이를 전로로부터 차단시키도록 보호장치를 하여야 한다. 용량 몇 [kVA] 이상인 발전기에 자동차단 보호장치를 하여야 하는가?

① 500 ② 1,000
③ 1,500 ④ 2,000

해설 **발전기 등의 보호장치(KEC 351.3)**
용량 500[kVA] 이상의 발전기를 구동하는 수차의 압유장치의 유압 또는 전동식 가이드밴 제어장치, 전동식 니들 제어장치 또는 전동식 디플렉터 제어장치의 전원전압이 현저히 저하한 경우 발전기에 자동차단 보호장치를 하여야 한다.

정답 11. ③ 12. ④ 13. ② 14. ③ 15. ② 16. ①

17 사용전압이 22.9[kV]인 가공전선로를 시가지에 시설하는 경우 전선의 지표상 높이는 몇 [m] 이상인가? (단, 전선은 특고압 절연전선을 사용한다.)

① 6 ② 7
③ 8 ④ 10

해설 **시가지 등에서 특고압 가공전선로의 시설(KEC 333.1) –시가지 등에서 170[kV] 이하 특고압 가공전선로 높이**

사용전압의 구분	이격거리
35[kV] 이하	10[m] (전선이 특고압 절연전선인 경우에는 8[m])
35[kV] 초과	10[m]에 35[kV]를 초과하는 10[kV] 또는 그 단수마다 0.12[m]를 더한 값

18 154/22.9[kV]용 변전소의 변압기에 반드시 시설하지 않아도 되는 계측장치는?

① 전압계 ② 전류계
③ 역률계 ④ 온도계

해설 **계측장치(KEC 351.6)**
변전소 계측장치
- 주요 변압기의 전압 및 전류 또는 전력
- 특고압용 변압기의 온도

19 사용전압이 22.9[kV]인 가공전선로의 다중 접지한 중성선과 첨가통신선의 이격거리는 몇 [cm] 이상이어야 하는가? (단, 특고압 가공전선로는 중성선 다중 접지식의 것으로 전로에 지락이 생긴 경우 2초 이내에 자동적으로 이를 전로로부터 차단하는 장치가 되어 있는 것으로 한다.)

① 60 ② 75
③ 100 ④ 120

해설 **전력보안 통신선의 시설높이와 이격거리(KEC 362.2)**
통신선과 저압 가공전선 또는 25[kV] 이하 특고압 가공전선로의 다중 접지를 한 중성선 사이의 이격거리는 0.6[m] 이상일 것

20 태양전지 발전소에 태양전지 모듈 등을 시설할 경우 사용전선(연동선)의 공칭단면적은 몇 [mm^2] 이상인가?

① 1.6 ② 2.5
③ 5 ④ 10

해설 **전기저장장치의 시설(KEC 512.1.1)**
전선은 공칭단면적 2.5[mm^2] 이상의 연동선으로 하고, 배선은 합성수지관 공사, 금속관 공사, 가요전선관 공사 또는 케이블 공사로 시설할 것

정답 17. ③ 18. ③ 19. ① 20. ②

전기기사

2022년 제2회 기출문제

01 **풍력터빈의 피뢰설비 시설기준에 대한 설명으로 틀린 것은?**

① 풍력터빈에 설치한 피뢰설비(리셉터, 인하도선 등)의 기능 저하로 인해 다른 기능에 영향을 미치지 않을 것

② 풍력터빈 내부의 계측 센서용 케이블은 금속관 또는 차폐케이블 등을 사용하여 뇌유도과전압으로부터 보호할 것

③ 풍력터빈에 설치하는 인하도선은 쉽게 부식되지 않는 금속선으로서 뇌격전류를 안전하게 흘릴 수 있는 충분한 굵기여야 하며, 가능한 직선으로 시설할 것

④ 수뢰부를 풍력터빈 중앙부분에 배치하되 뇌격전류에 의한 발열에 용손(溶損)되지 않도록 재질, 크기, 두께 및 형상 등을 고려할 것

해설 **풍력터빈의 피뢰설비(KEC 532.3.5)**

- 수뢰부를 풍력터빈 선단부분 및 가장자리 부분에 배치하되 뇌격전류에 의한 발열에 용손(溶損)되지 않도록 재질, 크기, 두께 및 형상 등을 고려할 것
- 풍력터빈에 설치하는 인하도선은 쉽게 부식되지 않는 금속선으로서 뇌격전류를 안전하게 흘릴 수 있는 충분한 굵기여야 하며, 가능한 직선으로 시설할 것
- 풍력터빈 내부의 계측 센서용 케이블은 금속관 또는 차폐케이블 등을 사용하여 뇌유도과전압으로부터 보호할 것
- 풍력터빈에 설치한 피뢰설비(리셉터, 인하도선 등)의 기능 저하로 인해 다른 기능에 영향을 미치지 않을 것

02 **샤워시설이 있는 욕실 등 인체가 물에 젖어있는 상태에서 전기를 사용하는 장소에 콘센트를 시설할 경우 인체감전보호용 누전차단기의 정격감도전류는 몇 [mA] 이하인가?**

① 5 ② 10
③ 15 ④ 30

해설 **콘센트의 시설(KEC 234.5)**

욕조나 샤워시설이 있는 욕실 또는 화장실 등 인체가 물에 젖어있는 상태에서 전기를 사용하는 장소에 콘센트를 시설하는 경우

- 인체감전보호용 누전차단기(정격감도전류 15[mA] 이하, 동작시간 0.03초 이하의 전류동작형) 또는 절연변압기(정격용량 3[kVA] 이하)로 보호된 전로에 접속하거나, 인체감전보호용 누전차단기가 부착된 콘센트를 시설
- 콘센트는 접지극이 있는 방적형 콘센트를 사용하여 접지

03 **강관으로 구성된 철탑의 갑종 풍압하중은 수직 투영면적 1[m^2]에 대한 풍압을 기초로 하여 계산한 값이 몇 [Pa]인가? (단, 단주는 제외한다.)**

① 1,255 ② 1,412
③ 1,627 ④ 2,157

해설 **풍압하중의 종별과 적용(KEC 331.6)**

풍압을 받는 구분(갑종 풍압하중)			1[m^2]에 대한 풍압
목주			588[Pa]
지지물	철주	원형의 것	588[Pa]
		강관 4각형의 것	1,117[Pa]
	철근 콘크리트주	원형의 것	588[Pa]
		기타의 것	882[Pa]
	철탑	강관으로 구성되는 것	1,255[Pa]
		기타의 것	2,157[Pa]

정답 01. ④ 02. ③ 03. ①

04 한국전기설비규정에 따른 용어의 정의에서 감전에 대한 보호 등 안전을 위해 제공되는 도체를 말하는 것은?

① 접지도체
② 보호도체
③ 수평도체
④ 접지극도체

해설 용어의 정의(KEC 112)

- "보호도체"란 감전에 대한 보호 등 안전을 위해 제공되는 도체를 말한다.
- "접지도체"란 계통, 설비 또는 기기의 한 점과 접지극 사이의 도전성 경로 또는 그 경로의 일부가 되는 도체를 말한다.

05 통신상의 유도 장해방지 시설에 대한 설명이다. 다음 ( )에 들어갈 내용으로 옳은 것은?

> 교류식 전기철도용 전차선로는 기설 가공약전류 전선로에 대하여 ( )에 의한 통신상의 장해가 생기지 않도록 시설하여야 한다.

① 정전작용 ② 유도작용
③ 가열작용 ④ 산화작용

해설 통신상의 유도 장해방지 시설(KEC 461.7)

교류식 전기철도용 전차선로는 기설 가공약전류 전선로에 대하여 유도작용에 의한 통신상의 장해가 생기지 않도록 시설하여야 한다.

06 주택의 전기저장장치의 축전지에 접속하는 부하 측 옥내배선을 사람이 접촉할 우려가 없도록 케이블배선에 의하여 시설하고 전선에 적당한 방호장치를 시설한 경우 주택의 옥내전로의 대지전압은 직류 몇 [V]까지 적용할 수 있는가? (단, 전로에 지락이 생겼을 때 자동적으로 전로를 차단하는 장치를 시설한 경우이다.)

① 150 ② 300
③ 400 ④ 600

해설 옥내전로의 대지전압 제한(KEC 511.3)

주택의 전기저장장치의 축전지에 접속하는 부하 측 옥내배선을 다음에 따라 시설하는 경우에 주택의 옥내전로의 대지전압은 직류 600[V]까지 적용할 수 있다.

- 전로에 지락이 생겼을 때 자동적으로 전로를 차단하는 장치를 시설할 것
- 사람이 접촉할 우려가 없는 은폐된 장소에 합성수지관배선, 금속관배선 및 케이블배선에 의하여 시설하거나, 사람이 접촉할 우려가 없도록 케이블배선에 의하여 시설하고 전선에 적당한 방호장치를 시설할 것

07 전압의 구분에 대한 설명으로 옳은 것은?

① 직류에서의 저압은 1,000[V] 이하의 전압을 말한다.
② 교류에서의 저압은 1,500[V] 이하의 전압을 말한다.
③ 직류에서의 고압은 3,500[V]를 초과하고 7,000[V] 이하인 전압을 말한다.
④ 특고압은 7,000[V]를 초과하는 전압을 말한다.

해설 적용범위(KEC 111.1)

전압의 구분은 다음과 같다.

- 저압 : 교류는 1[kV] 이하, 직류는 1.5[kV] 이하인 것
- 고압 : 교류는 1[kV]를, 직류는 1.5[kV]를 초과하고, 7[kV] 이하인 것
- 특고압 : 7[kV]를 초과하는 것

08 고압 가공전선로의 가공지선으로 나경동선을 사용할 때의 최소 굵기는 지름 몇 [mm] 이상인가?

① 3.2 ② 3.5
③ 4.0 ④ 5.0

해설 고압 가공전선로의 가공지선(KEC 332.6)

고압 가공전선로에 사용하는 가공지선은 인장강도 5.26[kN] 이상의 것 또는 지름 4[mm] 이상의 나경동선을 사용한다.

정답 04. ② 05. ② 06. ④ 07. ④ 08. ③

09 특고압용 변압기의 내부에 고장이 생겼을 경우에 자동차단장치 또는 경보장치를 하여야 하는 최소 뱅크 용량은 몇 [kVA]인가?

① 1,000 ② 3,000
③ 5,000 ④ 10,000

해설 **특고압용 변압기의 보호장치(KEC 351.4)**

뱅크 용량의 구분	동작 조건	장치의 종류
5,000[kVA] 이상 10,000[kVA] 미만	내부 고장	자동차단장치 경보장치
10,000[kVA] 이상	내부 고장	자동차단장치
타냉식 변압기	냉각장치에 고장이 생긴 경우 또는 온도가 현저히 상승한 경우	경보장치

10 합성수지관 및 부속품의 시설에 대한 설명으로 틀린 것은?

① 관의 지지점 간의 거리는 1.5[m] 이하로 할 것
② 합성수지제 가요전선관 상호 간은 직접 접속할 것
③ 접착제를 사용하여 관 상호 간을 삽입하는 깊이는 관의 바깥지름의 0.8배 이상으로 할 것
④ 접착제를 사용하지 않고 관 상호 간을 삽입하는 깊이는 관의 바깥지름의 1.2배 이상으로 할 것

해설 **합성수지관공사(KEC 232.11)**

- 전선은 연선(옥외용 제외) 사용, 연동선 10[mm^2], 알루미늄선 16[mm^2] 이하는 단선 사용
- 전선관 내 전선 접속점이 없도록 함
- 관을 삽입하는 길이 : 관 외경 1.2배(접착제 사용 0.8배)
- 관 지지점 간 거리 : 1.5[m] 이하

11 사용전압이 22.9[kV]인 가공전선이 철도를 횡단하는 경우, 전선의 레일면상의 높이는 몇 [m] 이상인가?

① 5 ② 5.5
③ 6 ④ 6.5

해설 **25[kV] 이하인 특고압 가공전선로의 시설(KEC 333.32)**

특고압 가공전선로의 다중접지를 한 중성선은 저압 가공전선의 규정에 준하여 시설하므로 철도 또는 궤도를 횡단하는 경우에는 레일면상 6.5[m] 이상으로 한다.

12 가공전선로의 지지물에 시설하는 통신선 또는 이에 직접 접속하는 가공통신선이 철도 또는 궤도를 횡단하는 경우 그 높이는 레일면상 몇 [m] 이상으로 하여야 하는가?

① 3 ② 3.5
③ 5 ④ 6.5

해설 **전력보안통신선의 시설 높이와 이격거리(KEC 362.2)**

가공전선로의 지지물에 시설하는 통신선 또는 이에 직접 접속하는 가공통신선의 높이

- 도로를 횡단하는 경우에는 지표상 6[m] 이상 다만, 저압이나 고압의 가공전선로의 지지물에 시설하는 통신선 또는 이에 직접 접속하는 가공통신선을 시설하는 경우에 교통에 지장을 줄 우려가 없을 때에는 지표상 5[m]까지로 감할 수 있다.
- 철도 또는 궤도를 횡단하는 경우에는 레일면상 6.5[m] 이상
- 횡단보도교의 위에 시설하는 경우에는 그 노면상 5[m] 이상

13 전력보안통신설비의 조가선은 단면적 몇 [mm^2] 이상의 아연도강연선을 사용하여야 하는가?

① 16
② 38
③ 50
④ 55

해설 **조가선 시설기준(KEC 362.3)**

조가선은 단면적 38[mm^2] 이상의 아연도강연선을 사용할 것

정답 09. ③ 10. ② 11. ④ 12. ④ 13. ②

14 가요전선관 및 부속품의 시설에 대한 내용이다. 다음 ( )에 들어갈 내용으로 옳은 것은?

> 1종 금속제 가요전선관에는 단면적 ( )[mm^2] 이상의 나연동선을 전체 길이에 걸쳐 삽입 또는 첨가하여 그 나연동선과 1종 금속제가요전선관을 양쪽 끝에서 전기적으로 완전하게 접속할 것. 다만, 관의 길이가 4[m] 이하인 것을 시설하는 경우에는 그러하지 아니하다.

① 0.75 ② 1.5
③ 2.5 ④ 4

해설 **가요전선관 및 부속품의 시설(KEC 232.13.3)**

- 관 상호 간 및 관과 박스 기타의 부속품과는 견고하고 또한 전기적으로 완전하게 접속할 것
- 가요전선관의 끝부분은 피복을 손상하지 아니하는 구조로 되어 있을 것
- 2종 금속제 가요전선관을 사용하는 경우에 습기 많은 장소 또는 물기가 있는 장소에 시설하는 때에는 비닐 피복 2종 가요전선관일 것
- 1종 금속제 가요전선관에는 단면적 2.5[mm^2] 이상의 나연동선을 전체 길이에 걸쳐 삽입 또는 첨가하여 그 나연동선과 1종 금속제가요전선관을 양쪽 끝에서 전기적으로 완전하게 접속할 것. 다만, 관의 길이가 4[m] 이하인 것을 시설하는 경우에는 그러하지 아니하다.

15 사용전압이 154[kV]인 전선로를 제1종 특고압 보안공사로 시설할 경우, 여기에 사용되는 경동연선의 단면적은 몇 [mm^2] 이상이어야 하는가?

① 100 ② 125
③ 150 ④ 200

해설 **제1종 특고압 보안공사 시 전선의 단면적(KEC 333.22)**

사용전압	전선
100[kV] 미만	인장강도 21.67[kN] 이상, 단면적 55[mm^2] 이상 경동연선
100[kV] 이상 300[kV] 미만	인장강도 58.84[kN] 이상, 단면적 150[mm^2] 이상 경동연선
300[kV] 이상	인장강도 77.47[kN] 이상, 단면적 200[mm^2] 이상 경동연선

16 사용전압이 400[V] 이하인 저압 옥측 전선로를 애자공사에 의해 시설하는 경우 전선 상호 간의 간격은 몇 [m] 이상이어야 하는가? (단, 비나 이슬에 젖지 않는 장소에 사람이 쉽게 접촉될 우려가 없도록 시설한 경우이다.)

① 0.025
② 0.045
③ 0.06
④ 0.12

해설 **옥측 전선로(KEC 221.2) – 시설장소별 조영재 사이의 이격거리**

시설장소	전선 상호 간의 간격		전선과 조영재 사이의 이격거리	
	사용전압 400[V] 이하	사용전압 400[V] 초과	사용전압 400[V] 이하	사용전압 400[V] 초과
비나 이슬에 젖지 않는 장소	0.06[m]	0.06[m]	0.025[m]	0.025[m]
비나 이슬에 젖는 장소	0.06[m]	0.12[m]	0.025[m]	0.045[m]

17 지중전선로는 기설 지중약전류전선로에 대하여 통신상의 장해를 주지 않도록 기설 약전류전선로로부터 충분히 이격시키거나 기타 적당한 방법으로 시설하여야 한다. 이때 통신상의 장해가 발생하는 원인으로 옳은 것은?

① 충전전류 또는 표피작용
② 충전전류 또는 유도작용
③ 누설전류 또는 표피작용
④ 누설전류 또는 유도작용

해설 **지중약전류전선의 유도장해 방지(KEC 334.5)**

지중전선로는 기설 지중약전류전선로에 대하여 누설전류 또는 유도작용에 의하여 통신상의 장해를 주지 않도록 기설 약전류전선로로부터 충분히 이격시키거나 기타 적당한 방법으로 시설하여야 한다.

정답 14. ③ 15. ③ 16. ③ 17. ④

18 최대사용전압이 10.5[kV]를 초과하는 교류의 회전기 절연내력을 시험하고자 한다. 이때 시험전압은 최대사용전압의 몇 배의 전압으로 하여야 하는가? (단, 회전변류기는 제외한다.)

① 1 ② 1.1
③ 1.25 ④ 1.5

해설 **회전기 및 정류기의 절연내력(KEC 133)**

회전기 종류		시험전압
발전기 · 전동기 · 조상기	최대사용전압 7[kV] 이하	최대사용전압의 1.5배의 전압
	최대사용전압 7[kV] 초과	최대사용전압의 1.25배의 전압

19 폭연성 분진 또는 화약류의 분말에 전기설비가 발화원이 되어 폭발할 우려가 있는 곳에 시설하는 저압 옥내배선의 공사방법으로 옳은 것은? (단, 사용전압이 400[V] 초과인 방전등을 제외한 경우이다.)

① 금속관 공사
② 애자 사용 공사
③ 합성수지관 공사
④ 캡타이어 케이블 공사

해설 **폭연성 분진 위험장소(KEC 242.2.1)**

폭연성 분진 또는 화약류의 분말이 전기설비가 발화원이 되어 폭발할 우려가 있는 곳에 시설하는 저압 옥내 전기설비는 금속관 공사 또는 케이블 공사(캡타이어 케이블 제외)에 의할 것

20 과전류 차단기로 저압 전로에 사용하는 범용의 퓨즈(「전기용품 및 생활용품 안전관리법」에서 규정하는 것을 제외한다)의 정격전류가 16[A]인 경우 용단전류는 정격전류의 몇 배인가? [단, 퓨즈(gG)인 경우이다.]

① 1.25 ② 1.5
③ 1.6 ④ 1.9

해설 **보호장치의 특성(KEC 212.3.4)－퓨즈의 용단특성**

정격전류의 구분	시간	정격전류의 배수	
		불용단전류	용단전류
4[A] 이하	60분	1.5배	2.1배
4[A] 초과 16[A] 미만	60분	1.5배	1.9배
16[A] 이상 63[A] 이하	60분	1.25배	1.6배
63[A] 초과 160[A] 이하	120분	1.25배	1.6배
160[A] 초과 400[A] 이하	180분	1.25배	1.6배
400[A] 초과	240분	1.25배	1.6배

정답 18. ③ 19. ① 20. ③

2022년 제2회 CBT 기출복원문제

01 절연내력시험은 전로와 대지 사이에 연속하여 10분간 가하여 절연내력을 시험하였을 때에 이에 견디어야 한다. 최대사용전압이 22.9[kV]인 중성선 다중 접지식 가공전선로의 전로와 대지 사이의 절연내력시험전압은 몇 [V]인가?

① 16,488 ② 21,068
③ 22,900 ④ 28,625

해설 **전로의 절연저항 및 절연내력(KEC 132)**

중성점 다중 접지방식이므로 22,900×0.92=21,068[V]이다.

02 의료장소 중 그룹 1 및 그룹 2의 의료 IT 계통에 시설되는 전기설비의 시설기준으로 틀린 것은?

① 의료용 절연변압기의 정격출력은 10[kVA] 이하로 한다.
② 의료용 절연변압기의 2차측 정격변압은 교류 250[V] 이하로 한다.
③ 전원측에 강화절연을 한 의료용 절연변압기를 설치하고 그 2차측 전로는 접지한다.
④ 절연감시장치를 설치하되 절연저항이 50[kΩ]까지 감소하면 표시설비 및 음향설비로 경보를 발하도록 한다.

해설 **의료장소의 안전을 위한 보호설비(KEC 242.10.3)**

전원측에 전력 변압기, 전원공급장치에 따라 이중 또는 강화절연을 한 비단락보증 절연변압기를 설치하고 그 2차측 전로는 접지하지 말 것

03 저압 가공전선과 고압 가공전선을 동일 지지물에 시설하는 경우 이격거리는 몇 [cm] 이상이어야 하는가? [단, 각도주(**角度住**)·분기주(**分岐住**) 등에서 혼촉(**混觸**)의 우려가 없도록 시설하는 경우는 제외한다.]

① 50 ② 60
③ 70 ④ 80

해설 **고압 가공전선 등의 병행설치(KEC 332.8)**

- 저압 가공전선을 고압 가공전선의 아래로 하고 별개의 완금류에 시설할 것
- 저압 가공전선과 고압 가공전선 사이의 이격거리는 50[cm] 이상일 것

04 특고압 전선로에 사용되는 애자장치에 대한 갑종 풍압하중은 그 구성재의 수직 투영면적 1[m^2]에 대한 풍압하중을 몇 [Pa]를 기초로 하여 계산한 것인가?

① 588 ② 666
③ 946 ④ 1,039

해설 **풍압하중의 종별과 적용(KEC 331.6)**

풍압을 받는 구분		갑종 풍압하중
지지물	원형	588[Pa]
	강관 철주	1,117[Pa]
	강관 철탑	1,255[Pa]
전선 가섭선	다도체	666[Pa]
	기타의 것(단도체 등)	745[Pa]
애자장치(특고압 전선용)		1,039[Pa]
완금류		1,196[Pa]

05 과전류 차단기를 설치하지 않아야 할 곳은?

① 수용가의 인입선 부분
② 고압 배전선로의 인출장소
③ 직접 접지 계통에 설치한 변압기의 접지선
④ 역률 조정용 고압 병렬 콘덴서 뱅크의 분기선

해설 **과전류 차단기의 시설 제한(KEC 341.11)**

- 접지공사의 접지도체
- 다선식 전로의 중성선
- 접지공사를 한 저압 가공전선로의 접지측 전선

정답 01. ② 02. ③ 03. ① 04. ④ 05. ③

06 고압 옥내배선을 애자공사로 하는 경우, 전선의 지지점 간의 거리는 전선을 조영재의 면을 따라 붙이는 경우 몇 [m] 이하이어야 하는가?

① 1 ② 2
③ 3 ④ 5

해설 **고압 옥내배선 등의 시설(KEC 342.1)**

전선의 지지점 간의 거리는 6[m] 이하일 것. 다만, 전선을 조영재의 면을 따라 붙이는 경우에는 2[m] 이하이어야 한다.

07 전선을 접속하는 경우 전선의 세기(인장하중)는 몇 [%] 이상 감소되지 않아야 하는가?

① 10 ② 15
③ 20 ④ 25

해설 **전선의 접속법(KEC 123)**

㉠ 전기저항을 증가시키지 말 것
㉡ 전선의 세기를 20[%] 이상 감소시키지 아니할 것
㉢ 전선 절연물과 동등 이상의 절연 효력이 있는 것으로 충분히 피복할 것
㉣ 코드 접속기 · 접속함을 사용할 것

08 정격전류 63[A] 이하인 산업용 배선차단기를 저압 전로에서 사용하고 있다. 60분 이내에 동작하여야 할 경우 정격전류의 몇 배에서 작동하여야 하는가?

① 1.05배
② 1.13배
③ 1.3배
④ 1.6배

해설 **보호장치의 특성(KEC 212.3.4) – 과전류 차단기로 저압 전로에 사용하는 배선차단기**

정격전류	시간	산업용		주택용	
		부동작	동작	부동작	동작
63[A] 이하	60분	1.05배	1.3배	1.13배	1.45배
63[A] 초과	120분				

09 전력보안통신용 전화설비를 시설하지 않아도 되는 것은?

① 원격감시제어가 되지 아니하는 발전소
② 원격감시제어가 되지 아니하는 변전소
③ 2 이상의 급전소 상호 간과 이들을 총합 운용하는 급전소 간
④ 발전소로서 전기공급에 지장을 미치지 않고, 휴대용 전력보안통신 전화설비에 의하여 연락이 확보된 경우

해설 **전력보안통신설비 시설장소(KEC 362.1)**

- 송전선로, 배전선로 : 필요한 곳
- 발전소, 변전소 및 변환소
  - 원격감시제어가 되지 않은 곳
  - 2개 이상의 급전소 상호 간
  - 필요한 곳
  - 긴급 연락
  - 발전소 · 변전소 및 개폐소와 기술원 주재소 간
- 중앙급전사령실, 정보통신실

10 60[kV] 이하의 특고압 가공전선과 식물과의 이격거리는 몇 [m] 이상이어야 하는가?

① 2 ② 2.12
③ 2.24 ④ 2.36

해설 **특고압 가공전선과 식물의 이격거리(KEC 333.30)**

- 60[kV] 이하 : 2[m] 이상
- 60[kV] 초과 : 2[m]에 10[kV] 단수마다 12[cm]씩 가산

11 변전소의 주요 변압기에서 계측하여야 하는 사항 중 계측장치가 꼭 필요하지 않는 것은? (단, 전기철도용 변전소의 주요 변압기는 제외한다.)

① 전압 ② 전류
③ 전력 ④ 주파수

해설 **계측장치(KEC 351.6)**

- 주요 변압기의 전압 및 전류 또는 전력
- 특고압용 변압기의 온도

정답 06. ② 07. ③ 08. ③ 09. ④ 10. ① 11. ④

12 특고압 가공전선이 삭도와 제2차 접근상태로 시설할 경우 특고압 가공전선로에 적용하는 보안공사는?

① 고압 보안공사
② 제1종 특고압 보안공사
③ 제2종 특고압 보안공사
④ 제3종 특고압 보안공사

해설 **특고압 가공전선과 삭도의 접근 또는 교차(KEC 333.25)**

- 제1차 접근상태로 시설되는 경우 : 제3종 특고압 보안공사
- 제2차 접근상태로 시설되는 경우 : 제2종 특고압 보안공사

13 지중 또는 수중에 시설되어 있는 금속체의 부식을 방지하기 위해 전기부식방지 회로의 사용전압은 직류 몇 [V] 이하이어야 하는가?

① 30　② 60
③ 90　④ 120

해설 **전기부식방지 시설(KEC 241.16.3)**

전기부식방지 회로의 사용전압은 직류 60[V] 이하일 것

14 전로의 절연 원칙에 따라 반드시 절연하여야 하는 것은?

① 수용장소의 인입구 접지점
② 고압과 특별고압 및 저압과의 혼촉 위험방지를 한 경우의 접지점
③ 저압 가공전선로의 접지측 전선
④ 시험용 변압기

해설 **전로의 절연 원칙(KEC 131) – 전로를 절연하지 않아도 되는 경우**

- 접지공사를 하는 경우의 접지점
- 시험용 변압기, 전력선 반송용 결합 리액터, 전기울타리용 전원장치, 엑스선발생장치, 전기부식방지용 양극, 단선식 전기철도의 귀선
- 전기욕기 · 전기로 · 전기보일러 · 전해조 등

15 고압 보안공사에 철탑을 지지물로 사용하는 경우 경간은 몇 [m] 이하이어야 하는가?

① 100　② 150
③ 400　④ 600

해설 **고압 보안공사(KEC 332.10)**

지지물의 종류	경간
목주 또는 A종	100[m]
B종	150[m]
철탑	400[m]

16 지선의 시설에 관한 설명으로 틀린 것은?

① 철탑은 지선을 사용하여 그 강도를 분담시켜야 한다.
② 지선의 안전율은 2.5 이상이어야 한다.
③ 지선에 연선을 사용할 경우 소선 3가닥 이상의 연선이어야 한다.
④ 지선근가는 지선의 인장하중에 충분히 견디도록 시설하여야 한다.

해설 **지선의 시설(KEC 331.11)**

㉠ 지선의 안전율은 2.5 이상. 이 경우에 허용 인장하중의 최저는 4.31[kN]일 것
㉡ 소선(素線) 3가닥 이상의 연선일 것
㉢ 소선의 지름이 2.6[mm] 이상의 금속선을 사용한 것일 것
㉣ 지중부분 및 지표상 30[cm]까지의 부분에는 내식성이 있는 것 또는 아연도금 철봉을 사용할 것
㉤ 가공전선로의 지지물로 사용하는 철탑은 지선을 사용하여 그 강도를 분담시켜서는 아니 될 것
㉥ 지선근가는 지선의 인장하중에 충분히 견디도록 시설할 것

17 전력보안 가공 통신선을 횡단보도교 위에 시설하는 경우, 그 노면상 높이는 몇 [m] 이상으로 하여야 하는가?

① 3.0　② 3.5
③ 4.0　④ 4.5

정답 12. ③ 13. ② 14. ③ 15. ③ 16. ① 17. ①

해설 **전력보안통신선의 시설 높이(KEC 362.2)**

㉠ 도로 위에 시설하는 경우 지표상 5[m] 이상

㉡ 철도 또는 궤도를 횡단하는 경우에는 레일 면상 6.5[m] 이상

㉢ 횡단보도교 위에 시설하는 경우에는 그 노면상 3[m] 이상

18 피뢰기 설치기준으로 옳지 않은 것은?

① 발전소 · 변전소 또는 이에 준하는 장소의 가공전선의 인입구 및 인출구

② 가공전선로와 특고압 전선로가 접속되는 곳

③ 가공전선로에 접속한 1차측 전압이 35[kV] 이하인 배전용 변압기의 고압측 및 특고압측

④ 고압 및 특고압 가공전선로로부터 공급받는 수용장소의 인입구

해설 **피뢰기의 시설(KEC 341.13)**

- 발 · 변전소 또는 이에 준하는 장소의 가공전선 인입구 및 인출구
- 특고압 가공전선로에 접속하는 배전용 변압기의 고압측 및 특고압측
- 고압 및 특고압 가공전선로로부터 공급을 받는 수용장소의 인입구
- 가공전선로와 지중전선로가 접속되는 곳

19 전력보안통신설비인 무선통신용 안테나를 지지하는 목주는 풍압하중에 대한 안전율이 얼마 이상이어야 하는가?

① 1.0　② 1.2

③ 1.5　④ 2.0

해설 **무선용 안테나 등을 지지하는 철탑 등의 시설(KEC 364.1)**

- 목주의 풍압하중에 대한 안전율은 1.5 이상
- 철주 · 철근 콘크리트주 또는 철탑의 기초 안전율은 1.5 이상

20 지락고장 중에 접지부분 또는 기기나 장치의 외함과 기기나 장치의 다른 부분 사이에 나타나는 전압을 무엇이라 하는가?

① 고장 전압　② 접촉 전압

③ 스트레스 전압　④ 임펄스 내전압

해설 **용어 정의(KEC 112)**

- 임펄스 내전압 : 지정된 조건하에서 절연파괴를 일으키지 않는 규정된 파형 및 극성의 임펄스 전압의 최대 파고값 또는 충격내전압을 말한다.
- 스트레스 전압 : 지락고장 중에 접지부분 또는 기기나 장치의 외함과 기기나 장치의 다른 부분 사이에 나타나는 전압을 말한다.

정답 18. ② 19. ③ 20. ③

전기기사

2022년 제3회 CBT 기출복원문제

01 전로에 대한 설명 중 옳은 것은?

① 통상의 사용 상태에서 전기를 절연한 곳
② 통상의 사용 상태에서 전기를 접지한 곳
③ 통상의 사용 상태에서 전기가 통하고 있는 곳
④ 통상의 사용 상태에서 전기가 통하고 있지 않은 곳

해설 정의(기술기준 제3조)
- 전선 : 강전류 전기의 전송에 사용하는 전기 도체, 절연물로 피복한 전기 도체 또는 절연물로 피복한 전기 도체를 다시 보호 피복한 전기 도체
- 전로 : 통상의 사용 상태에서 전기가 통하고 있는 곳
- 전선로 : 발전소 · 변전소 · 개폐소, 이에 준하는 곳, 전기사용장소 상호 간의 전선(전차선을 제외) 및 이를 지지하거나 수용하는 시설물

02 가공 공동지선과 대지 사이의 합성 전기저항값은 몇 [km]를 지름으로 하는 지역 안마다 규정의 합성 접지저항값을 가지는 것으로 하여야 하는가?

① 0.4 ② 0.6
③ 0.8 ④ 1.0

해설 고압 또는 특고압과 저압의 혼촉에 의한 위험방지(KEC 322.1) – 가공 공동지선
가공 공동지선과 대지 사이의 합성 전기저항값은 1[km]를 지름으로 하는 지역 안마다 합성 접지저항값을 가지는 것으로 하고 또한 각 접지도체를 가공 공동지선으로부터 분리하였을 경우의 각 접지도체와 대지 사이의 전기저항값은 300[Ω] 이하로 할 것

03 저압으로 수전하는 경우 수용가 설비의 인입구로부터 조명까지의 전압강하는 몇 [%] 이하이어야 하는가?

① 3 ② 5
③ 6 ④ 7

해설 배선설비 적용 시 고려사항(KEC 232.3) – 수용가 설비에서의 전압강하

설비의 유형	조명[%]	기타[%]
A – 저압으로 수전하는 경우	3	5
B – 고압 이상으로 수전하는 경우	6	8

04 고 · 저압 혼촉 사고 시에 1초를 초과하고 2초 이내에 자동 차단되는 6.6[kV] 전로에 결합된 변압기 저압측의 전압이 150[V]를 넘는 경우 저압측의 중성점 접지저항값은 몇 [Ω] 이하로 유지하여야 하는가? (단, 고압측 1선 지락전류는 30[A]라 한다.)

① 10 ② 50
③ 100 ④ 200

해설 고압 또는 특고압과 저압의 혼촉에 의한 위험방지 시설(KEC 322.1)

$$R=\frac{300}{I}=\frac{300}{30}=10[\Omega]$$

05 무대, 무대마루 밑, 오케스트라 박스, 영사실, 기타 사람이나 무대 도구가 접촉할 우려가 있는 곳에 시설하는 저압 옥내배선 · 전구선 또는 이동전선은 사용전압이 몇 [V] 이하이어야 하는가?

① 60 ② 110
③ 220 ④ 400

해설 전시회, 쇼 및 공연장의 전기설비(KEC 242.6)
저압 옥내배선 · 전구선 또는 이동전선은 사용전압이 400[V] 이하일 것

06 고압 보안공사에서 지지물이 A종 철주인 경우 경간은 몇 [m] 이하인가?

① 100 ② 150
③ 250 ④ 400

정답 01. ③ 02. ④ 03. ① 04. ① 05. ④ 06. ①

해설 고압 보안공사(KEC 332.10) - 경간 제한

지지물의 종류	경 간
목주·A종	100[m]
B종	150[m]
철탑	400[m]

07 시가지 또는 그 밖에 인가가 밀집한 지역에 154[kV] 가공전선로의 전선을 케이블로 시설하고자 한다. 이때, 가공전선을 지지하는 애자장치의 50[%] 충격섬락전압값이 그 전선의 근접한 다른 부분을 지지하는 애자장치값의 몇 [%] 이상이어야 하는가?

① 75　② 100
③ 105　④ 110

해설 시가지 등에서 특고압 가공전선로의 시설(KEC 333.1)
50[%] 충격섬락전압값이 그 전선의 근접한 다른 부분을 지지하는 애자장치값의 110[%](사용전압이 130[kV]를 초과하는 경우는 105[%]) 이상인 것

08 분산형 전원설비 사업자의 한 사업장의 설비용량 합계가 몇 [kVA] 이상일 경우에는 송·배전계통과 연계지점의 연결 상태를 감시 또는 유효전력, 무효전력 및 전압을 측정할 수 있는 장치를 시설하여야 하는가?

① 100
② 150
③ 200
④ 250

해설 전기 공급방식 등(KEC 503.2.1)
분산형 전원설비의 전기 공급방식, 측정 장치 등은 다음에 따른다.
- 분산형 전원설비의 전기 공급방식은 전력계통과 연계되는 전기 공급방식과 동일할 것
- 분산형 전원설비 사업자의 한 사업장의 설비용량 합계가 250[kVA] 이상일 경우에는 송·배전계통과 연계지점의 연결 상태를 감시 또는 유효전력, 무효전력 및 전압을 측정할 수 있는 장치를 시설할 것

09 특별저압 SELV와 PELV에서 특별저압 계통의 전압한계는 KS C IEC 60449(건축전기설비의 전압밴드)에 의한 전압밴드 I의 상한값인 공칭전압의 얼마 이하이어야 하는가?

① 교류 30[V], 직류 80[V] 이하
② 교류 40[V], 직류 100[V] 이하
③ 교류 50[V], 직류 120[V] 이하
④ 교류 75[V], 직류 150[V] 이하

해설 SELV와 PELV를 적용한 특별저압에 의한 보호(KEC 211.5)
특별저압 계통의 전압한계는 건축전기설비의 전압밴드에 의한 전압밴드 I의 상한값인 교류 50[V] 이하, 직류 120[V] 이하이어야 한다.

10 시스템 종류는 단상교류이고, 전차선과 급전선이 동적일 경우 최소 높이는 몇 [mm] 이상이어야 하는가?

① 4,100　② 4,300
③ 4,500　④ 4,800

해설 전차선 및 급전선의 높이(KEC 431.6)

시스템 종류	공칭전압[V]	동적[mm]	정적[mm]
직류	750	4,800	4,400
	1,500	4,800	4,400
단상교류	25,000	4,800	4,570

11 지중전선로에 있어서 폭발성 가스가 침입할 우려가 있는 장소에 시설하는 지중함은 크기가 몇 [m^3] 이상일 때 가스를 방산시키기 위한 장치를 시설하여야 하는가?

① 0.25　② 0.5
③ 0.75　④ 1.0

해설 지중함의 시설(KEC 334.2)
폭발성 또는 연소성의 가스가 침입할 우려가 있는 것에 시설하는 지중함으로서 그 크기가 1[m^3] 이상인 것에는 통풍장치, 기타 가스를 방산시키기 위한 적당한 장치를 시설할 것

정답 07. ③ 08. ④ 09. ③ 10. ④ 11. ④

12 매설 금속체측의 누설전류에 의한 전식의 피해가 예상되는 곳에서 고려하여야 하는 방법으로 틀린 것은?

① 배류장치 설치
② 절연코팅
③ 변전소 간 간격 축소
④ 저준위 금속체를 접속

해설 **전식방지대책(KEC 461.4)**
- 전기철도측의 전식방식 또는 전식 예방을 위해서는 다음 방법을 고려하여야 한다.
  - 변전소 간 간격 축소
  - 레일본드의 양호한 시공
  - 장대레일 채택
  - 절연도상 및 레일과 침목 사이에 절연층의 설치
- 매설 금속체측의 누설전류에 의한 전식의 피해가 예상되는 곳은 다음 방법을 고려하여야 한다.
  - 배류장치 설치
  - 절연코팅
  - 매설 금속체 접속부 절연
  - 저준위 금속체를 접속
  - 궤도와의 이격거리 증대
  - 금속판 등의 도체로 차폐

13 사용전압이 400[V] 이하인 저압 옥측 전선로를 애자공사에 의해 시설하는 경우 전선 상호 간의 간격은 몇 [m] 이상이어야 하는가? (단, 비나 이슬에 젖지 않는 장소에 사람이 쉽게 접촉할 우려가 없도록 시설한 경우이다.)

① 0.025　② 0.045
③ 0.06　④ 0.12

해설 **옥측전선로(KEC 221.2) - 시설장소별 조영재 사이의 이격거리**

시설장소	전선 상호 간의 간격		전선과 조영재 사이의 이격거리	
	사용전압 400[V] 이하	사용전압 400[V] 초과	사용전압 400[V] 이하	사용전압 400[V] 초과
비나 이슬에 젖지 않는 장소	0.06[m]	0.06[m]	0.025[m]	0.025[m]
비나 이슬에 젖는 장소	0.06[m]	0.12[m]	0.025[m]	0.045[m]

14 금속덕트공사에 의한 저압 옥내배선에서 절연피복을 포함한 전선의 총 단면적은 덕트 내부 단면적의 몇 [%]까지 할 수 있는가?

① 20　② 30
③ 40　④ 50

해설 **금속덕트공사(KEC 232.31)**
전선 단면적의 총합은 덕트의 내부 단면적의 20[%](제어회로 배선 50[%]) 이하

15 고압 가공전선로의 지지물에 시설하는 통신선의 높이는 도로를 횡단하는 경우 교통에 지장을 줄 우려가 없다면 지표상 몇 [m]까지로 감할 수 있는가?

① 4
② 4.5
③ 5
④ 6

해설 **전력보안 통신선의 시설높이와 이격거리(KEC 362.2)**
- 도로를 횡단하는 경우 6[m] 이상, 교통에 지장을 줄 우려가 없는 경우 5[m]
- 철도 또는 궤도를 횡단하는 경우에는 레일면상 6.5[m] 이상

16 애자공사에 의한 저압 옥내배선시설 중 틀린 것은?

① 전선은 인입용 비닐절연전선일 것
② 전선 상호 간의 간격은 6[cm] 이상일 것
③ 전선의 지지점 간의 거리는 전선을 조영재의 윗면에 따라 붙일 경우에는 2[m] 이하일 것
④ 전선과 조영재 사이의 이격거리는 사용전압이 400[V] 이하인 경우에는 2.5[cm] 이상일 것

해설 **애자공사(KEC 232.56)**
전선은 절연전선(옥외용 및 인입용 절연전선을 제외)을 사용할 것

정답 12. ③ 13. ③ 14. ① 15. ③ 16. ①

17 특고압용 타냉식 변압기의 냉각장치에 고장이 생긴 경우를 대비하여 어떤 보호장치를 하여야 하는가?

① 경보장치 ② 속도조정장치
③ 온도시험장치 ④ 냉매흐름장치

해설 **특고압용 변압기의 보호장치(KEC 351.4)**
타냉식 변압기의 냉각장치에 고장이 생겨 온도가 현저히 상승할 경우 경보장치를 하여야 한다.

18 조상설비의 조상기(調相機) 내부에 고장이 생긴 경우에 자동적으로 전로로부터 차단하는 장치를 시설해야 하는 뱅크 용량[kVA]으로 옳은 것은?

① 1,000 ② 1,500
③ 10,000 ④ 15,000

해설 **조상설비의 보호장치(KEC 351.5)**

설비 종별	뱅크 용량	자동 차단 장치
조상기	15,000[kVA] 이상	내부에 고장이 생긴 경우

19 전력보안 통신설비인 무선통신용 안테나를 지지하는 철탑의 풍압하중에 대한 기초 안전율은 얼마 이상으로 해야 하는가?

① 1.0 ② 1.5
③ 2.0 ④ 2.5

해설 **무선용 안테나 등을 지지하는 철탑 등의 시설(KEC 364.1)**
- 목주의 풍압하중에 대한 안전율은 1.5 이상
- 철주·철근콘크리트주 또는 철탑의 기초 안전율은 1.5 이상

20 가공전선로의 지지물에 시설하는 지선의 시설기준으로 옳은 것은?

① 지선의 안전율은 2.2 이상이어야 한다.
② 연선을 사용할 경우에는 소선(素線) 3가닥 이상이어야 한다.
③ 도로를 횡단하여 시설하는 지선의 높이는 지표상 4[m] 이상으로 하여야 한다.
④ 지중부분 및 지표상 20[cm]까지의 부분에는 내식성이 있는 것 또는 아연도금을 한다.

해설 **지선의 시설(KEC 331.11)**
- 지선의 안전율은 2.5 이상. 이 경우에 허용인장하중의 최저는 4.31[kN]
- 지선에 연선을 사용할 경우
  - 소선(素線) 3가닥 이상의 연선일 것
  - 소선의 지름이 2.6[mm] 이상의 금속선을 사용한 것일 것
- 지중부분 및 지표상 30[cm]까지의 부분에는 내식성이 있는 것 또는 아연도금을 한 철봉을 사용하고 쉽게 부식되지 아니하는 근가에 견고하게 붙일 것
- 철탑은 지선을 사용하여 그 강도를 분담시켜서는 아니 된다.
- 도로를 횡단하여 시설하는 지선의 높이는 지표상 5[m] 이상으로 하여야 한다.

정답 17. ① 18. ④ 19. ② 20. ②

전기산업기사

2022년 제3회 CBT 기출복원문제

01 저압 또는 고압 가공전선로와 기설 가공 약전류 전선로가 병행할 때 유도작용에 의한 통신상의 장해가 생기지 아니하도록 하려면 양자의 이격거리는 최소 몇 [m] 이상으로 하여야 하는가?

① 2　② 4
③ 6　④ 8

해설 가공 약전류 전선로의 유도장해 방지(KEC 332.1)
고·저압 가공전선로와 병행하는 경우 약전류 전선과 2[m] 이상 이격시킨다.

02 건축물·구조물과 분리되지 않은 피뢰시스템인 경우, 병렬 인하도선의 최대 간격은 피뢰시스템 등급에 따라 Ⅰ·Ⅱ등급인 경우 몇 [m]로 하여야 하는가?

① 10　② 15
③ 20　④ 30

해설 인하도선시스템(KEC 152.2)
병렬 인하도선의 최대 간격은 피뢰시스템 등급에 따라 Ⅰ·Ⅱ등급은 10[m], Ⅲ등급은 15[m], Ⅳ등급은 20[m]로 한다.

03 발열선을 도로, 주차장 또는 조영물의 조영재에 고정시켜 신설하는 경우 발열선에 전기를 공급하는 전로의 대지전압은 몇 [V] 이하이어야 하는가?

① 100　② 150
③ 200　④ 300

해설 도로 등의 전열장치(KEC 241.12)
- 발열선에 전기를 공급하는 전로의 대지전압은 300[V] 이하
- 발열선은 미네랄 인슐레이션 케이블 또는 제2종 발열선을 사용
- 발열선 온도 80[℃] 이하

04 1차측 3,300[V], 2차측 220[V]인 변압기 전로의 절연내력시험전압은 각각 몇 [V]에서 10분간 견디어야 하는가?

① 1차측 4,950[V], 2차측 500[V]
② 1차측 4,500[V], 2차측 400[V]
③ 1차측 4,125[V], 2차측 500[V]
④ 1차측 3,300[V], 2차측 400[V]

해설 변압기 전로의 절연내력(KEC 135)
- 1차측 : $3,300 \times 1.5 = 4,950$[V]
- 2차측 : $220 \times 1.5 = 330$[V]

500[V] 이하이므로 최소 시험전압 500[V]로 한다.

05 관등회로의 사용전압이 1[kV] 이하인 방전등을 옥내에 시설할 경우에 대한 사항으로 잘못된 것은?

① 관등회로의 사용전압이 400[V] 초과인 경우에는 방전등용 변압기를 설치할 것
② 관등회로의 사용전압이 400[V] 이하인 배선은 공칭단면적 2.5[mm^2] 이상으로 한다.
③ 애자공사를 시설할 때 전선 상호 간의 거리는 50[cm] 이상으로 한다.
④ 관등회로의 사용전압이 400[V] 초과이고, 1[kV] 이하인 배선은 그 시설장소에 따라 합성수지관 공사·금속관 공사·가요전선관 공사나 케이블 공사 방법에 의하여야 한다.

해설 1[kV] 이하 방전등(KEC 234.11) – 애자공사의 시설

공사방법	전선 상호 간의 거리	전선과 조영재의 거리
애자공사	60[mm] 이상	25[mm] (습기가 많은 장소는 45[mm]) 이상

정답 01. ① 02. ① 03. ④ 04. ① 05. ③

06 사용전압이 25[kV] 이하인 다중접지방식의 지중전선로를 직접 매설식 또는 관로식에 의하여 시설하는 경우에는 매설깊이를 차량 기타의 중량물의 압력을 받을 우려가 있는 장소에는 몇 [m] 이상 시설하여야 하는가?

① 0.1[m] ② 0.6[m]
③ 1.0[m] ④ 1.5[m]

해설 **지중전선로(KEC 334) – 매설깊이**
- 직접 매설식 및 관로식 : 1[m] 이상
- 중량물의 압력을 받을 우려가 없는 곳 : 0.6[m] 이상

07 저 · 고압 가공전선의 시설기준으로 옳지 않은 것은?

① 사용전압 400[V] 이하 저압 가공전선은 2.6[mm] 이상의 절연전선을 사용하여 시설할 수 있다.
② 사용전압 400[V] 이하인 저압 가공전선으로 다심형 전선을 사용하는 경우 접지공사를 한 조가용선을 사용하여야 한다.
③ 사용전압이 고압인 가공전선에는 다심형 전선을 사용하여 시설할 수 있다.
④ 사용전압 400[V] 초과의 저압 가공전선을 시외에 가설하는 경우 지름 4[mm] 이상의 경동선을 사용하여야 한다.

해설 **고압 가공전선의 굵기 및 종류(KEC 332.3)**
다심형 전선은 400[V] 이하에서 사용한다. 고압 가공전선은 고압 절연전선, 특고압 절연전선 또는 케이블을 사용하여야 한다.

08 가공전선로의 지지물로 사용하는 철주 또는 철근콘크리트주는 지선을 사용하지 않는 상태에서 몇 이상의 풍압하중에 견디는 강도를 가지는 경우 이외에는 지선을 사용하여 그 강도를 분담시켜서는 아니 되는가?

① 1/3 ② 1/5
③ 1/10 ④ 1/2

해설 **지선의 시설(KEC 331.11)**
가공전선로의 지지물로 사용하는 철주 또는 철근콘크리트주는 지선을 사용하지 아니하는 상태에서 $\frac{1}{2}$ 이상의 풍압하중에 견디는 강도를 가지는 경우 이외에는 지선을 사용하여 그 강도를 분담시켜서는 안 된다.

09 내부 고장이 발생하는 경우를 대비하여 자동차단장치 또는 경보장치를 시설하여야 하는 특고압용 변압기의 뱅크 용량의 구분으로 알맞은 것은?

① 5,000[kVA] 미만
② 5,000[kVA] 이상 10,000[kVA] 미만
③ 10,000[kVA] 이상
④ 10,000[kVA] 이상 15,000[kVA] 미만

해설 **특고압용 변압기의 보호장치(KEC 351.4)**

뱅크 용량의 구분	동작조건	장치의 종류
5,000[kVA] 이상 10,000[kVA] 미만	변압기 내부 고장	자동차단장치 또는 경보장치
10,000[kVA] 이상	변압기 내부 고장	자동차단장치
타냉식 변압기	냉각장치에 고장, 변압기 온도 현저히 상승	경보장치

10 통신설비의 식별표시에 대한 사항으로 알맞지 않은 것은?

① 모든 통신기기에는 식별이 용이하도록 인식용 표찰을 부착하여야 한다.
② 통신사업자의 설비표시 명판은 플라스틱 및 금속판 등 견고하고 가벼운 재질로 하고, 글씨는 각인하거나 지워지지 않도록 제작된 것을 사용하여야 한다.
③ 배전주에 시설하는 통신설비의 설비표시명판의 경우 직선주는 전주 10경간마다 시설하여야 한다.
④ 배전주에 시설하는 통신설비의 설비표시 명판의 경우 분기주, 인류주는 매 전주에 시설하여야 한다.

정답 06. ③ 07. ③ 08. ④ 09. ② 10. ③

해설 통신설비의 식별표시(KEC 365.1)
- 배전주에 시설하는 통신설비의 설비표시 명판
  - 직선주는 전주 5경간마다 시설할 것
  - 분기주, 인류주는 매 전주에 시설할 것
- 지중설비에 시설하는 통신설비의 설비표시 명판
  - 관로는 맨홀마다 시설할 것
  - 전력구 내 행거는 50[m] 간격으로 시설할 것

11 특고압을 직접 저압으로 변성하는 변압기를 시설하여서는 아니 되는 변압기는?

① 광산에서 물을 양수하기 위한 양수기용 변압기
② 전기로 등 전류가 큰 전기를 소비하기 위한 변압기
③ 교류식 전기철도용 신호회로에 전기를 공급하기 위한 변압기
④ 발전소 · 변전소 · 개폐소 또는 이에 준하는 곳의 소내용 변압기

해설 특고압을 직접 저압으로 변성하는 변압기의 시설(KEC 341.3)
- 전기로용 변압기
- 소내용 변압기
- 중성선 다중 접지한 특고압 변압기
- 100[kV] 이하인 변압기로서 혼촉 방지판의 접지저항치가 10[Ω] 이하인 것
- 전기철도용 신호회로용 변압기

12 제1종 특고압 보안공사로 시설하는 전선로의 지지물로 사용할 수 없는 것은?

① 목주
② 철탑
③ B종 철주
④ B종 철근콘크리트주

해설 특고압 보안공사(KEC 333.22)
제1종 특고압 보안공사 전선로의 지지물에는 B종 철주, B종 철근콘크리트주 또는 철탑을 사용하고, A종 및 목주는 시설할 수 없다.

13 고압 가공전선이 가공 약전류 전선과 접근하여 시설될 때 가공전선과 가공 약전류 전선 사이의 이격거리는 몇 [cm] 이상이어야 하는가?

① 30[cm] ② 40[cm]
③ 60[cm] ④ 80[cm]

해설 고압 가공전선과 가공 약전류 전선 등의 접근 또는 교차(KEC 332.13)
고압 가공전선이 가공 약전류 전선 등과 접근하는 경우는 고압 가공전선과 가공 약전류 전선 등 사이의 이격거리는 80[cm](전선이 케이블인 경우에는 40[cm]) 이상일 것

14 25[kV] 이하인 특고압 가공전선로(중성선 다중 접지방식의 것으로서 전로에 지락이 생겼을 때에 2초 이내에 자동적으로 이를 전로로부터 차단하는 장치가 되어 있는 것에 한한다.)의 접지도체는 공칭단면적 몇 [mm^2] 이상의 연동선 또는 이와 동등 이상의 세기 및 굵기에 쉽게 부식하지 않는 금속선으로서 고장 시 흐르는 전류를 안전하게 통할 수 있는 것을 사용하여야 하는가?

① 2.5 ② 6
③ 10 ④ 16

해설 25[KV] 이하인 특고압 가공전선로의 시설(KEC 333.32)
- 접지도체는 단면적 6[mm^2]의 연동선
- 접지한 곳 상호 간 거리 300[m] 이하

15 전기저장장치의 시설기준으로 잘못된 것은?

① 전선은 공칭단면적 2.5[mm^2] 이상의 연동선 또는 이와 동등 이상의 세기 및 굵기의 것이어야 한다.
② 단자를 체결 또는 잠글 때 너트나 나사는 풀림 방지 기능이 있는 것을 사용하여야 한다.
③ 외부터미널과 접속하기 위해 필요한 접점의 압력이 사용기간 동안 유지되어야 한다.
④ 옥측 또는 옥외에 시설할 경우에는 애자공사로 시설하여야 한다.

정답 11. ① 12. ① 13. ④ 14. ② 15. ④

해설 전기저장장치의 시설(KEC 512)
전기배선은 옥측 또는 옥외에 시설할 경우에는 금속관, 합성수지관, 가요전선관 또는 케이블 공사의 규정에 준하여 시설할 것

16 태양전지 발전소에 태양전지 모듈 등을 시설할 경우 사용전선(연동선)의 공칭단면적은 몇 [mm^2] 이상인가?

① 1.6 ② 2.5
③ 5 ④ 10

해설 전기배선(KEC 512.1.1)
전선은 공칭단면적 2.5[mm^2] 이상의 연동선으로 하고, 배선은 합성수지관 공사, 금속관 공사, 가요전선관 공사 또는 케이블 공사로 시설할 것

17 저압 옥내배선을 합성수지관 공사에 의하여 실시하는 경우 사용할 수 있는 단선(동선)의 최대 단면적은 몇 [mm^2]인가?

① 4 ② 6
③ 10 ④ 16

해설 합성수지관 공사(KEC 232.11)
- 전선은 절연전선(옥외용 제외)일 것
- 전선은 연선일 것. 단, 단면적 10[mm^2](알루미늄선은 단면적 16[mm^2]) 이하 단선 사용

18 관광숙박업 또는 숙박업을 하는 객실의 입구등에 조명용 전등을 설치할 때는 몇 분 이내에 소등되는 타임스위치를 시설하여야 하는가?

① 1 ② 3
③ 5 ④ 10

해설 점멸기의 시설(KEC 234.6) – 센서등(타임스위치 포함)
- 숙박업에 이용되는 객실의 입구등 : 1분 이내 소등
- 일반주택 및 아파트 각 호실의 현관등 : 3분 이내 소등

19 태양광설비에 시설하여야 하는 계측기의 계측대상에 해당하는 것은?

① 전압과 전류
② 전력과 역률
③ 전류와 역률
④ 역률과 주파수

해설 태양광설비의 계측장치(KEC 522.3.6)
태양광설비에는 전압과 전류 또는 전력을 계측하는 장치를 시설하여야 한다.

20 소세력 회로의 사용전압이 15[V] 이하일 경우 절연변압기의 2차 단락전류 제한값은 8[A]이다. 이때 과전류 차단기의 정격전류는 몇 [A] 이하이어야 하는가?

① 1.5 ② 3
③ 5 ④ 10

해설 소세력 회로(KEC 241.14) – 절연변압기의 2차 단락전류 및 과전류 차단기의 정격전류

최대사용전압의 구분	2차 단락전류	과전류 차단기의 정격전류
15[V] 이하	8[A]	5[A]
15[V] 초과 30[V] 이하	5[A]	3[A]
30[V] 초과 60[V] 이하	3[A]	1.5[A]

정답 16. ② 17. ③ 18. ① 19. ① 20. ③

전기기사

2023년 제1회 CBT 기출복원문제

01 "리플프리(ripple－free)직류"란 교류를 직류로 변환할 때 리플성분의 실효값이 몇 [%] 이하로 포함된 직류를 말하는가?

① 3 ② 5
③ 10 ④ 15

해설 **용어정의(KEC 112)**
"리플프리(ripple－free)직류"란 교류를 직류로 변환할 때 리플성분의 실효값이 10[%] 이하로 포함된 직류를 말한다.

02 사용전압이 저압인 전로에서 정전이 어려운 경우 등 절연저항 측정이 곤란한 경우에 누설전류는 몇 [mA] 이하로 유지하여야 하는가?

① 1 ② 2
③ 3 ④ 4

해설 **전로의 절연저항 및 절연내력(KEC 132)**
저압 전로에서 정전이 어려운 경우 등 절연저항 측정이 곤란한 경우 저항성분의 누설전류를 1[mA] 이하로 유지한다.

03 최대사용전압 22.9[kV]인 3상 4선식 다중접지방식의 지중전선로의 절연내력시험을 직류로 할 경우 시험전압은 몇 [V]인가?

① 16,448
② 21,068
③ 32,796
④ 42,136

해설 **전로의 절연저항 및 절연내력(KEC 132)**
중성점 다중 접지방식이고, 직류로 시험하므로 $22,900 \times 0.92 \times 2 = 42,136$[V]이다.

04 특고압 · 고압 전기설비 및 변압기 다중중성점 접지시스템의 경우 접지도체가 사람이 접촉할 우려가 있는 곳에 시설되는 고정설비인 경우, 접지도체는 단면적 몇 [mm^2] 이상의 연동선 또는 동등 이상의 단면적 및 강도를 가져야 하는가?

① 2.5
② 6
③ 10
④ 16

해설 **접지도체(KEC 142.3.1)**
특고압·고압 전기설비용 접지도체는 단면적 6[mm^2] 이상의 연동선 또는 동등 이상의 단면적 및 강도를 가져야 한다.

05 혼촉방지판이 설치된 변압기로써 고압 전로 또는 특고압 전로와 저압 전로를 결합하는 변압기 2차측 저압 전로를 옥외에 시설하는 경우 기술규정에 부합되지 않는 것은 다음 중 어느 것인가?

① 저압선 가공전선로 또는 저압 옥상전선로의 전선은 케이블일 것
② 저압 전선은 1구내에만 시설할 것
③ 저압 전선의 구외로의 연장범위는 200[m] 이하일 것
④ 저압 가공전선과 또는 특고압의 가공전선은 동일 지지물에 시설하지 말 것

해설 **혼촉방지판이 있는 변압기에 접속하는 저압 옥외전선의 시설 등(KEC 322.2)**
저압 전선은 1구내에만 시설하므로 구외로 연장할 수 없다.

정답 01. ③ 02. ① 03. ④ 04. ② 05. ③

06 애자공사에 의한 저압 옥내배선시설 중 틀린 것은?

① 전선은 인입용 비닐절연전선일 것
② 전선 상호 간의 간격은 6[cm] 이상일 것
③ 전선의 지지점 간의 거리는 전선을 조영재의 윗면에 따라 붙일 경우에는 2[m] 이하일 것
④ 전선과 조영재 사이의 이격거리는 사용전압이 400[V] 이하인 경우에는 2.5[cm] 이상일 것

해설 애자공사의 시설조건(KEC 232.56.1)
전선은 절연전선(옥외용 및 인입용 절연전선을 제외)을 사용할 것

07 풀용 수중조명등에 전기를 공급하기 위하여 사용되는 절연변압기에 대한 설명으로 틀린 것은?

① 절연변압기 2차측 전로의 사용전압은 150[V] 이하이어야 한다.
② 절연변압기의 2차측 전로에는 반드시 접지공사를 하며, 그 저항값은 5[Ω] 이하가 되도록 하여야 한다.
③ 절연변압기 2차측 전로의 사용전압이 30[V] 이하인 경우에는 1차 권선과 2차 권선 사이에 금속제의 혼촉방지판이 있어야 한다.
④ 절연변압기 2차측 전로의 사용전압이 30[V]를 초과하는 경우에는 그 전로에 지락이 생겼을 때 자동적으로 전로를 차단하는 장치가 있어야 한다.

해설 수중조명등(KEC 234.14)
절연변압기의 2차측 전로는 접지하지 아니할 것

08 특고압 전선로에 사용되는 애자장치에 대한 갑종 풍압하중은 그 구성재의 수직투영면적 1[m^2]에 대한 풍압하중을 몇 [Pa]을 기초로 하여 계산한 것인가?

① 588　　② 666
③ 946　　④ 1,039

해설 풍압하중의 종별과 적용(KEC 331.6)

풍압을 받는 구분		갑종 풍압하중
지지물	원형	588[Pa]
	강관 철주	1,117[Pa]
	강관 철탑	1,255[Pa]
전선 가섭선	다도체	666[Pa]
	기타의 것(단도체 등)	745[Pa]
애자장치(특고압 전선용)		1,039[Pa]
완금류		1,196[Pa]

09 다음 (　) 안에 들어갈 내용으로 옳은 것은?

> 유희용 전차에 전기를 공급하는 전원장치의 2차측 단자의 최대사용전압은 직류의 경우는 (㉠)[V] 이하, 교류의 경우는 (㉡)[V] 이하이어야 한다.

① ㉠ 60, ㉡ 40　　② ㉠ 40, ㉡ 60
③ ㉠ 30, ㉡ 60　　④ ㉠ 60, ㉡ 30

해설 유희용 전차(KEC 241.8)
사용전압 직류 60[V] 이하, 교류 40[V] 이하

10 시가지에 시설하는 440[V] 가공전선으로 경동선을 사용하려면 그 지름은 최소 몇 [mm]이어야 하는가?

① 2.6
② 3.2
③ 4.0
④ 5.0

해설 저압 가공전선의 굵기 및 종류(KEC 222.5)
- 사용전압이 400[V] 이하는 인장강도 3.43[kN] 이상의 것 또는 지름 3.2[mm](절연전선은 인장강도 2.3[kN] 이상의 것 또는 지름 2.6[mm] 이상의 경동선) 이상
- 사용전압이 400[V] 초과인 저압 가공전선
  - 시가지 : 인장강도 8.01[kN] 이상의 것 또는 지름 5[mm] 이상의 경동선
  - 시가지 외 : 인장강도 5.26[kN] 이상의 것 또는 지름 4[mm] 이상의 경동선

정답 06. ① 07. ② 08. ④ 09. ① 10. ④

11 단면적 55[mm^2]인 경동연선을 사용하는 특고압 가공전선로의 지지물로 장력에 견디는 형태의 B종 철근콘크리트주를 사용하는 경우, 허용 최대 경간은 몇 [m]인가?

① 150　② 250
③ 300　④ 500

해설 특고압 가공전선로 경간의 제한(KEC 333.21)
특고압 가공전선로의 전선에 인장강도 21.67[kN] 이상의 것 또는 단면적이 50[mm^2] 이상인 경동연선을 사용하는 경우 전선로의 경간은 목주·A종은 300[m] 이하, B종은 500[m] 이하이어야 한다.

12 고압 가공전선이 상호 간의 접근 또는 교차하여 시설되는 경우, 고압 가공전선 상호 간의 이격거리는 몇 [cm] 이상이어야 하는가? (단, 고압 가공전선은 모두 케이블이 아니라고 한다.)

① 50　② 60
③ 70　④ 80

해설 고압 가공전선 상호간의 접근 또는 교차(KEC 332.17)
- 위쪽 또는 옆쪽에 시설되는 고압 가공전선로는 고압 보안공사에 의할 것
- 고압 가공전선 상호 간의 이격거리는 80[cm](어느 한쪽의 전선이 케이블인 경우에는 40[cm]) 이상일 것

13 특고압 가공전선과 약전류전선 사이에 시설하는 보호망에서 보호망을 구성하는 금속선 상호 간의 간격은 가로 및 세로 각각 몇 [m] 이하이어야 하는가?

① 0.5　② 1
③ 1.5　④ 2

해설 특고압 가공전선과 도로 등의 접근 또는 교차(KEC 333.24)
보호망을 구성하는 금속선 상호의 간격은 가로, 세로 각 1.5[m] 이하이다.

14 시가지 또는 그 밖에 인가가 밀집한 지역에 154[kV] 가공전선로의 전선을 케이블로 시설하고자 한다. 이때, 가공전선을 지지하는 애자장치의 50[%] 충격섬락전압값이 그 전선의 근접한 다른 부분을 지지하는 애자장치값의 몇 [%] 이상이어야 하는가?

① 75　② 100
③ 105　④ 110

해설 특고압 보안공사(KEC 333.22)
특고압 가공전선을 지지하는 애자장치는 다음 중 어느 하나에 의할 것
- 50[%] 충격섬락전압값이 그 전선의 근접한 다른 부분을 지지하는 애자장치값의 110[%](사용전압이 130[kV]를 초과하는 경우는 105[%]) 이상인 것
- 아크혼을 붙인 현수애자·장간애자(長幹碍子) 또는 라인포스트애자를 사용하는 것
- 2련 이상의 현수애자 또는 장간애자를 사용하는 것
- 2개 이상의 핀애자 또는 라인포스트애자를 사용하는 것

15 지중전선로를 직접 매설식에 의하여 시설할 때 중량물의 압력을 받을 우려가 있는 장소에 저압 또는 고압의 지중전선을 견고한 트라프, 기타 방호물에 넣지 않고도 부설할 수 있는 케이블은?

① PVC 외장케이블
② 콤바인덕트 케이블
③ 염화비닐 절연케이블
④ 폴리에틸렌 외장 케이블

해설 지중전선로(KEC 334.1)
지중전선을 견고한 트라프, 기타 방호물에 넣어 시설하여야 한다. 단, 다음의 어느 하나에 해당하는 경우에는 지중전선을 견고한 트라프, 기타 방호물에 넣지 아니하여도 된다.
- 저압 또는 고압의 지중전선을 차량, 기타 중량물의 압력을 받을 우려가 없는 경우에 그 위를 견고한 판 또는 몰드로 덮어 시설하는 경우

정답 11. ④ 12. ④ 13. ③ 14. ③ 15. ②

- 저압 또는 고압의 지중전선에 콤바인덕트 케이블 또는 개장(錯裝)한 케이블을 사용해 시설하는 경우
- 파이프형 압력 케이블, 연피 케이블, 알루미늄피 케이블을 사용하여 시설하는 경우

16 고압용의 개폐기, 차단기, 피뢰기, 기타 이와 유사한 기구로서 동작 시에 아크가 생기는 것은 목재의 벽 또는 천장 기타의 가연성 물체로부터 몇 [m] 이상 떼어 놓아야 하는가?

① 1 ② 0.8
③ 0.5 ④ 0.3

해설 **아크를 발생하는 기구의 시설(KEC 341.7) – 이격거리**
- 고압용의 것 : 1[m] 이상
- 특고압용의 것 : 2[m] 이상

17 다음 ( ) 안에 들어가는 내용으로 옳은 것은?

> 고압 또는 특고압의 기계기구·모선 등을 옥외에 시설하는 발전소, 변전소, 개폐소 또는 이에 준하는 곳에 시설하는 울타리, 담 등의 높이는 (㉠)[m] 이상으로 하고, 지표면과 울타리, 담 등의 하단 사이의 간격은 (㉡)[cm] 이하로 하여야 한다.

① ㉠ 3, ㉡ 15 ② ㉠ 2, ㉡ 15
③ ㉠ 3, ㉡ 25 ④ ㉠ 2, ㉡ 25

해설 **발전소 등의 울타리·담 등의 시설(KEC 351.1)**
- 울타리·담 등의 높이는 2[m] 이상
- 담 등의 하단 사이의 간격은 0.15[m] 이하

18 특고압 가공전선로의 지지물에 첨가하는 통신선 보안장치에 사용되는 피뢰기의 동작전압은 교류 몇 [V] 이하인가?

① 300 ② 600
③ 1,000 ④ 1,500

해설 **특고압 가공전선로 첨가설치 통신선의 시가지 인입제한(KEC 362.5)**
통신선 보안장치에는 교류 1[kV] 이하에서 동작하는 피뢰기를 설치한다.

19 사용전압이 22.9[kV]인 가공전선로의 다중 접지한 중성선과 첨가통신선의 이격거리는 몇 [cm] 이상이어야 하는가? (단, 특고압 가공전선로는 중성선 다중 접지식의 것으로 전로에 지락이 생긴 경우 2초 이내에 자동적으로 이를 전로로부터 차단하는 장치가 되어 있는 것으로 한다.)

① 60 ② 75
③ 100 ④ 120

해설 **전력보안통신선의 시설높이와 이격거리(KEC 362.2)**
통신선과 저압 가공전선 또는 25[kV] 이하 특고압 가공전선로의 다중 접지를 한 중성선 사이의 이격거리는 0.6[m] 이상이어야 한다.

20 전기철도차량이 전차선로와 접촉한 상태에서 견인력을 끄고 보조전력을 가동한 상태로 정지해 있는 경우, 가공 전차선로의 유효전력이 200[kW] 이상일 경우 총 역률은 몇 보다는 작아서는 안 되는가?

① 0.9 ② 0.8
③ 0.7 ④ 0.6

해설 **전기철도차량의 역률(KEC 441.4)**
규정된 비지속성 최저전압에서 비지속성 최고전압까지의 전압범위에서 유도성 역률 및 전력소비에 대해서만 적용되며, 회생제동 중에는 전압을 제한범위 내로 유지시키기 위하여 유도성 역률을 낮출 수 있다. 다만, 전기철도차량이 전차선로와 접촉한 상태에서 견인력을 끄고 보조전력을 가동한 상태로 정지해 있는 경우, 가공 전차선로의 유효전력이 200[kW] 이상일 경우 총 역률은 0.8보다는 작아서는 안 된다.

정답 16. ① 17. ② 18. ③ 19. ① 20. ②

전기산업기사

2023년 제1회 CBT 기출복원문제

01 전압의 종별에서 저압의 범위는 얼마인가?

① 교류는 600[V] 이하, 직류는 750[V] 이하인 것
② 교류는 600[V] 이하, 직류는 1[kV] 이하인 것
③ 교류는 1[kV] 이하, 직류는 1.5[kV] 이하인 것
④ 교류는 1[kV] 이하, 직류는 2[kV] 이하인 것

해설 적용범위(KEC 111.1) – 전압의 구분
- 저압 : 교류는 1[kV] 이하, 직류는 1.5[kV] 이하인 것
- 고압 : 교류는 1[kV]를, 직류는 1.5[kV]를 초과하고, 7[kV] 이하인 것
- 특고압 : 7[kV]를 초과하는 것

02 전로의 절연 원칙에 따라 반드시 절연하여야 하는 것은?

① 수용장소의 인입구 접지점
② 고압과 특고압 및 저압과의 혼촉 위험방지를 한 경우의 접지점
③ 저압 가공전선로의 접지측 전선
④ 시험용 변압기

해설 전로를 절연하지 않는 경우(KEC 131)
- 접지공사를 하는 경우의 접지점
- 시험용 변압기, 전력선 반송용 결합리액터, 전기울타리용 전원장치, 엑스선발생장치, 전기부식방지용 양극, 단선식 전기철도의 귀선
- 전기욕기 · 전기로 · 전기보일러 · 전해조 등

03 6.6[kV] 지중전선로의 케이블을 직류 전원으로 절연내력시험을 하자면 시험전압은 직류 몇 [V]인가?

① 9,900　　② 14,420
③ 16,500　　④ 19,800

해설 전로의 절연저항 및 절연내력(KEC 132)
7[kV] 이하이고, 직류로 시험하므로 $6,600 \times 1.5 \times 2 = 19,800$[V]이다.

04 주택 등 저압수용장소에서 고정 전기설비에 계통접지가 TN-C-S 방식인 경우에 중성선 겸용 보호도체(PEN)는 고정 전기설비에만 사용할 수 있고, 그 도체의 단면적이 구리는 몇 [mm^2] 이상이어야 하는가?

① 4　　② 6
③ 10　　④ 16

해설 주택 등 저압수용장소 접지(KEC 142.4.2)
중성선 겸용 보호도체(PEN)는 고정 전기설비에만 사용할 수 있고, 그 도체의 단면적이 구리는 10[mm^2] 이상, 알루미늄은 16[mm^2] 이상

05 변압기에 의하여 특고압 전로에 결합되는 고압 전로에는 사용전압의 몇 배 이하인 전압이 가하여진 경우에 방전하는 장치를 그 변압기의 단자에 가까운 1극에 설치하여야 하는가?

① 3
② 4
③ 5
④ 6

해설 특고압과 고압의 혼촉 등에 의한 위험방지시설(KEC 322.3)
변압기에 의하여 특고압 전로에 결합되는 고압 전로에는 사용전압의 3배 이하인 전압이 가하여진 경우에 방전하는 장치를 그 변압기의 단자에 가까운 1극에 설치하여야 한다.

정답 01. ③ 02. ③ 03. ④ 04. ③ 05. ①

06 백열전등 또는 방전등에 전기를 공급하는 옥내전로의 대지전압은 몇 [V] 이하이어야 하는가?

① 150 ② 300
③ 400 ④ 600

해설 옥내전로의 대지전압의 제한(KEC 231.6)
백열전등 또는 방전등에 전기를 공급하는 옥내의 전로의 대지전압은 300[V] 이하이어야 한다.

07 케이블 트레이 공사에 사용되는 케이블 트레이가 수용된 모든 전선을 지지할 수 있는 적합한 강도의 것일 경우 케이블 트레이의 안전율은 얼마 이상으로 하여야 하는가?

① 1.1 ② 1.2
③ 1.3 ④ 1.5

해설 케이블 트레이 공사(KEC 232.41)
- 전선은 연피 케이블, 알루미늄피 케이블 등 난연성 케이블, 기타 케이블 또는 금속관 혹은 합성수지관 등에 넣은 절연전선을 사용
- 케이블 트레이의 안전율은 1.5 이상

08 이동형의 용접 전극을 사용하는 아크 용접장치의 용접변압기의 1차측 전로의 대지전압은 몇 [V] 이하이어야 하는가?

① 220 ② 300
③ 380 ④ 440

해설 아크 용접기(KEC 241.10)
- 용접변압기는 절연변압기일 것
- 용접변압기의 1차측 전로의 대지전압은 300[V] 이하일 것

09 진열장 안의 사용전압이 400[V] 이하인 저압 옥내배선으로 외부에서 보기 쉬운 곳에 한하여 시설할 수 있는 전선은? (단, 진열장은 건조한 곳에 시설하고 또한 진열장 내부를 건조한 상태로 사용하는 경우이다.)

① 단면적이 0.75[mm^2] 이상인 코드 또는 캡타이어 케이블
② 단면적이 0.75[mm^2] 이상인 나전선 또는 캡타이어 케이블
③ 단면적이 1.25[mm^2] 이상인 코드 또는 절연전선
④ 단면적이 1.25[mm^2] 이상인 나전선 또는 다심형 전선

해설 진열장 또는 이와 유사한 것의 내부 관등회로 배선(KEC 234.11.5)
진열장 안의 배선은 단면적 0.75[mm^2] 이상의 코드 또는 캡타이어 케이블일 것

10 저압 가공전선로와 기설 가공약전류전선로가 병행하는 경우에는 유도작용에 의하여 통신상의 장해가 생기지 아니하도록 전선과 기설 약전류전선 간의 이격거리는 몇 [m] 이상이어야 하는가?

① 1 ② 2
③ 2.5 ④ 4.5

해설 가공약전류전선로의 유도장해 방지(KEC 332.1)
저압 가공전선로 또는 고압 가공전선로와 기설 가공약전류전선로가 병행하는 경우에는 유도작용에 의하여 통신상의 장해가 생기지 아니하도록 전선과 기설 약전류전선 간의 이격거리는 2[m] 이상이어야 한다.

11 저압 가공인입선 시설 시 사용할 수 없는 전선은?

① 절연전선, 케이블
② 지름 2.6[mm] 이상의 인입용 비닐절연전선
③ 인장강도 1.2[kN] 이상의 인입용 비닐절연전선
④ 사람의 접촉 우려가 없도록 시설하는 경우 옥외용 비닐절연전선

정답 06. ② 07. ④ 08. ② 09. ① 10. ② 11. ③

해설 저압 인입선의 시설(KEC 221.1.1)

- 전선은 절연전선 또는 케이블일 것
- 전선이 케이블인 경우 이외에는 인장강도 2.3[kN] 이상의 것 또는 지름 2.6[mm] 이상의 인입용 비닐절연전선일 것

12 시가지에 시설하는 고압 가공전선으로 경동선을 사용하려면 그 지름은 최소 몇 [mm]이어야 하는가?

① 2.6
② 3.2
③ 4.0
④ 5.0

해설 저·고압 가공전선의 굵기 및 종류(KEC 222.5, 332.3)

- 400[V] 이하 : 인장강도 3.43[kN], 지름 3.2[mm] (절연전선은 인장강도 2.3[kN], 지름 2.6[mm]) 이상
- 400[V] 초과 : 저압 가공전선 또는 고압 가공전선
  - 시가지 : 인장강도 8.01[kN] 이상의 것 또는 지름 5[mm] 이상의 경동선
  - 시가지 외 : 인장강도 5.26[kN] 이상의 것 또는 지름 4[mm] 이상의 경동선

13 345[kV] 특고압 가공전선로를 사람이 쉽게 들어갈 수 없는 산지에 시설할 때 지표상의 높이는 몇 [m] 이상인가?

① 7.28
② 7.85
③ 8.28
④ 9.28

해설 특고압 가공전선의 높이(KEC 333.7)

160[kV]를 초과하는 10[kV] 또는 그 단수마다 0.12[m]를 더한 값으로 계산하여야 한다.
(345－165)÷10＝18.5이므로 10[kV] 단수는 19이므로 산지의 전선 지표상 높이는 5＋0.12×19＝7.28[m]이다.

14 제2종 특고압 보안공사 시 B종 철주를 지지물로 사용하는 경우 경간은 몇 [m] 이하인가?

① 100
② 200
③ 400
④ 500

해설 특고압 보안공사(KEC 333.22) – 제2종 특고압 보안공사 시 경간 제한

지지물의 종류	경 간
목주·A종	100[m]
B종	200[m]
철탑	400[m]

15 시가지 또는 그 밖에 인가가 밀집한 지역에 154[kV] 가공전선로의 전선을 케이블로 시설하고자 한다. 이 때 가공전선을 지지하는 애자장치는 50[%] 충격섬락전압값이 그 전선의 근접한 다른 부분을 지지하는 애자장치값의 몇 [%] 이상이어야 하는가?

① 75
② 100
③ 105
④ 110

해설 시가지 등에서 특고압 가공전선로의 시설(KEC 333.1)

시가지 등에서 특고압 가공전선을 지지하는 애자장치는 다음 중 어느 하나에 의할 것

- 50[%] 충격섬락전압값이 그 전선의 근접한 다른 부분을 지지하는 애자장치값의 110[%](사용전압이 130[kV]를 초과하는 경우는 105[%]) 이상인 것
- 아크혼을 붙인 현수애자·장간애자(長幹碍子) 또는 라인포스트애자를 사용하는 것
- 2련 이상의 현수애자 또는 장간애자를 사용하는 것
- 2개 이상의 핀애자 또는 라인포스트애자를 사용하는 것

정답 12. ④ 13. ① 14. ② 15. ③

16 중성선 다중 접지식의 것으로서 전로에 지락이 생겼을 때 2초 이내에 자동적으로 이를 전로로부터 차단하는 장치가 되어 있는 22.9[kV] 특고압 가공전선이 다른 특고압 가공전선과 접근하는 경우 이격거리는 몇 [m] 이상으로 하여야 하는가? (단, 양쪽이 나전선인 경우이다.)

① 0.5 ② 1.0
③ 1.5 ④ 2.0

해설 25[kV] 이하인 특고압 가공전선로의 시설(KEC 333.32)

사용전선의 종류	이격거리
어느 한쪽 또는 양쪽이 나전선인 경우	1.5[m]
양쪽이 특고압 절연전선인 경우	1.0[m]
한쪽이 케이블이고 다른 한쪽이 케이블이거나 특고압 절연전선인 경우	0.5[m]

17 저압 수상전선로에 사용되는 전선은?

① MI 케이블
② 알루미늄피 케이블
③ 클로로프렌시스 케이블
④ 클로로프렌 캡타이어 케이블

해설 수상전선로의 시설(KEC 335.3)
전선은 전선로의 사용전압이 저압인 경우에는 클로로프렌 캡타이어 케이블이어야 하며, 고압인 경우에는 고압용의 캡타이어 케이블일 것

18 발전소 · 변전소 또는 이에 준하는 곳의 특고압 전로에는 그의 보기 쉬운 곳에 어떤 표시를 반드시 하여야 하는가?

① 모선(母線) 표시
② 상별(相別) 표시
③ 차단(遮斷) 위험표시
④ 수전(受電) 위험표시

해설 특고압 전로의 상 및 접속 상태의 표시(KEC 351.2)
- 발전소 · 변전소 또는 이에 준하는 곳의 특고압 전로에는 그의 보기 쉬운 곳에 상별 표시를 하여야 한다.
- 발전소 · 변전소 또는 이에 준하는 곳의 특고압 전로에 대하여는 그 접속상태를 모의모선의 사용 기타의 방법에 의하여 표시하여야 한다. 다만, 이러한 전로에 접속하는 특고압 전선로의 회선수가 2 이하이고 또한 특고압의 모선이 단일 모선인 경우에는 그러하지 아니하다.

19 내부에 고장이 생긴 경우에 자동적으로 전로로부터 차단하는 장치가 반드시 필요한 것은?

① 뱅크용량 1,000[kVA]인 변압기
② 뱅크용량 10,000[kVA]인 조상기
③ 뱅크용량 300[kVA]인 분로리액터
④ 뱅크용량 1,000[kVA]인 전력용 커패시터

해설 조상설비의 보호장치(KEC 351.5)

설비종별	뱅크용량의 구분	자동 차단하는 장치
전력용 커패시터 및 분로리액터	500[kVA] 초과 15,000[kVA] 미만	내부 고장, 과전류
	15,000[kVA] 이상	내부 고장, 과전류, 과전압
조상기	15,000[kVA] 이상	내부 고장

전력용 커패시터는 뱅크용량 500[kVA] 초과하여야 내부 고장 시 차단장치를 한다.

20 전력보안 가공통신선을 횡단보도교 위에 시설하는 경우, 그 노면상 높이는 몇 [m] 이상으로 하여야 하는가?

① 3.0 ② 3.5
③ 4.0 ④ 4.5

해설 전력보안통신선의 시설 높이와 이격거리(KEC 362.2)
- 도로 위에 시설하는 경우 지표상 5[m] 이상
- 철도 또는 궤도를 횡단하는 경우 레일면상 6.5[m] 이상
- 횡단보도교 위에 시설하는 경우 그 노면상 3[m] 이상

정답 16. ③ 17. ④ 18. ② 19. ④ 20. ①

2023년 제2회 CBT 기출복원문제

01 발전소 또는 변전소로부터 다른 발전소 또는 변전소를 거치지 아니하고 전차선로에 이르는 전선을 무엇이라 하는가?

① 급전선
② 전기철도용 급전선
③ 급전선로
④ 전기철도용 급전선로

해설 용어정의(KEC 112)

- "전기철도용 급전선"이란 전기철도용 변전소로부터 다른 전기철도용 변전소 또는 전차선에 이르는 전선을 말한다.
- "전기철도용 급전선로"란 전기철도용 급전선 및 이를 지지하거나 수용하는 시설물을 말한다.

02 최대사용전압 7[kV] 이하 전로의 절연내력을 시험할 때 시험전압을 연속하여 몇 분간 가하였을 때 이에 견디어야 하는가?

① 5분 ② 10분
③ 15분 ④ 30분

해설 전로의 절연저항 및 절연내력(KEC 132)
고압 및 특고압의 전로는 시험전압을 전로와 대지 간에 연속하여 10분간 가하여 절연내력을 시험하였을 때에 이에 견디어야 한다.

03 접지극을 시설할 때 동결깊이를 감안하여 지하 몇 [cm] 이상의 깊이로 매설하여야 하는가?

① 60 ② 75
③ 90 ④ 100

해설 접지극의 시설 및 접지저항(KEC 142.2)
접지극은 지표면으로부터 지하 0.75[m] 이상, 동결깊이를 감안하여 매설깊이를 정해야 한다.

04 변압기의 고압측 전로와의 혼촉에 의하여 저압측 전로의 대지전압이 150[V]를 넘는 경우에 2초 이내에 고압 전로를 자동 차단하는 장치가 되어 있는 6,600/220[V] 배전선로에 있어서 1선 지락전류가 2[A]이면 접지저항값의 최대는 몇 [Ω]인가?

① 50 ② 75
③ 150 ④ 300

해설 고압 또는 특고압과 저압의 혼촉에 의한 위험방지시설(KEC 322.1)
1선 지락전류가 2[A]이고, 150[V]를 넘고, 2초 이내에 차단하는 장치가 있으므로

접지저항 $R = \frac{300}{I} = \frac{300}{2} = 150[\Omega]$

05 피뢰시스템은 전기전자설비가 설치된 건축물, 구조물로서 낙뢰로부터 보호가 필요한 곳 또는 지상으로부터 높이가 몇 [m] 이상인 곳에 설치해야 하는가?

① 10 ② 20
③ 30 ④ 45

해설 피뢰시스템의 적용범위(KEC 151.1)

- 전기전자설비가 설치된 건축물·구조물로서 낙뢰로부터 보호가 필요한 것 또는 지상으로부터 높이가 20[m] 이상인 것
- 전기설비 및 전자설비 중 낙뢰로부터 보호가 필요한 설비

06 금속관공사에 의한 저압 옥내배선시설에 대한 설명으로 틀린 것은?

① 인입용 비닐절연전선을 사용했다.
② 옥외용 비닐절연전선을 사용했다.
③ 짧고 가는 금속관에 연선을 사용했다.
④ 단면적 10[mm^2] 이하의 단선을 사용했다.

정답 01. ② 02. ② 03. ② 04. ③ 05. ② 06. ②

해설 금속관공사(KEC 232.12)
- 전선은 절연전선(옥외용 비닐절연전선 제외)일 것
- 전선은 연선일 것(다음의 것은 적용하지 않음)
  - 짧고 가는 금속관에 넣은 것
  - 단면적 10[mm²] 이하의 것
- 금속관 안에는 전선에 접속점이 없도록 할 것
- 콘크리트에 매설하는 것은 두께 1.2[mm] 이상을 사용할 것

07 교통신호등회로의 사용전압이 몇 [V]를 넘는 경우는 전로에 지락이 생겼을 경우 자동적으로 전로를 차단하는 누전차단기를 시설하는가?

① 60 ② 150
③ 300 ④ 450

해설 누전차단기(KEC 234.15.6)
교통신호등회로의 사용전압이 150[V]를 넘는 경우는 전로에 지락이 생겼을 경우 자동적으로 전로를 차단하는 누전차단기를 시설할 것

08 사람이 상시 통행하는 터널 안의 배선(전기기계기구 안의 배선, 관등회로의 배선, 소세력회로의 전선은 제외)의 시설기준에 적합하지 않은 것은? (단, 사용전압이 저압의 것에 한한다.)

① 애자공사로 시설하였다.
② 공칭단면적 2.5[mm²]의 연동선을 사용하였다.
③ 애자공사 시 전선의 높이는 노면상 2[m]로 시설하였다.
④ 전로에는 터널의 입구 가까운 곳에 전용 개폐기를 시설하였다.

해설 사람이 상시 통행하는 터널 안의 배선시설(KEC 242.7.1)
- 전선은 공칭단면적 2.5[mm²]의 연동선과 동등 이상의 세기 및 굵기의 절연전선(옥외용 제외)을 사용하여 애자공사에 의하여 시설하고 또한 이를 노면상 2.5[m] 이상의 높이로 할 것
- 전로에는 터널의 입구에 가까운 곳에 전용 개폐기를 시설할 것

09 가공전선로 지지물 기초의 안전율은 일반적으로 얼마 이상인가?

① 1.5 ② 2
③ 2.2 ④ 2.5

해설 가공전선로 지지물의 기초의 안전율(KEC 331.7)
지지물의 하중에 대한 기초의 안전율은 2 이상(이상 시 상정하중에 대한 철탑의 기초에 대하여서는 1.33 이상)

10 저압 가공전선의 높이에 대한 기준으로 틀린 것은?

① 철도를 횡단하는 경우는 레일면상 6.5[m] 이상이다.
② 횡단보도교 위에 시설하는 경우 저압 가공전선은 노면상에서 3[m] 이상이다.
③ 횡단보도교 위에 시설하는 경우 고압 가공전선은 그 노면상에서 3.5[m] 이상이다.
④ 다리의 하부, 기타 이와 유사한 장소에 시설하는 저압의 전기철도용 급전선은 지표상 3.5[m]까지로 감할 수 있다.

해설 저압 가공전선의 높이(KEC 222.7)
횡단보도교의 위에 시설하는 경우 저압 가공전선은 그 노면상 3.5[m](전선이 절연전선·다심형 전선·케이블인 경우 3[m]) 이상, 고압 가공전선은 그 노면상 3.5[m] 이상으로 하여야 한다.

11 사용전압이 35[kV] 이하인 특고압 가공전선과 가공약전류전선 등을 동일 지지물에 시설하는 경우, 특고압 가공전선로는 어떤 종류의 보안공사로 하여야 하는가?

① 고압 보안공사
② 제1종 특고압 보안공사
③ 제2종 특고압 보안공사
④ 제3종 특고압 보안공사

정답 07. ② 08. ③ 09. ② 10. ② 11. ③

해설 **특고압 가공전선과 가공약전류전선 등의 공용 설치(KEC 333.19)**

35[kV] 이하인 특고압 가공전선과 가공약전류전선 등을 동일 지지물에 시설하는 경우에는 다음에 따라야 한다.

- 특고압 가공전선로는 제2종 특고압 보안공사에 의할 것
- 특고압 가공전선은 가공약전류전선 등의 위로 하고 별개의 완금류에 시설할 것
- 특고압 가공전선은 케이블인 경우 이외에는 인장강도 21.67[kN] 이상의 연선 또는 단면적이 50[mm^2] 이상인 경동연선일 것
- 특고압 가공전선과 가공약전류전선 등 사이의 이격거리는 2[m] 이상으로 할 것

12 **어떤 공장에서 케이블을 사용하는 사용전압이 22[kV]인 가공전선을 건물 옆쪽에서 1차 접근 상태로 시설하는 경우, 케이블과 건물의 조영재 이격거리는 몇 [cm] 이상이어야 하는가?**

① 50　② 80
③ 100　④ 120

해설 **특고압 가공전선과 건조물과 접근(KEC 333.23)**

사용전압이 35[kV] 이하인 특고압 가공전선과 건조물의 조영재 이격거리

건조물과 조영재의 구분	전선종류	접근형태	이격거리
상부 조영재	특고압 절연전선	위쪽	2.5[m]
		옆쪽 또는 아래쪽	1.5[m]
	케이블	위쪽	1.2[m]
		옆쪽 또는 아래쪽	0.5[m]

13 **특고압 가공전선이 도로 등과 교차하는 경우에 특고압 가공전선이 도로 등의 위에 시설되는 때에 설치하는 보호망에 대한 설명으로 옳은 것은?**

① 보호망은 접지공사를 하지 않아도 된다.
② 보호망을 구성하는 금속선의 인장강도는 6[kN] 이상으로 한다.
③ 보호망을 구성하는 금속선은 지름 1.0[mm] 이상의 경동선을 사용한다.
④ 보호망을 구성하는 금속선 상호의 간격은 가로, 세로 각 1.5[m] 이하로 한다.

해설 **특고압 가공전선과 도로 등의 접근 또는 교차(KEC 333.24)**

- 특고압 가공전선로는 제2종 특고압 보안공사에 의할 것
- 보호망은 접지공사를 한 금속제의 망상장치로 하고 견고하게 지지할 것
- 보호망은 특고압 가공전선의 직하에 시설하는 금속선에는 인장강도 8.01[kN] 이상의 것 또는 지름 5[mm] 이상의 경동선을 사용하고 그 밖의 부분에 시설하는 금속선에는 인장강도 5.26[kN] 이상의 것 또는 지름 4[mm] 이상의 경동선을 사용할 것
- 보호망을 구성하는 금속선 상호의 간격은 가로, 세로 각 1.5[m] 이하일 것

14 **22.9[kV] 특고압 가공전선로의 중성선은 다중접지를 하여야 한다. 1[km]마다 중성선과 대지 사이의 합성 전기저항값은 몇 [Ω] 이하인가? (단, 전로에 지락이 생겼을 때에 2초 이내에 자동적으로 이를 전로로부터 차단하는 장치가 되어 있다.)**

① 5　② 10
③ 15　④ 20

해설 **25[kV] 이하인 특고압 가공전선로의 시설(KEC 333.32)**

구 분	각 접지점의 대지 전기저항치	1[km]마다의 합성 전기저항치
15[kV] 이하	300[Ω]	30[Ω]
15[kV] 초과 25[kV] 이하	300[Ω]	15[Ω]

정답 12. ① 13. ④ 14. ③

15 다음 ( )에 들어갈 내용으로 옳은 것은?

> 지중전선로는 기설 지중약전류전선로에 대하여 (㉠) 또는 (㉡)에 의하여 통신상의 장해를 주지 않도록 기설 약전류전선로로부터 충분히 이격시키거나 기타 적당한 방법으로 시설하여야 한다.

① ㉠ 누설전류, ㉡ 유도작용
② ㉠ 단락전류, ㉡ 유도작용
③ ㉠ 단락전류, ㉡ 정전작용
④ ㉠ 누설전류, ㉡ 정전작용

해설 **지중약전류전선의 유도장해 방지(KEC 334.5)**
지중전선로는 기설 지중약전류전선로에 대하여 누설전류 또는 유도작용에 의하여 통신상의 장해를 주지 않도록 기설 약전류전선로로부터 충분히 이격시키거나 기타 적당한 방법으로 시설하여야 한다.

16 고압 옥내배선의 공사방법으로 틀린 것은?

① 케이블공사
② 합성수지관공사
③ 케이블트레이공사
④ 애자공사(건조한 장소로서 전개된 장소에 한함)

해설 **고압 옥내배선 등의 시설(KEC 342.1)**
- 애자공사(건조한 장소로서 전개된 장소에 한함)
- 케이블공사(MI 케이블 제외)
- 케이블트레이공사

17 고압 또는 특고압 가공전선과 금속제의 울타리가 교차하는 경우 교차점과 좌우로 몇 [m] 이내의 개소에 접지공사를 하여야 하는가? (단, 전선에 케이블을 사용하는 경우는 제외한다.)

① 25 ② 35
③ 45 ④ 55

해설 **발전소 등의 울타리·담 등의 시설(KEC 351.1)**
고압 또는 특고압 가공전선(전선에 케이블을 사용하는 경우는 제외함)과 금속제의 울타리·담 등이 교차하는 경우에 금속제의 울타리·담 등에는 교차점과 좌·우로 45[m] 이내의 개소에 접지공사를 해야 한다.

18 고압 가공전선로의 지지물에 시설하는 통신선의 높이는 도로를 횡단하는 경우 교통에 지장을 줄 우려가 없다면 지표상 몇 [m]까지로 감할 수 있는가?

① 4
② 4.5
③ 5
④ 6

해설 **전력보안통신선의 시설높이와 이격거리(KEC 362.2)**
- 도로를 횡단하는 경우 6[m] 이상. 교통에 지장을 줄 우려가 없는 경우 5[m]
- 철도 또는 궤도를 횡단하는 경우에는 레일면상 6.5[m] 이상

19 다음 급전선로에 대한 설명으로 옳지 않은 것은?

① 급전선은 나전선을 적용하여 가공식으로 가설을 원칙으로 한다.
② 가공식은 전차선의 높이 이상으로 전차선로 지지물에 병가하며, 나전선의 접속은 직선접속을 사용할 수 없다.
③ 신설 터널 내 급전선을 가공으로 설계할 경우 지지물의 취부는 C찬넬 또는 매입전을 이용하여 고정하여야 한다.
④ 교량하부 등에 설치할 때에는 최소절연이격거리 이상을 확보하여야 한다.

정답 15. ① 16. ② 17. ③ 18. ③ 19. ②

해설 급전선로(KEC 431.4)

- 급전선은 나전선을 적용하여 가공식으로 가설을 원칙으로 한다. 다만, 전기적 이격거리가 충분하지 않거나 지락, 섬락 등의 우려가 있을 경우에는 급전선을 케이블로 하여 안전하게 시공하여야 한다.
- 가공식은 전차선의 높이 이상으로 전차선로 지지물에 병가하며, 나전선의 접속은 직선접속을 원칙으로 한다.
- 신설 터널 내 급전선을 가공으로 설계할 경우 지지물의 취부는 C찬넬 또는 매입전을 이용하여 고정하여야 한다.
- 선상승강장, 인도교, 과선교 또는 교량하부 등에 설치할 때에는 최소절연이격거리 이상을 확보하여야 한다.

20 전기저장장치의 이차전지에 자동으로 전로로부터 차단하는 장치를 시설하여야 하는 경우로 틀린 것은?

① 과저항이 발생한 경우
② 과전압이 발생한 경우
③ 제어장치에 이상이 발생한 경우
④ 이차전지 모듈의 내부 온도가 급격히 상승할 경우

해설 제어 및 보호장치(KEC 512.2.2) – 전기저장장치의 이차전지 자동차단장치 설치하는 경우

- 과전압 또는 과전류가 발생한 경우
- 제어장치에 이상이 발생한 경우
- 이차전지 모듈의 내부 온도가 급격히 상승할 경우

정답 20. ①

전기산업기사

2023년 제2회 CBT 기출복원문제

01 "지중관로"에 대한 정의로 옳은 것은?

① 지중전선로, 지중약전류전선로와 지중매설지선 등을 말한다.
② 지중전선로, 지중약전류전선로와 복합케이블선로, 기타 이와 유사한 것 및 이들에 부속하는 지중함을 말한다.
③ 지중전선로, 지중약전류전선로, 지중에 시설하는 수관 및 가스관과 지중매설지선을 말한다.
④ 지중전선로, 지중약전류전선로, 지중광섬유케이블선로, 지중에 시설하는 수관 및 가스관과 이와 유사한 것 및 이들에 부속하는 지중함 등을 말한다.

해설 **용어 정의(KEC 112)**
지중관로란 지중전선로 · 지중약전류전선로 · 지중광섬유케이블선로 · 지중에 시설하는 수관 및 가스관과 이와 유사한 것 및 이들에 부속하는 지중함 등을 말한다.

02 3상 380[V] 모터에 전원을 공급하는 저압전로의 전선 상호 간 및 전로와 대지 사이의 절연저항값은 몇 [MΩ] 이상이 되어야 하는가?

① 0.2
② 0.5
③ 1.0
④ 2.0

해설 **저압 전로의 절연성능(기술기준 제52조)**
- 개폐기 또는 과전류차단기로 구분할 수 있는 전로마다 정한 값
- 기기 등은 측정 전에 분리
- 분리가 어려운 경우 : 시험전압 250[V] DC, 절연저항값 1[MΩ] 이상

전로의 사용전압[V]	DC 시험전압[V]	절연저항[MΩ]
SELV 및 PELV	250	0.5
FELV, 500[V] 이하	500	1.0
500[V] 초과	1,000	1.0

03 최대사용전압이 7[kV]를 초과하는 회전기의 절연내력시험은 최대사용전압의 몇 배의 전압(10,500[V] 미만으로 되는 경우에는 10,500[V])에서 10분간 견디어야 하는가?

① 0.92　② 1
③ 1.1　④ 1.25

해설 **회전기 및 정류기의 절연내력(KEC 133)**

종 류		시험전압	시험방법
발전기, 전동기, 조상기	7[kV] 이하	1.5배 (최저 500[V])	권선과 대지 사이 10분간
	7[kV] 초과	1.25배 (최저 10,500[V])	

04 전기설비의 접지계통과 건축물의 피뢰설비 및 통신설비 등의 접지극을 공용하는 통합접지공사를 하는 경우 낙뢰 등 과전압으로부터 전기설비를 보호하기 위하여 설치해야 하는 것은?

① 과전류차단기
② 지락보호장치
③ 서지보호장치
④ 개폐기

해설 **공통접지 및 통합접지(KEC 142.6)**
전기설비의 접지계통과 건축물의 피뢰설비 및 통신설비 등의 접지극을 공용하는 통합접지공사를 하는 경우 낙뢰 등에 의한 과전압으로부터 전기설비 등을 보호하기 위해 서지보호장치(SPD)를 설치하여야 한다.

정답 01. ④ 02. ③ 03. ④ 04. ③

05 전로의 중성점을 접지하는 목적에 해당되지 않는 것은?

① 보호장치의 확실한 동작의 확보
② 이상전압의 억제
③ 대지전압의 저하
④ 부하전류의 일부를 대지로 흐르게 함으로써 전선을 절약

해설 전로의 중성점의 접지(KEC 322.5)
전로의 중성점의 접지는 전로의 보호장치의 확실한 동작의 확보, 이상전압의 억제 및 대지전압의 저하를 위하여 시설한다.

06 애자 공사에 의한 저압 옥내배선을 시설할 때, 전선 상호 간의 간격은 몇 [cm] 이상이어야 하는가?

① 2　② 4
③ 6　④ 8

해설 애자 공사(KEC 232.56)
- 전선은 절연전선(옥외용, 인입용 제외)
- 전선 상호 간의 간격은 6[cm] 이상
- 전선과 조영재 사이의 이격거리
  - 400[V] 이하 : 2.5[cm] 이상
  - 400[V] 초과 : 4.5[cm](건조한 장소 2.5[cm]) 이상
- 전선의 지지점 간의 거리 : 2[m] 이하

07 케이블 트레이 공사에 대한 설명으로 틀린 것은?

① 금속재의 것은 내식성 재료의 것이어야 한다.
② 케이블 트레이의 안전율은 1.25 이상이어야 한다.
③ 비금속제 케이블 트레이는 난연성 재료의 것이어야 한다.
④ 전선의 피복 등을 손상시킬 돌기 등이 없이 매끈하여야 한다.

해설 케이블 트레이 공사(KEC 232.41)
- 케이블 트레이의 안전율은 1.5 이상
- 케이블 하중을 충분히 견딜 수 있는 강도를 가져야 한다.
- 전선의 피복 등을 손상시킬 돌기 등이 없이 매끈하여야 한다.
- 금속재의 것은 적절한 방식처리를 한 것이거나 내식성 재료의 것이어야 한다.
- 비금속제 케이블 트레이는 난연성 재료의 것이어야 한다.

08 지중 또는 수중에 시설되어 있는 금속체의 부식을 방지하기 위한 전기부식방지회로의 사용전압은 직류 몇 [V] 이하이어야 하는가? (단, 전기부식방지회로 전기부식방지용 전원장치로부터 양극 및 피방식체까지의 전로를 말한다.)

① 30　② 60
③ 90　④ 120

해설 전기부식방지시설(KEC 241.16)
- 사용전압은 직류 60[V] 이하
- 양극은 지중에 매설하거나 수중에서 쉽게 접촉할 우려가 없는 곳에 시설할 것
- 지중에 매설하는 양극의 매설깊이는 75[cm] 이상
- 수중에 시설하는 양극과 그 주위 1[m] 이내의 거리에 있는 임의점과의 사이의 전위차는 10[V] 이하
- 지표 또는 수중에서 1[m] 간격의 임의의 2점 간의 전위차 5[V] 이하

09 특고압 전선로에 사용되는 애자장치에 대한 갑종 풍압하중은 그 구성재의 수직 투영면적 1[m^2]에 대한 풍압하중을 몇 [Pa]을 기초로 하여 계산한 것인가?

① 588
② 666
③ 946
④ 1,039

정답 05. ④ 06. ③ 07. ② 08. ② 09. ④

해설 풍압하중의 종별과 적용(KEC 331.6)

풍압을 받는 구분		갑종 풍압하중
지지물	원형	588[Pa]
	강관 철주	1,117[Pa]
	강관 철탑	1,255[Pa]
전선 가섭선	다도체	666[Pa]
	기타의 것(단도체 등)	745[Pa]
애자장치(특고압 전선용)		1,039[Pa]
완금류		1,196[Pa]

10 철도 · 궤도 또는 자동차도 전용터널 안의 터널 내 전선로의 시설방법으로 틀린 것은?

① 저압 전선으로 지름 2.0[mm] 경동선을 사용하였다.
② 고압 전선은 케이블 공사로 하였다.
③ 저압 전선을 애자 공사에 의하여 시설하고 이를 레일면상 또는 노면상 2.5[m] 이상으로 하였다.
④ 저압 전선을 가요전선관 공사에 의하여 시설하였다.

해설 터널 안 전선로의 시설(KEC 335.1)

- 저압 전선 시설
  - 인장강도 2.30[kN] 이상의 절연전선 또는 지름 2.6[mm] 이상의 경동선의 절연전선을 사용하고 애자 공사에 의하여 시설하여야 하며 또한 이를 레일면상 또는 노면상 2.5[m] 이상의 높이로 유지
  - 합성수지관 공사 · 금속관 공사 · 가요전선관 공사 또는 케이블 공사에 의하여 시설
- 고압 전선은 케이블 공사로 시설

11 고압 가공전선이 경동선 또는 내열 동합금선인 경우 안전율의 최솟값은?

① 2.0　② 2.2
③ 2.5　④ 4.0

해설 고압 가공전선의 안전율(KEC 332.4)

- 경동선 또는 내열 동합금선 → 2.2 이상
- 기타 전선(ACSR, 알루미늄 전선 등) → 2.5 이상

12 고압 옥상전선로의 전선이 다른 시설물과 접근하거나 교차하는 경우 이들 사이의 이격거리는 몇 [cm] 이상이어야 하는가?

① 30　② 60
③ 90　④ 120

해설 고압 옥상전선로의 시설(KEC 331.14.1)
고압 옥상전선로의 전선이 다른 시설물(가공전선 제외)과 접근하거나 교차하는 경우에는 고압 옥상전선로의 전선과 이들 사이의 이격거리는 60[cm] 이상이어야 한다.

13 동일 지지물에 저압 가공전선(다중접지된 중성선은 제외)과 고압 가공전선을 시설하는 경우 저압 가공전선의 시설기준은?

① 고압 가공전선의 위로 하고 동일 완금류에 시설
② 고압 가공전선과 나란하게 하고 동일 완금류에 시설
③ 고압 가공전선의 아래로 하고 별개의 완금류에 시설
④ 고압 가공전선과 나란하게 하고 별개의 완금류에 시설

해설 고압 가공전선 등의 병행설치(KEC 332.8)

- 저압 가공전선을 고압 가공전선의 아래로 하고 별개의 완금류에 시설할 것
- 저압 가공전선과 고압 가공전선 사이의 이격거리는 50[cm] 이상일 것

14 사용전압 154[kV]의 가공전선을 시가지에 시설하는 경우 전선의 지표상의 높이는 최소 몇 [m] 이상이어야 하는가? (단, 발전소 · 변전소 또는 이에 준하는 곳의 구내와 구외를 연결하는 1경간 가공전선은 제외한다.)

① 7.44　② 9.44
③ 11.44　④ 13.44

정답 10. ① 11. ② 12. ② 13. ③ 14. ③

해설 시가지 등에서 특고압 가공전선로의 시설(KEC 333.1)
사용전압이 35[kV]를 초과하는 경우 10[m]에 35[kV]를 초과하는 10[kV] 또는 그 단수마다 0.12[m]를 더해야 한다.
35[kV]를 초과하는 10[kV] 단수는 $(154-35)\div10=11.9$이므로 12이다.
그러므로 지표상 높이는 $10+0.12\times12=11.44$[m]이다.

15 저압 가공전선과 식물이 상호 접촉되지 않도록 이격시키는 기준으로 옳은 것은?

① 이격거리는 최소 50[cm] 이상 떨어져 시설하여야 한다.
② 상시 불고 있는 바람 등에 의하여 식물에 접촉하지 않도록 시설하여야 한다.
③ 저압 가공전선은 반드시 방호구에 넣어 시설하여야 한다.
④ 트리와이어(Tree Wire)를 사용하여 시설하여야 한다.

해설 저압 가공전선과 식물의 이격거리(KEC 222.19)
저압 가공전선은 상시 부는 바람 등에 의하여 식물에 접촉하지 않도록 시설하여야 한다.

16 다음 (㉠), (㉡)에 들어갈 내용으로 옳은 것은?

> 지중전선로는 기설 지중약전류전선로에 대하여 (㉠) 또는 (㉡)에 의하여 통신상 장해를 주지 않도록 기설 약전류전선으로부터 충분히 이격시키거나 기타 적당한 방법으로 시설하여야 한다.

① ㉠ 정전용량, ㉡ 표피작용
② ㉠ 정전용량, ㉡ 유도작용
③ ㉠ 누설전류, ㉡ 표피작용
④ ㉠ 누설전류, ㉡ 유도작용

해설 지중약전류전선의 유도장해 방지(KEC 334.5)
지중전신로는 기설 지중약전류전선로에 대하여 누설전류 또는 유도작용에 의하여 통신상의 장해를 주지 아니하도록 기설 약전류전선로로부터 충분히 이격시켜야 한다.

17 특고압 전선로에 접속하는 배전용 변압기의 1차 및 2차 전압은?

① 1차 : 35[kV] 이하, 2차 : 저압 또는 고압
② 1차 : 50[kV] 이하, 2차 : 저압 또는 고압
③ 1차 : 35[kV] 이하, 2차 : 특고압 또는 고압
④ 1차 : 50[kV] 이하, 2차 : 특고압 또는 고압

해설 특고압 배전용 변압기의 시설(KEC 341.2)
- 변압기의 1차 전압은 35[kV] 이하, 2차 전압은 저압 또는 고압일 것
- 변압기의 특고압측에 개폐기 및 과전류차단기를 시설할 것

18 발전기를 구동하는 풍차의 압유장치의 유압, 압축공기장치의 공기압 또는 전동식 브레이드 제어장치의 전원전압이 현저히 저하한 경우 발전기를 자동적으로 전로로부터 차단하는 장치를 시설하여야 하는 발전기 용량은 몇 [kVA] 이상인가?

① 100
② 300
③ 500
④ 1,000

해설 발전기 등의 보호장치(KEC 351.3)
다음의 경우 자동적으로 전로로부터 차단하는 장치를 시설하여야 한다.
- 과전류, 과전압이 생긴 경우
- 500[kVA] 이상 : 수차 압유장치 유압 저하
- 100[kVA] 이상 : 풍차 압유장치 유압 저하
- 2,000[kVA] 이상 : 수차 발전기 베어링 온도 상승
- 10,000[kVA] 이상 : 발전기 내부 고장
- 10,000[kW] 초과 : 증기 터빈의 베어링 마모, 온도 상승

정답 15. ② 16. ④ 17. ① 18. ①

19 뱅크용량 15,000[kVA] 이상인 분로리액터에서 자동적으로 전로로부터 차단하는 장치가 동작하는 경우가 아닌 것은?

① 내부 고장 시
② 과전류 발생 시
③ 과전압 발생 시
④ 온도가 현저히 상승한 경우

해설 조상설비의 보호장치(KEC 351.5)

설비종별	뱅크용량의 구분	자동 차단하는 장치
전력용 커패시터 및 분로리액터	500[kVA] 초과 15,000[kVA] 미만	내부 고장, 과전류
	15,000[kVA] 이상	내부 고장, 과전류, 과전압
조상기	15,000[kVA] 이상	내부 고장

20 특고압 가공전선로의 지지물에 시설하는 통신선 또는 이에 직접 접속하는 통신선 중 옥내에 시설하는 부분은 몇 [V] 이상의 저압 옥내배선의 규정에 준하여 시설하도록 하고 있는가?

① 150 ② 300
③ 380 ④ 400

해설 특고압 가공전선로 첨가설치 통신선에 직접 접속하는 옥내 통신선의 시설(KEC 362.7)
특고압 가공전선로의 지지물에 시설하는 통신선에 직접 접속하는 옥내 통신선의 시설은 400[V] 초과의 저압 옥내배선의 규정에 준하여 시설하여야 한다.

정답 19. ④ 20. ④

전기기사

2023년 제3회 CBT 기출복원문제

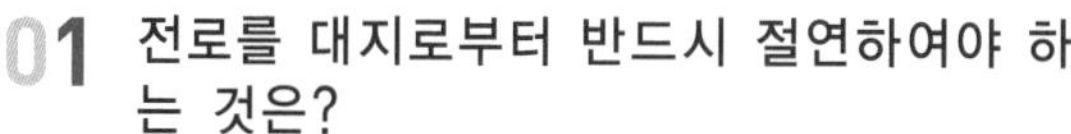

01 전로를 대지로부터 반드시 절연하여야 하는 것은?

① 전로의 중성점에 접지공사를 하는 경우의 접지점
② 계기용 변성기 2차측 전로에 접지공사를 하는 경우의 접지점
③ 시험용 변압기
④ 저압 가공전선로 접지측 전선

해설 절연을 생략하는 경우(KEC 131)
- 접지공사의 접지점
- 시험용 변압기 등
- 전기로 등

02 최대사용전압이 22,900[V]인 3상 4선식 중성선 다중 접지식 전로와 대지 사이의 절연내력시험전압은 몇 [V]인가?

① 32,510
② 28,752
③ 25,229
④ 21,068

해설 전로의 절연저항 및 절연내력(KEC 132)
중성점 다중 접지방식이므로 22,900×0.92=21,068[V]이다.

03 이동하여 사용하는 저압설비에 1개의 접지도체로 연동연선을 사용할 때 최소 단면적은 몇 [mm^2]인가?

① 0.75
② 1.5
③ 6
④ 10

해설 이동하여 사용하는 전기기계기구의 금속제외함 등의 접지시스템의 경우(KEC 142.3.1)
- 특고압·고압 전기설비용 접지도체 및 중성점 접지용 접지도체 : 단면적 10[mm^2] 이상
- 저압 전기설비용 접지도체
  - 다심 코드 또는 캡타이어 케이블의 1개 도체의 단면적이 0.75[mm^2] 이상
  - 연동연선은 1개 도체의 단면적이 1.5[mm^2] 이상

04 접지공사를 가공공동지선으로 하여 4개소에서 접지하여 1선 지락전류는 5[A]로 되었다. 이 경우에 각 접지선을 가공공동지선으로부터 분리하였다면 각 접지선과 대지 사이의 전기저항은 몇 [Ω] 이하로 하여야 하는가?

① 37.5 ② 75
③ 120 ④ 300

해설 $R=\frac{150}{I}\times n=\frac{150}{5}\times 4=120[\Omega]$

05 저압 전로의 보호도체 및 중성선의 접속방식에 따른 접지계통의 분류가 아닌 것은?

① IT 계통
② TN 계통
③ TT 계통
④ TC 계통

해설 계통접지 구성(KEC 203.1)
저압 전로의 보호도체 및 중성선의 접속방식에 따라 접지계통은 다음과 같이 분류한다.
- TN 계통
- TT 계통
- IT 계통

정답 01. ④ 02. ④ 03. ② 04. ③ 05. ④

06 라이팅덕트공사에 의한 저압 옥내배선공사 시설기준으로 틀린 것은?

① 덕트의 끝부분은 막을 것
② 덕트는 조영재에 견고하게 붙일 것
③ 덕트는 조영재를 관통하여 시설할 것
④ 덕트의 지지점 간의 거리는 2[m] 이하로 할 것

해설 라이팅덕트공사(KEC 232.71)
- 덕트의 개구부(開口部)는 아래로 향하여 시설할 것
- 덕트는 조영재를 관통하여 시설하지 아니할 것

07 전기울타리용 전원장치에 전기를 공급하는 전로의 사용전압은 몇 [V] 이하이어야 하는가?

① 150
② 200
③ 250
④ 300

해설 전기울타리의 시설(KEC 241.1)
사용전압은 250[V] 이하이며, 전선은 인장강도 1.38[kN] 이상의 것 또는 지름 2[mm] 이상 경동선을 사용하고, 지지하는 기둥과의 이격거리는 2.5[cm] 이상, 수목과의 이격거리는 30[cm] 이상으로 한다.

08 의료장소의 안전을 위한 비단락보증 절연변압기에 대한 설명으로 옳은 것은?

① 정격출력은 5[kVA] 이하로 할 것
② 정격출력은 10[kVA] 이하로 할 것
③ 2차측 정격전압은 직류 25[V] 이하이다.
④ 2차측 정격전압은 교류 300[V] 이하이다.

해설 의료장소의 안전을 위한 보호설비(KEC 242.10.3)
비단락보증 절연변압기의 2차측 정격전압은 교류 250[V] 이하로 하며 공급방식은 단상 2선식, 정격출력은 10[kVA] 이하로 할 것

09 고압 가공전선로의 지지물로서 사용하는 목주의 풍압하중에 대한 안전율은 얼마 이상이어야 하는가?

① 1.2 ② 1.3
③ 2.2 ④ 2.5

해설 저·고압 가공전선로의 지지물의 강도(KEC 222.8, 332.7)
- 저압 가공전선로의 지지물은 목주인 경우에는 풍압하중의 1.2배의 하중, 기타의 경우에는 풍압하중에 견디는 강도를 가지는 것이어야 한다.
- 고압 가공전선로의 지지물로서 사용하는 목주의 풍압하중에 대한 안전율은 1.3 이상인 것이어야 한다.

10 특고압 345[kV]의 가공 송전선로를 평지에 건설하는 경우 전선의 지표상 높이는 최소 몇 [m] 이상이어야 하는가?

① 7.5 ② 7.95
③ 8.28 ④ 8.85

해설 $h = 6 + 0.12 \times \frac{345-160}{10} \fallingdotseq 8.28[\text{m}]$

11 특고압 가공전선이 도로, 횡단보도교, 철도 또는 궤도와 제1차 접근상태로 시설되는 경우 특고압 가공전선로는 제 몇 종 보안공사에 의하여야 하는가?

① 제1종 특고압 보안공사
② 제2종 특고압 보안공사
③ 제3종 특고압 보안공사
④ 제4종 특고압 보안공사

해설 특고압 가공전선과 도로 등의 접근 또는 교차(KEC 333.24)
특고압 가공전선이 도로·횡단보도교·철도 또는 궤도와 제1차 접근상태로 시설되는 경우 특고압 가공전선로는 제3종 특고압 보안공사에 의할 것

정답 06. ③ 07. ③ 08. ② 09. ② 10. ③ 11. ③

12 특고압 가공전선이 가공약전류전선 등 저압 또는 고압의 가공전선이나 저압 또는 고압의 전차선과 제1차 접근상태로 시설되는 경우 60[kV] 이하 가공전선과 저·고압 가공전선 등 또는 이들의 지지물이나 지주 사이의 이격거리는 몇 [m] 이상인가?

① 1.2 ② 2
③ 2.6 ④ 3.2

해설 특고압 가공전선과 저·고압 가공전선 등의 접근 또는 교차(KEC 333.26)

사용전압의 구분	이격거리
60[kV] 이하	2[m]
60[kV] 초과	2[m]에 사용전압이 60[kV]를 초과하는 10[kV] 또는 그 단수마다 0.12[m]를 더한 값

13 사용전압이 66[kV]인 특고압 가공전선로를 시가지에 위험의 우려가 없도록 시설한다면 전선의 단면적은 몇 [mm^2] 이상의 경동연선 및 알루미늄 전선이나 절연전선을 사용하여야 하는가?

① 38[mm^2] ② 55[mm^2]
③ 80[mm^2] ④ 100[mm^2]

해설 시가지 등에서 170[kV] 이하 특고압 가공전선로 전선의 단면적(KEC 333.1-2)

사용전압의 구분	전선의 단면적
100[kV] 미만	인장강도 21.67[kN] 이상, 단면적 55[mm^2] 이상의 경동연선 및 알루미늄 전선이나 절연전선
100[kV] 이상	인장강도 58.84[kN] 이상, 단면적 150[mm^2] 이상의 경동연선 및 알루미늄 전선이나 절연전선

14 특고압 지중전선이 지중약전류전선 등과 접근하거나 교차하는 경우에 상호 간의 이격거리가 몇 [cm] 이하인 때에는 두 전선이 직접 접촉하지 아니하도록 하여야 하는가?

① 15 ② 20
③ 30 ④ 60

해설 지중전선과 지중약전류전선 등 또는 관과의 접근 또는 교차(KEC 223.6)
저압 또는 고압의 지중전선은 30[cm] 이하, 특고압 지중전선은 60[cm] 이하이어야 한다.

15 사용전압이 22.9[kV]인 특고압 가공전선로(중성선 다중 접지식의 것으로서 전로에 지락이 생겼을 때에 2초 이내에 자동적으로 이를 전로로부터 차단하는 장치가 되어 있는 것에 한한다.)가 상호 간 접근 또는 교차하는 경우 사용전선이 양쪽 모두 케이블인 경우 이격거리는 몇 [m] 이상인가?

① 0.25
② 0.5
③ 0.75
④ 1.0

해설 25[kV] 이하인 특고압 가공전선로의 시설(KEC 333.32)
특고압 가공전선로가 상호 간 접근 또는 교차하는 경우

사용전선의 종류	이격거리
어느 한쪽 또는 양쪽이 나전선인 경우	1.5[m]
양쪽이 특고압 절연전선인 경우	1.0[m]
한쪽이 케이블이고 다른 한쪽이 케이블이거나 특고압 절연전선인 경우	0.5[m]

16 고압 옥내배선이 수관과 접근하여 시설되는 경우에는 몇 [cm] 이상 이격시켜야 하는가?

① 15
② 30
③ 45
④ 60

해설 고압 옥내배선 등의 시설(KEC 342.1)
고압 옥내배선이 다른 고압 옥내배선·저압 옥내전선·관등회로의 배선·약전류전선 등 또는 수관·가스관이나 이와 유사한 것과 접근하거나 교차하는 경우에 이격거리는 15[cm] 이상이어야 한다.

정답 12. ② 13. ② 14. ④ 15. ② 16. ①

17 특고압용 타냉식 변압기의 냉각장치에 고장이 생긴 경우를 대비하여 어떤 보호장치를 하여야 하는가?

① 경보장치 ② 속도조정장치

③ 온도시험장치 ④ 냉매흐름장치

해설 특고압용 변압기의 보호장치(KEC 351.4)
타냉식 변압기의 냉각장치에 고장이 생긴 경우 또는 변압기의 온도가 현저히 상승한 경우 동작하는 경보장치를 시설하여야 한다.

18 다음 그림에서 L_1은 어떤 크기로 동작하는 기기의 명칭인가?

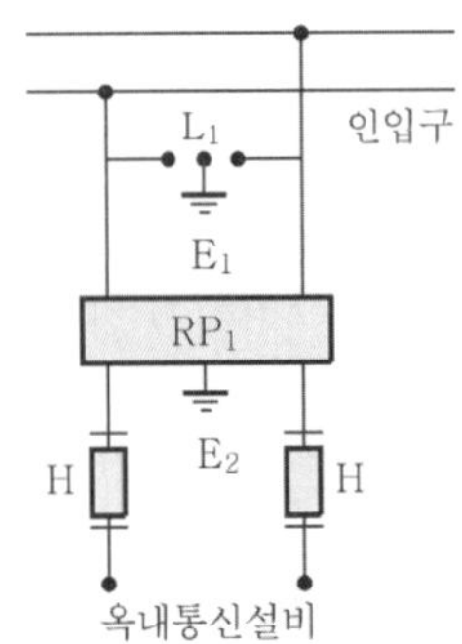

① 교류 1,000[V] 이하에서 동작하는 단로기

② 교류 1,000[V] 이하에서 동작하는 피뢰기

③ 교류 1,500[V] 이하에서 동작하는 단로기

④ 교류 1,500[V] 이하에서 동작하는 피뢰기

해설 저압용 보안장치(KEC 362.5-2)
- RP_1 : 교류 300[V] 이하에서 동작하고, 최소 감도전류가 3[A] 이하로서 최소 감도전류 때의 응동시간이 1사이클 이하이고 또한 전류용량이 50[A], 20초 이상인 자복성이 있는 릴레이 보안기
- L_1 : 교류 1[kV] 이하에서 동작하는 피뢰기
- E_1 및 E_2 : 접지

19 직류 750[V]의 전차선과 차량 간의 최소절연이격거리는 동적일 경우 몇 [mm]인가?

① 25 ② 100

③ 150 ④ 170

해설 전차선로의 충전부와 차량 간의 절연이격(KEC 431.3)

시스템 종류	공칭전압[V]	동적[mm]	정적[mm]
직류	750	25	25
	1,500	100	150
단상교류	25,000	170	270

20 태양전지 모듈의 직렬군 최대개방전압이 직류 750[V] 초과 1,500[V] 이하인 시설장소에서 하여야 할 울타리 등의 안전조치로 알맞지 않은 것은?

① 태양전지 모듈을 지상에 설치하는 경우 울타리 · 담 등을 시설하여야 한다.

② 태양전지 모듈을 일반인이 쉽게 출입할 수 있는 옥상 등에 시설하는 경우는 식별이 가능하도록 위험표시를 하여야 한다.

③ 태양전지 모듈을 일반인이 쉽게 출입할 수 없는 옥상 · 지붕에 설치하는 경우는 모듈 프레임 등 쉽게 식별할 수 있는 위치에 위험표시를 하여야 한다.

④ 태양전지 모듈을 주차장 상부에 시설하는 경우는 위험표시를 하지 않아도 된다.

해설 설치장소의 요구사항(KEC 521.1)
태양전지 모듈의 직렬군 최대개방전압이 직류 750[V] 초과 1,500[V] 이하인 시설장소는 다음에 따라 울타리 등의 안전조치를 하여야 한다.
- 태양전지 모듈을 지상에 설치하는 경우는 울타리 · 담 등을 시설하여야 한다.
- 태양전지 모듈을 일반인이 쉽게 출입할 수 있는 옥상 등에 시설하는 경우는 충전부분이 노출하지 아니하는 기계기구를 사람이 쉽게 접촉할 우려가 없도록 시설하여야 하고 식별이 가능하도록 위험표시를 하여야 한다.
- 태양전지 모듈을 일반인이 쉽게 출입할 수 없는 옥상 · 지붕에 설치하는 경우는 모듈 프레임 등 쉽게 식별할 수 있는 위치에 위험표시를 하여야 한다.
- 태양전지 모듈을 주차장 상부에 시설하는 경우는 차량의 출입 등에 의한 구조물, 모듈 등의 손상이 없도록 하여야 한다.

정답 17. ① 18. ② 19. ① 20. ④

전기산업기사

2023년 제3회 CBT 기출복원문제

01 감전에 대한 보호 등 안전을 위해 제공되는 도체를 무엇이라 하는가?

① 접지도체　② 보호도체
③ 보호접지　④ 계통접지

해설 용어 정의(KEC 112)
- 접지도체란 계통, 설비 또는 기기의 한 점과 접지극 사이의 도전성 경로 또는 그 경로의 일부가 되는 도체를 말한다.
- 보호도체란 감전에 대한 보호 등 안전을 위해 제공되는 도체를 말한다.
- 보호접지란 고장 시 감전에 대한 보호를 목적으로 기기의 한 점 또는 여러 점을 접지하는 것을 말한다.
- 계통접지란 전력계통에서 돌발적으로 발생하는 이상현상에 대비하여 대지와 계통을 연결하는 것으로, 중성점을 대지에 접속하는 것을 말한다.

02 최대사용전압 440[V]인 전동기의 절연내력시험전압은 몇 [V]인가?

① 330　② 440
③ 500　④ 660

해설 회전기 및 정류기의 절연내력(KEC 133)

종 류		시험전압	시험방법
발전기, 전동기, 조상기	7[kV] 이하	1.5배 (최저 500[V])	권선과 대지 사이 10분간
	7[kV] 초과	1.25배 (최저 10,500[V])	

∴ $440 \times 1.5 = 660$[V]

03 이동하여 사용하는 저압설비에 1개의 접지도체로 연동연선을 사용할 때 최소 단면적은 몇 [mm^2]인가?

① 0.75　② 1.5
③ 6　④ 10

해설 이동하여 사용하는 전기기계기구의 금속제 외함 등의 접지시스템의 경우(KEC 142.3.1)
- 특고압·고압 전기설비용 접지도체 및 중성점 접지용 접지도체 : 단면적 10[mm^2] 이상
- 저압 전기설비용 접지도체
  - 다심 코드 또는 캡타이어 케이블의 1개 도체의 단면적이 0.75[mm^2] 이상
  - 연동연선은 1개 도체의 단면적이 1.5[mm^2] 이상

04 고·저압 혼촉에 의한 위험을 방지하려고 시행하는 접지공사에 대한 기준으로 틀린 것은?

① 접지공사는 변압기의 시설장소마다 시행하여야 한다.
② 토지의 상황에 의하여 접지저항값을 얻기 어려운 경우, 가공 접지선을 사용하여 접지극을 400[m]까지 떼어 놓을 수 있다.
③ 가공공동지선을 설치하여 접지공사를 하는 경우, 각 변압기를 중심으로 지름 400[m] 이내의 지역에 접지를 하여야 한다.
④ 저압 전로의 사용전압이 300[V] 이하인 경우, 그 접지공사를 중성점에 하기 어려우면 저압측의 1단자에 시행할 수 있다.

해설 고압 또는 특고압과 저압의 혼촉에 의한 위험방지시설(KEC 322.1)
- 변압기의 접지공사는 변압기의 설치장소마다 시행하여야 한다.
- 토지의 상황에 따라서 규정의 저항치를 얻기 어려운 경우에는 인장강도 5.26[kN] 이상 또는 직경 4[mm] 이상 경동선의 가공 접지선을 저압 가공전선에 준하여 시설할 때에는 접지점을 변압기 시설장소에서 200[m]까지 떼어놓을 수 있다.

정답 01. ② 02. ④ 03. ② 04. ②

05 피뢰설비 중 인하도선시스템의 건축물·구조물과 분리되지 않은 수뢰부시스템인 경우에 대한 설명으로 틀린 것은?

① 인하도선의 수는 1가닥 이상으로 한다.
② 벽이 불연성 재료로 된 경우에는 벽의 표면 또는 내부에 시설할 수 있다.
③ 병렬 인하도선의 최대 간격은 피뢰시스템 등급에 따라 Ⅳ 등급은 20[m]로 한다.
④ 벽이 가연성 재료인 경우에는 0.1[m] 이상 이격하고, 이격이 불가능한 경우에는 도체의 단면적을 100[mm^2] 이상으로 한다.

해설 **인하도선시스템(KEC 152.2)**
건축물·구조물과 분리되지 않은 피뢰시스템인 경우 인하도선의 수는 2가닥 이상으로 한다.

06 저압 옥내배선을 합성수지관 공사에 의하여 실시하는 경우 사용할 수 있는 단선(동선)의 최대 단면적은 몇 [mm^2]인가?

① 4 ② 6
③ 10 ④ 16

해설 **합성수지관 공사(KEC 232.11)**
- 전선은 절연전선(옥외용 제외)일 것
- 전선은 연선일 것. 단, 단면적 10[mm^2](알루미늄선은 단면적 16[mm^2]) 이하 단선 사용

07 조명용 전등을 설치할 때 타임스위치를 시설해야 할 곳은?

① 공장 ② 사무실
③ 병원 ④ 아파트 현관

해설 **점멸기의 시설(KEC 234.6) – 센서등(타임스위치 포함)의 시설**
- 관광숙박업 또는 숙박업에 이용되는 객실 입구등은 1분 이내에 소등되는 것
- 일반 주택 및 아파트 각 호실의 현관등은 3분 이내에 소등되는 것

08 소맥분, 전분 기타의 가연성 분진이 존재하는 곳의 저압 옥내배선으로 적합하지 않은 공사방법은?

① 케이블 공사
② 두께 2[mm] 이상의 합성수지관 공사
③ 금속관 공사
④ 가요전선관 공사

해설 **가연성 분진 위험장소(KEC 242.2.2)**
가연성 분진장소의 저압 옥내배선은 합성수지관 공사·금속관 공사 또는 케이블 공사에 의한다.

09 터널 내에 교류 220[V]의 애자 공사로 전선을 시설할 경우 노면으로부터 몇 [m] 이상의 높이로 유지해야 하는가?

① 2 ② 2.5
③ 3 ④ 4

해설 **터널 안 전선로의 시설(KEC 335.1)**
저압 전선 시설은 인장강도 2.3[kN] 이상의 절연전선 또는 지름 2.6[mm] 이상의 경동선의 절연전선을 사용하고 애자 사용 공사에 의하여 시설하여야 하며 또한 이를 레일면상 또는 노면상 2.5[m] 이상의 높이로 유지한다.

10 가공전선로에 사용하는 지지물의 강도 계산에 적용하는 갑종 풍압하중을 계산할 때 구성재의 수직 투영면적 1[m^2]에 대한 풍압의 기준이 잘못된 것은?

① 목주 : 588[Pa]
② 원형 철주 : 588[Pa]
③ 원형 철근콘크리트주 : 882[Pa]
④ 강관으로 구성(단주는 제외)된 철탑 : 1,255[Pa]

해설 **풍압하중의 종별과 적용(KEC 331.6)**
원형 철근콘크리트주의 갑종 풍압하중은 588[Pa]이다.

정답 05. ① 06. ③ 07. ④ 08. ④ 09. ② 10. ③

11 특고압으로 시설할 수 없는 전선로는?

① 지중전선로　② 옥상전선로
③ 가공전선로　④ 수중전선로

해설 특고압 옥상전선로의 시설(KEC 331.14.2)
특고압 옥상전선로(특고압의 인입선의 옥상 부분 제외)는 시설하여서는 아니 된다.

12 저압 및 고압 가공전선의 높이에 대한 기준으로 틀린 것은?

① 철도를 횡단하는 경우는 레일면상 6.5[m] 이상이다.
② 횡단보도교 위에 시설하는 경우 저압 가공전선은 노면상에서 3[m] 이상이다.
③ 횡단보도교 위에 시설하는 경우 고압 가공전선은 그 노면 상에서 3.5[m] 이상이다.
④ 다리의 하부 기타 이와 유사한 장소에 시설하는 저압의 전기철도용 급전선은 지표상 3.5[m]까지로 감할 수 있다.

해설 저 · 고압 가공전선의 높이(KEC 222.7, 332.5)
- 지표상 5[m] 이상
- 도로를 횡단하는 경우 지표상 6[m] 이상
- 철도 또는 궤도를 횡단하는 경우 레일면상 6.5[m] 이상
- 횡단보도교의 위에 시설하는 경우 저압 가공전선은 그 노면상 3.5[m](전선이 절연전선 · 다심형 전선 · 케이블인 경우 3[m]) 이상, 고압 가공전선은 그 노면상 3.5[m] 이상
- 다리의 하부 기타 이와 유사한 장소에 시설하는 저압의 전기철도용 급전선은 지표상 3.5[m]까지로 감할 수 있다.

13 특고압 가공전선로에서 철탑(단주 제외)의 경간은 몇 [m] 이하로 하여야 하는가?

① 400　② 500
③ 600　④ 700

해설 특고압 가공전선로의 경간 제한(KEC 332.21)

지지물의 종류	경 간
목주 · A종	150[m]
B종	250[m]
철탑	600[m]

14 고압 가공전선이 가공약전류전선 등과 접근하는 경우에 고압 가공전선과 가공약전류전선 사이의 이격거리는 몇 [cm] 이상이어야 하는가? (단, 전선이 케이블인 경우)

① 20　② 30
③ 40　④ 50

해설 가공전선과 가공약전류전선 등의 접근 또는 교차(KEC 332.13)
- 고압 가공전선은 고압 보안공사에 의할 것
- 가공약전류전선과 이격거리

가공전선의 종류	이격거리
저압 가공전선	60[cm](고압 절연전선 또는 케이블인 경우에는 30[cm])
고압 가공전선	80[cm](전선이 케이블인 경우에는 40[cm])

15 시가지 등에서 특고압 가공전선로의 시설에 대한 내용 중 틀린 것은?

① A종 철주를 지지물로 사용하는 경우의 경간은 75[m] 이하이다.
② 사용전압이 170[kV] 이하인 전선로를 지지하는 애자장치는 2련 이상의 현수애자 또는 장간애자를 사용한다.
③ 사용전압이 100[kV]를 초과하는 특고압 가공전선에 지락 또는 단락이 생겼을 때에는 1초 이내에 자동적으로 이를 전로로부터 차단하는 장치를 시설한다.
④ 사용전압이 170[kV] 이하인 전선로를 지지하는 애자장치는 50[%] 충격섬락전압값이 그 전선의 근접한 다른 부분을 지지하는 애자장치값의 100[%] 이상인 것을 사용한다.

정답 11. ② 12. ② 13. ③ 14. ③ 15. ④

해설 시가지 등에서 특고압 가공전선로의 시설(KEC 333.1)

- 50[%] 충격섬락전압값이 그 전선의 근접한 다른 부분을 지지하는 애자장치값의 110[%](사용전압이 130[kV]를 초과하는 경우는 105[%]) 이상인 것
- 아크혼을 붙인 현수애자·장간애자 또는 라인포스트애자를 사용하는 것

16 지중전선로에 사용하는 지중함의 시설기준으로 틀린 것은?

① 조명 및 세척이 가능한 장치를 하도록 할 것
② 그 안의 고인 물을 제거할 수 있는 구조일 것
③ 견고하고 차량 기타 중량물의 압력을 견딜 수 있을 것
④ 뚜껑은 시설자 이외의 자가 쉽게 열 수 없도록 할 것

해설 지중함의 시설(KEC 334.2)

- 견고하고, 차량 기타 중량물의 압력에 견디는 구조일 것
- 지중함은 고인 물 제거할 수 있는 구조일 것
- 지중함 크기 1[m^3] 이상
- 지중함의 뚜껑은 시설자 이외의 자가 쉽게 열 수 없도록 시설할 것

17 345[kV] 변전소의 충전 부분에서 5.98[m] 거리에 울타리를 설치할 경우 울타리 최소 높이는 몇 [m]인가?

① 2.1 ② 2.3
③ 2.5 ④ 2.7

해설 특고압용 기계기구의 시설(KEC 341.4)
160[kV]를 넘는 10[kV] 단수는 (345−160)÷10 =18.5이므로 19이다.
울타리까지의 거리와 높이의 합계는 6+0.12×19 =8.28[m]이다.
∴ 울타리 최소 높이는 8.28−5.98=2.3[m]

18 타냉식 특고압용 변압기의 냉각장치에 고장이 생긴 경우 시설해야 하는 보호장치는?

① 경보장치
② 온도측정장치
③ 자동차단장치
④ 과전류측정장치

해설 특고압용 변압기의 보호장치(KEC 351.4)

뱅크용량의 구분	동작조건	장치의 종류
5,000[kVA] 이상 10,000[kVA] 미만	변압기 내부 고장	자동차단장치 또는 경보장치
10,000[kVA] 이상	변압기 내부 고장	자동차단장치
타냉식 변압기	냉각장치 고장 또는 변압기 온도 현저히 상승	경보장치

19 변전소를 관리하는 기술원이 상주하는 장소에 경보장치를 시설하지 아니하여도 되는 것은?

① 조상기 내부에 고장이 생긴 경우
② 주요 변압기의 전원측 전로가 무전압으로 된 경우
③ 특고압용 타냉식 변압기의 냉각장치가 고장난 경우
④ 출력 2,000[kVA] 특고압용 변압기의 온도가 현저히 상승한 경우

해설 상주 감시를 하지 아니하는 변전소의 시설(KEC 351.9)
다음의 경우에는 변전제어소 또는 기술원이 상주하는 장소에 경보장치를 시설하여야 한다.

- 차단기가 자동적으로 차단한 경우
- 주요 변압기의 전원측 전로가 무전압으로 된 경우
- 제어회로의 전압이 현저히 저하한 경우
- 옥내변전소에 화재가 발생한 경우
- 출력 3,000[kVA]를 초과하는 특고압용 변압기는 온도가 현저히 상승한 경우
- 특고압용 타냉식 변압기는 냉각장치가 고장난 경우

정답 16. ① 17. ② 18. ① 19. ④

- 조상기는 내부에 고장이 생긴 경우
- 수소냉각식 조상기 안의 수소의 순도가 90[%] 이하로 저하한 경우
- 가스절연기기의 절연가스의 압력이 현저히 저하한 경우

20 **태양전지발전소에 태양전지 모듈 등을 시설할 경우 사용전선(연동선)의 공칭단면적은 몇 [mm^2] 이상이어야 하는가?**

① 1.6　② 2.5
③ 5　④ 10

해설 **전기배선(KEC 522.1.1)**
전선은 공칭단면적 2.5[mm^2] 이상의 연동선으로 하고, 배선은 합성수지관 공사, 금속관 공사, 가요전선관 공사 또는 케이블 공사로 시설해야 한다.

정답 20. ②

"할 수 있다고 믿는 사람은 그렇게 되고,
할 수 없다고 믿는 사람 역시 그렇게 된다."

– 샤를 드골 –

전기 시리즈 감수위원

구영모 연성대학교
김우성, 이돈규 동의대학교
류선희 대양전기직업학교
박동렬 서영대학교
박명석 한국폴리텍대학 광명융합캠퍼스
박재준 중부대학교
신재현 경기인력개발원
오선호 한국폴리텍대학 화성캠퍼스
이재원 대산전기직업학교
차대중 한국폴리텍대학 안성캠퍼스
허동렬 경남정보대학교

가나다 순

06 전기설비기술기준

2021. 2. 22. 초 판 1쇄 발행
2024. 1. 3. 3차 개정증보 3판 1쇄 발행

검인

지은이 | 정종연
펴낸이 | 이종춘
펴낸곳 | BM (주)도서출판 성안당
주소 | 04032 서울시 마포구 양화로 127 첨단빌딩 3층(출판기획 R&D 센터)
10881 경기도 파주시 문발로 112 파주 출판 문화도시(제작 및 물류)
전화 | 02) 3142-0036
031) 950-6300
팩스 | 031) 955-0510
등록 | 1973. 2. 1. 제406-2005-000046호
출판사 홈페이지 | www.cyber.co.kr
ISBN | 978-89-315-2866-4 (13560)
정가 | 20,000원

이 책을 만든 사람들
책임 | 최옥현
진행 | 박경희
교정 · 교열 | 김원갑
전산편집 | 이다혜
표지 디자인 | 박현정
홍보 | 김계향, 유미나, 정단비, 김주승
국제부 | 이선민, 조혜란
마케팅 | 구본철, 차정욱, 오영일, 나진호, 강호묵
마케팅 지원 | 장상범
제작 | 김유석